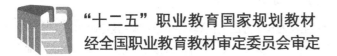

"十二五"职业教育国家规划教材　　高等学校国家精品课程教材
经全国职业教育教材审定委员会审定　　中国大学资源共享课配套教材

高等应用型人才培养系列教材

软件测试教程
（第3版）

贺　平　编著

电子工业出版社

Publishing House of Electronics Industry

北京·BEIJING

内 容 简 介

本书全面阐述了软件测试的基本理论和业界主流的技术方法,并从软件生命周期的最新视角展开和分析软件测试的知识、技术及应用的策略、过程及方法。全书共 10 章:软件测试概述、软件生命周期的测试、软件静态测试技术、软件动态测试技术、软件自动化测试、软件项目的组件测试、软件系统性功能测试、软件系统性能测试、软件系统安全性测试、软件测试管理,基本涵盖了目前软件测试的知识体系、技术体系和应用体系。本书使读者能系统、较快地掌握软件测试的系统知识,获得解决实际测试问题的思路和基本的工程实践方法。

本书可作为高等院校、高职高专院校的软件工程、软件技术、软件测试及相关的信息技术类专业教材,也可作为参加国际软件测试工程师认证(ISTQB)的主选参考资料。

图书在版编目(CIP)数据

软件测试教程/贺平编著. —3 版. —北京:电子工业出版社,2014.8
高等应用型人才培养规划教材
ISBN 978-7-121-23818-5

Ⅰ. ①软… Ⅱ. ①贺… Ⅲ. ①软件—测试—高等学校—教材 Ⅳ. ①TP311.5

中国版本图书馆 CIP 数据核字(2014)第 156910 号

策划编辑:吕　迈
责任编辑:吕　迈　特约编辑:张燕虹
印　　刷:涿州市般润文化传播有限公司
装　　订:涿州市般润文化传播有限公司
出版发行:电子工业出版社
　　　　　北京市海淀区万寿路 173 信箱　邮编　100036
开　　本:787×1 092　1/16　印张:23.75　字数:608 千字
版　　次:2005 年 6 月第 1 版
　　　　　2014 年 8 月第 3 版
印　　次:2022 年 11 月第 17 次印刷
定　　价:46.00 元

前　　言

本书此次修订较第一版、第二版在体系结构上做了较大调整与变动。全书在内容上做了整合与更新，使教材的容量基本保持不变而内涵进一步提升，突出软件测试课程教程的功能，以更加符合学习规律、认识规律，全面阐述软件测试基本理论和业界主流的技术方法，并从软件生命周期的最新视角阐述和分析软件测试的知识、技术及应用，运用于工程中的策略、过程及方法，以期能基本涵盖目前软件测试领域的知识体系、技术体系和应用体系。

本书由软件测试概述、软件生命周期的测试、软件静态测试技术、软件动态测试技术、软件自动化测试、软件项目的组件测试、软件系统性功能测试、软件系统性能测试、软件系统安全性测试、软件测试管理共 10 章构成。其中，软件测试概述、软件生命周期的测试两章作为软件测试的基本理论知识加以系统介绍；软件静态测试技术、软件动态测试技术、软件自动化测试三章作为测试方法及技术应用分析的重点；软件项目的组件测试、软件系统性功能测试、软件系统性能测试、软件系统安全性测试，软件测试管理五章则从测试工程的角度进行详细深入的阐述。每章除了正文之外，还增加了有针对性的内容提要与学习目标的导学、本章小结等内容。为进一步体现和完善教材的功效，全书配备了例题、案例、习题、作业、应用实践项目共 300 多个，并为每章的相关内容加入了专业术语栏目与参考资料的索引。

本书内容丰富、层次清晰、阐述简明，较好地把握了所编选内容的深度及广度，使之不仅反映出软件测试的发展脉络、最新的研究与应用成果，而且更加注重将理论知识、技术基础与工程实践进行有机融合，使读者能系统、较快地学习到软件测试的系统知识与主流技术，获得解决实际测试问题的思路，掌握基本的工程方法与运用的策略。

本书是中国大学精品共享资源课程（爱课网）软件测试的配套主教材，以期作为高等学校软件测试课程的一本专门教程，成为软件测试工程师的首选读本，为进一步掌握、提高测试专业能力和职业发展起到奠基的作用。

本书涵盖了国际软件测试工程师认证（ISTQB FL/AL）大纲 2007 版所规定的许多内容，因此可作为准备参加此项专业认考的参考资料。

本书含有大量的算法语句、程序语句及计算公式，对于其中的变量，为了方便读者阅读，避免歧义，不再区分正、斜体，而是统一采用正体，特此说明。

贺萌、吴晓园、杨艳、夏辉、徐芳、李健、李晓兵、赵琳也参与了本书的编写与资料整理工作，在此一并感谢。

本书从首版编写到第 3 版的出版，始终得到电子工业出版社的大力、持久的支持和帮助，在此谨表敬意与衷心感谢。

因作者水平所限，书中的错误和不妥在所难免，恳请读者批评指正和提出改进建议。

联系电子邮箱：he_ping2002@163.com

编　著　者

2013 年 12 月

目　　录

Chapter 1

第 1 章　软件测试概述

本章导学

内容提要

本章为软件测试的概要阐述。包括软件测试基本理论知识，包含软件测试产生与发展、软件测试定义、软件开发模式（过程）与测试策略的关联关系、软件测试过程、软件质量及保证体系等主要内容，并简要介绍了软件测试的新技术、新应用及技术发展方向。

学习目标

通过本章学习，读者将能正确理解软件测试产生及背景、软件缺陷及故障、软件测试定义等概念，理解软件测试的基本思想与实施策略，能初步认识软件开发与软件测试相辅相成、相互依赖的关系，对软件测试建立概要性、框架性的整体认识和为后续学习软件测试策略、流程与工程方法奠定坚实基础。要求：

☓ 正确理解软件测试的背景及定义、软件缺陷、故障和软件失效等概念

☓ 正确理解和认识软件测试的目的及测试的意义

☓ 正确理解和认识软件测试的基本原理与实施策略

☓ 正确理解和认识软件开发过程与软件测试的依存关系

☓ 正确理解和认识软件质量的概念及质量保证体系

1.1 软件测试的产生与发展

1.1.1 软件可靠性问题

软件是人类智力的一种"产品"。这种产品与传统产品的最大区别是无物理实体，是纯粹的逻辑思维的结果，表现为高度的抽象性、形式化和符号化体系。随着计算机技术和应用的迅速发展，软件现已广泛深入人类信息社会活动的各个领域，其软件规模和复杂性与日俱增，千万行的软件系统（产品）已屡见不鲜。因此，其错误产生的概率也在大幅增加，因软件产品中存在的缺陷和故障，所造成的各类损失也在不断增加，甚至带来严重、灾难性的后果。据统计，自软件产生以来，因其错误和故障引发的系统失效、崩溃，与因计算机硬件故障而引发的系统失效、崩溃的比例约为10:1。当今全球广泛使用的一些计算机系统软件和应用软件中的缺陷、错误与安全漏洞等，经常被披露或曝光，软件企业不停地发布各种软件产品的修正版本和软件"补丁"的现象已司空见惯。目前，软件的质量问题已成为被所有应用软件和开发软件者广泛而深入关注的焦点。可靠的软件系统应是正确、完整和具有健壮性。人类社会对计算机系统，乃至信息系统的依赖程度越高，对软件的可靠性的要求也就越高。

IEEE定义的软件可靠性：系统在特定环境下，在给定的时间内无故障运行的概率。

由此，软件可靠性是对软件在设计、开发及所预设的环境下具有特定能力的置信度的一个度量，是衡量软件质量的主要指标。

软件产品的"特殊"性质，使其可靠性必须依赖软件工程的各个环节来保证，经过几十年的经验与总结，提高可靠性的最重要的策略与技术手段是在软件的生命周期中不断进行软件测试。

1.1.2 软件缺陷与故障

1. 软件缺陷与故障案例及其意义

尽管软件工程中采取一系列有效措施，不断提高软件的质量，但仍然无法完全避免软件会存在各种各样的缺陷，即软件中存在缺陷几乎不可避免。

软件缺陷或故障（在运行时发生），可依据其可能造成的危害及风险程度，分为极其严重、严重、一般、轻微等不同级别。这里，将通过比较典型的软件缺陷与故障的案例分析，来说明软件缺陷与故障问题所造成的严重后果及灾难。

1）软件缺陷与故障的典型案例

【事件1】 美国迪士尼公司狮子王游戏软件Bug事件。这是一起典型的软件兼容性缺陷问题。造成这一严重问题的起因是，这个公司没有在已投入市场的各种PC上进行该游戏软件与硬件环境的兼容性的完整测试，使兼容性没有得到保障。虽然该游戏软件在开发者机器的硬件系统上工作正常，但在公众使用的其他各类硬件系统中存在不兼容问题，造成了该软件无法正常运行。用户大量的投诉，致使迪士尼遭受经济与声誉双重重大损失。

【事件2】 美国航天局火星极地飞船登陆事故。1999年12月3日，美国航天局火星极地登陆飞船在试图登陆火星表面时突然失踪。负责这一项目的错误修正委员会的专家们观测到了这一幕并分析了事故原因，确定事故可能是由于某一数据位被意外更改而造成灾难性的后果的，并得出造成该事故的问题应在内部测试时就予以解决的结论。事后分析测试发现，机械振动很容易触发飞船的着地触发开关，导致程序设置了错误的数据位，关闭了登陆推进器燃料开关，切断了燃料供给，使推进器提前停止工作，飞船加速下坠1800m直接冲向火星的表面撞成碎片。这一严重事故，损失巨大，但是仅起因于软件的一个小缺陷。

【事件3】 跨世纪的软件"千年虫"缺陷问题。20世纪末最后几年，全球计算机硬件、软件和应用系统都为2000年的时间兼容问题及与此年份相关的其他问题付出代价。据统计，全球仅在金融、保险、军事、科学、商务等领域，对现有程序进行检查、修改，所花费的人力、物力耗资高达几百亿美元。而这些缺陷问题根源在于早期的软件设计，并未考虑跨世纪的2000年的时间问题。

【事件4】 美军爱国者导弹防御系统狂炸自己。美军爱国者导弹系统首次应用于海湾战争并屡建功勋，多次成功拦截飞毛腿导弹。但因很小的系统时钟错误积累的延时缺陷，造成了跟踪系统精度的偏差，导致一枚导弹在沙特多哈炸死了28名美军士兵。

【事件5】 美国加州监狱计算机程序缺陷致使上千高危犯人被错放。2011年5月，美国加利福尼亚州监察部门表示，由于监狱计算机程序缺陷，信息不完整致使误放近450名"高度暴力危险"因犯和1000多名很可能实施毒品、财产犯罪的因犯被假释出狱。

诸如上述软件缺陷或错误的案例并不仅为这几项，类似的问题数不胜数。现今，全球正在使用的多种软件的缺陷与错误（如系统的安全漏洞等），常常被披露和曝光，不时发布这些软件的修订升级版本或程序补丁，已成为一种常态。

2）软件缺陷与故障定义

从缺陷或故障的案例中已能够认识和理解什么是软件的缺陷和错误了，并观察出软件发生故障或事件的共同特点。软件开发可能未按预期规则或目标要求进行，虽经过测试，但不能保证完全发现和排除了已发现存在的或潜在的错误，甚至有一些是简单而细微的错误。

不论软件存在问题的规模与危害是大还是小，都会产生软件使用上的各种障碍，所以将这些问题统称为软件缺陷。对软件缺陷的精确定义，业界通常认同下列5条描述。

（1）软件未达到产品说明书中已标明的功能。

（2）软件出现了产品说明书中指明不会出现的错误。

（3）软件未达到产品说明书中虽未指出但应（隐含）达到的目标。

（4）软件功能超出了产品说明书中指明的范围。

（5）测试者认为软件难以理解、不易使用，或最终用户认为软件使用效果不良。

3）软件缺陷的特征

软件测试理论研究与测试实践都表明，软件缺陷的特征有两个。

（1）软件系统的逻辑性与复杂性等特殊性质决定了其缺陷不易直接被肉眼观察到，即"难以看到"。

（2）即使在运行与使用中发现了缺陷或发生故障，仍不容易找到问题产生的原因，即"看到但难以抓到"。

4）软件缺陷产生原因

软件测试是在对软件需求分析、设计规格说明、编码实现和发布运行之前的最终审定。为何还会存在缺陷呢？研究表明，故障并不一定是由编码过程所引起的，大多数缺陷并非来自编码过程中的错误。因其缺陷很可能在系统概要或详细设计阶段、甚至在需求分析阶段就存在问题而导致故障发生，针对源程序进行的测试所发现的故障根源也可能存在于开发前期。事实上，导致缺陷最大原因在于软件产品的设计文档（设计、规划文本及说明书等）。

在多数情况下，软件产品的设计可能存在着没有文档，或描述不清楚、不准确，或在开发中对产品的需求及产品的功能经常变更，或因开发人员之间没有充分地进行交流与沟通，或没有组织执行测试的流程等情形。因此，制定软件产品开发计划非常重要，如果产品计划没有制订好，缺陷就会潜伏，软件运行时出现故障问题就在所难免。

根据统计，软件缺陷产生的第二大来源是设计方案，这是实施软件计划的关键环节。

典型的软件缺陷产生原因大致归纳为以下 10 类。

（1）软件需求解释有错误或不明确。

（2）用户需求的定义中存在错误。

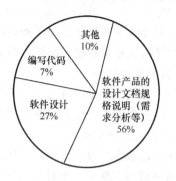

图 1-1　软件缺陷产生原因分布概率

（3）软件需求中记录了错误。

（4）软件设计说明中有错误。

（5）软件编码说明中有错误。

（6）软件程序代码存在错误。

（7）数据输入有错误。

（8）软件测试过程有错误。

（9）软件问题修改不正确或不彻底。

（10）有时，错误结果是因其他软件缺陷而引起或产生的。

图 1-1 所示是软件缺陷产生原因分布概率，软件产品的设计文档规格说明（如需求分析等）占 50%以上。

2. 软件测试定义

软件测试是发现缺陷的过程。在确定关于软件测试的概念或定义时，通常都会引用《软件测试的艺术》（Myers）一书中的观点。

（1）软件测试是为了发现错误而执行程序的过程。

（2）测试是为了证明程序有错，而不是证明程序没有错误。

（3）一个好的测试用例是它能发现至今未发现的错误。

（4）一个成功的测试是发现了至今未发现错误的测试。

软件测试就是在软件开发和投入运行前的各阶段，对软件的需求分析、设计规格说明和程序编码等过程的阶段性隐藏的错误或缺陷的最终检查，是软件质量保证的关键过程。通常，对软件测试的描述性定义有以下两种。

定义 1：软件测试是为了发现错误而执行程序的过程。

定义 2：软件测试是根据软件开发各阶段的规格说明和程序的内部结构而精心设计的一批测试用例（输入数据及其预期的输出结果），并利用这些测试用例运行程序以及发现错误的过程，即执行测试步骤。

1.1.3　软件测试的产生与发展

软件测试在 20 世纪 60 年代后正式建立。1961 年，一个简单的软件错误导致了美国大力神洲际导弹助推器的毁灭，致使美国空军强制要求在其后的关键性发射任务中，必须进行独立的测试验证，从而建立了软件验证与确认的方法论，软件测试就此正式产生。

随着软件迅速发展和广泛而深入应用于人类社会与生活各领域，系统规模和复杂性与日俱增，其错误产生的概率大为增加。软件存在的缺陷与故障所造成的损失也在不断发生，一些重要软件系统，如航空航天与高速列车的自动控制软件、银行结算系统与证券交易系统、国家军事防御系统、核电站的安全控制系统，以及涉及公众的交通订票系统、电子商务系统、生命科学和医疗诊断系统等，因软件系统的质量问题，可能会造成严重损失或带来灾难性的后果。当今，在信息社会的生态系统中，软件质量问题已成为所有开发软件和应用软件者关注的焦点。软件是人脑智能化的一种典型体现，并以思维逻辑的形式呈现为一种"抽象产品"，并且具有生命周期的特征，从而有别于其他科技、生产领域及其产品的形态。软件的这个特性，使其"与生俱来"就可能存在着缺陷，且不易被发现或难以彻底根除。

软件具有"看不见，摸不着"的非有形产品的特征，从而有别于其他传统工业产品的外形特征，因此，软件的质量无法或难以采用传统的工业品的检验方法。在软件开发中的中间（过程）产品及最终产品的质量检验则更为复杂和困难。

软件工程的几十年的发展里程表明，对软件缺陷或错误的检验，预防软件运行发生故障的最有效的措施，就是通过软件测试来发现缺陷或错误，从而控制其质量。

软件测试始终都是软件质量理论研究与工程实践的重要内容。

20 世纪 60 年代，在软件工程建立之初，软件测试是为表明程序的正确性而进行的一项工作。1972 年，在美国北卡罗来纳（North Carolina）大学举行了首次以软件测试为主题的正式学术会议。1973 年，Bill Hetzel 给出软件测试的第一个定义："软件测试就是对程序能够按预期的要求运行建立起的一种信心。"1975 年，John Good Enough 和 Susan Gerhart 在 IEEE 发表了《测试数据选择的原理》一文，从而使软件测试开始被确定为软件领域的一个新的研究方向与工程实践。1979 年，Glenford Myers 在《软件测试的艺术》一书中提出软件测试的目的是证伪，即"测试是以发现错误为目的而运行的程序或系统的执行过程"。在这个阶段，对软件测试的理解是："软件测试用于验证软件（产品）能否正确工作并符合要求。"

20 世纪 80 年代后期，全球软件业迅速发展，软件规模越来越大，复杂程度越来越高。如研发的各种操作系统、大型商务软件、航天飞船控制系统、复杂工业流程控制系统等。在此阶段，某些系统的软件开发团队人员达到了几千或上万人的规模，程序也达到了几十万乃至几千万行的数量级。此时，软件的开发成本、效率和质量受到高度的重视，整个过程需要控制。同时，在该阶段，软件测试理论研究和技术应用也得到发展，其最主要的表现就是软件测试定义发生改变。软件测试不再单纯为一个"发现程序缺陷和错误的过程"，而且开始包含对软件质量评价的内容，软件测试被作为软件质量保证的一个重要手段，用以控制、保障和评价软件的质量，并为此制定了软件测试工程与技术的标准。1983 年，Bill Hetzel 在《软件测试完全指南》一书中提出："测试是以评价一个程序或系统属性为目标的任何一种活动，测试是对软件质量的度量。"与此同时，IEEE 对软件测试的定义是"使用人工或自动的手段来运行或测量软件系统的过程，目的是检验软件系统是否满足规定的要求，并找出与预期结果之间的差异。软件测试是一门需要经过设计、开发和维护等完整阶段的软件工程。"从此，软件测试进入新的发展时期，成为软件领域的专门学科，并开始形成较完整的理论体系与技术方法，测试已具有高度的独立性，测试被正式列入软件工程范畴，并逐渐实现工程化。

进入 20 世纪 90 年代后，软件工程发展迅速，形成各种各样的软件开发模式，同时关于软件质量的研究和技术实践也不断被理论化和工程化，软件开发过程得到规范性和约束性的要求，软件测试与之相辅相成，测试技术规范和软件质量度量建立和逐步形成。1996 年，建立了软件测试能力成熟度模型（Testing Capability Maturity Model，TCMM），其后，软件业界又提出和制定了软件测试支持度量模型（Testability Support Model，TSM）、软件测试成熟度模型（Testing Maturity Model，TMM）和 ISO/IEC 9126 软件质量模型等一系列技术规范及质量标准。与此同时，开始产生与开发了软件测试工具，并开始在测试工程实践中运用测试工具，以辅助手工（人工）测试，加强测试力度和提高测试效率，开始探索软件测试的自动化形式与实施。

21 世纪后，软件测试应用促进了其理论的进一步发展与技术应用的深入。Rick 和 Stefan 在《系统的软件测试》中对软件测试做了进一步的定义："测试是为了度量和提高被测软件的质量，是对被测软件进行工程设计、实施和维护的整个生命周期过程。"新的软件测试理论、测试策略、测试技术、测试领域应用不断涌现，测试活动渗透和深入到各类软件系统中，如基于模型的测试、Web 应用系统的测试、嵌入式系统的软件测试、游戏软件测试等。由此带来测试活动及过程对软件开发技术的相互影响与作用反馈，以及对软件测试的重新评价。

近年来，软件测试与软件开发由相对独立性逐渐开始出现既独立又融合的特性，这是一个显著的变化。开发人员将承担软件测试的责任，同时，测试人员也将更多参与测试代码的开发工作，软件开发与测试的边界变得十分清晰，但过程又融为一体。以敏捷开发模式为代表的新一代软件开发模式，产生和融入了软件开发的新思想、新模式、新策略。极限编程、测试驱动、角色互换、团队模式等，在一流先进软件企业探索和实施，并赢得众多软件开发团队的青睐，不断获得成功。例如，测试驱动开发技术（Test-Driven Development，TDD）就是将测试作为开发工作起点和首要任务的一项新方法，是敏捷开发的一项核心实践和技术，也是一种新的设计方法论。TDD 的基本原则是通过测试来推动整个开发的进行，在开发功能代码之前，先编写单元测试用例的代码，测试代码确定了需要编写什么样的软件代码。TDD 测试驱动的开发技术不仅仅单纯运用于测试工作，而是把需求分析、设计与质量控制量化进行一体化的全过程。

软件测试模型、测试方法和测试服务模式等，也是进入 21 世纪软件测试研究的主要内容与方向。基于测试模型研究与应用，基于云计算、大数据的测试，基于 Web 2.0 软件的测试，基于安全性的测试，基于虚拟技术创建、维护、优化测试环境，乃至测试执行等都成为软件测试领域的新热点、新应用。

对测试质量的衡量已从计算缺陷数量、测试用例数量转到需求覆盖、代码覆盖方面；基于模型的软件测试针对软件中一些常见模型而提出，例如，软件模型分为故障模型、安全漏洞模型、差性能模型、并发故障模型、不良习惯模型、代码国际化模型和诱骗代码模型等。基于模型的测试机理首先提出软件模型，然后通过检测算法对其进行检测。若检测算法是完全的，则能从软件中排除问题。

软件测试的重要性和理论、技术体系和应用的发展，促使软件企业中产生了软件测试的专门组织与机构，组织形式与结构得到规范，测试策略与技术得到更新，自动化测试程度得到提高与完善。与此同时，产生了专门从事软件测试专业工作的机构或企业，使软件测试工作呈现出职业化的特征。2003 年，由德、英、美等国的软件测试工作者分别成立了各自国家的软件测试专业委员会，并在此基础上，成立了国际软件测试专业认证委员会（International Software Testing Qualifications Board，ISTQB），到 2009 年，该组织已扩大到 40 多个国家，成为专门制定软件测试规范标准、开展技术咨询、进行测试专门人才认证与指导的国际性专业组织机构。

软件测试大致经历了软件调试、独立的软件测试、首次被定义、成为专门学科与技术、与软件开发实现融合几个重要阶段。模型软件测试的产生和运用促进了软件测试的学科理论与技术运用的快速发展，新的软件测试理论、新的软件测试策略与方法、新的软件测试技术应用在不断地创新和涌出，软件测试已成为软件领域的专门学科，其测试应用与实践蓬勃发展，软件企业已建立软件测试的专门组织和机构，同时伴随着软件测试工作的专业化和职业化。

软件测试的发展大致经历了如图 1-2 所示的几个重要阶段。

图 1-2 软件测试的发展历程

1.1.4 软件测试的发展趋势

1. 软件测试领域的动态变化

近十年，软件测试学科研究和技术研发得到快速发展，主要表现为：有了比较完善的针对不同软件系统和软件类型的测试解决方案与测试方法论；研发出的软件测试工具的"智能化"程度越来越高；软件测试的组织形式、测试策略与测试技术不断地发生变化。著名软件专家 Harry Robinson 在 2004 年曾预测，软件测试领域将会发生下列变化。

（1）软件需求工程师、开发工程师将成为软件测试团队成员，并与测试人员合作。

（2）测试方法将日臻完善，Bug 的预防和早期检查将成为测试工具的主流。

（3）通过仿真工具模拟软件正式运行环境进行测试。

（4）对测试用例的更新将变得更为容易（以适应软件需求的变更）。

（5）自动化测试将由机器替代人做更多的工作。

（6）测试执行和测试开发的界限将变得模糊。

（7）对测试质量的衡量将从计算缺陷数量、测试用例数转为需求覆盖、代码覆盖方面。

某些预见，在 2009 年就已实现，如对软件模型的研究取得重大突破，基于模型的软件测试工具应运而生，等等。

2. 基于模型的软件测试技术

基于模型的软件测试技术是针对软件中的常见软件模型而提出的一种测试技术。

针对软件模型的分类如下。

（1）故障模型：会引起软件错误或故障的常见模型。

（2）安全漏洞模型：为非法者攻击软件提供的可能性。

（3）差性能模型：软件动态运行时效率低下。

（4）并发故障模型：针对多线程编码。

（5）不良习惯模型：因编码的不良习惯而造成的一些错误。

（6）代码国际化模型：存在于以不同语言进行国际化过程中。

（7）诱骗代码模型：容易引起歧义、迷惑人的编写方式。

基于模型的测试机理：首先提出软件模型，然后通过检测算法进行检测，若检测算法结果符合质量的要求，则能从软件中排除该类模型。基于模型的软件测试工具将能够自动检测软件中的故障，并在对一些大型商业软件和开源软件的测试中发现大量的、以往测试并没有发现的一些软件故障及存在的隐患。例如，IBM AppScan，可自动测试 Web 应用软件系统中的编程安全漏洞。

基于模型的测试技术的优势：

（1）工具自动化程度高，测试效率高，测试过程所需时间较短。

（2）基于模型的测试技术往往能发现其他测试方法难以发现的故障。

基于模型的测试技术存在的不足：

（1）存在误报问题。通常基于模型的测试技术属于静态分析技术，而某些软件故障的确定需要动态执行的信息，因此对于基于静态分析的工具来说，误报问题不可避免。

（2）存在漏报问题。该问题主要由模型定义和模型检测的算法引起，因为目前对软件模式还无规范、统一与形式化的定义。

（3）模型呈多样性。由于软件模型的多种多样，很难用一种或几种策略方法适应多种模型。

预见软件测试模型、测试方法、测试服务模式在未来将成为软件测试研究的主要内容与方向。

1.2 软件测试基础知识与理论

1.2.1 软件测试的目的与原则

1．软件测试的目的

软件测试的目的是发现软件存在的故障或缺陷，并借此对软件的质量进行度量。为达此目的，测试活动的目标是尽最大可能找出最多的错误。测试是从软件含有缺陷和故障的假设而进行的，实现这个目标的关键是科学、合理地设计出最能暴露问题的测试用例。

（1）测试是程序执行过程，并限于执行处理有限的测试用例与情形且发现了错误。

（2）检测软件是否满足软件定义的各种需求目标。

（3）执行的测试用例发现了未曾发现的错误，实现成功的测试。

2．软件测试原则

依据软件测试的目的，有以下测试原则。

（1）尽早地和及时地进行测试。测试活动应从软件产品开发的初始阶段就开始。

（2）测试用例要由测试数据与预期结果两个部分组成，并包括测试前置条件或后置条件。

（3）测试根据其需求和风险，可由专业测试人员进行或程序开发者自行检测。

（4）需要严格执行测试计划，并排除测试工作随意性。

（5）充分注意测试中的集群效应，经验表明软件约 80%的错误仅与 20%的程序有关。

（6）应对测试结果做核查，存档测试计划、测试用例、缺陷统计和分析报告等文档，为软件维护提供资料及条件。

1.2.2 软件测试的基本原理与特性准则

软件测试发展史已达 40 多年。经过长期实践，总结归纳出了一些测试的基本原理与特性准则，并被业界普遍接受和遵循，对测试的设计、执行和管理均具有工程指导意义。

1．测试的基本原理

【原理 1】测试可以证明缺陷存在，但不能证明缺陷不存在

测试可以证明软件系统（产品）是失败的，即说明软件中有缺陷，但测试不能证明软件中没有缺陷。适当的软件测试可以减少测试对象中的隐藏缺陷。即使在测试中没有发现失效，也不能证明其没有缺陷。

【原理 2】穷尽测试是不可能的

测试若考虑所有可能的输入值及其组合，并结合所有的前置条件进行穷尽测试是不可能的。在实际测试过程中，软件测试基本上是抽样测试。因此，必须根据风险和优先级，控制测试工作量。

【原理3】测试活动应尽早开始

在软件生命周期中，测试活动应尽早实施，并聚焦于定义的目标上，这样可以尽早地发现缺陷。

【原理4】缺陷集群性

在通常情况下，缺陷并不是平均的，而是集群分布的，大多数的缺陷只存在于测试对象的极小部分中。因此，如在一个地方发现了较多缺陷，通常在附近会有更多的缺陷，这就是所谓的缺陷集群性，也就是经常所说的"80/20现象"，80%的缺陷集中在20%的程序模块中。因此，在测试中，应机动灵活地应用这个原理。

【原理5】杀虫剂悖论

若同样的测试用例被一再重复执行，则会减少测试的有效性。先前没有发现的缺陷反复使用同样的测试用例也不会被重新发现。因此，为了维护测试的有效性，战胜这种"抗药性"，应对测试用例进行修正或更新。这样，软件中未被测试过的部分或先前没有被使用过的输入组合会被重新执行，从而发现更多的缺陷。

【原理6】测试依赖于测试内容

测试必须与应用系统的运行环境及使用中固有的风险相适应。因此，对于存在差异的两个系统可以用完全相同的方式进行测试。对于每个软件系统，测试出口准则等应依据其使用的环境分别量体定制。例如，对安全起关键作用的系统与一个电商应用系统所要求的测试是不尽相同的。

【原理7】没有发现失效就是有用的系统的说法是一种谬论

测试找到了导致失效的Bug且修正了缺陷，并不能保证整个系统达到了用户的预期要求和需要。因此，没有发现失效就是有用的系统的说法是一种谬论。

2．测试的特性准则

（1）对任何软件（产品）系统都存在有限的充分测试集合。

（2）若一个软件系统在一个测试数据（测试用例）集合上的测试是充分的，那么再执行一些测试用例也是充分的，这一特性称为测试的单调性。

（3）即使对软件所有的组成成分都进行了充分测试，也并不能表明整体软件系统的测试已经充分，这一特性称为测试的非复合性。

（4）即使对软件系统整体的测试是充分的，也并不能证明软件系统中各组成成分都已得到了充分测试，这个特性称为测试的非分解性。

（5）软件测试的充分性应与软件需求和软件实现相关。

（6）软件越复杂，测试数据就越多，这一特性称为测试的复杂性。

（7）测试越多，进一步测试所获充分性增长就越少，这一特性称为测试回报递减率。

（8）软件测试的特性准则对测试的设计与执行均具有工程指导意义。

1.2.3　软件测试的基本策略

软件具有生命周期的特性。软件测试贯穿整个软件生命周期，因此，测试的基本策略是在其生命周期的每个阶段中确定测试目标、确认测试对象、建立测试生命周期、制定和实施测试策略、选择测试类型和运用测试方法6项。

1. 确定测试目标

根据软件生命周期划分的几个阶段，以及软件质量包含的各项属性特征，测试需要对每一阶段和每个部分的目标进行确定。

2. 确认测试对象

软件测试是对程序的测试，并贯穿于软件生命周期整个过程。因此，软件开发过程中产生的需求分析、概要设计、详细设计以及编码等各个阶段所获文档，如需求规格说明、概要设计规格说明、详细设计规格说明以及源程序等都是软件测试的对象。

3. 建立测试生命周期

软件测试生命周期包括在软件生命周期中。测试生命周期从大的方面看，主要横跨两个历程，分为软件生产阶段的测试历程和软件运行维护阶段的测试活动。软件测试生命周期在软件生产阶段的测试活动及运行维护阶段的测试活动过程如图1-3所示。

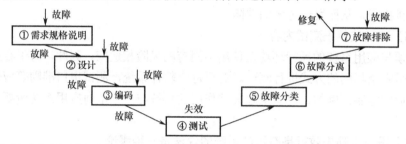

注：①～③可能引入故障或导致其他阶段故障；④测试发现了失效；⑤～⑦故障排除。故障排除过程有可能使原本正确执行的程序又出现错误，即排除旧故障、引入新故障。

图1-3　软件测试生命周期模型

4. 制定和实施测试策略

制定和实施测试策略包含以下四项内容。

（1）确定测试由谁执行。在软件产品开发中，通常有开发者和测试者两种角色。开发者通过开发形成产品，如分析、设计、编码调试或文档等可交付物。测试者通过测试检测产品中是否存在缺陷，包括根据特定目的而设计的测试用例、测试过程构造、执行测试和评价测试结果。通常的做法是，开发者负责完成组件级别的测试，而集成级别和系统级别的测试则由独立的测试人员或专门测试机构完成。但也可有其他策略，如在组件级别的测试中，专门测试人员加入。

（2）确定测试什么。测试经验表明，通常表现在程序中的故障不一定由编码引起。它可能由软件详细设计、概要设计阶段，甚至需求分析阶段的问题所致。要排除故障、修正错误必须追溯到前期工作。事实上，软件需求分析、设计和实施阶段是软件故障的主要来源。

（3）确定何时进行测试。确定测试是与开发并行的过程，还是在开发完成某个阶段任务之后的活动或是在整个开发结束后的活动。软件开发经验和事实证明，随着开发过程深入，越是在早期没有进行测试的模块对整个软件的潜在隐患及破坏作用就越明显。

（4）确定怎样进行测试。软件的"规格说明"界定了软件本身应达到的目标，而程序"实现"则是对应各种输入并如何产生输出的一种算法，即规格说明界定软件要做什么，而程序实现表达了软件怎样做。确定怎样进行测试，也就是要根据软件"规格说明"和程序实现的对应关系，确定采用何种测试策略与技术方法，设计并生成有效测试用例，对其进行检验。

5. 选择测试类型

软件的特征主要表现在功能性和非功能性上。功能性主要包含适应性、准确性、互操作性、安全性、遵从性四类。非功能性包含可靠性、可用性、有效性、可维护性、可移植性五类，每类又包含若干个子属性。因此，测试设计需要明确测试的类型，并可细分为功能测试、非功能测试、恢复测试和确认测试四类。

1）功能测试（Functional Testing）

功能测试验证系统输入/输出行为的各种功能，其基础是明确功能的需求和系统行为，是基于功能需求的测试，检验系统实现的功能。为检验其正确性和完整性，需采用一系列测试用例进行测试，其中每个测试用例要覆盖功能特定的输入/输出行为检测。功能测试通常采用黑盒测试技术设计测试用例。功能测试是软件测试最重要与最主要的任务。

功能测试常需要进行健壮性测试，检查程序对异常数据的处理情形，以检查被测试对象的异常处理能力，是否存在的缺陷会导致程序瘫痪。因此，健壮性测试也称为功能测试的负面测试（Negative Test）。

2）非功能性测试（Non-Functional Testing）

非功能性测试描述功能行为的属性（或称为系统属性）。非功能性测试包括性能测试、负载测试、安全性测试、可靠性（或稳定性）测试、兼容性测试、可维护性测试以及文档测试等。

关于性能测试、负载测试、压力测试、安全性测试等将在后面章节中阐述。

3）恢复测试（Regression Testing）

这项测试主要检查软件系统的容错能力。当软件出错时，检查能否在指定时间内修正错误并重启系统。恢复测试首先采用各种办法强迫系统失败，然后验证系统能否尽快恢复。对于自动恢复需验证重新初始化、检查点、数据恢复和重新启动等机制的正确性。对人工干预的恢复系统，还需估测平均修复的时间，确定它是否在可接受范围内。

1.3 软件开发模式与软件测试

1.3.1 软件开发模式

从软件最初的系统分析、系统架构到产品的发布，这个过程称为软件开发模式（也称为开发流程）。采用正确并适宜的开发方法，对开发的组织、管控、质量及进程都很重要。

由于软件的需求、规模与类型的不尽相同，在开发不同软件产品的过程中将会采用不同的开发流程或称模式。目前，主流的软件开发流程方法有很多种，这里选择瀑布模型、快速原型模型、螺旋模型、RUP 模型、IPD 模型、敏捷模型等进行简要分析。

1. 瀑布模型

瀑布模型是应用广泛的一种软件开发模型，易于理解和掌握。瀑布模型是将软件生命周期的各项活动规定为按照固定顺序相连的若干阶段性工作，形如瀑布流水，最终得到软件产品。因形如瀑布，故得此名。该模型比较适用于需求稳定并易于准确理解的软件项目开发。瀑布模型如图 1-4 所示。

瀑布模型中各阶段的主要工作及其相应质量控制，如表 1-1 所示。

瀑布模型的优点：易于理解、开发具有阶段性、强调早期的计划及需求分析、基本可确定何时交付产品及进行测试。

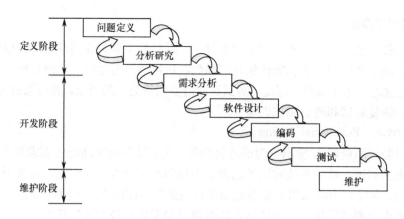

图 1-4 瀑布模型

瀑布模型的缺点：需求调查分析只在最初进行，不能适应需求的新变化；顺序开发流程使开发经验教训不便进行前向反馈；不能反映出开发过程的反复性与迭代特性，无任何类型的风险评估，出现或隐藏的问题直到开发后期才会显露，失去了及早纠正错误或缺陷机会。

表 1-1 瀑布模型中各阶段的主要工作及其相应质量控制

阶段		需求分析		
定义阶段	系统需求	主要工作	完成文档	完成的文档质量控制手段
		1. 调研用户需求及用户环境 2. 论证项目可行性 3. 制订项目初步计划	1. 可行性报告 2. 项目初步开发计划	1. 规范工作程序及编写文档 2. 评审可行性报告及项目初步开发计划
	需求分析	主要工作	完成文档	完成的文档质量控制手段
		1. 确定系统运行环境 2. 建立系统逻辑模式 3. 确定系统功能及性能要求 4. 编写需求规格说明、用户手册概要、测试计划 5. 确认项目开发计划	1. 需求规格说明 2. 项目开发计划 3. 用户手册概要 4. 测试计划	1. 需求分析时的成熟工具运用 2. 规范工作程序及编写文档 3. 对已完成的 4 种文档进行评审
开发阶段	设计	概要设计	完成文档	完成的文档质量控制手段
		1. 建立系统总体结构，划分功能模块 2. 定义一个功能模块接口 3. 数据库设计（若必要） 4. 制订组装测试计划	1. 概要设计说明书 2. 项目开发计划 3. 用户手册概要 4. 测试计划	1. 进行系统设计时采用先进技术与工具 2. 编写规范化工作程序及文档 3. 对已完成文档进行评审
		详细设计	完成文档	完成的文档质量控制手段
		1. 设计各模块具体实现算法 2. 确定模块间详细接口 3. 制定模块测试方案	1. 详细设计说明书 2. 模块测试计划	1. 进行设计时采用先进技术与工具 2. 规范工作程序及编写文档 3. 对实现过程及已完成文档评审
	实现	实现编码设计	完成文档	完成的文档质量控制手段
		1. 编写程序源代码 2. 进行模块测试与调试 3. 编写用户手册	1. 程序调试报告 2. 用户手册	1. 进行系统设计时采用先进技术与工具 2. 规范工作程序及编写文档 3. 对已实现过程及完成文档进行评审
	测试	集成测试	完成文档	完成的文档质量控制手段

阶段	需求分析		
开发阶段	测试	1. 执行集成测试计划 2. 编写集成测试报告	1. 系统源程序清单 2. 用户手册	1. 测试时采用先进技术与工具 2. 规范工作程序及编写文档 3. 对测试工作及已完成的文档进行评审
		验收测试	完成文档	完成的文档质量控制手段
		1. 系统测试（健壮性测试） 2. 用户手册试用 3. 编写开发总结报告	1. 确认测试报告 2. 用户手册 3. 开发总结报告	1. 测试时采用先进技术与工具 2. 规范工作程序及编写文档 3. 对测试工作及已完成的文档进行评审
维护阶段	主要工作		完成文档	完成的文档质量控制手段
	1. 纠正错误，为完善而进行修改 2. 对修改进行配置管理 3. 编写故障报告及修改报告 4. 修订用户手册		1. 故障报告 2. 修改报告 3. 修订用户手册	1. 维护时采用先进工具 2. 规范工作程序及编写文档 3. 配置管理 4. 对维护工作及已完成文档进行评审

2. 快速原型模型

瀑布模型的缺点在于开发过程没有结束前产品不直观。快速原型模型（如图 1-5 所示）改进了这一缺点。通常，根据客户需求在较短时间内解决用户最迫切需要解决的问题，完成一个可演示的产品版本，只实现软件最重要功能（部分）。应用快速原型模型的目的是确定用户的真正需求，使用户针对原型能更明确需求是什么。在得到明确需求后，丢弃原型。因原型开发速度较快，付出不多，也只表达软件最主要的功能，实际应用较多。

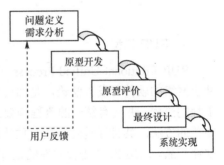

图 1-5 快速原型模型

3. 螺旋模型

螺旋模型（图 1-6）是瀑布模型与边写边改模型的演化、结合形式，并加入风险评估的一种开发技术。螺旋模型属经典的软件开发方法，包含瀑布模型（分析、设计、开发步骤）、边写边改模型（每阶段盘旋式上升），发现问题早，产品来龙去脉清晰，成本相对低，在测试最初就介入，关注发现并降低项目风险。

该模型被广泛认为是软件开发有效的策略与方法。该模型的主要思想是在开发初始阶段不必详细定义软件细节，而从小规模开始定义重要功能，并尽量实现，然后评测其风险，制订风险控制计划，接受客户的反馈，确定进入下一阶段的开发并重复上述的过程，进行下一个螺旋与反复，再确定下一步项目是否继续，或中止或调整，直到获得最终产品。

每个螺旋包括 5 个步骤：确定目标，选择方案和限制条件；对方案风险进行评估，并解决风险；进行本阶段开发和测试；计划下一阶段；确定进入下一阶段方法。该模型最大优点是随成本增加，风险程度随之降低；具有严格的全过程风险管理，强调各开发阶段的质量，提供机会评估项目，确定是否有价值继续。该模式由于引入严格风险识别、风险分析和风险控制，因此对管理水平提出较高要求，需管理者专注及具备管理经验，并需较多人员、资金与时间的投入。

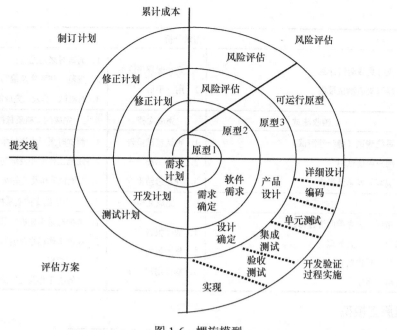

图 1-6　螺旋模型

4. RUP 模型

RUP（Rational Unified Process，统一软件过程），是由 IBM Rational 提出的面向对象且基于网络的软件开发方法论，是面向对象软件工程的通用业务流程，是描述一系列相关软件工程的流程，并具有统一的流程构架。RUP 为在开发组织中分配任务和明确职责提供了一种规范的方法，其目标是确保在可预计的时间安排和预算内开发出满足最终用户需求的高品质软件产品。运用 RUP 进行软件的设计开发具有两个轴向：时间轴向为动态，工作流程轴向为静态。在时间轴上，RUP 划分为四个阶段：初始阶段、细化阶段、构造阶段和发布阶段。每个阶段均使用迭代策略。在工作流程轴上，RUP 设计六个核心工作流程与三个核心支撑工作流程。核心工作流程包括业务建模工作流程、需求确定工作流程、分析设计工作流程、设计实现流程、测试工作流程和发布工作流程；核心支撑工作流程包括环境工作流程、项目管理工作流程、配置与变更管理工作流程。如图 1-7 所示。

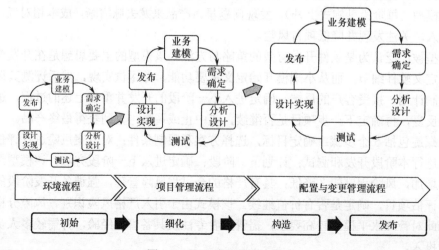

图 1-7　RUP 流程的两个轴向

RUP 汇集了现代软件开发多方面的最佳经验，并为适应各种软件项目及开发组织的需要提供灵活形式，作为一种商业开发模型，它具有非常详细的过程指导与应用模板。

该开发模型比较复杂，因此在模型的运用掌握上需花费较大的成本，并对项目管理提出了较高的要求。

5. IPD 模型

IPD（Integrated Product Development，集成产品开发）是由 IBM 提出来的一套集成产品开发流程。它非常适合复杂、大型软件开发项目，尤其是涉及软、硬件结合的开发项目。IPD 从整个产品角度出发，综合考虑了从系统工程、研发（硬件、软件、结构设计、测试、资料开发等）、制造、财务到市场、采购、技术支援等所有流程。

如图 1-8 所示，IPD 有六个阶段（概念阶段、计划阶段、开发阶段、评审（验证）阶段、发布阶段和生命周期阶段）和四个决策评审点（概念阶段决策评审点、计划阶段决策评审点、可获得性决策评审点和生命周期终止决策评审点以及六个技术评审点）。IPD 是一个阶段性模型，具有瀑布模型的因素。该模型通过使用全面且复杂的流程将一个庞大而又复杂的系统进行分解并降低风险。该模型通过流程成本来提高整个产品的质量。由于该模型没有定义如何进行流程回退的机制，因此对于需求经常变动的项目并不适合，并且对小软件项目也不适用。

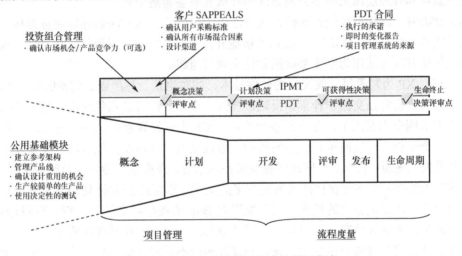

图 1-8　IPD 的六个阶段和四个决策评审点

6. 敏捷模型

敏捷模型产生于 21 世纪初。它为解决软件企业开发团队陷入不断增长的软件开发过程的"泥潭"和"沉重"负担而概括出能使开发团队具有快速工作和响应变化能力的价值观和原则。敏捷模型不仅是一个开发过程，而是一类过程的统称，这些过程的共性为遵循敏捷原则，提倡简单、灵活与效率，符合敏捷的价值观：交互胜过过程与工具；可运行工作的软件胜过面面俱到的文档；与客户合作胜过合同的谈判；响应变化胜过教条遵循原定计划。

敏捷模型主要包括迭代式增量开发过程（Scrum）、特征驱动软件开发（Feature-Driven Development，FDD）、自适应软件开发（Adaptive Software Development，ASD）、动态系统开发方法（Dynamic Systems Development Method，DSDM），以及很重要的极限编程（eXtreme Programming，XP）方法。

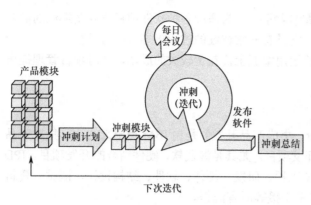

图 1-9 敏捷开发过程原理

（1）Scrum。这是一种迭代和增量的方法，用于管理软件项目（产品）或应用程序开发的过程，如图 1-9 所示。Scrum 的目标是：提升团队的效力；监管团队进程；解决开发过程中的障碍；监管项目过程；使项目的风险最小化。该方法的核心旨在寻求充分发挥面向对象和构件技术的开发方法，是迭代方式面向对象方法的改进。

（2）FDD。这是一套针对中小型软件项目的开发模式，也是一个模型驱动的快速迭代开发过程，它强调简化、实用、易于被开发团队所接受，适用于需求常发生变动的软件项目。

（3）ASD。该方法强调开发方法的适应性，思想来源于复杂系统的混沌理论。ASD 不像其他方法那样有很多具体的实践做法，而更侧重于自适应的重要性和提供最根本的基础，并从更高的组织和管理层面来阐述开发方法为什么要具备自适应性。

（4）DSDM。这是一种快速软件开发方法，应用广泛。该方法倡导以业务为核心，进行快速而有效的系统开发。DSDM 是成功的敏捷开发方法之一，不仅遵循敏捷方法原理，也适合以成熟传统开发方法作为坚实基础的软件企业与组织。

（5）XP。XP 为轻量级、较灵巧的软件技术，同时也是一种严谨、周密的开发方法。XP 技术的基础和价值观是交流、朴素、反馈，任何一个项目都可从强化交流、简单做起、寻求反馈、实事求四个方面入手，并不断进行改善。XP 为近似螺旋模式的开发策略，将复杂过程分解为一个个相对比较简单且较小的周期，通过交流、反馈及其他方法，使开发者与客户都很清楚开发的进度、变化、待解决问题及潜在问题等，并根据实际情况及时调整开发过程。XP 并不完全遵循在软件开发初期就制定很多的文档，以适应开发计划的不断变化和调整，而提倡测试先行或测试驱动的模式，使后期出现 Bug 的概率降至最低。XP 将项目的所有参与者（开发者、测试者及客户）视为同一团队成员，一起工作在开放场所中。

敏捷方法是将开发与测试融为一体，测试以多种不同的方法寻找缺陷和修正。敏捷测试分为手工测试和自动化测试，不同测试扮演不同角色。如人工走查和程序静态测试，分属不同测试类别。根据敏捷原则，确定能用自动化测试事情决不用手工测试，同时做到适于手工测试的内容也不花费高昂成本做自动化测试。

敏捷开发中的测试是整个软件开发的"指引灯"，引领开发过程。在敏捷开发中，测试不完全依赖文档，需要自动地寻找和挖掘更多关于程序的信息来指导测试。在敏捷中，测试人员需主动和开发人员讨论软件需求和设计，研究缺陷出现的原因。敏捷测试需要实施持续测试、不断地回归测试和快速测试。测试为项目组提供各种信息，项目开发过程基于这些信息而做出正确决定。敏捷开发过程的软件测试作用如图 1-10 所示。项目中的测试人员并非质量保证的唯一，整个项目组的每个成员

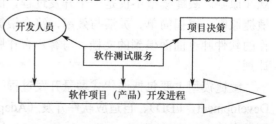

图 1-10 敏捷开发过程的软件测试作用

都对质量负责,而测试人员的主要责任之一是帮助开发人员找到修正的目标。在敏捷开发中,若测试者在团队中采用完全的 XP 方法,则须遵循敏捷原则,调整个人角色,成为真正的敏捷测试者,测试核心工作内容是不断地采取各种方法寻找缺陷,如需着重考虑采用:① 更多采用探索性的测试方法;② 更多采用上下文驱动的测试方法;③ 更多采用敏捷自动化测试原则。

1.3.2 软件开发与软件测试

1. 软件开发与软件测试的关系

软件开发模式与软件测试具有密切关系,一般情况下,软件开发与软件测试的关系如图 1-11 所示。

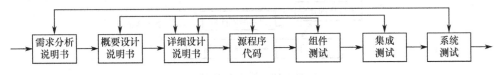

图 1-11 软件开发与软件测试的关系

测试在各阶段的作用如下。

(1)项目规划阶段。负责从单元测试到系统测试的整个测试阶段的监控。

(2)需求分析阶段。确定测试需求分析、制订系统测试计划,评审后成为管理项目。其中,测试需求分析是对产品生命周期中测试所需求的资源、配置、每阶段评判通过的规约;系统测试计划则是依据软件的需求规格说明书,制订测试计划和设计相应的测试用例。

(3)详细设计和概要设计阶段。确保集成测试计划和单元测试计划完成。

(4)编码阶段。由开发人员进行自己负责部分的测试代码。在项目较大时,也可能由测试团队专人进行编码阶段的测试工作。

(5)测试阶段(单元、集成、系统测试)。依据测试代码进行测试,并提交测试状态报告和测试结果报告。

2. 软件测试与开发的并行特性

在需求得到确认并通过评审后,概要设计工作和测试计划制定工作可并行。如系统模块已建立,对各模块详细设计、编码、单元测试等工作又可并行;待每个模块完成后,则进行集成测试和系统测试工作,其流程如图 1-12 所示。

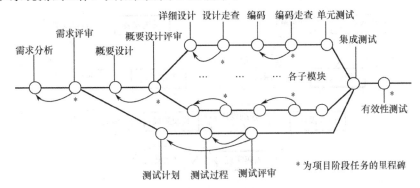

图 1-12 软件测试与软件开发的并行性

1.3.3　软件测试模型分析

1.V 模型分析

　　V 模型是软件开发/测试最经典的模型之一，如图 1-13 所示。V 模型与瀑布模型有共同的特性，可认为是两者的有机融合。IEEE/IEC 12207 定义瀑布模型增强版为通用 V 模型。

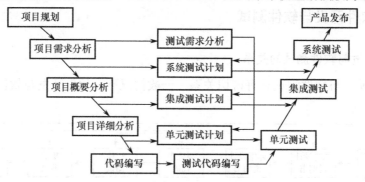

图 1-13　通用 V 模型

　　V 模型主要反映软件从需求定义到实现与测试活动的关系，强调在整个软件项目生命周期中需要经历的若干开发与测试的对应级别。V 模型从左到右、从上到下，描述开发过程和测试行为。开发行为分布在左边向下分支，测试活动从右边向上，按照测试阶段的顺序排列，明确标明测试过程中存在的不同级别，清晰地描述了测试阶段和开发过程期间各阶段对应关系。

　　V 模型基于一套必须严格按照一定顺序进行开发的步骤，但很可能没有反映实际的工程过程。V 模型从需求处理开始，提示开发者对各开发阶段已得到的内容进行测试，但没有规定要获取多少。如没有任何需求资料，开发人员就较难以知道该做什么。该模型体现"尽早地和不断地进行软件测试"原则。在软件需求和设计阶段，测试活动遵循软件验证与确认的原则。

　　V 模型的不足是需求、设计、编码活动被视为串行，同时，测试和开发活动也保持线性的前后关系，只有上一阶段完成才开始下一阶段活动，因此该模式难于支持迭代方式和不适合在开发过程中做变更调整。在 V 模型中增加软件各开发阶段应同步进行的测试，演化为基于 V&V 原理的 W 模型，如图 1-14 所示。W 模型是 V 模型的发展。该模型体现"尽早地和不断地进行软件测试"原则。从模型结构不难看出，开发是"V"，测试是与此并行的"V"，形成双"V"，即"W"结构。在软件需求和设计阶段的测试活动遵循 IEEE 1012—1998《软件验证与确认（V&V）》的原则。

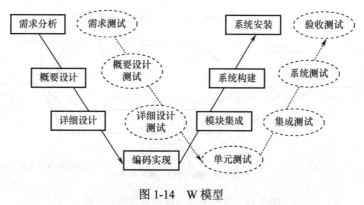

图 1-14　W 模型

相对于 V 模型，强调测试伴随整个软件开发周期，而且测试对象不仅是程序，对需求、功能和设计同样要进行测试（或评审），测试与开发同步，从而有利于尽早发现软件的潜在问题。同样，W 模型不支持迭代模型和不适合开发过程中的变更调整。

2．X 模型分析

X 模型是对测试过程模式进行重组，形成"X"。X 模型的示意图如图 1-15 所示。X 代表未知，包括探索性测试的特征。

X 模型左边描述的是针对单独程序片段所进行的相互分离的编码和测试，此后将进行频繁的交接，通过集成最终合成为可执行的程序（图 1-15 右上半部分），对这些可执行程序还需要进行测试。对已通过集成测试的成品进行封版，并提交用户，也可作为更大规模和范围内集成的一部分。多根并行的曲线表示变更可在各部分发生。

X 模型还定位了探索性测试（图 1-15 右下方）。这是不进行事先计划的特殊类型测试，如"这样测试结果怎样？"这种方法帮助有经验的测试人员在测试计划之前，探索发现更多的缺陷。

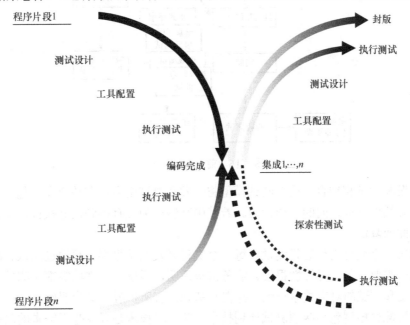

图 1-15　X 模型的示意图

模型和项目计划不同。模型不描述每个项目具体细节，模型只对项目进行指导和支持。在执行测试前进行测试设计，X 模型包含了测试设计步骤，而 V 模型没有这一特征。

在 X 模型和其他模型中都需要有足够的需求，并至少进行一次发布。因此，V 模型的一个特点是明确的需求角色确认，而 X 模型没这个机制，这是 X 模型的不足之处。

具有可伸缩性的行为期望结合进 X 模型，以使模型并不要求在创建可执行程序（图 1-15 右上方）的一个组成部分之前进行集成测试。图 1-15 中左侧行为表明了 X 模型对每一个程序片段都要进行单元测试。

3．前置测试模型分析

前置测试模型是将测试和开发紧密结合的模型，代表测试的新思想和新理念。该模型提供灵活方式，可使软件开发加快进度。前置测试为需要使用测试技术的开发人员、测试人员、项目经理和用户带来不同于传统方法的内在价值，它用较低成本及早地发现错误，并且充分强调测试对确保系统高质量的重要意义。前置测试模型如图 1-16 所示，其模型要点如下。

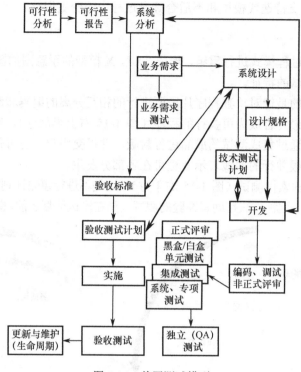

图 1-16　前置测试模型

（1）开发和测试相结合。前置测试模型将开发和测试生命周期整合在一起，标识了项目生命周期从开始到结束之间的关键行为。若其中某些行为没有得到很好执行，那么项目成功可能性会因此而降低。

（2）对每一个交付内容进行测试。每一个交付开发的结果都必须通过测试。测试源程序代码不是唯一需要，包括可行性报告、业务需求说明，系统设计文档等都是测试对象。这与 V 模型中开发和测试的对应关系一致，并在其基础上有所扩展，更为明确。

（3）前置测试模型包括两项测试计划技术。第一项技术是开发基于需求的测试用例。为以后提交的程序测试做好初始化准备，也为验证需求是否可测试。这些测试可交由用户进行验收测试或由开发部门做某些技术测试。需求的可测试性是需求的最基本属性之一，必要时可为每一需求编写测试用例。第二项技术是定义验收标准。在接受交付的系统之前，用户需要用验收标准进行验证。验收标准并不仅是定义需求，还应在前置测试之前进行定义，以揭示某些需求是否正确，或某些需求被忽略了。系统设计在投入编码实现之前也必须测试，以确保其正确性和完整性。

（4）在设计阶段进行计划和测试设计。设计阶段是实施测试计划和测试设计的最好时机。前置测试模型将验收测试中所包含的 3 种成分的 2 种都与业务需求定义相联系，即定义基于需求的测试和定义验收标准，但第 3 种则需要等到系统设计完成。因为验收测试计划由针对按设计实现的系统进行，由一些明确操作的定义所组成，这些定义包括如何判断验收标准已经达到，以及基于需求的测试已被认为成功完成。

（5）前置测试增加了静态审查，以及独立的 QA（Quality Assurance，质量保证）测试。

QA 测试通常跟随在系统测试之后，从技术部门的意见和用户的预期方面出发进行最后检查，包括负载测试、安全性测试、可用性测试等。

（6）测试和开发结合在一起。前置测试将测试执行和开发结合在一起，并在开发阶段以编码—测试—编码—测试方式体现，即程序片段一旦编写完成，就立即测试。通常，首先进行单元测试；其次，也参考 X 模型，对一个程序片段也需进行相关集成测试，有时还需进行特殊测试。对一特定程序片段，其测试顺序可按 V 模型规定，其中还可交织一些程序片段开发，而无须一定按阶段进行完全隔离。

（7）验收测试和技术测试应保持相互独立。前置测试模型提倡验收测试和技术测试沿两条不同路线进行。每条路线分别验证系统能否按预期的设想进行正常工作。这样，当单独设计好的验收测试完成了系统的验证，即可确信这是一个正确的系统。验收测试既可在实施阶段第一步执行，也可在开发阶段最后一步执行。

（8）反复交替的开发与测试。项目中会发生变更。该测试模型对反复和交替进行非常明确的描述。如需重新访问前一阶段内容，或跟踪并纠正以前提交内容，修复错误，排除多余成分，增加新发现功能等，开发和测试需要反复交替执行。

1.4 软件质量及其保证

1.4.1 软件质量体系

1. 质量与质量管理

GB/T 6583—1994 idt（等同于）ISO 8402：1994 定义质量为："反映实体满足明确和隐含需要的能力和特性综合"。这里实体指产品、活动、过程、组织的体系等。因此，质量"是一组固有特性满足要求的程度"。要确保产品质量，必须保证有生产过程的质量和组织体系的质量等实体的质量。

ISO 9000 的一个重要科学依据是"质量生存于全部的生产过程中"。它具体体现在事前计划、严格按计划实施、事后检查、总结分析并采取改进措施的循环方式上。

所谓质量管理就是组织在产品生产中的质量策划、质量控制、质量保证和质量改进等与质量有关的相互协调的活动，有下列内容。

（1）质量管理体系。ISO 9000:2000 定义的质量管理：在质量方面指挥和控制组织的协调的活动。这些活动构成质量管理体系，是确定质量方针、目标和职责，指导和控制组织所有与质量有关的相互协调的活动，通常指质量策划、质量控制、质量保证和质量改进。

（2）质量管理运作实体，主要为 4 个部分：① 组织结构；② 程序；③ 过程；④ 资源。

（3）ISO 8402：1994 定义的质量策划：确定质量以及采用质量管理体系要素和要求的活动。它包括：① 产品策划；② 质量管理体系管理和运作策划；③ 编制质量计划。

（4）质量控制。监督过程的质量，排除质量环节中影响产品质量的可能因素，使过程的结果满足规定的质量要求。质量控制的方法通过适宜、有效措施和手段监督过程。

（5）质量保证。为了提供足够的信任证据，证明组织有关的各类实体有能力满足质量要求，所实施的有计划、系统的活动。质量保证两个目的：内部质量保证和外部质量保证。前者是在组织内部，后者是向客户或第三方认证提供信任的保证。

（6）质量改进。质量管理是动态、可持续改进的体系。质量改进目的是向组织的所有受益者提供更多的收益所采用的提高质量过程和效率的各种措施。

现代质量管理已从单纯对产品质量检验拓展到对产品形成过程控制，控制策略也从静态发展到动态与持续的过程改进，其核心思想为对过程的策划、控制和过程能力持续改进。

2. 软件质量管理

ANSI/IEEE Std 729—1983 定义的软件质量：与软件产品满足规定的和隐含的需求的能力有关的特征或特征的全体。这个定义实质上反映了三个方面。

（1）软件需求是度量软件质量的基础。

（2）在各种标准中定义开发准则，指导软件开发要使用工程化的方法。

（3）软件需求中常有一些隐含需求未明确提出。这表明，软件只满足精确定义的需求，而没有满足隐含的需求，有可能质量得不到保证。

软件质量是软件产品特性可满足用户的功能、性能需求的能力。

ISO/IEC 9126 是软件质量的完整定义标准，其质量包括六个部分：功能性、可靠性、可用性、有效性、可维护性和可移植性。每个部分的质量为软件属性的各种标准度量的组合。软件质量模型与测试组成如图 1-17 所示。

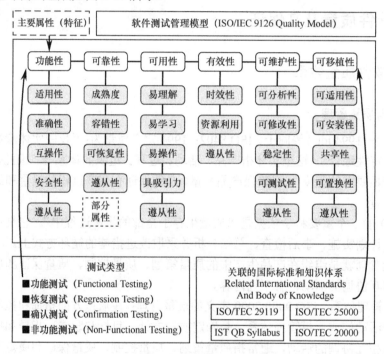

图 1-17　软件质量模型与测试组成

要确保软件质量，必须保证有软件生产过程的质量和软件组织体系的质量。所谓软件质量管理就是软件组织在软件生产中的质量策划、质量控制、质量保证和质量改进等与质量相关的相互协调的活动。与其他质量管理的概念一样，软件质量管理具有质量管理的特征和所有属性。

1）软件质量策划内容

软件质量策划内容如下。

（1）确定组织。为建立软件组织的质量管理体系所做的基础准备。

（2）确定组织的质量管理体系目标。通常以 CMM 及 ISO 9126 作为其质量管理体系的符合性标准或模型。

（3）标识和定义组织质量过程。对组织的质量过程进行策划，确定过程的资源、主要影响因素、作业程序和规程、过程启动条件和过程执行结构的规范等。过程策划不仅是其策划过程本身的质量因素，还要考虑过程间的关系与相互影响。过程策划是质量策划最艰巨、关键的任务。过程策划结果是建立组织的标准软件过程。

（4）标识产品质量特性。建立起目标、质量要求和约束条件。产品策划的关键是确定产品的特性和类型，遵循过程策划结果，定义具体产品或项目质量过程。用项目定义软件过程描述该策划，以及策划质量改进的计划、方法和途径。

2）软件组织的质量过程

软件组织的质量过程通常由软件工程过程与组织支持过程构成。

（1）软件工程过程。软件生命周期中的活动，包括软件需求分析、软件设计、软件编码、软件测试、交付、安装使用与软件维护。将软件工程的基本活动按照生命周期模型组织起来，就构成软件的基本过程。一个组织的软件过程策划包括两个阶段：组织标准生产过程策划阶段与项目策划阶段。

在 CMM 中定义了三个关键区域来实现这两级的过程策划。组织过程定义，其主要任务是识别和确定组织的质量过程，将组织比较成熟的软件过程、过程自愿要求、过程程序、过程产品要求等文档化并形成制度，贯穿于整个组织，以改进所有项目的过程性能。

项目策划阶段：其目的是为具体软件项目的开发、检查活动制订合理计划。项目策划本身就是质量策划的一项活动过程，包含确定项目开发的主要活动及活动间的关系、制定项目开发进度、配备相关资源、设定合适的检查点及检查方式。

（2）组织支持过程。是为保证软件工程过程实施和检查而建立的一组公共支持过程，主要包括管理过程与支持过程。管理过程包括评审、检查、文档管理、不合格品管理、配置管理、内部质量审核和管理评审，支持过程通常不属于软件生命周期的活动。

3）软件质量控制

软件质量控制的主要目标是按照质量策划要求，对质量过程进行监督和控制。它主要有5项内容。

（1）组织中与质量活动有关人员依照职责分工进行的质量活动。

（2）所有质量活动依照策划的方法、途径和时间有序地进行。

（3）对关键过程和特殊过程实施适当过程控制方法。

（4）所有质量活动的记录完整且真实保存，以供统计分析时使用。

（5）软件质量控制主要涉及的技术：配置管理和过程流程管理。

4）软件质量度量

软件质量度量分为产品质量度量和过程质量度量。

依赖于具体的产品质量标准，通过测试获得产品质量特性有关数据，辅助适当统计技术确定产品是否满足规定的质量要求。软件的度量包含复杂性度量、可靠性度量等，目前主要采用实用统计方法，如测试中的 Bug 发生率、千行程序误码率等。

软件质量过程度量，目前不如其他制造业成熟。这是因为软件被看成高智力、高创造性的工作。随着软件工程理论发展与成熟，软件业越来越向制造业靠近，对过程度量的成熟不是表现在简单复制等再生产环节的成熟上，而是整个软件过程的成熟上，目前对软件产品的设计、开发、测试、评审等都开展过程的度量；在软件质量过程管理中，对软件的验证通常包括对各层级设计的评审、检查及各阶段测试。对过程验证是对过程数据的评估与审核。

5）软件质量改进

质量改进是现代质量管理的必然，ISO 9000 规定组织定期进行内审和管理评审，采取有效的纠正和预防措施，保持组织的质量方针与目标的持续发展。

软件质量策划对软件过程质量改进有具体的要求，如对时间、资源、计划、目标等进行策划与准备。具体过程改进活动包括以下几项。

（1）质量度量与审核。通常包括软件可靠性度量、软件复杂性度量、软件缺陷度量、软件规模性度量。度量活动涉及需求分析、实现、测试、软件维护，也包括从代码实现到各种评审的内容。

（2）纠正和预防措施。这是质量改进的重要手段，必须认真策划和执行。"纠正"是针对不合格情况的本身，而纠错是消除实际的不合格原因。预防措施与纠正措施不同，预防措施的目的是消除潜在的不合格原因，防止不合格的发生；纠错的目的在于防止不合格再次发生。通过对各种审核报告、评审报告、服务报告、质量记录、客户投诉等信息的分析，来寻求不合格的潜在原因，并针对这些原因采取相应的预防措施。

（3）管理评审。实现持续改进的重要环节，需定期对质量管理体系现状和适应性进行评估。

1.4.2　软件测试成熟度

1．软件能力成熟度模型（Capability Maturity Model，CMM）

这是软件业标准模型，用来定义和评价软件企业开发过程成熟度，并提供如何做才能提高软件质量的指导。CMM 将软件组织过程能力成熟度级别分为 5 个级别，每一个级别定义一组过程能力目标，并描述要达到这些目标应采取的活动。依据 CMM，软件开发组织能大幅度提高按计划、高效率、低成本地提交有质量保证的软件产品的能力。

1）CMM 的基本过程

IEEE 对过程的定义："为达到目的而执行的所有步骤的系列"。软件开发和维护软件及其相关产品的一组活动、方法、实践和改革称为软件过程。软件及其相关产品是指项目计划、设计文档、代码、测试用例、用户手册等。

软件过程结构是对组织标准软件过程的一种高级别描述，明确组织标准软件过程内部的过程元素之间的顺序、接口、内部关系，以及与外部过程之间的接口和依赖关系。

软件过程元素是描述软件过程的基本元素。每一个过程元素包含一组定义的、有限的、封闭的相关任务。过程元素的描述应是一个可填充的模板、可组合的片段、可求精的抽象说明，或可修改或只使用不能修改。

软件过程定义当一个组织的标准软件过程达到高一级别 CMM 时，就定义了一个组织软件过程管理的基础。在企业一级，以正式方式描述、管理、控制和改进组织的标准软件过程；在项目一级，则强调项目定义软件过程的可用性和项目的附加值。对过程应像产品一样进行开发和维护。

2）CMM 的分级结构和主要特征

CMM 描述和分析了软件过程能力的发展程度，确立了一个软件过程成熟程度的分级标准，如图 1-18 所示。一方面，软件组织可利用它评估自身当前过程成熟程度，并以此提出严格的软件质量标准和过程改进方法策略，不断达到更高成熟度；另一方面，CMM 标准也作为用户对软件组织的一种评价，使之在选择软件开发厂商时不再盲目和无把握。

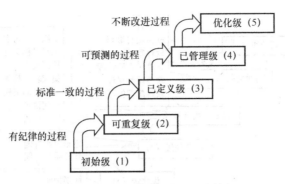

图 1-18 软件过程成熟度的 5 个等级

分级结构和主要特征如下。

（1）初始级。该级特点是软件过程无秩序，有时甚至混乱。软件过程定义几乎无章法和步骤可循状态，软件产品所取得成功往往依赖个别人的努力和机遇。

（2）可重复级。已建立基本项目管理过程，可用于对成本、进度和功能特性进行跟踪。对类似的应用项目，有章可循并能重复以往所取得的成功。

（3）已定义级。用于管理的、工程的软件过程均已实现文档化、标准化，并形成整个软件组织的标准软件过程，全部项目均已采用与实际情况相吻合、适当修改的标准软件过程进行。

（4）已管理级。软件过程和产品质量有详细的度量标准。软件过程和产品质量得到了定量的认证和控制。

（5）优化级。通过对来自过程、新概念和新技术等方面的各种有用信息的定量分析，能不断地、持续性地对过程改进。CMM 的 5 级划分给出了软件组织开展实施活动的应用范畴。

第一级是基础，大部分准备按照 CMM 体系进化的软件企业都自然处于该级别，并从该起点向第二级迈进。除第一级外，每一级都设定了上一级目标，如达到该成熟级别，自然向上一级迈进。从第二级起，每一低级别实现都是高级别实现过渡到上一级别的成熟阶段。分级方式使 CMM 具有可操作性。

3）CMM 分级结构特点

判定成熟度等级有关的组成部分处于模型的顶层，为成熟度等级（Maturity Levels）、关键过程域与各关键过程域目标。除第一级外，CMM 每一级按完全相同的内部结构构成。成熟度等级为顶层，不同的成熟度等级反映了软件组织的软件过程能力和该组织可能实现预期的程度。在每个成熟度级别（一级除外）中包含了实现这一级目标的若干关键过程域 KPA（Key Practice Areas）。CMM 根据过程改进规律，约定公共特性和关键实践内容。每一级每个关键过程域包含若干关键实践 KP（Key Practice）。无论哪个 KPA，都统一按照 5 个公共特性进行组织，即每一个 KPA 都包含 5 类 KP。这使整个软件过程改进工作自上而下形成有规律的步骤，关键域、目标、公共特性和关键实践。

4）关键过程域及目标

所谓关键过程域是指一系列相互关联的操作活动，这些活动反映软件组织改进过程必须集中力量改进的几个方面，即关键过程域包含了达到某个成熟程度级别时所必须满足的条件。CMM 每个成熟度级别规定不同关键过程域，软件组织如希望达到某一成熟度级别，就必须完全满足关键过程域所规定的不同要求，即满足每一个关键过程域的目标。CMM 共有 18 个关键过程域，分布在第 2～5 级中，在 CMM 实践中起至关重要的作用。若从管理、组织和工程进行划分，KPA 可归结成如图 1-19 所示的情形。

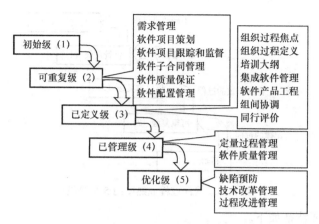

图 1-19　依据成熟度等级排列的关键过程域

关键过程域目标。CMM 中的目标是指某个关键过程域中的关键实践，它表示每一个关键过程域的范围、边界和意图。采用目标可判断一个组织（企业）或项目是否有效地实施了某关键过程域所规定的内容，即目标是检查关键过程域是否满足要求的一个指标。

5）公共特性

为完成关键过程域中的实践活动，CMM 将其活动分为具有公共特性的 5 个部分，这些特性有效地指定了一个关键区域的实现范围、结构要求和实施内容。对于关键过程域的详细实施活动，基本按照这 5 个公共特性进行描述。

执行约定描述的是一个组织为了保证过程得以建立和持续发挥作用所必须采取的行动。

执行能力描述的是在软件每个项目或整个组织必须达到的前提条件。具体执行的能力大小一般与资源、组织机构以及员工训练有关。

实施活动描述的是为实现一个软件过程关键区域所规定步骤而开展的工作，和对该工作进行跟踪，以及在必要时进行改进的措施。

度量和分析描述的是度量的基本规则，以确定、改进和控制过程的状态。度量和分析包括一些度量实例，通过这些实例知道如何确定操作活动的状态和效果。

验收实施描述是判断所开发的实践活动与确立的过程是否遵循了已制定的步骤。验证活动实施可通过管理和软件质量保证进行核查。

6）关键实践

关键实践指一些主要实践活动。每个关键过程域最终由关键实践所组成，通过实现这些关键实践来达到关键过程域的目标。通常，关键实践描述应该"做什么"，并未规定"如何"达到目标，具体的操作方法与步骤须由项目组织自行解决。

CMM 通过内部结构的规范，使软件组织能制定方针、政策、标准，并根据自身的行为建立软件过程，以提高软件过程的成熟度。

2. 软件测试成熟度模型（Test Maturity Model，TMMi）

软件测试成熟度模型基于 CMMi（软件能力成熟度集成）原则架构，是集成的软件测试成熟度框架，它由 5 个成熟的测试过程级别构成，在每一测试层级中都包含若干个过程域，并由若干过程组成与定义相关联的活动。TMMi 在全球软件业中具有先进指导作用和在测试工程中的广泛应用性。通过软件企业实施 TMMi 规范程度（级别），能够证实该企业对软件测试成熟度水平的衡量和对软件质量的评价能力。TMMi 结构如图 1-20 所示，各测试等级的内涵如下。

（1）初始级。该级没有过程域，主要进行的是缺陷的探索性测试。

（2）可管理级。过程域：由测试方针与策略、测试计划制定、测试监测与控制、测试设计与执行、测试环境五个部分组成。在该级中主要进行软件质量的测试。

（3）重定义级（集成级）。过程域：由测试组织、测试培训、测试生命周期与整合、非功能性测试、同行审查五个部分组成。在该级中主要进行需求确认测试。

（4）管理改进级（可管理与测量级）。过程域：由测试衡量、软件质量评估、高级同行评审三个部分组成。在该级中主要进行质量控制测试。

（5）优化级。过程域：由缺陷预防、测试过程优化和质量控制三个部分组成。在该级中，测试的主要特征是进行持续的测试改进。

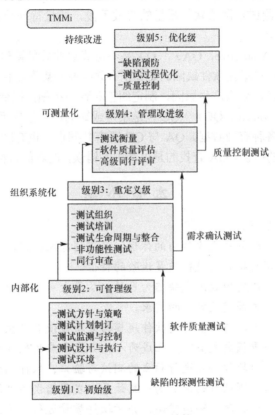

图 1-20　TMMi 结构

专业术语

错误、失效和故障　软件失效（failure）是指不完全符合给定的需求，实施及结果（actual result）或行为（在执行测试时观察到的）与期望结果（expected result）或行为（在软件规格说明和需求中定义的）之间的偏差。

导致软件失效的是其自身错误（fault）、缺陷（defect）或故障（bug），均在软件开发或更改后存在，并只在软件被执行时这些故障才会以失效方式暴露出来。失效根源在软件中某个故障。这种故障也称为缺陷或内部错误。程序中的代码错误和代码疏漏都为故障。

缺陷屏蔽（defect masking）　故障被程序其他部分某个或某些故障所掩盖，只在修正了屏蔽它的故障，相应失效才能显现出来，这也说明修正故障有可能产生副作用。

测试与调试　查找失效的过程称为测试。测试的目标是发现系统的失效，证明缺陷的存在。调试是对缺陷的定位与修正。调试一般不能解决软件逻辑正确性和软件功能、性能上的问题，调试的目标是改错，而不是寻找软件的缺陷。

测试用例　是为特定目的而设计的一组测试条件、输入测试对象的预期输出或预期行为的定义，是执行测试的最小实体，是一项活动，其结果被观察与记录。

测试套件　由一个或多个测试用例组成的集合体。

测试场景　通过将一个测试用例的输出结果作为另一个测试用例的输入条件，可将多个测试用例组合成为测试场景。

软件质量特征　由 ISO/IEC 9126 定义。功能性（functionality）、可靠性（reliability）、可用性（usability）、效率（efficiency）、可维护性（maintainability）以及可移植性（portability）都属软件质量的范畴。测试是衡量软件质量的有效手段，质量特征须在测试计划中界定以判断软件产品的总体质量。

质量保证（Quality Assurance，QA）　QA 是不可或缺的质量管理手段。软件测试通常为"事后检查"，只能保证尽量暴露软件缺陷。要真正有效控制和提高软件质量，需从设计阶段考虑，从发现的缺陷中溯源，分析产生原因，制定纠正和预防措施，确保下次不出现相同错误。

质量控制（Quality Control，QC）　QC 也是不可或缺的质量管理手段。测试是 QC 的一种手段，为保证质量提供各种有效数据。QA 与 QC 既有共同点，也有区别。两者都寻找错误，但 QC 查找的是产品中的错误，QA 查找的是过程中的错误，两者的目标都是对质量进行管理。

本 章 小 结

本章主要的知识点如下。

（1）软件及其特性。软件是人类智力的体现，是逻辑思维的产品，软件为非有形产品。软件具有不便与无法采用直接方法进行质量检验的特性。

（2）软件测试目的。以发现故障或缺陷为目的，尽最大可能找出最多错误，执行测试用例并发现错误，检查软件是否满足定义的需求。

（3）软件测试产生原因。与日俱增的软件规模与复杂性使其产生错误的概率增加，关键软件的质量问题可造成严重损失或灾难，已成为人们开发和应用软件的关注角度。

（4）软件测试概念。对软件必须进行独立的测试与验证；软件测试是对程序能按预期要求运行建立起的一种信心，测试目的是证伪；测试是以发现错误为目的而运行的程序或系统的执行过程；软件测试发现程序缺陷与错误，并对软件质量进行评价，是对缺陷与故障最有效的检验与预防措施。

（5）软件测试定义。测试是为了度量和提高被测软件的质量，是对被测软件进行工程设计、实施和维护的整个生命周期过程。

（6）软件缺陷的特征。软件逻辑性与复杂性决定其缺陷不易直接被肉眼发现，即"难以看到"；即使在运行与使用中发现缺陷或故障，仍不易找到其产生原因，即"难以抓到"。

（7）软件缺陷产生原因。分析产生软件缺陷的原因及比例。

习 题 与 作 业

一、选择题

1.【单选】以下关于软件测试目的的描述中，不正确的是_____。

　　A．测试以发现故障或缺陷为目的

B. 测试可以找出软件中存在的所有缺陷和错误

C. 执行有限测试用例并发现错误

D. 检查软件是否满足定义的各种需求

2. 【单选】软件测试是为了检查出并改正尽可能多的错误，不断提高软件的_____。

   A. 功能和效率   B. 设计和技巧   C. 质量和可靠性   D. 质量和效能

3. 【单选】导致软件缺陷的最大原因来自_____。

   A. 软件产品规格说明书   B. 软件设计

   C. 软件编码   D. 数据输入错误

4. 【单选】软件测试的对象包括_____。

   A. 目标程序和相关文档   B. 源程序、目标程序、数据及相关文档

   C. 目标程序、操作系统和平台软件   D. 源程序和目标程序

5. 【单选】识别测试的任务、定义测试的目标以及为实现测试目标和任务的测试活动规格说明。上述行为主要发生在_____阶段。

   A. 测试计划和控制   B. 测试分析和设计   C. 测试实现和执行   D. 测试结束活动

6. 【单选】某测试团队计划持续在一个被测系统中检测到 90%～95%的缺陷比率。虽然测试经理认为无论从测试团队角度还是就行业标准而言这已经是一个标准很高的缺陷检测率。但高层管理者对测试结果失望，认为测试团队仍漏检测了太多缺陷。而用户对此系统的使用满意度相对较好，虽有失效发生但总体的负面影响不大。针对上述情况，作为测试经理可应用以下哪项通用测试原则去向高层管理者解释为什么系统中仍会存在未被检测到的缺陷：_____。

   A. 缺陷集群性   B. 杀虫剂悖论

   C. 测试依赖于测试内容   D. 穷尽测试是不可能的

7. 【单选】瀑布模型表达了一种系统的、顺序的软件开发方法。以下关于瀑布模型的叙述中，正确的是_____。

   A. 瀑布模型能够非常快速地开发大规模软件项目

   B. 只有很大的开发团队才使用瀑布模型

   C. 瀑布模型已不再适合于现今的软件开发环境

   D. 瀑布模型适用于软件需求确定，开发过程能够采用线性方式完成的项目

8. 【单选】敏捷模型不仅是一个开发过程，而且是一类过程的统称，以下选项中不属于敏捷模型的是_____。

   A. 极限编程（XP）   B. IPD 模型

   C. 迭代式增量开发过程（Scrum）   D. 特征驱动软件开发（FDD）

9. 【单选】软件测试工作应该开始于_____。

   A. 需求分析阶段   B. 概要设计阶段   C. 详细设计阶段   D. 编码之后

10. 【单选】在下面的描述中，不能体现前置测试模型要点的是_____。

   A. 前置测试模型将开发和测试的生命周期整合在一起，标识了项目生命周期从开始到结束之间的关键行为，提出业务需求最好在设计和开发之前就被正确定义

   B. 前置测试将测试执行和开发结合在一起，并在开发阶段以编码—测试—编码—测试的方式来体现，强调对每一个交付的开发结果都必须通过一定的方式进行测试

   C. 前置测试模型主张根据业务需求进行测试设计，认为需求分析阶段是进行测试计划和测试设计的最好时机

   D. 前置测试模型提出验收测试应该独立于技术测试，以保证设计及程序编码能够符

合最终用户的需求

11.【单选】软件质量的定义是_____。

A. 软件的功能性、可靠性、易用性、效率、可维护性、可移植性

B. 满足规定用户需求的能力

C. 最大限度地令用户满意

D. 软件特性的总和，以及满足规定和潜在用户需求的能力。

12.【单选】在以下选项中，不属于软件功能性的子特性的是_____。

A. 适用性   B. 稳定性   C. 准确性   D. 安全性

13.【单选】软件可移植性应从如下_____方面进行测试。

A. 可适应性、易安装性、共享性、易替换性

B. 可适应性、易安装性、可伸缩性、易替换性

C. 可适应性、易安装性、兼容性、易替换性

D. 可适应性、成熟性、兼容性、易替换性

14.【单选】在关于软件质量保证和软件测试的描述中，不正确的是_____。

A. 软件质量保证和软件测试是软件质量工程的两个不同层面的工作

B. 在软件质量保证的活动中也有一些测试活动

C. 软件测试是保证软件质量的一个重要环节

D. 软件测试人员就是软件质量保证人员

15.【单选】关于软件测试对软件质量的意义，有以下观点：① 度量与评估软件的质量；② 保证软件质量；③ 改进软件开发过程；④ 发现软件错误。其中，正确的是_____。

A. ①、②、③   B. ①、②、④

C. ①、③、④   D. ①、②、③、④

16.【单选】软件能力成熟度模型（CMM）将软件能力成熟度自低到高依次划分为5级。目前，达到CMM第3级（已定义级）是许多组织努力的目标，该级的核心是_____。

A. 建立基本的项目管理和实践来跟踪项目费用、进度和功能特性

B. 使用标准开发过程（或方法论）构建（或集成）系统

C. 管理层寻求更主动地应对系统的开发问题

D. 连续地监督和改进标准化的系统开发过程

二、判断题与填空题

1.【判断】一个成功的测试是发现了至今未发现的错误。_____

2.【判断】测试可以证明程序有错，也可以证明程序没有错误。_____

3.【判断】所有的软件测试都应追溯到用户需求。_____

4.【判断】软件测试贯穿于软件定义和开发的整个过程。_____

5.【判断】软件开发模式与软件测试有密切关系，系统测试计划应该在详细设计阶段产生。

6.【判断】V模型描述了测试阶段和开发过程期间各阶段的对应关系。_____

7.【判断】软件质量度量包含软件的功能特征和非功能特征。_____

8.【判断】TMM优化级别主要进行质量控制的测试。_____

9.【填空】将瀑布模式与边写边改模式演进、结合，并加入风险评估的软件开发模式

是_____。

10. 【填空】在 RUP 流程中，工作流轴上设计 6 个核心工作流程与 3 个核心支撑工作流程，其中核心工作流程包括业务建模工作流程、_____、分析设计工作流程、实现工作流程、_____工作流程和_____工作流程。

11. 【填空】定位探索性测试的软件测试模型是_____。

12. 【填空】前置测试模型包括两项测试计划技术：第一项技术是_____，为以后提交的程序测试做好初始化准备，验证需求是否可测试；第二项技术是_____。

13. 【填空】系统在特定环境下，在给定的时间内无故障运行的概率称为_____，它是对软件设计、开发以及所预定环境下具有特定能力置信度的一种度量，为衡量软件质量主要参数之一。

14. 【填空】ISO/IEC 9126 软件质量模型定义软件包含 6 项质量特性：功能性、可靠性、可用性、_____、_____和可移植性。

15. 【填空】软件测试成熟度模型（TMM）由 5 个成熟的测试过程级别构成，分别是初始级、可管理级、_____、_____和优化级。

16. 【填空】软件测试生命周期包含在软件生命周期中。从大的方面看，测试生命周期主要横跨两个历程，分为_____的测试历程和_____的测试历程。

17. 【填空】如果同样的测试用例被一再重复地执行，则会减少测试的有效性。先前没有发现的缺陷反复使用同样的测试用例也不会被重新发现。这种现象在软件测试中称为_____。

18. 【填空】一个故障会被应用程序其他部分的某个或某些故障所掩盖，这种现象称为_____。

19. 【填空】_____是为特定目的而设计的一组测试条件、输入测试对象的预期输出或预期行为的数据集合或操作序列，它是执行测试的最小单位。

20. 【填空题】通过将一个测试用例的输出结果作为另一个测试用例的输入条件，可将多个测试用例组合成为_____。

三、简述题

1. 简述软件测试的定义及测试的意义。
2. 软件工程或软件测试中如何定义软件缺陷？
3. 软件测试所涉及的关键问题有哪些？
4. 简述软件测试的 7 项原理。
5. 简述软件开发的几种常用模式，分析每种模式软件测试策略的不同。
6. 简要分析各种软件测试模型的特点。
7. 简要描述软件测试的过程。
8. 简述软件质量的概念及质量保障体系。
9. 分析给出几项你所知道的软件缺陷或软件故障的实例。
10. V 模型是最具有代表意义的软件测试模型，请简单分析 V 模型的优点和缺点。

第 2 章 软件生命周期的测试

本章导学

内容提要

本章主要以通用 V 模型作为参考，阐述它在整个软件生命周期中扮演的角色。同时，对软件开发过程中使用的测试级别和各类测试方法进行深入的讨论，明确认识单元测试、集成测试、系统测试和验收测试各个测试阶段和测试级别的要点。这些知识为具体分析和运用各类测试策略、实施和运用测试技术方法建立基本理论与技术基础。

软件测试过程包含测试策略、测试方法、标准规范和管理控制等几个有机的组成部分。因此，测试业界都将测试认识和理解为工程的性质，并按照软件工程的模式进行每个阶段和级别的测试工作。

学习目标

⊠ 认识和理解软件开发项目遵循的预选的生命周期 V 模型思想

⊠ 认识和理解软件生命周期中的测试流程及测试内容

⊠ 理解和明确单元测试的主要任务、方法和过程

⊠ 理解和明确集成测试的主要任务、方法和过程

⊠ 理解和明确系统测试的主要内容、方法和过程

⊠ 理解和明确验收测试的主要内容、方法和过程

2.1 软件生命周期中的测试

2.1.1 软件生命周期

通用 V 模型定义于软件生命周期模型（IEEE/IEC 12207），其动态过程如图 2-1 所示。该模型体现的主要思想是：软件开发和测试是相互对等的活动，并同等的重要。模型左侧代表开发过程，右侧代表集成和测试过程。"V"两分支形象地表达了这一点。不断地组合软件的单元并形成更大的系统，这是单元模块进行集成的过程，对其功能进行测试，在有些情况下也做其他类别的测试。整个系统以验收作为集成和测试活动的结束点。

构成 V 模型左侧活动的其实就是熟知的瀑布模型中的各层级的活动。

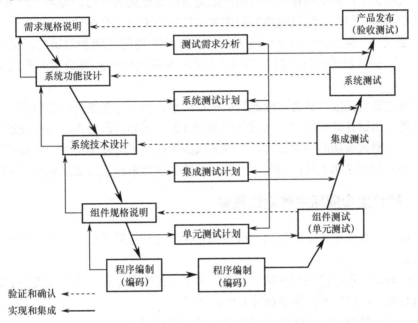

图 2-1　V 模型的动态过程

1．通用 V 模型定义的软件开发级别

（1）需求规格说明。定义开发系统的目的和需要实现的特性和功能，是从客户或将来的系统用户中收集要求和需求，进行详细描述并最终得到批准。

（2）系统功能设计。将需求映射到新系统的功能和框图上。

（3）系统技术设计。设计系统的具体方法是，定义系统环境接口、把系统分解为更小的子系统（易于理解），从而可对每个子系统进行独立开发。

（4）组件规格说明。定义每个子系统任务、行为、内部结构以及与其他子系统的接口。

（5）程序编制（编码）。通过编程实现所有已定义的组件（模块、单元、类）。

2．通用 V 模型定义的软件测试级别

随着整个构建的进行，软件系统的描述逐步详细。在某级构建中引入的错误，一般较容易在本级别中发现。所以，对于每个构建级别，V 模型的右边定义了相应的测试级别。

（1）组件测试。验证软件组件是否按照规格说明正确进行。

（2）集成测试。检查多个组件是否按照系统技术设计描述的方向协同工作。

（3）系统测试。验证整个系统是否满足需求规格说明。

（4）验收测试（产品发布）。从用户角度检查系统是否满足合同中定义的需求。对于每个测试级别，都要检查开发活动的输出是否满足具体的需求或者这些特定级别相关的需求。这种根据原始需求检查开发结构的过程称为确认（Validation）。在确认过程中，测试者判断一个软件产品（或软件一部分）能否完成其任务，并据此判断这个软件产品是否满足其预期的使用要求。

除了确认测试，V模型还要求进行验证测试。与确认测试不同的是，验证（Verification）只针对开发过程的单个阶段。验证需要确保特定开发阶段的输出已经正确并完整地实现了它的规格说明（相应开发级别的输入文档）。验证用于检查是否正确地实现了规格的说明，产品是否满足其规格说明，而不是检查最终的产品是否满足预期的使用。实际上，每个测试都同时包含这两个方面，但确认测试的内容随着测试级别的不断提高而增加。

总之，通用V模型包括以下最重要特征：软件实现的活动和测试的活动是分开的，且同等重要；V模型表明测试的验证和确认思想；根据对应的开发级别的不同来区分测试级别。

V模型右边的测试应理解为对应的测试执行级别，而不完全是先后的顺序。

测试准备（测试计划和控制、测试分析和设计）在初始阶段进入，与开发过程并行。

V模型定义测试级别的抽象过程。这些测试级别在技术上差别很大，并有不同的目标，进而也使用不同的方法和工具；同时，对测试者的知识体系和能力要求也不尽相同。

2.1.2 软件生命周期中的测试策略

软件测试是一系列事先需要计划、事中需要管理的一系列活动及过程。因此，通常需要定义软件测试模式，包含：

（1）软件测试从程序模块层开始，然后扩大延伸到整个计算机系统（指基于该软件运行所涉及的所有硬件、软件和网络系统等）的集合中。

（2）不同的软件测试技术适用于不同的测试进程时间点。

（3）测试工作由开发人员和独立的软件测试组织策划和管理。

软件测试策略是指测试将按照什么样的思路和方式，进行测试方案设计、制定，以及如何进行具体的方案实施。软件测试技术或称方法，是指在测试具体实施过程中，将运用什么样的具体测试技术。从不同的角度进行审视，测试策略属于原则性、概要性、框架性的通盘考虑和设计，而测试方法则属于具体性、方法性的技术运用。

通常，软件测试策略的内容有确定测试组织、进行测试策划、执行测试过程（或测试部署）、实施测试管理等重大项目，以及这些环节、过程及步骤如何实现的思路，并决定将采用哪些措施进行保证，还包含对测试总体的设计与部署、过程与管理、成本与效率、技术与运用等多个方面。例如，针对测试的设计与部署，其步骤如下：制订测试计划（回答为何做、如何做、谁来做、何时做、何时结束5个步骤），搭建测试环境，执行测试计划，分析测试结果，评价是否达到测试目的，编写测试报告。测试部署的过程示意图如图2-2所示。

软件测试策略必须提供既能用来检验某一源代码是否得以正确实现的低层测试，同时也必须提供能验证整个系统的功能是否符合用户需求的高层测试。完善的测试策略能为测试提供工作指南，并为测试管理提供重要的阶段性标志，实现对测试进度可度量与可控制。

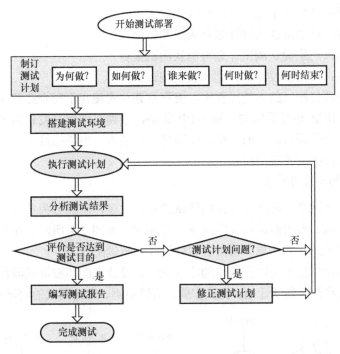

图 2-2　测试部署的过程示意图

2.1.3　软件测试通用流程

1. 软件测试通用流程概述

软件测试通用流程框架如图 2-3 所示。目前，软件业界针对软件测试的流程规划与实施的过程大体上是一致的，主要由测试规划、测试需求、测试用例设计、产品集成、集成测试、确认测试（系统测试和发布测试）和验收测试 7 个部分组成。

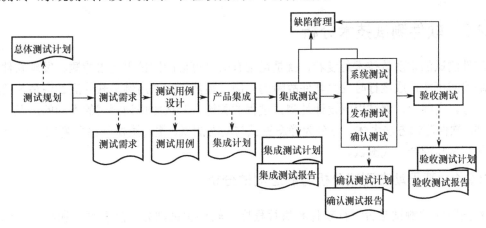

图 2-3　软件测试通用流程框架

每个阶段性测试过程都将产生相应测试文档。

测试规划过程：产生总体测试计划。

测试需求过程：产生需求测试文档。

测试用例设计：产生测试用例集。

产品集成过程：产生（单元）产品集成计划。

集成测试过程：产生集成测试计划与集成测试报告。

确认测试过程：产生确认测试计划与确认测试报告。

验收测试过程：产生验收测试计划和验收测试报告。

在具体的软件项目测试的实施过程中，流程规划与实施在不同企业和工程流派中是有一些差异的。例如，IBM 倡导贯彻与实施 RUP 策略，强调与迭代开发相协调的回归测试和用例驱动测试，并十分强调对测试的度量。而敏捷测试基本上也遵循这个原则和过程，但更加简约、灵活，以体现敏捷开发的原则。

2．软件测试的阶段性进程

实际上，软件测试具有阶段性，按照测试的先后次序，一般分为单元（或组件）测试、集成测试、确认测试、系统测试和验收测试 5 个步骤，如图 2-4 所示。在测试的各阶段输入信息中，还包括配置的相关信息，通常有软件配置和测试配置。

软件配置：通常包括不同阶段版本的需求说明、设计说明和被测试源程序等。

测试配置：通常包括测试计划、测试步骤、测试用例、实施测试的测试脚本及测试工具。

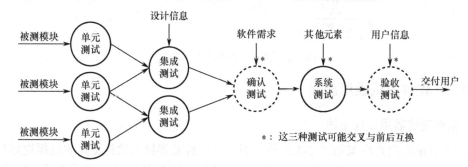

图 2-4　软件测试的阶段性进程

2.2　软件测试技术分析

软件测试的本质从技术角度看，就是运用有效且可信的测试用例去检测、发现软件中存在的缺陷或可能造成运行时发生软件故障的问题。显然，测试用例是软件测试中最为关键的组成部分。实际上，测试用例设计是测试过程的关键。若按照规划测试的不同的出发点分析与归纳，软件测试方法大体上可分为静态测试与动态测试、黑盒测试与白盒测试、手工测试、自动化测试与混合方式测试。

2.2.1　基于动态测试分析与静态测试分析

若按照软件测试是否运行软件和执行程序，软件测试则分为静态测试和动态测试两大类。这两大类测试分别实现不同的测试目标和达到不同的测试目的，它们既有区分，又有联系。针对一项软件测试工程，静态测试与动态测试均不可或缺。

静态测试和动态测试构成了既相互独立又相互联系的流程。通用 V 模型中的静态测试和动态测试架构及工作流程、时间点、关联关系与实施步骤，以及测试过程的检验与评估如图 2-5 所示。这个结构与流程描述了静态测试与动态测试各自的特征。

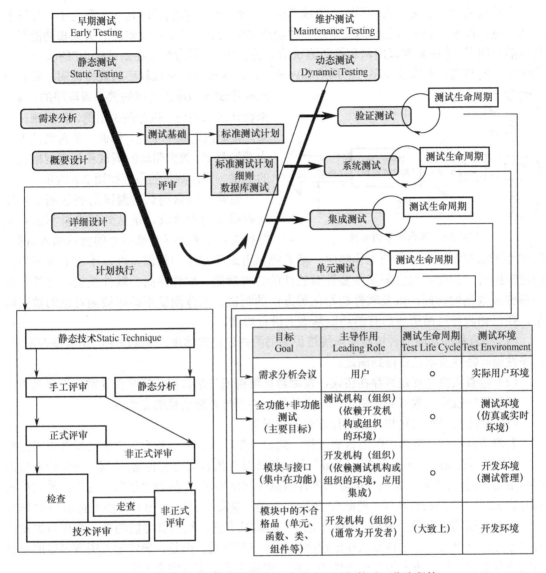

图 2-5　通用 V 模型中的静态测试和动态测试架构及工作流程等

2.2.2　基于规格说明的测试技术

若测试的规划及测试用例设计是基于软件的各项功能，即基于软件功能的规格说明（Specification-based），则测试的目的就是检查软件的各功能是否能按照预期的目标和期望值实现，并检查其功能的缺陷及错误，或没有达到设计的功能目标。黑盒测试是软件功能的主要测试方法，被普遍运用，常用来确认软件功能的正确性和可操作性，用于软件生命周期的各个阶段。

基于规格说明的测试，主要为黑盒测试（Black-box Testing）。常应用的技术方法有：等价类划分/边界值分析（Equivalence Partitioning/Boundary Value Analysis）、配对测试（Pairwise Testing）、决策表测试（Decision Table Testing）、状态转换测试（Status Transform Testing）、用例测试（Use Case Testing）等。

黑盒测试是一种从用户观点（依据需求而确定的）出发的测试，其基本思想是：任何程序都可看成从输入定义域映射到输出值域的函数过程，认为被测程序是一个黑盒子，测试者在只知道软件输入和输出之间的关系或软件功能的情况下，依靠能反映这一关系和功能需求规格的说明书，来确定测试用例和推断测试结果的正确性。黑盒测试在测试时不探究软件（程序内部）的结构，不涉及程序内部构造和内部特性，仅根据软件或程序的规格说明，依靠被测程序输入和输出之间的关系或程序的功能，来设计测试用例，执行测试用例，分析测试结果，验证预期或期望值。因此，黑盒测试也称为功能测试、数据驱动的测试和基于规格说明的测试。黑盒测试的原理如图 2-6 所示。

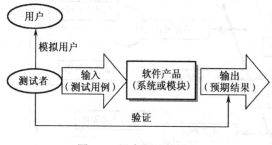

图 2-6　黑盒测试的原理

通常，黑盒测试的测试用例从测试对象的规格说明中获取，是从外部来看测试对象的行为，除了选择足够必要的测试输入数据，测试者无法控制测试对象的工作顺序。黑盒测试着眼于程序的外部特性，不考虑程序内部的逻辑结构。因此，黑盒测试主要针对软件的各种功能、软件界面、软件性能、外部系统的条件和数据的访问，以及软件初始化等方面的测试。黑盒测试不破坏被测对象的数据信息，在已知软件产品所应具有的功能基础上进行检测。

（1）检查程序功能能否按照需求规格说明书的规定正常体现，测试程序的功能是否遗漏、程序性能等特性要求是否得到满足。

（2）检查人机交互是否存在错误，检测数据结构或外部数据访问是否异常、程序是否能正确接收输入数据而产生正确输出结果，并保持外部信息的完整性。

（3）检测程序初始化和终止运行方面的错误等。

若将黑盒测试比喻为中医的诊病过程，通过"望、闻、问、切"的方法（检查患者的外观）来判断程序是否存在"病症"，"望"是指检测软件的行为是否正常；"闻"是指检查输出的结果是否正确；"问"是指根据输入各种信息（测试用例），结合"望"、"闻"检测软件的响应状况；"切"是指给软件"把脉"，判断软件的"健康状况"，查出有多少"病症"（缺陷）。

黑盒测试属于有限"穷举"（测试用例）的测试方法，把所有可能的输入都作为测试的情况进行分析检测，以这种方法找出程序中的缺陷与错误。但是，通常输入所有可能的测试用例将会受到时间、成本等客观条件的限制，实际上无法实现完全穷举。

2.2.3　基于结构的测试技术

基于软件结构（Structure-based）的测试。它主要用来分析程序内部结构，测试依赖于对程序细节的严格检验，其实质是通过测试全面了解程序内部逻辑结构、对所有程序的逻辑路径进行检验，测试按照程序内部结构进行，从检查程序逻辑着手，获得测试数据。这个原理有些类似于体检时所做的各种器官透视，如 X 光照射、B 超、CT 扫描等，检查身体内部各种器官是否正常。

基于结构的测试主要有控制流测试（Control Flow Testing）、基于路径测试（Basis Path Testing）、元素比较测试（Elementary Comparison Testing），这些测试都属于白盒测试（White-box Testing）的范围。

白盒测试是对程序的逻辑路径进行遍历性和响应性的测试，在程序内容的不同点去检验程序的状态，来判定其实际情况是否和预期状态相一致。概括地说，白盒测试的焦点集中在如何根据其内部结构去设计测试用例，执行测试，分析结果。白盒测试的基本原理如图 2-7 所示。

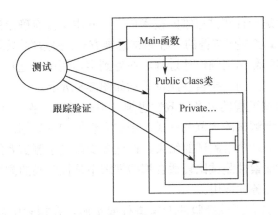

图 2-7 白盒测试的基本原理

白盒测试属于路径测试，测试者检查程序的内部结构，其全部的行为动作是检验程序中的每条路径是否都能按照预定的要求正确地工作，而不考虑其程序的功能。通常，白盒测试根据被测程序的内部结构来设计测试用例，当程序具一定规模时，贯穿整个程序的路径数可能很大，因此，很难对每一条路径都进行检查（遍历）。从另一个角度考虑，即使每条路径都经过了测试，程序仍有可能存在错误。这是因为穷举路径测试不能检查出程序是否违反设计规范。如程序结构本身存在问题，程序的逻辑有错误或遗漏，则无法发现。对于程序本身就是错误的程序，穷举路径测试也可能发现不了与数据相关的错误。

白盒测试要求对某些程序结构特性做到一定程度的覆盖，或说这种测试是"基于覆盖率的测试"。测试可严格定义要测试的确切内容，明确要达到的测试覆盖率，以减少测试过度和盲目，引导测试朝着提高覆盖率的方向努力，找出可能已被忽视的程序错误。

通常，程序结构的覆盖有下列 5 种。

（1）语句覆盖：最常见且最弱的逻辑覆盖准则，要求设计若干个测试用例，使被测程序的每个语句都至少被执行一次。

（2）判断覆盖：判定覆盖或分支覆盖要求设计若干个测试用例，使被测程序的每个判定的真、假分支都至少被执行一次。

（3）条件覆盖：当判定含有多个条件时，要求设计若干个测试用例，使被测程序的每个条件的真、假分支都至少被执行一次，即条件覆盖。在考虑对程序路径进行全面检验时，即可使用条件覆盖准则。

（4）判断/条件覆盖：根据判定覆盖与条件覆盖的混合原则设计测试用例，进行覆盖。

（5）路径覆盖：对程序所有路径的各种覆盖。虽然结构测试提供了评价测试的逻辑覆盖准则，但结构测试是不完全的。如果程序结构本身存在问题，程序逻辑错误或遗漏了规格说明书中已规定的功能，那么，无论哪种结构测试，即使其覆盖率达到百分之百，也检查不出问题。因此，提高结构测试的覆盖率，可增强对被测软件的可信度，但并不能做到万无一失。

白盒测试可通过测试工具来实现。

2.2.4 基于经验的测试技术

1. 探索性测试

基于经验（Experience-based）的测试方法，是在缺少软件的有关技术文档而使得测试用例的设计不能应用前述的方法进行时所运用的一种测试技术。这种方法运用较多的是探索性测试（Exploratory Testing）。

探索性测试可认为是一种测试思维的技术体现，其本身没有确定的测试方法、技术与测试工具，但却是所有测试者都应掌握的一种测试思维方式。探索性测试强调人的主观能动性，抛弃了繁杂的测试计划和测试用例设计过程，在遇到实际测试问题时能够及时调整和改变测试的策略，提出新的测试方向。探索性测试示意如图 2-8 所示。

探索性测试强调测试过程的更多发散性思维（不是盲目发散），这是与传统测试模式的最大区别。传统测试强调测试的规范及程式，制定完整的测试计划，设计完善的测试用例，执行严格的测试过程，记录分析测试的结果。但这多少限制了测试者的测试思维，使测试人员缺少了主观能动性。探索性测试比较适合那些需求不是很明确的测试任务，或者新接手一项缺乏详细文档的测试任务的应用。

探索性测试通常由具有测试经验的专家进行或实施，在探索中需要专注或沉浸于测试中，并在探索测试时坚持缺陷聚集的原则，以最小化的简洁文档关注测试的任务，探索性测试针对软件实施连续的"提问"。

探索性测试的核心思想，相对于传统软件测试过程的"先设计，后执行"而言，采用的测试策略是测试设计与测试执行的同时性。在对测试对象进行测试的同时，测试者通过测试不断地学习被测系统，获得的关于测试对象的信息，同时将学习到的关于软件系统的更多信息通过综合的整理和分析，创造出更多的关于测试的策略和办法；在测试过程中运用以设计出新的、更有效的测试及测试用例。探索性测试的过程其实是一个向软件产品"提问"的过程，如图 2-9 所示。

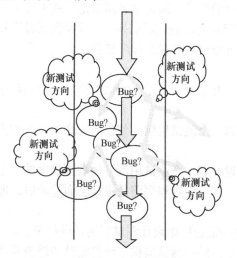

图 2-8　探索性测试示意

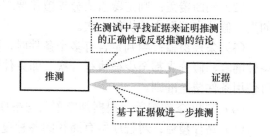

图 2-9　探索性测试的"提问"

探索性测试的提问范围包括软件产品、测试、问题 3 个方面。

1）产品

（1）该软件是做什么的？

（2）能控制和观测到软件的哪些方面？

（3）应该测试什么？

2）测试

（1）应该采用不一样的测试策略吗？

（2）怎样提高对产品好坏的理解程度？

（3）如果系统存在严重问题，应该如何发现它？

（4）应该加载什么文档？按哪个按钮？输入什么值？

（5）这次的测试是否有效？

（6）从测试中学到什么东西可以应用到下一次测试？

（7）刚才发生了什么问题？如何更好地检查它？

3）问题

（1）这个缺陷问题违背了什么软件质量标准？

（2）在这个产品中可以发现什么类型的软件错误？

（3）现在看到的是一个问题吗？如果是，为什么？

（4）这个问题的严重程度如何？为什么需要修正？

如果发现已没有任何问题可问，那么就要问为什么没有问题了。例如，如果对于软件的可测性或测试环境没有任何问题可问，那么，这本身可能就是一个关键问题。这时，恰有可能是让 Bug 漏掉的时候。

探索性测试的过程包括计划、学习和分析、测试执行、结果分析 4 个循环步骤，这 4 个步骤在某些阶段可能是交叉或同时进行的。

在计划前首先学习、调查和收集资料，弄清探索性测试的目的与重点，指定测试领导人。

在学习和调查分析之前先执行一次测试，以便收集更多有关产品、质量与缺陷的信息，明确信息的来源。

测试执行过程是一个提问软件、记录所有缺陷、问题和结果的过程，同时也是探索和了解更多关于产品信息的过程，因此在开始之前，应对相关问题调研分析，为过程实施做准备。

结果分析包括测试结果分析与探索结果分析，需确定分析频度，分析测试的“故事情节”是否完整（基于风险分析测试的覆盖率），周期性地对测试记录进行讨论，基于这些记录判断测试的充分性，交流测试的主张，总结测试的经验，激发测试者提出更多测试策略，明确结果对下一阶段测试的指导意义。探索性测试过程如图 2-10 所示。

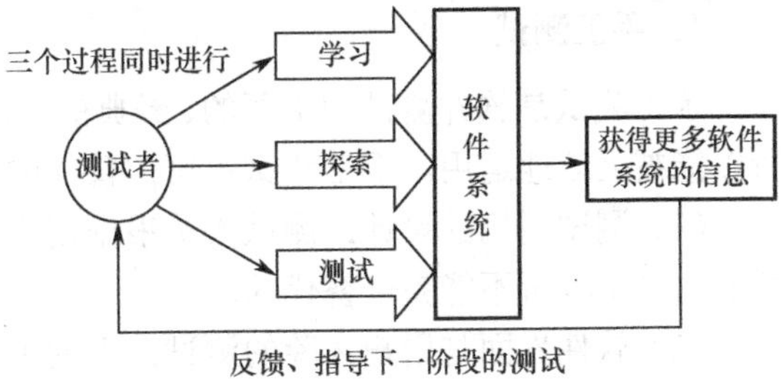

图 2-10　探索性测试过程

2．探索性测试的过程管理与度量

探索性测试不是严谨的测试方法，缺乏严格的可管理性和度量特性，但还是提出了一种基于任务的测试管理方法，运用于探索性测试的管理。因此，探索性测试的管理也叫“基于 Session 的测试管理”（Session-Based Test Management），这种测试管理把测试过程划分成多个 Session，或者称为“探索任务”，每个 Session 都是由目的驱动的，都由一名测试人员负责执行。在一个 Session 结束后，测试人员提交一份 Session 报告，附上关于测试过程的重要信息。探索性测试任务如图 2-11 所示。

探索性测试，需要一位测试领导者，就像球类比赛中的教练，可称为测试领导人，但他与教练的区别是：领测者必须亲自参加测试。又需要像教练一样指导测试人员如何进行测试，需要时刻了解“场上”所有情况，并及时做出正确的调整。

在每一次阶段性探索性测试任务完成后，将召开会议，探索性测试人员和领测者用 15～20min 的时间讨论在测试过程中遇到的问题，例如有关软件产品的新信息，以及所采用的测试技术是否有效等，以便测试“教练”在做下一项测试任务时参考。

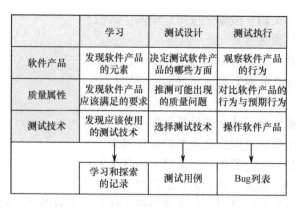

	学习	测试设计	测试执行
软件产品	发现软件产品的元素	决定测试软件产品的哪些方面	观察软件产品的行为
质量属性	发现软件产品应该满足的要求	推测可能出现的质量问题	对比软件产品的行为与预期行为
测试技术	发现应该使用的测试技术	选择测试技术	操作软件产品
	学习和探索的记录	测试用例	Bug列表

图 2-11　探索性测试任务

3．其他基于经验的测试方法

其他基于经验的测试方法主要有错误猜测（Error Guessing）法、检查表（Check List）法、分类树法（Classification Tree Method）等。

2.2.5　手工测试与自动化测试

手工测试与自动化测试都是软件测试工作中广泛运用的策略方法和手段。这是两种基本的具体测试策略和方法。实际上，手工测试与自动化测试均不可或缺，关键是在适合的地方选择适合的测试手段，运用于不同的测试场合与测试情景。通常的测试策略是以混合的方式使用的。

1．手工测试

手工测试是软件测试的主要的、经典的方法，其优势是因为人具有很强的逻辑判断能力，所以能被灵活地运用。手工测试不可被替代的原因如下。

（1）测试用例的设计：测试人员根据规格说明书而设计测试用例，其经验和对错误的判断能力是工具所不能完全替代的。

（2）软件界面与用户体验的测试：人的审美观、心理感受及体验是工具无法模拟的。

（3）正确性检查：人对错误的判断、逻辑推理的能力，是工具不能或完全替代的。

（4）各种评审测试：均需要通过人工方式来完成。

2．自动化测试

自动化测试是软件测试的必然发展，是对手工测试的有力补充。自动化测试的目的是帮助测试，部分替代手工测试。因为很多数据的正确性、业务逻辑和软件界面是否满足用户的要求程度等，都无法离开测试人员的直接判断。但如果仅依赖手工测试，则工作可能很低效甚至难以实现。例如，软件的修改、变更需要回归测试，一般重复工作较多，对测试人员造成巨大的工作压力；又例如，软件压力负载测试基本依赖于自动化测试完成。自动化测试具有很强的优势，充分借助了计算机的计算和逻辑判断能力，通过重复、持续地运行，能够精确、大批量地实现数据的比较，对测试数据进行自动化处理。

自动化测试的主要手段之一是采用测试工具。测试工具（或称测试平台），是由人通过计算机媒介而设计的一种特殊的软件系统，并利用其功能完成一系列的测试任务或工作。测试工作的特点之一是重复性，使工作量倍增，同时也让测试者产生工作压力和厌倦心理，利用测试工具来解决上述问题，其实也是自动化测试技术产生与发展的渊源。

实际的自动化测试的含义广泛，任何帮助软件测试流程的自动流转、替换手工的动作、解决问题的过程，以及帮助测试人员进行测试工作的相关技术，或工具（包括开发测试的工具和测试工具）的应用，都属于自动化测试。例如，测试管理工具可帮助测试人员自动统计测试的结果并产生测试报告，利用多线程技术模拟并发用户，利用工具自动记录和监视程序的行为及产生的数据，利用工具自动执行窗口界面的鼠标单击和键盘键入等操作。

关于自动化测试的详细讨论，将在后面章节中进行。

2.2.6 基于风险的测试

1．软件风险的概念

所谓软件风险，是指软件运行时产生的不良结果，导致软件失败的可能性，以及在商业方面的损害、损毁的预测。这种风险是来自软件产品（系统）或质量的风险，项目或计划的风险。其影响也是多方面的，主要是在商业上带来各种失败。软件风险可发生在软件生命周期的各个阶段，并常常具有复合性的特征。

基于风险的测试，是指测试响应及应对软件的风险。

软件风险的级别确定，主要依据软件（成品）的配置、测试序列和缺陷修复的优先序列。

风险测试可减弱风险或对外产生的影响程度，报告测试的结果与项目的状态，基于新的信息，可重新评价风险的级别。

2．风险的管理

1）风险管理的活动

风险管理包括以下三个方面。

（1）持续的风险管理。测试活动始于一个序列的过程，其每个过程都与风险相关，因此需要进行持续的风险控制。

（2）完善的风险管理。软件的风险包含所有的项目利益的相关者，因此需要实施完善的风险管理。

（3）风险管理关注缺陷的程度。因为软件的缺陷是软件最大的风险因素。

2）风险的识别

对软件产品及项目的风险，可采用以下风险识别的方法：由专家、内行进行访谈；对软件产品或项目进行独立的评价与评估；使用风险的范本；对项目进行回顾；召开风险研讨会，运用"头脑风暴"法寻找与分析；运用检查表方法；收集过去的风险识别的经验。通过征求、收集、整理大范围的利益相关者对风险的识别，可以更加清楚风险在哪里。

风险识别后，将能够决策：

（1）停止该项目的开发或者运作。

（2）关注风险项对项目"下游"的影响。

（3）关注风险的原因的溯源。

3）风险的分析与评估

对风险进行单独风险分析与评估。这项工作，主要是进行风险的分类，其依据主要依赖于 ISO 9126 质量体系。

对风险可以测定其级别。这常基于可能性与影响程度。可能性通常产生于技术上的风险，而影响则产生于项目的商业（或业务）的风险。

风险的级别决定其定量与定性。典型的风险级别决定其定性，统计数据的方法决定其定量风险级别反映了利益相关者的意见与愿望。

4）风险的减轻与控制

风险控制包含减轻、可能性、转移、忽视或者接受，风险减轻的策略主要依靠风险测试的分析和测试策略。

3．基于风险的测试策略

基于风险的测试策略（Risk Based Testing Strategy）主要分为低级别风险测试策略和高级别风险测试策略。

1）低级别风险测试策略

在低级别测试方面，主要关注软件产品开发过程的设计、编码阶段所做的测试，如图2-12所示。

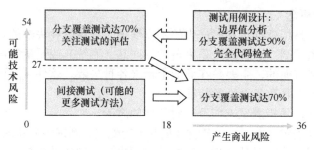

图2-12　低级别风险测试

2）高级别风险测试策略

在高级别测试方面，主要关注点为软件产品开发的验收测试，如图2-13所示。

其风险等效于：软件失败的可能性×对商业的影响（损害、赔偿等）

风险测试过程：风险鉴定→风险分析→制订风险测试计划→测试后的风险追踪。

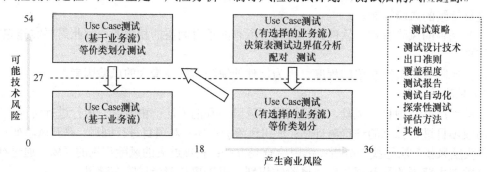

图2-13　高级别风险测试

2.2.7　软件测试的分类

1．广义软件测试

在整个软件生命周期中，广义软件测试实际上是由确认、验证、测试三个方面组成的。

（1）确认主要体现在计划阶段和需求分析阶段。确认是评估将要开发的软件产品是否正确无误、可行和具有价值。例如，将要开发的软件能否满足用户提出的要求，能否在将来的实际使用环境中正确稳定地运行，是否存在隐患等。这里包含了对用户需求满足程度的评价。确认意味着确保待开发的软件正确无误，是对软件开发构想的检测。

（2）验证主要体现在设计阶段和编码阶段。它检测软件开发的每个阶段、每个步骤的结果是否正确无误，是否与软件开发各阶段的要求或期望的结果相一致。验证意味着确保软件正确无误地实现软件的需求，开发过程沿着正确的方向进行。

（3）测试主要体现在编码阶段和测试阶段。这与狭义的软件测试概念一致，通常经过组件测试、集成测试和系统测试这三个过程。

事实上，确认、验证、测试是相辅相成的。确认的结果是产生验证和测试的标准，而验证和测试通常又能帮助完成某些确认，特别是在系统测试阶段。

2. 软件测试分类及相互关系

软件测试，其本质问题是寻找软件存在的缺陷和错误。这很类似于对人进行的体检，以查找健康的隐患或存在的疾病为目标，需要根据不同的身体部位和生理系统的分类进行检查，并在不同部位、不同阶段、不同生理系统中采用不同的策略和方法，采用各种相关的技术手段和各种检测的仪器，并做出相应的检测结果和各部位集成的体检报告。

软件测试按照不同角度或视点，会根据查找软件缺陷或故障的策略、方法、范围、技术运用等产生各种分类。这些分类说明了软件测试的复杂性和分别可属于的不同测试分类。

可根据测试目标、测试阶段、测试方法将采用不同的方法或技术。

按照测试用例的设计方法和是否分析程序的内部结构划分，测试可分为白盒测试与黑盒测试。

按照测试是否运行软件和执行程序划分，测试可分为静态测试和动态测试。

按照测试在具体测试时是否运用测试工具，或依赖程度不同而采用的模式划分，测试又可分为手工测试、自动化测试或混合模式测试。实际上，混合模式运用最为广泛。

按照软件架构与设计是否采用面向对象技术划分，测试又可分为传统的面向过程的测试和面向对象的测试。

按照将软件产品或系统的生命周期及局部与整体组成关系与实现的功能划分，测试可分为组件（单元）测试、集成测试、系统性测试（功能测试、性能测试、安全性测试、确认性测试等）、验收测试等。

按照软件系统的架构或设计是在网络环境下运行，还是在单机环境下运行，或为某一特定环境下的软件（如嵌入式系统、Web 应用系统、无线网络系统等）划分，测试可分为单机模式测试、特定应用系统测试、网络性能测试、数据库性能测试、服务器性能测试、客户端性能测试等。

按照软件产品开发的过程中的某些情形划分可分为回归测试（软件修正及变更）、恢复性测试、确认测试、探索性测试、α 测试、β 测试等。

就软件测试管理而论，测试还包含测试管理的各项技术，如测试组织管理、测试事件管理、缺陷管理和测试用例，以及测试过程的管理，等等。

软件测试的具体细节技术，有针对自动化测试中的测试脚本生成和运用的技术等。

实际的测试情况可能是几种情形的不同程度交叉，软件测试设计的复杂性和特点依赖于软件系统的复杂性及其特点。

例如，对软件程序代码的静态分析，既属于静态测试范围，又可属于白盒测试技术，也可认为属于组件测试。软件测试可按测试级别划分，按是否运行程序划分，按是否查看源代码划分，按其他情形划分，如图 2-14 所示。

软件测试的分类是站在不同的角度来看待各项测试工作的。清晰的理解和认识将对测试项目策划、测试需求分析、测试设计、测试执行、测试结果等一系列事物的组织、分析、决策、实施、过程的管理等复杂而又具体的各种问题的解决十分有益。

需要说明的是：测试分类是不同角度的认识、理解与梳理，这十分有利于明确测试策略、方法和技术的全貌，但其类别之间并非一定存在着逻辑关联性。

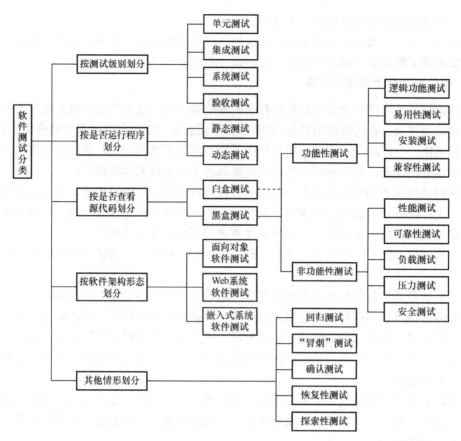

图 2-14　软件测试的分类

2.3　组件测试

2.3.1　组件测试的类别及模式

组件测试也称为单元测试（Unit Test）。作为软件生周期的第一个测试级别，针对单元进行。

根据开发使用的编程语言的不同，软件单元所指的内容也不尽相同，可以是软件模块、单元程序或函数、类（库）、API，等等。因此，根据不同的软件单元，测试就分别称为模块测试、单元测试、程序测试或者类测试。通常采用单元或组件的提法，把针对某个组件的测试称为组件测试或者单元测试。在不引起歧义的情况下，"组件"与"单元"将为同一概念。

1. 组件测试对象

组件测试的主要特征：一个组件独立于软件系统的其他组件而进行单独测试。组件的独立对防止外部环境对组件的影响是必要的，当测试发现问题时，可确定该问题源自被测试组件。

被测组件可由更多、更小的组件组合而成。但测试关注组件的内部行为，组件之间的接口测试可归属于集成测试的任务。

组件测试是根据内容而进行的正确性检验的工作，其目的是发现每个组件内部可能存在的缺陷或错误。组件测试处理的对象直接来自开发人员的工作结果，因此，组件测试是在与开发者密切合作的情况下进行的，通常组件测试由程序开发者完成。在敏捷开发中，极限编程、测试驱动开发模式的出现，使开发与测试需要实现有机融合，开发与测试实施结对策略。

2．组件测试类别

组件测试分为广义和狭义两种。狭义组件测试指编写测试用例来验证被测代码的正确性，如针对某个类或方法的测试。在实际测试工作中，由于以一个类作为整体进行测试，其难度与复杂性较高，因此，在很多情况下还是以函数作为测试的单元。广义组件测试是指编写测试用例进行可小到一行代码的验证、大到一个功能模块的验证，从代码的规范性检查，即代码标准的检查、注释的检查、代码编写的风格，直到代码审查、代码功能、代码性能、程序安全性的检查，一系列的验证测试都包含在内。

组件测试可有静态测试与动态测试。静态的组件测试主要指代码走读这类检查性的测试方式，针对代码文本进行检查，而不需要进行编译和运行代码；动态的组件测试指要通过编写测试代码（或设计测试用例）进行测试，需要进行编译和运行代码，调用被测代码运行。

组件测试不论是静态测试还是动态测试都可采用人工方式或自动化方式进行。手工的静态测试主要为代码走读和代码审查，动态测试则需采用编写单元测试用例来执行的方式。手工单元测试是传统方式，但目前以自动化方式实现组件测试的应用发展得很快，通常需借助组件测试工具来实现。

自动化静态测试主要是根据代码的语法与词法特征、算法及编码的规范来识别潜在的错误和问题，自动化测试主要运用测试工具来进行。测试工具将常见的错误特征归纳成规则库，扫描代码时自动地与规则库进行匹配比较，如果出现不匹配，则提示错误。自动化动态测试通过运行、执行设计完成的测试用例，对被测试的代码进行测试，测试工具也可动态生成某些测试用例，然后自动转换成测试代码并执行。

3．组件测试模式

组件测试有两种模式：测试驱动模式和代码先行模式。

（1）测试驱动模式。把测试用例的设计提前到代码还没产生出来之前进行。强迫开发人员对即将编写的代码的程序进行需求方面的细节分析和代码设计方案的考虑。这种测试策略使得开发的习惯改变了，如敏捷开发中的测试。

（2）代码先行模式。先编代码，后进行测试。这种方式较易实施和控制，可选择需要测试的重要代码进行测试，但对开发的习惯和流程改变不大。

2.3.2　组件测试的任务

组件测试通常针对的是每个程序的模块，主要测试模块的 5 个方面：组件内部模块接口检测、局部数据结构检测、路径检测、边界条件检测和出错处理的检测。

1．组件内部模块接口检测

这是针对组件内部模块接口进行的测试，检查进出程序单元的数据流是否正确。对模块接口数据流的测试必须在任何其他测试之前进行，因为如果不能确保数据正确输入和输出，所有测试均没有意义。

针对内部模块接口测试应进行的检测主要有：

- 模块接收的输入参数个数与模块的变量个数是否一致。
- 参数与变量的属性是否匹配。
- 参数与变量所使用的单位是否一致。
- 给另一被调用模块的变量个数与参数个数是否相同。

- 传送给另一被调用模块的变量的单位是否与参数的单位一致。
- 调用内部函数时，变量个数、属性与次序是否正确。
- 在模块有多入口情况下，是否有引用与当前入口无关的参数。
- 是否会修改只是作为输入值的变量。
- 出现全局变量，这些变量是否在所有引用它们的模块中都有相同的定义。
- 是否把常数作为变量来传送。
- 文件属性是否正确。
- 文件打开语句格式是否正确。
- 格式说明与输入、输出语句给出的信息是否一致。
- 缓冲区设置的大小是否与记录的大小相匹配。
- 是否所有的文件在使用前均已打开。
- 对文件结束条件的判断和处理是否正确。
- 对输入、输出错误的处理是否正确。
- 是否有输出信息的正文错误。

2. 局部数据结构检测

在模块工作过程中，须测试其内部数据能否保持完整性，包括内部数据的内容、形式及相互关系不发生错误。模块的局部数据结构是常见的错误发生源，对于局部数据结构应在组件测试中注意发现以下几类错误。

- 不正确的或不一致的类型说明。
- 错误的初始化或默认值。
- 错误的变量名（拼写错误或缩写错误）。
- 下溢、上溢或地址错误。

除局部数据结构外，在单元测试中还应明确全程数据对模块的影响。

3. 路径检测

在单元测试中，主要测试之一是对路径的测试。其所设计的测试用例必须能发现由于计算错误、不正确的数据流、不正确的程序判定或控制流而产生的错误。这些常见错误如下。

- 误解的或不正确的算术优先级。
- 混合模式的运算。
- 错误的初始化。
- 数据及计算机结果的精确度达不到精确度的要求。
- 表达式的不正确符号表示。

针对判定和条件覆盖，执行测试用例将可能发现：

- 不同数据类型的比较。
- 不正确的逻辑操作或优先级错误。
- 应相等的计算结果因精度的错误而不能相等。
- 不正确的判定或不正确的变量。
- 不正确的或不存在的循环终止。
- 分支循环程序不能实现退出循环。
- 不适当地修改了程序的循环变量。

4. 边界条件检测

软件常在各模块边界处发生问题。例如，在处理数组的第 N 个元素时，往往容易出错，程序循环执行到最后一次循环执行体时也易出现问题，边界测试也是组件测试的内容。通常，针对边界条件的检查采用边界值分析法来设计测试用例，进行测试，在有限制的数据处理而设置的边界处，检验模块是否能够正常工作。

5. 出错处理检测

这项测试的重点是检验模块在工作中发生错误后，其出错处理的措施与处理是否有效。

程序运行常会出现异常现象，良好的设计应预先估计到运行中可能发生的错误，并采用相应的处理措施，使软件运行不中断或崩溃。检验出错处理可能面对的情况有下列几项。

- 对运行发生的错误描述的信息难以理解。
- 所报告的错误与实际遇到错误不一致。
- 出错时，在错误处理之前就引起系统的干预。
- 例外条件的处理不正确。
- 提供的错误信息不明确，以至无法找到出错的原因。

2.3.3 组件测试的过程

在通常情况下，组件测试常与代码编写工作同时进行，在完成了程序编写与语法的正确性检查（通常由编译过程完成）后，就应进行组件（单元）测试的测试用例设计。

在对每个组件模块进行测试时，不能完全忽视它们和周围其他模块的相互作用及关系。为模拟这一联系，在测试时，需要设置一些辅助测试模块。

辅助测试模块一般有两种：

（1）驱动模块（Driver），用来模拟被测模块的上一级模块。驱动模块在组件测试中接收数据，把相关数据传给被测试的模块，启动被测模块，并输出相应的结果。

（2）桩模块（Stub），用来模拟被测模块工作过程中所调用的模块。桩模块由被测模块调用，一般只进行较少的数据处理，例如打印的入口与返回，以检验被测模块与其下一级模块的接口。

图 2-15 为组件测试环境。

驱动模块和桩模块都是测试过程中的额外开销，这两种模块虽然在组件测试中必须编写，但并不需要作为最终产品提供给用户。若驱动与桩较少，系统开销则相对较低，但模块间接口的全面检查通常要在集成测试时进行。

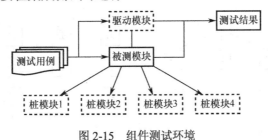

图 2-15　组件测试环境

2.3.4 组件测试管理

组件测试若需合理、规范、高效地进行，则应制定一套测试管理的规范。这个管理规范通常由软件产品项目经理以上的管理层进行发布，由 QA 部门负责监督执行。组件测试管理规范的内容包含制订组件测试计划、设计原则与执行过程。

组件测试通常由开发人员进行并完成，这在敏捷开发中更为普遍。进行组件测试，需注意组件测试与程序调试的不同。

测试与调试两者具有完全不同的含义，主要体现在目标、方法与思路上的不同。

测试时从已知条件开始，具有预先定义的内容（条件、用例等）及过程，可预知测试的结果。而调试是从未知条件开始，预期过程与结果不可预计。测试过程可设计预期，并可控。而调试难以预期过程及时间。测试寻找缺陷并显示错误，包括软件开发运行的结果及错误调试后的修正结果。而调试需要经验与思考，为一个程序逻辑推理的修正过程。测试能在无详细设计的情况下进行，而调试无详细设计（或代码）则无法进行。

2.4 集成测试

2.4.1 集成测试概念

集成测试（Integrated Testing）阶段是指每个模块完成组件测试后，需按照设计时确定的软件结构图，将它们连接起来，进行集成测试。集成测试也称为综合测试。软件工程实践证明，软件产品的模块能够单独正常工作，但并不能保证连接之后也一定能正常运行。软件在某些局部环境下不出现的问题，在全局环境下则有可能出现，影响软件功能的实现。

2.4.2 集成测试策略

集成测试一般包含两种不同的测试策略：非增量式测试与增量式测试。

1．非增量式测试

非增量式测试采用一步到位的方法构造测试。在对所有模块进行测试后，按照程序结构图将各模块连接起来，把连接后的模块当成一个整体进行测试。集成测试的非增量方式如图 2-16 所示。被测试程序的结构由图 2-16（a）表示，由 6 个模块组成。在组件测试时，根据它在结构图中所处的层级位置，对模块 B 和 D 配置了驱动模块（dx）与桩模块（sx），对模块 C、E、F 只配备了驱动模块。模块 A 由于处在结构顶端，没有其他模块可调用，因此仅配置 3 个桩模块，以模拟被它调用的 3 个模块 B、C 和 D，如图 2-16（b）、（c）、（d）、（e）、（f）、（g）所示。分别进行单元测试以后，再按图 2-16（a）的结构图形式连接起来，进行集成测试。

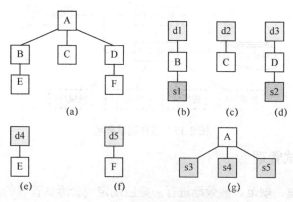

图 2-16 集成测试的非增量方式

2. 增量式测试

增量式测试与非增量式测试不同，集成是逐步实现的，测试也是逐步完成的，因此，可认为是将组件测试与集成测试结合进行。增量式集成测试可按照不同次序实施，由此产生了两种不同的方法，即自顶向下结合的方法和自底向上结合的方法。

1) 自顶向下的增量式测试

自顶向下的增量式测试表示逐步集成和逐步测试是按照结构图自上而下进行的，即模块集成的顺序是，首先集成主控模块（主程序），然后依照控制层次结构向下进行集成。从属于主控模块的按深度优先方式（纵向）或者广度优先方式（横向）集成到结构中去。

深度优先的集成是首先集成在结构中的一个主控路径下的所有模块，主控路径的选择是任意的，如先选择最左边的，然后是中间的，直到最右边。广度优先的集成是首先沿着水平方向，把每一层中所有直接隶属于上一层的模块集中起来，直到底层。

集成测试整个过程由以下 3 个步骤完成：

（1）主控模块作为测试驱动器。

（2）根据集成的方式（深度或广度），下层的桩模块一次一次地被替换为真正的模块。

（3）在每个模块被集成时，都必须进行单元测试。

重复第（2）步，直至整个系统被测试完成。

图 2-17（a）表示的是按照广度优先方式进行集成测试的典型例子。首先，对顶层的主模块 A 进行单元测试，这时需配以桩模块 s1、s2、s3，以模拟被它调用的模块 B、C 和 D。然后，把模块 B、C、D 与顶层模块 A 连接，再对模块 B 和 D 配以桩模块 s4，s5 以模拟对模块 E 和 F 的调用。以图 2-17（b）的形式完成测试。最后，去掉桩模块 s4 和 s5，把模块 E 和 F 连上，对完整的结构进行测试，如图 2-17（c）所示。

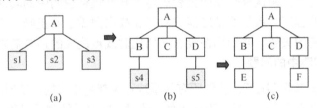

图 2-17　自顶向下的增量式测试方式

2) 自底向上的增量式测试

自底向上的增量式测试表示逐步集成和逐步测试是按结构图自下而上进行的，由于从底层开始集成，所以不再需要使用桩模块进行辅助测试。图 2-18 表示了自底向上的增量式集成测试方法示意图。树状结构图中最下层有叶节点模块 E、C、F，由于它们不再调用其他模块，单元测试时只需配备驱动模块 d1、d2、d3，用来模拟 B、A、D 对其调用。完成三个单元测试后，再按图 2-18（d）、（e）的形式，分别将模块 B、E、D 和 F 连接起来，在配置驱动模块 d4、d5 的条件下进行部分集成测试。最后，再按图 2-18（f）的形式完成集成测试。

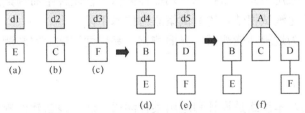

图 2-18　自底向上的增量式集成测试方法示意图

2.5 系统测试

2.5.1 系统测试的概念、对象、环境与目标

1．系统测试的概念

系统测试主要从系统的角度来检验和寻找缺陷。这部分测试主要包含功能测试、性能测试、安全测试、可靠性测试、恢复性测试与兼容性测试等。

2．系统测试的对象与环境

经过集成测试，软件已完全组合起来，因此，系统测试将系统作为一个整体进行测试。系统测试应尽可能在与目标运行环境一致的情况下进行。在测试平台上，安装要用到的硬件和软件，如硬件设备、软件、驱动程序、网络环境与外部系统等，以替代测试驱动器和桩。

系统测试需要独立的测试环境。系统测试如果在客户的运行环境下执行，而非在独立的环境下测试，会有较大的风险。其原因如下。

（1）系统测试时，很可能发生失效并对客户的运行环境造成破坏，在系统发生系统崩溃和数据丢失的代价是严重与巨大的。

（2）测试者对运行环境的参数设置与配置的控制可能有限，或完全没有，容易产生失控。

（3）由于客户环境下的其他系统在测试时也同时在运行，测试条件可能会逐渐发生变更，使得系统测试执行不能重现，或很难重现，这将验证影响测试结果，造成测试结论的失真。因此，不应低估系统测试的难度，以免造成测试计划实施的延迟和产生不正确的结果。

3．系统测试的目标

系统测试的目标是，确认整个系统是否满足了软件规格说明中的功能性和非功能性的各项需求，以及满足的程度。系统测试应能够发现和找出因需求不正确、不完整或实现与需求之间的不一致而引起的失效，并识别在没有文档化时或被遗失的那些需求。

4．系统测试实践中的问题

在不明确的系统需求情况下，软件所有的系统行为都是正确的。这时所进行的系统测试，则无法对软件系统的各项功能进行正确地评估。此时，针对系统测试只能采用探测性测试。另外，错误的测试分析和决策也将导致系统测试的失败，并由此造成项目（系统或研发）失败。

2.5.2 系统的功能性测试

功能性测试包括验证系统输入/输出行为的各种测试。功能性测试的基础是功能需求，功能需求详细地描述了系统行为，定义了系统必须完成的功能。这些需求的实现是系统正确使用的前提条件。根据 ISO/IEC 9126 的定义与说明，功能特性包括适应性、准确性、互操作性和安全性等。

功能性测试一般采用黑盒测试技术。功能性测试可在软件生命周期的不同阶段进行，可采用人工测试与自动化测试相结合的测试策略与技术手段。

功能测试可细分为逻辑功能测试、界面测试、易用性测试、安装测试等，而其中最重要的是逻辑功能测试。

1．逻辑功能测试

逻辑功能测试的基本思路是设计和运用某种测试方法，根据软件规格说明（软件要达到的功能）构造一些合理的输入（测试用例）并输入软件，检查是否得到期望结果输出，即使

用有限的输入值来测试和验证软件的逻辑（业务）功能。逻辑功能测试常采用动态测试技术，如等价类划分法、边界值法、因果图法、决策表法、状态转换法、配对法（正交试验法）等。

2. 界面测试

界面测试（User Interface Testing）可列入功能测试的范畴，它在软件中所占的分量逐渐增加，这是因为现在软件中用户的选择性操作（或交互行为）不断地增加。界面测试的内容丰富，形式众多，这里以 Windows 软件为例，主要有以下的测试内容。

1）针对窗口

（1）窗口是否基于相关的输入和菜单命令适当地打开及关闭。

（2）窗口能否改变大小、移动和滚动。

（3）窗口中的数据项和内容能否用鼠标、功能键、方向键和键盘访问。

（4）当窗口被覆盖并重新调用时，窗口能否正确地重现。

（5）所有窗口相关功能是否可操作。

（6）窗口是否有相关下拉菜单、工具栏、滚动条、对话框、按钮、图标和其他控制，并适当地显示。

（7）在多个窗口同时打开时，能否正确地表示。

（8）被激活的窗口是否被加亮。

（9）调用多任务时是否所有窗口能被实时更新。

（10）不正确地单击鼠标是否会导致无法预料的结果发生。

2）针对下拉式菜单和鼠标操作

（1）菜单条目是否显示在合适的环境中。

（2）下拉式菜单操作时能否正确地工作。

（3）鼠标操作时能否正确地工作。

3）针对数据项

（1）字母、数字数据项能否正确地回显并输入系统中。

（2）图像模式的数据项（如滚动条）能否正常地工作。

（3）能否识别非法数据。

（4）数据输入消息能否被正确理解。

3. 易用性测试

易用性测试指从软件使用的合理与方便程度，对软件进行的测评，发现该软件不便于用户使用的某些缺陷。易用性测试的主观性较强，不同用户可能对易用性的理解不同，其测试内容如下。

（1）常用功能具备快捷方式。如快捷键、工具栏按钮等，不同版本的主要使用方法和操作步骤变化应较小，具有版本的连续性。

（2）尽可能将功能相同或相近的操作设计在一个区域，以方便用户查找和使用。

（3）对可能响应较长时间实现的功能，提供进度显示和中止按钮的选项。

（4）具有比较完善的用户联机帮助与在线使用指导。

（5）工具栏图标能够直观地代表要完成的操作。

（6）当软件运行出现问题时，在提示信息中提供相应技术支持的有关信息和联系方式。

4. 安装测试

安装测试包括软件安装与卸载是否正常的检验。一般情况下，下列测试认为是必需的。

1）安装

（1）典型安装和完全安装：检查安装步骤、安装过程中各个界面。

（2）自定义安装：检查安装步骤、安装过程中各个界面，安装带不同路经和选项（组件）。

（3）中断安装：关闭程序、关机、断网、安装磁盘空间不足时，能否实现断续性的安装。

（4）检查能否同时安装同一软件的多个版本。

2）卸载

（1）从程序组里卸载：检查桌面、程序组、注册表中信息是否被删除。

（2）从控制面板中卸载：检查桌面、程序组、注册表中信息是否被删除。

（3）中断卸载过程：检查关闭程序、关机、断网等操作，是否显示卸载成功等信息。

（4）检查是否可卸载正在使用的程序。

2.5.3　系统测试的非功能性测试

软件除了功能特性的表现外，还体现了一些非功能的特性。非功能的需求不描述功能，而描述功能行为的属性或系统的属性，即系统执行其功能有"多好"，或质量程度如何。这些属性需求的表现，对客户满意度有重大的影响。根据 ISO/IEC 9126 质量规范，这些需求特性包括可靠性、可用性和效率等。这些特性的检验与度量，包含软件的性能测试、安全性测试、恢复性测试、兼容性测试和其他一些非功能性测试。

1．性能测试

性能测试检验软件是否达到性能设计的要求，找出未达到性能要求所产生的原因，性能测试检验系统的性能运行表现。性能测试属于软件测试的高端领域，通常会采用自动化测试的策略。

软件的性能包括多个方面，但主要是时间性能与空间性能两类。

（1）时间性能。指软件的一个具体事物的响应时间（Respond Time）。例如，登录一电子邮件系统，在输入用户名和密码，单击"登录"按钮这个过程，从按钮被按下那一刻起到登录页面反馈显示，时间间隔为 4s，则称这一次登录事务的响应时间为 4s。通常响应时间是在多次、多种情况下事务响应的最大值、最小值和平均值。响应时间长短没有绝对标准，需要根据软件设计时的响应时间指标来确认。

（2）空间性能。指软件系统运行时所消耗的系统资源。例如，软件在某种推荐配置运行时，CPU 的占用率、内存占用率等。

性能测试可在测试过程中的任意阶段进行，即使是组件测试，对一个单独模块的性能表现也可进行测试或评估，但只有当整个系统所有成分集成以后，才能检测系统的真正性能表现。

2．性能测试的梯度

性能测试可分为一般性性能测试、负载测试、压力（或强度）测试与稳定性测试。

1）一般性性能测试

这种测试指被测试系统在确定的软件、硬件环境下运行，不向它施加任何压力的性能测试。其主要测试有检查 CPU 的占用率、内存占用率和主要事务的平均响应时间，在 C/S 架构的软件系统中，还有各类服务器的资源消耗情况。

2）负载测试

这种测试通常指被测试系统在其承受压力的极限范围内连续运行，来检测系统的稳定性。负载测试和稳定测试相似，区别在于需要给系统施加它刚好能承受的压力。例如，登录某邮箱系统，先用 1 个用户登录，再用 5 个用户同时登录，再用 10 个用户同时登录……不断增加并发的登录用户数，检测和记录服务器的资源消耗情况，直至达到临界值（如 CPU 占用率为 90%、内存占用率为 80%以上），则停止增加并发用户数，反复测试，直到出现故障为止。

负载测试实质上是测试系统在临界状态下运行能否稳定地运行的性能指标。

3）压力测试

压力测试也是一种性能测试。压力测试是不断给系统施加压力，以测出在什么程度下就会出错，测试是想要"破坏"系统，并通过施加压力的手段进行，最终检测软件崩溃前的极限值，即测试系统所能承受的最大压力。这有点像举重运动员的比赛过程。

压力测试的目的是检验软件运行在非正常的情形下的性能表现，即测试需要在反常规的数据量、频率或资源的方式下运行的系统。例如，在平均每秒出现 1 个或 2 个中断的情形下，应当对每秒出现 10 个中断的情形进行特殊的测试；如正常的中断频率为 5 次每秒，强度测试设计为每秒中断 50 次；把输入数据的量提高一个数量级来测试输入后系统的响应。若正常运行可支持 200 个终端用户并行地工作，强度测试则检验 1000 个终端并行工作的情况；应执行需要消耗使用最大内存或其他资源的测试用例，如运行一个虚拟操作系统可能会引起大量的驻留磁盘数据的测试用例。压力测试的一个变种称为敏感测试，在有些情况（最常见在数学算法中）下，在有效数据界限之内的一个很小范围的数据可能会引起极端甚至错误的运行，或引起性能的急剧下降的情形发生，这种情形和数学函数中的奇点相类似。敏感测试就是要发现在有效数据输入里可能会引发不稳定或错误处理的数据组合。

4）稳定性测试

稳定性测试（也称可靠性测试）是指被测系统连续运行（24 小时×7 天），运行时的稳定程度。系统稳定性从可靠性方面进行度量。可靠性测试是从验证的角度出发，检验系统的可靠性是否达到预期的目标，同时给出当前系统可能的可靠性增长情况。可靠性测试需要从用户角度出发，模拟用户实际使用系统的情形，并设计出系统的可操作视图，在此基础上，根据输入空间的属性及依赖关系导出测试用例，然后在仿真环境或真实环境下执行测试用例并记录测试的结果、分析测试数据。可靠性测试的关键测试数据包括失效间隔时间、失效修复时间、失效数量、失效级别等。根据获取的测试数据与可靠性模型，得出系统失效率及可靠性增长趋势。通常用错误发生平均时间间隔 MTBF（Mean Time Between Failure）衡量系统稳定性（指标之一），MTBF 越大，表明系统稳定性越好。

可靠性测试可从黑盒测试与白盒测试两个方面进行。黑盒测试可靠性模型有基本执行模型、分离富化模型、NHPP（Non-Homogeneous Poisson Process，非齐次泊松过程）模型等。白盒测试可靠性模型有基于路径的模型与基于状态的模型等。不同的可靠性模型所依赖的假设条件不同，适用范围也就不同，对于一个软件产品，确定其所适用的可靠性模型需从实际出发，尽可能选择与可靠性模型假设条件相近的模型。

3. 安全性测试

软件（系统）漏洞，也称系统脆弱性（Vulnerability）。它针对系统的安全，包括一切导致威胁、损坏系统安全性的因素，是计算机系统在软件（包括协议）的具体实现或系统安全策略上存在的缺陷或不足。目前，很多已在运行的软件存在安全漏洞，如互联网上大量的 Web 应用系统存在安全漏洞问题。

Web 系统安全漏洞，与组成 Web 系统的软/硬件本身所存在的漏洞无关，而是在这些软硬件组成 Web 系统后，运行时其行为或反应产生的不安全问题。这源于 Web 系统的设计或实施，因构造 Web 系统活动本身会造成可被攻击者利用的不安全的 Web 系统行为或反应。

安全性测试的目的是验证系统内的保护机制能否在实际运行中保护系统且不受非法入侵和各种非法干扰。在安全测试中，测试扮演的是试图攻击系统的角色，尝试通过外部手段，利用存在的各种漏洞来获取系统密码或进入系统，可使用瓦解和攻破任何防守的安全软件来攻击系统，使得系统"瘫痪"，使用户无法访问，或有目的地引发系统出现错误，或期望在系统恢复过程中侵入系统。

系统安全性测试是设计某些特定的测试用例，来试图突破系统的安全防护措施，检验系统是否存在安全漏洞。有效的安全测试是模拟黑客或非法入侵者从多方面试图侵入一个系统的过程。

安全性测试包含系统操作的安全功能检测、数据安全传输功能测试等。

针对安全漏洞的测试可分为源码分析（白盒测试方法）与推断测试（黑盒测试方法）。

1）源码分析

主要通过代码的测试，分析查找可造成安全漏洞的某些特定编码模式，以定位被测软件的安全漏洞。方法主要有词法分析、语法分析和静态语义分析等。

目前，静态的安全漏洞分析方法主要有基于形式化验证的定理证明、模型检验、类型推断，基于词法分析的安全性扫描、基于语法和简单语义分析的安全性检查，以及信息流验证和检测方法等。

典型的安全测试源码的商品化分析工具有 Fortify Software 公司的 Source Code Analysis Suite、Klwork 公司的 K7、Parasoft 公司的 C++、JTest、.TEST、WebKing 等。

2）渗透测试

渗透测试（Penetration Test）是利用各种安全扫描器对软件进行非破坏性的模拟入侵攻击，目的是尝试侵入系统并获取系统信息，以检测软件是否存在安全漏洞，如可侵入，则表明存在安全漏洞。例如，渗透测试采用模拟攻击的方法测试 Web 系统存在的安全漏洞，并对它进行修补和防护，以降低系统受攻击的风险，增强 Web 系统应用于互联网环境的安全。

渗透测试通过"爬行→模拟攻击→分析反应"步骤探测被测 Web 系统是否存在安全漏洞。渗透测试具有两个显著特点：渗透测试是面向软件"不应当功能"的模拟攻击过程（黑客行为）；渗透测试选择不实际损害被测软件系统正常功能的攻击方法进行的测试。

渗透测试原理如图 2-19 所示。检测过程：参数生成、模拟攻击、响应分析、结果反馈。

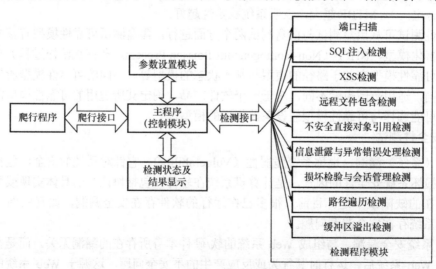

图 2-19　渗透测试原理

目前，业界安全测试常使用的典型的 Web 应用系统安全漏洞扫描工具有 IBM Rational AppScan、Web Vulnerability Scanner 等，它们的安全测试的功能及实际效果都比较好。

4．其他测试

1）恢复性测试

计算机系统通常要求：一旦系统出现错误，必须在一定时间内从错误中恢复过来，然后继续运行。在有些情况下，一个系统必须是可以容错的，即运行过程中的错误不能使得整个系统的功能都停止下来。在其他情况下，一个系统错误必须在一个特定的时间段之内得到改正，否则会造成严重的损失。

恢复测试是通过各种手段强制性地让软件系统出错，使其不能正常工作，进而检验系统的恢复能力。如果系统恢复是自动的（由系统自身完成），则应检验：重新初始化、检验点设置机构、数据恢复以及重启是否正确。如果这个过程的恢复需要人为干预，则需要考虑平均修复时间是否在限定的、可接受的范围之内。

2）兼容性与数据转换测试

兼容性主要包含硬件系统的兼容性测试和软件系统的兼容性测试两个部分。硬件兼容性主要是指软件系统运行在不同的硬件环境和条件下的兼容性，即检查硬件系统是否满足和使用软件的运行和功能表现。兼容性测试主要是针对软件在单机运行和网络运行两种环境下的运行情况的检测，包含了对各个软件开发者、各类程序之间共享数据能力的要求，检查软件是否能与其他软件正确地协调工作。简而言之，软件兼容性测试是检测各软件之间能否正确地交互及共享信息，其目标是保证软件按照用户期望的方式进行交互，使用其他软件检查软件操作的过程。

兼容性的测试通常需要解决以下问题：针对单机版的软件兼容性；针对 C/S 结构的软件兼容性。例如，一个 B/S 系统的兼容性测试的重点是测试服务器端的软件兼容性，主要有操作系统、Web 服务器和数据库服务器运行的软件是否协同配合及是否存在兼容性问题（冲突）。兼容性通常包括向前兼容与向后兼容、不同版本间的兼容、数据共享兼容。

数据转换可在运行于同一计算机上的两个程序之间进行，也可通过互联网远距离链接的两个程序间进行，这项测试主要检查数据转换的正确性。

3）文档检查

检查文档和系统行为是否一致，如用户手册和 GUI。

4）可维护性检查

检查系统是否是模块化的结构，评估系统文档可维护性及是否为最新版本。

2.6　确认测试

在集成测试完成之后，分散开发的各模块将连接起来，从而构成完整的软件。其中，各模块之间接口存在的各种错误都已被消除，此时可以进行系统工作的最后部分确认测试。确认测试可检验所开发的软件能否按用户提出的要求进行。若能达到这一要求，则认为开发的软件是合格的，确认测试也称为合格性测试。

2.6.1　确认测试的准则

软件确认是通过一系列证明软件功能与需求设计要求一致的（黑盒）测试来完成。在需求规格说明书中可能仅做原则性规定，并不具体或详细，但在其后的测试阶段需要有更详细、更具体的测试规格说明书做进一步说明，列出所要进行的测试种类，并定义发现与需求不一致的错误，而使用具体测试用例实施测试。经过确认测试，可为已开发完成的软件做出结论与评价。

（1）经过检验的软件功能、性能及其他要求均已满足需求规格说明书的规定，因而可被认为是合格的软件。

（2）经过检验发现与需求说明时有相当的偏离，得到各项缺陷的清单。对于这种情况，可能在交付期之前把发现的缺陷与问题完全修改与纠正过来。通常，确认需要经过开发者与用户协商，以共同确定确认测试的准则。

2.6.2 程序修改后的确认测试

当软件或程序被发现缺陷或错误，或软件发生了变更时，程序都将被修改。在软件新的版本完成后，重复执行上一版本测试时的测试用例，即回归测试。回归测试是在程序被修改后重新测试的过程，也是一种确认测试，以检查本次程序修正没有引入新的缺陷。

回归测试可运用于任何测试阶段：单元测试、集成测试、系统性测试和验收测试阶段。例如，在性能测试中，回归测试可通过重新执行所有测试用例检验软件经修改后性能的变化。回归测试的测试用例集合包括以下三种不同类型的测试用例。

（1）能测试软件的所有功能的代表性测试用例。

（2）专门针对可能会被修改的影响功能的附加测试。

（3）专门针对修改过的软件成分的测试。

基于测试风险与开发成本的平衡，回归测试常会：只重复测试计划中高优先级的测试；在功能测试中，忽视特定的变化（如特别的例子），只针对特定配置进行测试（如只对操作系统的一个版本测试）；只针对特定子系统或某个测试级别进行测试。

回归测试的规模或工作量有时会很大。因此，回归测试一般只测试出现错误模块的部分。若对每一项修改或变更，所有程序都重新测试，测试工作效率则会降低。

回归测试的测试用例须文档化，以备后期使用。

2.6.3 配置与审查

确认测试的重要内容之一是配置审查工作，有时也称为配置审计，其目的在于确保已开发软件（产品）的所有文件资料均已编写齐全，这里包括已发布的软件版本（或称它为软件资产）等并得到分类编目，足以支持运行以后的软件维护工作。

（1）用户手册：用于指导用户如何安装、使用软件和获得服务与援助的相关资料，有时也包括软件使用的案例。

（2）操作手册：软件中进行各项使用操作的具体步骤和程序方法。

（3）设计资料：设计说明书、源程序以及测试资料（测试说明书、测试报告）等。

（4）已发布的软件资产（程序）版本。

2.7 验收测试

2.7.1 验收测试的含义

验收测试是检验软件产品质量的最后一个过程。验收测试通常更突出客户的主导作用，同时也需开发人员参与。这里对验收测试的任务、目标及验收测试的组织与管理给出简要说明。

验收测试可分布在多个测试级别上进行，甚至可以在较低测试级别执行。

对商业现货软件产品可在安装或集成时进行验收测试，对组件（自行开发的或引进的）可用性验收测试在组件测试时进行，在系统测试之前可进行新功能的验收测试，等等。

常见的验收测试有如下形式。

（1）根据合同的验收测试，这是最重要的验收测试，通过验收判断合同的条款是否得到满足。

（2）用户和用户群组织的验收测试活动，为整个系统得到确认的最后的测试阶段。

（3）验收测试通常有测试备份、灾难恢复、用户管理、维护项目和安全攻击的检查。

（4）用户现场的测试（α测试与β测试）。

验收测试范围取决于软件的风险评估。若开发的软件是用户定制的，则风险相对较高，需要进行全面的验收测试。若获得的是标准软件产品，并在一个类似环境中运行了很长的时间，则验收测试仅包括安装该系统，运行一些代表性的测试用例（User Case）。若系统要通过一种新的方式和其他系统协同合作运行，则至少要测试互操作性。

验收测试安排，通常由开发者与用户协商，并在验收测试计划中做出规定和说明。

2.7.2 验收测试的任务及内容

1．通常验收测试应完成的任务

（1）明确验收项目，规定验收测试通过的标准。

（2）决定验收测试组织机构、利用的资源。

（3）选定测试结果分析方法。

（4）指定验收测试计划并进行评审。

（5）设计验收测试所用的测试用例。

（6）审查验收测试准备工作。

（7）执行验收测试。

（8）分析测试结果。

（9）做出验收结论，确认通过验收或不通过验收。

2．验收测试计划中应包括的验收测试内容

（1）功能测试。

（2）出错/恢复测试。例如，检验不符合要求数据而引起出错的恢复能力。

（3）特殊情形测试。例如，极限测试、不存在的路径测试。

（4）文档测试（正确性及可用性检查）。

（5）强度测试。例如，大数据（大批量数据或容量很大的文件等）或最大用户开发使用情形的测试。

（6）恢复性测试。例如，在因硬件故障或用户不良数据而引起的故障情形下，系统的恢复能力测试。

（7）对软件可维护性的检查与评价。

（8）某些用户操作性的测试。例如，安装、卸载系统，启动、运行与退出系统等。

（9）软件的用户友好性检验。

（10）软件的安全性测试。例如，实施人为的各种安全性攻击，观察和检验系统的攻防能力。

2.7.3　软件文档验收测试

软件测试是一个复杂过程，同时会涉及软件开发中的各种文档。软件文档是软件需求、软件开发计划、软件过程及软件测试的结论等，是以正式的文件形式写出来的各种文本、源程序等。对软件文档的测试是测试规范的组成部分，对于保证软件质量、正常运行与维护都有十分重要的意义和作用。

对文档的测试并非只在测试阶段进行，实际上，在软件开发初期的需求分析阶段就应着手实施，因为文档与用户需求有密切关系。设计阶段的设计方案也应在文档测试中得到反映，以利于对软件设计的检验。测试文档对测试阶段工作具有重要指导作用。需要特别指出的是，在完成开发并发布、投入运行的软件维护阶段中，常需要进行回归测试，这时需使用软件文档。

对文档的测试包含以下内容。

（1）检查产品说明书属性。是否对属性的描述夸大，含有不能实现的功能。

（2）检查内容是否完整。是否有遗漏和丢失，单独使用是否包含了全部的内容，有无附件。

（3）检查描述是否准确。描述的目标是否明确，并无错误。

（4）检查描述是否精确。描述是否清晰，是否自相矛盾，是否容易理解。

（5）检查描述是否一致。描述是否自相矛盾，与其他文档描述有无冲突。

（6）检查描述是否贴切。描述是否必要，有无多余信息。

（7）检查代码无关性。检查是否有非定义其所依赖的软件设计、架构和代码。

2.8　软件新版本的测试

软件开发项目在通过了验收测试后，即可交付用户或者发布了。但产品运行后，一般会使用数年或更长的时期。在此期间，软件可能会发生多次的缺陷、故障的修正、版本升级或功能扩展。每当发生这些情况，就会创建一个原产品的新版本（Version）。对新的软件版本，自然也需要进行测试。

2.8.1　软件维护测试

在软件系统部署后，都需要一定的修正和改进。软件维护的目的不是维护产品操作能力或修复因使用过度而造成的损坏。在产品应用到新的运行操作环境（适应性维护）或在消除了缺陷（纠正性维护）时，都要进行维护。这种情况称为软件维护和软件支持。

缺陷并非来自软件"磨损或损坏"，而是在原始版本中就已存在。在系统规格说明过时或遗失的情况下，测试变更工作将很困难，尤其是针对那些老版本、旧版本系统而言。

软件维护的策略是：对任何新的或变更的内容都应进行测试；为避免因变更而导致的副作用，系统否认其余部分应进行回归测试。

即使系统没有改变，只是运行环境发生了变化，也需进行维护测试。例如，当系统从一个平台移植到另一个平台时，就需要在新运行环境中重复操作的测试。

对即将要退出使用的软件系统，有些测试也有用。这时，测试应包括数据归档或者向新系统移植数据的测试。

2.8.2　软件版本开发的测试

软件的版本在不断的计划和变更中出现，产品的改进版本以一定时间间隔发布。每次版本发布后，项目重新启动，所有项目阶段重新进行，该方法称为迭代式软件开发。

需要对软件产品的每个版本进行所有测试级别的测试，对任何新的软件改变都应重新测试。同时，为防止程序修改可能发生的副作用及产生新的缺陷，对系统的其余部分应进行回归测试。

2.8.3 软件增量开发中的测试

增量开发表明项目不是作为一个整体（可能比较大）来完成的，而是由一系列较小的开发或交付组成的。系统的功能性和可靠性需求随着时间的推移而不断增加。在已开发好的系统中加入新的增量，构成不断成长的系统。

增量模型试图通过尽早地交付系统的可用功能，并得到用户反馈，以降低开发中的错误带来的系统风险。

关于增量模型的内容在第 1 章已做了较详细的介绍，如原型法、快速应用开发、RUP、螺旋模型和极限编程、动态系统开发方法等。适应这种开发方式的测试是：持续的集成测试和回归测试。针对每个组件和增量都有可重用的测试用例，在测试中重用和更新这些测试用例。如若不然，软件的可靠性将会随时间的推移逐渐降低而不是增加。

专业术语

回归测试 在软件（程序）中发现缺陷或错误并被修改后，或软件发生了变更后，需要重复执行上一版本测试时的测试用例，基于这种策略的测试称为回归测试。

软件版本（号） 名称后常有一些英文和数字，这些都是软件的版本标志。版本普遍以 3 种命名格式：GNU 风格版本号命名格式、Windows 风格版本号命名格式、.Net Framework 风格版本号命名格式。

1. 测试版与演示版

α 版 此版本表示该软件仅仅是一个初步完成品，通常只在内部交流，也有很少一部分给专业测试人员。一般而言，该版本的 Bug 较多。

β 版 该版本较 α 版有很大改进，消除严重错误，但仍存在缺陷，需经过大规模发布测试进一步消除。这一版本常为免费，可从相关站点下载。通过专业爱好者测试，结果反馈给开发者，再进行针对性修改。

γ 版 该版本已相当成熟，与即将发行正式版相差无几，可安装试用。

demo 版 该版本仅集成了正式版中的若干功能，类似于 unregistered 版。不同的是，demo 版一般不能通过升级或注册变为正式版。

2. RC 版

Release Candidates 版 含义是"正式发布的候选版本"，是最终版本（Release to Manufacture，RTM）之前的最后一个版本。广义上对测试有三个称谓，即 alpha、beta、gamma，用来标识测试的阶段及范围。alpha 指内测，指开发团队内部测试的版本或有限用户体验的测试版本。beta 指公测，指针对所有用户公开的测试版本。最后经过修改，成为正式发布候选版本 gamma，现称 RC（Release Candidate）版。

Trial 版（试用版） 试用版近几年较为流行，通常对试用版软件在功能上做一定限制，并设置试用的时限，到期后如将继续使用，一般须缴纳费用进行注册或购买。

Unregistered 版（未注册版） 未注册版与试用版很类似。未注册版通常没有时限，在功能上相对于正式版做了一定限制，在软件质量上有较大差距。有些未注册版虽在使用上与正式版近似一致，但常会弹出注册的消息框提醒使用者进行注册。

3. Release 版

不同类型的软件正式版本，通常也有一些区别。

Release 版 意味着"最终释放版"，在一系列测试版后，终归会发布一个正式版本，该版本有时称为标准版。通常，Release 不以单词形式出现在软件封面上，而使用符号?，如 Windows NT4.0、MS-DOS 6.22 等。

Registered 版 是与 Unregistered 版相对的注册版。

Standard 版 为常见标准版。该版本包含软件基本组件及常用功能，可满足一般用户需求，其价格比高一级版本低。

Registered 版、Release 版和 Standard 版一样，均为软件正式版本。

Deluxe 版（豪华版） 通常相对于标准版而言，主要区别是多了几项功能，价格较高，此版本通常为追求"完美"的专业用户而准备的。

Reference 版 该版本号常见，如微软的 Encarta 系列。Reference 版是最高级别，它包含的主题、图像、影片剪辑等相对于 Standard 版和 Deluxe 版均有大幅增加，并加入交互功能。

Professional 版（专业版） 一般是针对某些特定的开发工具等系统软件而言的。专业版有许多内容是标准版所没有的，这些内容对专业开发人员很重要。

Enterprise 版（企业版） 指开发类软件中的顶级品。例如，MS Visual Studios C++企业版相对于专业版增加了一些附加的特性，如 SQL 调试、扩展的存储过程向导、支持 AS/400 对 OLE DB 的访问等。

除以上版本外，还有一些专有版本名称。

Update 版（升级版） 该版本软件不能独立使用，在软件安装过程中要搜索原有的正式版本，若不存在，则拒绝执行下一步操作，如 Microsoft Office 200x 升级版等。

OEM 版 通常为捆绑在硬件中而不单独进行销售的版本。

单机/网络版 网络版在功能、结构上远比单机版要复杂，单机版与网络版的运行环境有所不同。

4. 版本命名

一般情况下，软件完全版本号分为三项：<主版本号>.<次版本号>.<修订版本号>。例如，Windows XP 版本号为 5.1.2600。

主版本号：当功能模块有较大变动时，更新主版本号。主版本号最为稳定，变化的周期最长。

次版本号：与主版本号相比，次版本号更新是局部的，但仍有较重要的改进和增强。

修订版本号：局部变动，一般只是 Bug 的修正或功能扩充。修订版本号更新最勤，变化周期最短。

版本号 Build xxx：在软件开发过程中，每构造一次可运行的"产品"时，Build 号就增加一次。

需注意，主版本号和次版本号的增加都是彼此独立的。正常情况下，若版本 2.9 后继续有此版本的升级，下一版本就应是 2.10。

α 测试 测试的目的是评价软件产品的功能、局域化、可用性、可靠性、性能好坏和技术支持程度（缩写为 FLURPS）。α 测试可在软件产品编码结束时实施，或在模块测试完成后开始，也可在确认测试过程中当产品达到一定稳定性和可靠性之后再进行。α 测试是在受控制环境下进行的一项测试，软件在一个自然设置状态下使用，可随时记录错误情况和使用中的问题。对于 α 测试，除产品开发人员外，首先是使用该产品的用户提供的产品表现情况与提出的修改意见具有特别的价值。

β 测试　β 测试主要衡量产品的 FLURPS，着重于产品的支持性，包括文档、客户培训和支持产品生产能力，所以 β 测试应尽可能由主持产品发行人员进行管理。测试由多个用户在多用户实际使用环境下进行。测试者是与软件产品开发者签订过支持产品预发行合同的外部客户，要求他们使用该产品并愿意返回有关错误信息给开发者。β 测试由用户记录在使用中所遇到的问题，包括真实与主观认定的问题，并向开发者报告。开发者综合报告并修改软件，最后交付使用。β 测试是在开发者无法控制的环境下进行的现场、实时、随机的活动。β 测试在 α 测试达到一定可靠程度时进行，处于整个测试的最后阶段，此时不能期望再发现软件的主要问题。同时，软件产品的所有手册文档也应在此阶段完成。

本 章 小 结

1. 软件测试贯穿于软件生命周期的全过程。这表明测试活动伴随软件的全部过程。

2. 通用的 V 模型定义了基本测试级别：组件测试、集成测试、系统测试和验收测试。

（1）每个开发阶段都有一个对应的测试级别。

（2）每个测试级别的测试目标是变化的且各自明确。

（3）每个测试级别的测试设计应尽可能早地开始，在开发活动初期进行。

（4）测试者应尽早地加入开发文档的评审中。

（5）测试级别的数量与深度可根据项目的具体需要进行裁剪。

3. 软件的缺陷修复越早，成本越低。如果在项目前阶段没有发现缺陷，那么原先存在的缺陷会导致产品产生新缺陷。缺陷发现越晚，修复缺陷成本及代价越高，即所谓缺陷导致"连锁反应"。

4. 组件测试检查单一软件模块、类与函数等；集成测试检查这些组件合成的接口协调关系；系统测试从用户角度检查整个系统；验收测试是用户根据开发合同而进行的验收活动，通过操作验收检查产品。若系统需在多运行环境中安装，可通过运行预备版本及现场测试。

5. 在软件生命周期中通过缺陷修复（维护）和进一步开发（增强）改变和扩展产品，对所有这些改变的新版本必须测试，即回归测试。回归测试的意义与价值在于修正了原有的缺陷或错误而又要防止带来新的缺陷。

6. 软件测试技术分析有基于静态的测试与基于动态的测试、基于规格说明的测试（黑盒测试）、基于软件程序结构的测试（白盒测试）、基于经验的测试，以及手工测试与自动化测试的区分。基于软件的风险测试，是依据软件的风险程度，使用风险分析方法来识别风险，并决定其测试的数量与测试的级别。

7. 软件测试可以从不同角度与视点，根据查找缺陷或故障的策略、技术、范围等进行分类。各种测试的分类反映了软件测试领域的认识体系、技术体系、工程体系、应用体系与层次体系，各类测试和各种具体测试技术将解决不同的测试实际问题，这也表明了软件测试的复杂性、系统性与工程性。

8. 以 ISO/IEC 9126 定义软件质量的标准与规范体系，主要有功能测试与非功能测试，其中每部分又包含不同的测试内涵和度量标准，来检验软件产品质量的各个部分。

习题与作业

一、选择题

1.【单选】V 模型指出_____对程序设计进行验证，_____对系统设计进行验证。
   A．单元和集成测试　　　　　　B．单元测试
   C．系统测试　　　　　　　　　D．验收测试

2.【单选】在下列选项中，叙述错误的是_____。
   A．每个开发活动都有相对应的测试行为
   B．每个测试级别都有其特有的测试目标
   C．软件测试的工作重点应该集中在系统测试上
   D．对每个测试级别，需要在相应的开发活动过程中进行相应的测试分析和设计

3.【单选】在下列关于软件的 β 测试的描述中，正确的是_____。
   A．β 测试是在软件公司内部展开的测试，是由公司专业的测试人员执行的测试
   B．β 测试是在软件公司内部展开的测试，是由公司的非专业测试人员执行的测试
   C．β 测试是在软件公司外部展开的测试，是由专业的测试人员执行的测试
   D．β 测试是在软件公司外部展开的测试，是可以由非专业的测试人员执行的测试

4.【单选】在下列关于测试充分性的描述中，正确的是_____。
   A．当全部测试用例都执行完后
   B．当继续测试没有发现新缺陷时
   C．只有进行完全的测试才充分
   D．在有限时间和资源条件下，找出所有软件的错误，使软件趋于完美是不可能的

5.【单选】在下列选项中，不属于黑盒测试特点的是_____。
   A．黑盒测试与软件具体实现无关
   B．黑盒测试可用于软件测试的各个阶段
   C．黑盒测试可以检查出程序内部结构的错误
   D．黑盒测试用例设计可与软件实现同步进行

6.【单选】在下列对黑盒测试的描述中，错误的是_____。
   A．黑盒测试着眼于程序的外部特性
   B．黑盒测试用例根据测试对象的规格说明或需求设计
   C．黑盒测试技术只能用于功能测试和界面测试
   D．黑盒测试不破坏被测对象的数据信息

7.【单选】通过黑盒测试无法发现_____。
   A．程序功能使用异常　　　　　　B．程序内部结构错误
   C．程序初始化错误　　　　　　　D．外部数据访问异常

8.【单选】黑盒测试技术包括_____。
   A．边界值分析、因果图、等价类划分、状态转换
   B．判定覆盖、语句覆盖、决策表、正交实验
   C．边界值分析、等价类划分、因果图、路径覆盖
   D．决策表、状态转换、条件覆盖、基本路径测试

9.【单选】黑盒测试属于基本穷举输入的测试方法，但通常输入所有可能的测试将受到

较大的客观条件限制，无法实现穷尽，其原因是_____。

① 输入的组合太多　　　　② 输出的结果太多

③ 软件实现的途径太多　　④ 软件规格说明没有客观标准

A．①②　　　　　　　　　B．②③

C．①②③　　　　　　　D．①②③④

10．【单选】在下列对端口测试模型的描述中，错误的是_____。

A．注重于测试内容的表达，阐明的是如何表达测试内容

B．将被测对象的共性抽象出来，最大限度地分离测试与被测对象

C．被测试对象可用测试端口的集合来表达

D．测试功能体现在端口协议的实现上

11．【单选】侧重于黑盒自动测试工具的实现，阐明如何设计测试工具的黑盒测试模型是_____。

A．端口测试模型　　　　B．对象测试模型

C．分层设计模型　　　　D．以上都不是

12．【单选】在下列关于白盒测试的叙述中，不正确的是_____。

A．白盒测试的基础是源代码，因此也称为基于代码的测试技术

B．必须根据软件需求说明文档生成用于白盒测试的测试用例

C．逻辑覆盖是一种常用的白盒测试方法

D．白盒测试技术适用于比较低的测试级别

13．【单选】在下列关于白盒测试与黑盒测试的最主要区别的描述中，正确的是_____。

A．白盒测试侧重于程序结构，黑盒测试侧重于功能

B．白盒测试可以使用测试工具，黑盒测试不能使用工具

C．白盒测试需要程序员参与，黑盒测试不需要

D．黑盒测试比白盒测试应用更广泛

14．【单选】_____不属于白盒测试技术。

A．语句覆盖　　　　　　B．循环测试

C．状态转换　　　　　　D．程序插桩

15．【单选】在以下的测试方法中，允许对源代码进行操作的是_____。

A．条件覆盖　　　　　　B．函数覆盖

C．路径测试　　　　　　D．程序插桩

16．【单选】在下述说法中，正确的是_____。

A．白盒测试又称"逻辑驱动测试"

B．穷举路径测试可以查出程序中因遗漏路径而产生的错误

C．一般而言，黑盒测试对结构的覆盖比白盒测试要高

D．必须根据软件需求说明文档生成用于白盒测试的测试用例

17．【单选】在下列选项中，不属于黑盒测试技术的是_____。

A．等价类划分法　　　　B．模块接口测试

C．正交实验法　　　　　D．状态转换法

18．【单选】在下列选项中，不适合采用自动化测试的是_____。

A．稳定性测试　　　　　B．负载测试

C．单元测试　　　　　　D．用户界面测试

19.【单选】广义的软件测试包括_____。

    A. 需求测试、单元测试、集成测试和验证测试

    B. 确认、验证和测试

    C. 需求评审、设计评审、单元测试和综合测试

    D. 单元测试、集成测试、系统测试和用户测试

20.【单选】可以作为组件测试的测试对象的是_____。

    A. 软件中的某个子系统   B. 整个软件系统

    C. 函数、模块和类   D. 模块间的接口

21.【单选】软件组件测试的主要目的是_____。

    A. 测试组件与组件之间的接口

    B. 发现组件内部的缺陷，以及验证组件的功能

    C. 检查组件与硬件的关联

    D. 验证整个系统的功能

22.【单选】通常，组件测试由_____来执行。

    A. 开发人员   B. 测试人员

    C. 系统用户   D. 系统管理员

23.【单选】组件测试类别可以包括_____。

    ① 静态测试；② 动态测试；③ 手工测试；④ 自动化测试

    A. ①③   B. ①②③

    C. ②③④   D. ①②③④

24.【单选】组件测试的用例设计主要参考的文档是_____。

    A. 组件规格说明   B. 系统需求规格说明

    C. 用户手册   D. 程序代码

25.【单选】传统的或面向对象的组件测试，需要的开发工作：_____。

    A. 只要开发测试 stub

    B. 只要开发测试 driver

    C. 可能要同时开发一个 stub 和多个 driver

    D. 可能要同时开发一个 driver 和多个 stub

26.【单选】集成测试不能发现的错误类型是_____。

    A. 模块相互调用时引入的新问题

    B. 几个子功能组合后不能实现预期的主功能

    C. 全局数据结构出现错误

    D. 对数据的处理在设置的边界处出现错误

27.【单选】编码阶段对系统执行的测试类型主要有组件测试和集成测试，_____不属于集成测试内容。

    A. 接口数据测试   B. 局部数据测试

    C. 模块间时序测试   D. 全局数据测试

28.【单选】正确的集成测试描述包括_____。

    ① 集成测试也称组装测试，通常指在单元测试基础上将模块按设计说明书要求组装
       与测试的过程。

② 自顶向下方式是集成测试的一种方式，它能较早地验证主要控制和判断点，对于输入/输出模块、复杂算法模块中存在的错误也能较早地发现。

③ 集成测试目的在于检查被测模块能否正确实现详细设计说明中的模块功能、性能、接口及设计约束等要求。

④ 集成测试重点关注各模块间的相互影响，发现并排除全局数据结构问题。

  A. ①②   B. ②③

  C. ①④   D. ②④

29.【单选】如某个大型系统的关键模块在结构图的底部，最适合采用的集成测试策略是_____。

  A. 自顶向下的集成测试   B. 自底向上的集成测试

  C. 随意集成测试   D. 中枢集成测试

30.【单选】系统测试关注的是_____。

  A. 某个独立的功能是否实现

  B. 组件间的接口的一致性

  C. 某个单独的模块或类是否满足设计要求

  D. 项目或产品范围中定义的整个系统或产品的行为

31.【单选】通常系统测试由_____来执行。

  A. 使用系统的用户   B. 独立的测试团队

  C. 系统开发人员   D. 系统销售人员

32.【单选】确认系统是否按照预期工作，从而在系统是否满足系统需求方面获取信心。这样的测试目的最可能适用于_____阶段。

  A. 组件测试   B. 集成测试

  C. 系统测试   D. 回归测试

33.【单选】设计功能测试用例的根本依据是_____。

  A. 用户需求规格说明书   B. 用户手册

  C. 被测产品的用户界面   D. 概要设计说明书

34.【单选】以下不属于界面元素测试的是_____。

  A. 窗口测试   B. 文字测试

  C. 功能点测试   D. 鼠标操作测试

35.【单选】_____属于安装测试应关注的内容。

① 安装手册的评估；② 安装选项和设置的测试；③ 安装顺序测试；④ 修复安装测试与卸载测试

  A. ①②③   B. ③④

  C. ②③④   D. ①②③④

36.【单选】不属于空间性能指标的是_____。

  A. 响应时间   B. CPU 占用率

  C. 内存使用率   D. 磁盘 I/O

37.【单选】可靠性测试的关键测试数据不包括_____。

  A. 失效间隔时间   B. 失效修复时间

  C. 失效数量   D. 平均响应时间

38.【单选】属于安全测试方法的是_____。

① 安全功能验证　② 安全漏洞扫描　③ 模拟攻击实验　④ 数据侦听

A．①③ B．①②③

C．①②④ D．①②③④

39.【单选】在下列关于确认测试的描述中，正确的是_____。

① 确认测试一般为有效性测试与配置复查，采用以黑盒测试为主、白盒测试为辅的测试方法进行测试

② 确认测试配置项复查时应当严格检查用户手册和操作手册中规定的使用步骤的完整性和正确性

③ 确认测试需要检测与证实软件是否满足软件需求说明书中规定的要求

④ 确认测试是保证软件正确实现特定功能的一系列活动与过程，目的是保证软件生命周期中每个阶段成果满足上一阶段所设定的目标

A．①② B．②③

C．③④ D．②④

40.【单选】_____不是确认测试配置审查包括的内容。

A．合同文档 B．开发文档

C．测试文档 D．用户手册

41.【单选】在下面关于回归测试的叙述中，正确的是_____。

A．回归测试只能在系统测试这个级别进行，不能用于单元测试和集成测试

B．回归测试都是自动化执行的

C．回归测试必须重新测试整个系统

D．回归测试是对被测过的程序实体在修改缺陷或变更后进行的重复测试，以此来确认在这些变更后是否有新的缺陷引入系统

42.【单选】回归测试可能的范围包括_____。

① 重新运行所有发现故障的测试，而新软件版本已修正了这些故障

② 测试所有修改或修正过的程序部分

③ 测试所有新集成的程序

④ 针对修改过的软件成分的测试

A．①②③ B．①②④

C．②③④ D．①②③④

43.【单选】验收测试的定义是_____。

A．由用户按照用户手册对软件进行测试以决定是否接受

B．由某个测试机构代表用户按照需求说明书和用户手册对软件进行测试以决定是否接受

C．按照软件任务书或合同、供需双方约定的验收依据进行测试，决定是否接受

D．由开发方和用户按照用户手册执行软件验收

44.【单选】有一系统已在市场运行，此时对系统进行修改，然后进行的测试属于_____。

A．维护测试 B．验收测试

C．组件测试 D．系统测试

45.【单选】在下列关于维护测试的描述中，正确的是_____。

A. 在软件系统交付给用户真正使用之前必须进行维护测试

B. 在每个测试级别都需要进行维护测试

C. 维护测试是在一个现有的运行系统上进行的测试

D. 在一个现有的运行系统上，因为开发已经完成了，所以不再需要测试

二、判断题与填空题

1. 【判断】V 模型体现的主要思想是软件开发任务和测试任务是相互对等的活动且同等重要。_____

2. 【判断】集成测试计划是在软件开发过程中的需求分析阶段末提交。_____

3. 【判断】测试和调试是不同的两个过程或活动，但调试必须能适应任何软件测试的要求。_____

4. 【判断】测试得越多，进一步测试所能得到的充分性增长就越多。_____

5. 【判断】自动化测试可以完全取代手工测试。_____

6. 【判断】探索性测试允许在没有设计好测试用例之前就执行测试。_____

7. 【判断】面向对象软件测试的策略、方法与传统软件测试相同。_____

8. 【判断】组件测试关注组件的内部行为和组件之间的接口。_____

9. 【判断】组件测试既可以采用人工方式进行，也可以借助组件测试工具进行自动化测试。_____

10. 【判断】组件测试可以发现代码中不正确的或不一致的类型说明。_____

11. 【判断】在任何情况下，在组件测试阶段都不需要进行性能测试。_____

12. 【判断】测试是开发人员为自己工作的结果进行修正，而调试可暴露开发人员工作结果中所存在的错误。_____

13. 【判断】如果软件的每个模块都能单独地工作，那么在这些模块组装连接之后也肯定能正常工作。_____

14. 【判断】对系统组件是商业现货软件产品的系统，基本上可不进行组件测试，但须进行集成测试。_____

15. 【判断】集成测试的测试目标是发现接口之间相互协作的问题，以及被集成部分之间的冲突。_____

16. 【判断】集成测试只需要进行功能性测试，不需要进行非功能性测试。_____

17. 【判断】自底向上的集成测试需要测试员编写驱动模块。_____

18. 【判断】系统测试目标是确认整个系统是否满足规格说明中的功能、非功能需求及满足的程度。_____

19. 【判断】系统测试可以发现因需求不正确、不完整或实现和需求之间不一致而引发的失效。_____

20. 【判断】功能测试只能在系统测试阶段进行。_____

21. 【判断】功能测试一般采用人工测试方式，性能测试采用自动化测试工具。_____

22. 【判断】功能测试通常采用黑盒测试技术，而性能测试则采用白盒测试技术。_____

23. 【判断】压力测试的目的是检验软件运行在非正常的情形下的性能表现。_____

24. 【判断】确认测试也称合格性测试，经确认测试，可以为已开发软件给出是否合格的结论性评价。_____

25. 【判断】回归测试可以在所有的测试级别上进行，并且只适用于功能测试。_____

26. 【判断】当软件发生变更或者应用软件的环境发生变化时，都需要进行回归测试。

27. 【判断】验收测试必须有最终用户或客户的参与。_____

28. 【判断】如软件系统无改变，只是系统从某平台移向另一平台，则在新环境下不需进行维护测试。_____

29. 【判断】黑盒测试是从外部看测试对象的行为，除选择足够必要的测试输入数据外，测试者无法控制测试对象的工作顺序。_____

30. 【判断】黑盒测试主要针对软件的各种功能、用户界面、逻辑结构、外部系统的条件和数据的访问等方面的测试。_____

31. 【判断】每种黑盒测试方法都有其适用范围和问题，需要根据被测软件的特点进行正确的选用。_____

32. 【判断】端口测试模型的主要思想是测试内容及测试实现可被封装限定在一个个的测试对象中。_____

33. 【判断】白盒测试也称逻辑驱动测试，是针对被测单元内部是如何进行工作的测试。_____

34. 【判断】白盒测试用例的期望结果应根据源代码来确定。_____

35. 【判断】白盒测试技术分为静态测试分析与动态测试方法。_____

36. 【判断】通过白盒测试技术可以发现没有被实现的软件需求。_____

37. 【填空】按照软件测试是否运行软件和执行程序划分，软件测试可分为_____和_____两大类别。

38. 【填空】按软件生命周期的测试阶段划分，测试分为单元测试、集成测试、_____和_____。

39. 【填空】上下文覆盖是一种针对面向对象特性的增强型覆盖测试，有 3 个定义，分别为：_____上下文覆盖、_____上下文覆盖和已定义用户的上下文覆盖。

40. 【填空】按照软件测试在具体测试时是否运用测试工具，或依赖程度不同而采用不同的模式划分，软件测试可分为_____、_____或混合模式测试，实际上混合模式运用最为广泛。

41. 【填空】即使对软件所有的组成成分都进行了充分的测试，仍不能表明整体软件系统的测试已经充分，这一特性称为测试的_____。

42. 【填空】目前，业界针对软件测试流程规划与实施过程的认识大体上是一致的。测试流程主要由测试策划、_____、_____、产品集成、集成测试、确认测试（系统测试和发布测试）以及验收测试 7 个部分组成。

43. 【填空】组件测试有两种模式：_____模式和_____模式，前者是把测试提前到代码还没产生之前，后者是先编写代码后进行测试。

44. 【填空】为模拟各个模块与周围其他模块的联系，在进行组件测试时需要设置一些辅助测试模块。通常，辅助测试模块有两种：一种是_____，用来模拟被测试模块的上一级模块；另一种是_____，用来模拟被测模块工作过程中所调用的模块。

45. 【填空】搭建集成测试环境时，需要_____向测试对象发送测试数据，然后接收并记录结果；还需要使用_____读取和记录组件间数据流的程序。

46. 【填空】在实际测试工作中需考虑集成测试的策略，_____测试方式是采用一步到位的方法来构造测试，而_____测试方式则采用逐步集成和逐步测试的方法。

47.【填空】功能测试包括验证系统输入/输出行为的各种测试。根据 ISO/IEC 9126 定义，功能特性包括_____、_____、互操作性、安全性和遵从性。

48.【填空】稳定性测试是指连续运行（7 天×24 小时）被测系统，检查系统运行时的稳定程度。MTBF 是衡量系统稳定性的指标之一，MTBF 越大，表明系统稳定性越好。这里 MTBF 的中文含义是_____。

49.【填空】可靠性测试可从黑盒测试与白盒测试两个方面进行。黑盒测试的可靠性模_____型包括_____模型、分离富化模型和 NHPP 模型；白盒测试的可靠性模型包括_____模型和基于状态的模型。

三、简述题

1. 简述软件生命周期中的测试概念。

2. 分析通用 V 模型定义的各个测试级别，并分析 V 模型的本质特征。

3. 简要归纳基于不同理论基础的软件测试技术分析。

4. 简要归纳组件测试思想、测试内容、技术特征、测试过程及测试主要任务。

5. 简要归纳集成测试的两种不同测试策略方法和测试的内容、特征，并比较这两种方法的优缺点。

6. 简要归纳系统性测试的范围、测试内容、每种测试的测试思路及包含的主要测试内容。

7. 简要归纳确认测试的准则和归纳验收测试的准则。

8. 简要归纳基于动态测试与基于静态测试的测试特征及方法。

9. 简要归纳基于规格说明的测试、基于结构的测试思想、技术方法与测试适用范围。

10. 简要归纳基于经验的测试思想、技术方法和测试适用范围。

11. 简要归纳手工测试与自动化测试的不同与相同点、使用的测试领域与范围。

12. 简要归纳基于风险的测试概念、风险识别、风险级别确定及风险测试的策略。

13. 简述软件新版本的测试，归纳测试内容和测试方法。

14. 总结软件测试的分类及其关系，测试类别与技术方法所适用的解决测试问题的领域及范围。

15. 按照软件测试用例的设计方法论，软件测试可划分为白盒测试与黑盒测试，请叙述这两类测试的特点。

16. 简要分析为什么需要进行系统测试，在客户运行环境下执行系统测试是否会有极大风险。

第 3 章 软件静态测试技术

本章导学

内容提要

本章介绍软件的静态测试（分析）的概念、静态分析的框架、静态分析的技术方法。静态测试方法包括代码检查、结构分析的方法和静态测试分析工具的应用，并通过数据流、控制流的两种手段和策略。本章还详细介绍了静态分析的另一主要策略——软件评审，阐述了评审基础、评审内容、评审过程，评审的类型，以及评审中各类人员的角色和职责。软件的质量度量通常也通过静态测试分析获得。为此，本章较细致地、全面地介绍了静态测试工具 IBM Logiscope 的主要功能和在静态测试方面的应用。

学习目标

- ☒ 正确理解软件静态测试的概念
- ☒ 正确理解和掌握软件静态分析的主要策略与技术方法
- ☒ 正确理解软件质量度量的概念和度量机理
- ☒ 认识通过测试工具获得静态测试分析的方法及应用过程
- ☒ 认识和理解关于软件评审的概念、作用及评审的内容、过程、类型
- ☒ 掌握软件评审的实施策略及方法

3.1 软件静态测试

在测试计划制订完成后,实施软件测试的最基本、最主要的问题是如何来设计测试用例。没有测试用例,则无法执行测试,自然也就无法找出软件缺陷或者错误。为此,需要进一步明确什么是测试用例,其内涵都包含哪些因素。

一个测试用例是为了能够执行一项测试。

测试环境需要有输入和输出。

输入:数据输入通过 UI(用户界面);数据来自系统界面;数据来自系统设备;数据来自文件;数据来自数据库;数据来自某个状态;数据来自于环境(外界)。

输出:数据传送到 UI;数据传送到系统界面;数据传送到设备界面;数据传送到文件;数据传送到数据库;数据传送到状态;响应时间。

测试关联的事项:数据、路径,两者组合、不可能的情况。

测试需要考虑成本的效应、所包含的风险、时间的限制、测试工具的支撑程度。

3.1.1 静态测试技术概要

1.静态测试的基本概念

静态测试是软件测试主要技术手段之一,基本上由手工评审和静态分析两种技术方法所组成,静态测试技术方法的组成如图 3-1 所示。

静态测试在软件生命周期的各级测试均有应用,但常开展于软件的早期测试过程,如在需求分析阶段、项目概要设计阶段、详细设计阶段及组件测试阶段。

静态测试一般包括过程步骤和实现技术两个部分。

与软件动态测试不同,静态测试不是测试用例的执行,而是一个静态分析的过程。这种分析可通过人工方式的审查来完成,也可使用特定的测试分析工具来进行。

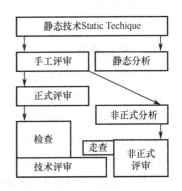

图 3-1　静态测试技术方法的组成

分析与检查的主要目的是从已有规格说明、已定义标准甚至项目中发现缺陷和偏差。检查结果可用于优化开发过程。静态分析与检查的基本思想是预防缺陷。在运行软件前,越早发现缺陷并纠正与修改,越能减低软件风险和开发成本。

静态测试主要以人工方式进行,将充分发挥人的逻辑思维优势,同时静态测试也要借助测试专用工具进行自动化测试。通常,在执行测试时根据测试设计的不同阶段需采用不同的静态测试方法或多种测试方法的综合使用。

对软件系统(产品)开发中所有的项目技术文档的审查,是静态测试的主要内容之一,目前在业界的实际操作中,基本上都是采用人工评审的方式进行,应用测试工具支持的静态分析工作,只能用于遵循能被自动检查的规则的文档,例如程序文档等。

静态分析有别于程序的编译。编译过程虽能发现某些程序的错误,但这些错误基本为程序中的语法错误和违反编译规则性的问题。编译系统通常不能检查与判定软件或程序中的逻辑错误,更无法达到寻找缺陷或故障的目的,因此,静态分析是编译所不能替代的。

2.静态测试内容及过程

静态测试的内容及过程主要有测试需求分析、测试概要设计、测试详细设计、测试执行与结果分析。

（1）测试需求分析。测试需求分析是静态测试过程的首要阶段，该阶段主要完成静态测试的需求分析工作。测试需求分析所依据的主要是软件开发计划、需求文档，确定测试的需求，建立测试基础与评审基础，建立标准测试计划，细节的设计、数据库的测试。

（2）测试概要设计。测试概要设计阶段是在需求分析的基础上，完成测试方案的制定，包括测试内容、测试策略、测试方法、测试目标。该阶段还将建立测试详细设计的基础与测试评审的基础，并与需求分析一起进入静态测试的评审阶段。

（3）测试详细设计。该阶段是在完成了测试的需求分析和概要设计，并通过静态测试评审阶段之后而进入的下一个过程。静态测试的详细设计主要任务是完成测试进程的各项具体安排和测试实施的具体细节考虑，包括测试用例设计、测试环境搭建、测试工具选用、测试人员组织及测试进度安排等。

（4）测试执行与结果分析。根据已制定完成的静态测试计划进行静态测试执行的过程，落实和完成各项测试的具体任务，并提交测试工作的交付物。

3.1.2　静态测试技术

静态测试技术主要包括代码检查、程序结构静态分析方法、程序代码质量度量、评审与检查等。

1．代码检查

代码检查包括代码走查（自检、他人检或代码审查会等），主要检查代码和设计的一致性，代码对标准的遵循、可读性，代码的逻辑表达的正确性，代码结构的合理性等方面。

通过代码检查，可发现其中违背程序编写标准的问题，程序中不安全、不明确和逻辑混乱、错误的部分。可以找出程序中不可移植的部分和违背程序编程规范（或行业、企业制定的技术风格）的问题，包括变量检查、命名和类型审查、程序逻辑审查、程序语法检查和程序结构检查等。

在实际测试运用中，静态的代码检查比动态测试更为有效，能快速并较准确地找到缺陷，发现30%～60%的逻辑设计和编码缺陷的问题。

代码检查看到的是程序问题的本身而非征兆。因此，代码检查非常耗时，而且代码检查需要有比较深厚的专业技术知识与大量编程经验的积累。代码检查一般在编译与动态测试之前进行。检查前，应准备好需求分析文档、程序设计文档、程序源代码清单、代码编码标准规范及代码缺陷检查表等资料。

2．程序结构静态分析

静态结构分析主要是以图形方式表现程序的内部结构，例如函数调用关系图、函数内部控制流图。其中，函数调用关系图以直观图形方式描述一个应用程序中各个函数的调用和被调用关系；控制流图显示一个函数的逻辑结构，由许多节点组成，一个节点代表一条语句或数条语句，连接节点的叫边，边表示节点间的控制流向。

检查项：代码风格和规则审核；程序设计和结构的审核；业务逻辑的审核；走查、审查与技术复审手册。

3．程序代码质量度量

目前在软件工程中，针对软件或代码的复杂度的度量测试主要存在三种度量方式（或称为度量参数）：Line（行）复杂度度量、Halstead（运算符与运算元）复杂度度量、McCabe（圈）复杂度度量。

- Line 复杂度，是以代码的行数作为度量计算的基准。
- Halstead 复杂度，是以程序中出现的操作符和操作数（运算符和运算元）作为计算对象，直接来测量指标，并据此计算出程序长度和程序容量，描述程序的最小实现和实际实现之间的关系，据此度量程序复杂程度。

任意程序 P，总是由操作符和操作数通过有限次的组合连缀而成。

P 的符号表词汇量 $N=n_1+n_2$（n_1：唯一操作数数量，n_2：唯一操作符数量）。

设 n_1 是 P 中出现的所有操作数，n_2 是 P 中出现的所有操作符。

度量指标计算：程序长度 $N=n_1+n_2$，程序容量 $V=N\times\log_2 N$。

在编程时，代码体积会因程序实现方式和编码习惯有所差异，还会因所采用的程序设计语言（如保留字数量、语句结构等）而有所不同。因此，又有如下标准。

程序语言等级：$L=V_{min}/V$（V_{min} 是程序实现时可能的最小代码容量）。

编程效率：$E=V/L$

Halstead 的度量分析指出，在软件开发中，把系统划分为单独的模块所带来的好处是：短代码的设计、编码及测试的难度都比长代码低。

- McCabe 复杂度（圈复杂度，Cyclomatic Complexity），是将程序流程图结构转化为有向图结构，然后以图论方法来计算（衡量）程序复杂度。实质上，是用来衡量一个程序（或程序模块）判定结构的复杂程度，度量在数量上表现为独立的程序现行路径条数，这是合理地预防错误缺陷所需进行测试的最少路径条数。可简单地理解为一个程序的圈复杂度相当于至少需要多少个测试用例才能对这个程序实现全路径覆盖。

程序圈复杂度（度量值）越大，程序代码质量可能越低。据经验，程序存在的可能错误及缺陷与高的圈复杂度度量值有很大关系，这将难以设计测试用例及后期的软件维护。

完整的 McCabe 复杂度包括圈复杂度、基本复杂度、模块设计复杂度和集成复杂度等。目前，业界广泛使用的一些测试工具的代码复杂度度量功能的设计，就是依据某种代码质量度量的原理及算法。

4．评审与检查

静态测试的活动主要分为静态测试评审和静态测试检查两个部分。

（1）静态测试评审。对需求分析和概要设计进行评审。这个过程在需求分析和概要分析阶段建立的评审基础上开展，通过手工评审和静态技术分析两个步骤。手工评审分为正式评审和非正式评审，正式评审是执行检查过程（技术评审），非正式评审主要为走查过程。

（2）静态测试检查。对静态测试的每个过程都要进行检查，以确保静态测试的有效性和测试的质量。检查过程的内容是：从所指定的测试计划开始，检查测试的初始工作和测试的准备情况，检查以会议的形式进行，根据检查结果决定是否需要重新开始制订计划或其后的某项环节及工作。若检查通过，则继续测试过程。

（3）静态测试的具体细节如下。

- 检查算法的逻辑正确性，确定算法是否实现所要求功能。
- 检查模块接口正确性，确定形参个数、数据类型、顺序是否正确，确定返回值类型及返回值的正确性。
- 检查输入参数是否有合法性检查。如没有合法性检查，则应确定该参数是否不需要合法性检查，否则应加上参数的合法性检查。

- 检查调用其他模块的接口是否正确，检查实参类型、实参个数是否正确、返回值是否正确。检查当被调用模块出现异常或错误时，程序是否有适当的出错处理代码。
- 检查是否设置了适当的出错处理，以便在程序出错时，能对出错部分进行重做处理，以保证其逻辑的正确性。
- 检查表达式、语句是否正确，是否含二义性。例如，下列表达式或运算符的优先级：<=、=、>=、&&、||、++、--等。
- 检查常量或全局变量的使用是否正确。
- 检查标识符的使用是否规范、一致，变量命名能否顾名思义，简洁、规范和容易被理解识记。
- 检查程序风格的一致性、规范性，代码是否符合行业（企业）的规范，所有模块的代码风格是否与规定的相一致和符合规范。
- 检查代码是否能优化，算法效率是否最高。
- 检查代码注释是否完整，是否对算法做了正确说明。

（4）静态测试可发现的错误。可发现程序的下列错误或提供程序缺陷的间接信息。

- 错用局部变量和全局变量，所用变量和常量的交叉应用表。
- 未定义的变量、不匹配的参数。
- 不适当的循环嵌套或分支嵌套、死循环、不允许的递归。
- 调用不存在的子程序或函数，遗漏标号或代码。
- 从未使用过的变量，不会执行到的死代码、从未使用过的标号。
- 标识符的使用方法和过程调用层次，潜在的死循环。

采用静态测试，可发现 1/3～2/3 的软件逻辑设计和编码方面的错误，但软件代码中仍会有隐藏的故障无法通过静态测试方法发现。除了静态测试方法之外，在实际测试中，还必须通过动态测试对程序动态运动中的缺陷与错误进行细致、深入的分析。

3.2 程序数据流分析方法

3.2.1 数据流测试

数据流测试（Data Flow Analysis）是另一种以静态测试技术来发现缺陷的手段与方法。数据流测试是关注变量的赋值与使用（或引用）位置的结构性测试方法，可认为这是基于路径测试的一种改良方案，作为路径测试的"真实性"检查。因此，数据流测试重点关注的是变量的定义与使用的检查。实际上，在修改缺陷或错误时，常会使用此方法。例如，在一段程序代码中搜索某个变量所有的定义、引用位置，并考察在程序运行时，该变量的值会如何发生变化，从而分析找出 Bug 产生的原因。

数据流测试将测试方法进行了形式化，以便于构造算法，从而实现自动化的分析。

现做下述定义：P 代表程序，G(P) 为程序图，V 为变量集合，P 的所有路径集合为 PATH(P)。

节点 n 是变量 v 的定义节点，记做 DEF(v,n)。输入语句、赋值语句、循环控制语句和过程调用，都是节点定义的例子。如果执行定义这种语句的节点，那么与该变量关联的存储单元的内容就会改变。

节点 n 是变量 v 的使用节点, 记做 USE(v,n)。语句、赋值语句、条件语句、循环控制语句、过程调用, 都是使用节点语句的例子。如果执行对应这种语句的节点, 那么与该变量关联的存储单元的内容就会保持不变。

如果 USE(v, n)是一个谓词使用(条件判断语句中), 则记为 P-use; 如果 USE(v, n)是一个运算使用(计算表达式中), 则记为 C-use。

变量 v 的定义-使用路径记为 du-path。如果 PATH 中的某个路径, 定义节点 DEF(v, m)为该路径的起始节点, 使用节点 USE(v, n)为该路径的终止节点, 则该路径是 v 的定义-使用路径。

变量 v 的定义-清除路径(define-clear path)记为(dc-path), 如果变量 v 的某个定义-使用路径, 除了起始节点之外没有其他定义节点, 则该路径是变量 v 的定义-清除路径。

数据流覆盖指标(拉普斯-韦约克)层次结构图(如图 3-2 所示)描述数据"定义-使用"对, 找出所有变量的定义-使用路径, 考察测试用例对这些路径的覆盖程度, 就可作为衡量测试效果的分析参考。

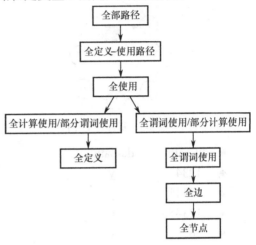

数据流测试方法在程序代码经过的路径上检查数据的用法, 主要是为了发现定义/引用异常的缺陷。这里所说的异常是指可能会导致程序失效的情形, 异常可能会触发运行风险。例如, 发现数据流异常: 没有初始化就读取了变量的值, 或根本没有使用变量的值。在测试中, 检查每个变量的使用情况, 对每种类型的变量的用法或变量的状态进行区别。

图 3-2 数据流覆盖指标(拉普斯-韦约克)层次结构图

数据流异常的现象, 有时不一定很明显, 也并非每个异常都会导致错误的程序行为。对已经发现数据流问题的那部分程序(片), 需要做更多的检查, 进一步来发现定义/引用的问题。

3.2.2 数据流测试的应用举例

1. 变量的定义和使用

例 1, a=b
- DEF(1)={a}
- USES(1)={b}

例 2, a=a+b
- DEF(1)={a}
- USES(1)={a,b}

2. 测试举例

程序如下:
```
1    a=5;                    //定义 a
2    while(c1) {
3      if(c2) {
```

4	b=a*a;	//使用 a
5	a=a-1;	//定义且使用 a
6	}	
7	print(a);	//使用 a
8	print(b); }	//使用 b

根据数据流测试使用数据流覆盖指标（拉普斯-韦约克）层次结构图来描述上述程序的数据"定义-使用"对，并找出所有变量的定义-使用路径，可得到程序图 G(P)（如图 3-3 所示），使用路径 du-path 与清除路径 dc-path，定义/使用节点（如表 3-1 所示）和定义/使用路径（如表 3-2 所示），得到路径图 DD（如图 3-4 所示）。

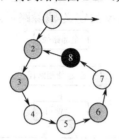

图 3-3 程序图 G(P)

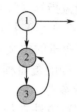

图 3-4 路径图 DD

- du-path   dc-path
- 1234   y
- 12345   y
- 1234567   n
- 567   y

表 3-1 定义/使用节点

变量	定义节点	使用节点
a	1，5	4，5，7
b	4	8

表 3-2 定义/使用路径

变量	路径（开始、结束）节点	是定义清除吗？
a	1，4	是
	1，5	否
	1，7	否
	5，7	是
b	4，8	是

3.3 程序控制流分析方法

3.3.1 程序的控制流图

1. 控制流图

程序结构就是一幅控制流图。为了清晰地说明控制流的分析作用，这里需要首先对有关控制流图的流图、环形复杂度和图形矩阵等基本概念进行解释说明。

在进行软件测试的设计时，为了能更加突出程序控制流的结构，可对程序的流程图进行简化，简化之后所得的图形称为程序控制流图，控制流图简称流图。

在一个程序控制流图中所涉及的图形符号只有两种：判断节点和控制流线。

（1）**判断节点**：由带有标号的圆圈表示，它可代表一个或多个语句、一个处理框的序列和一个条件判断框（不包含有复合条件）。

（2）**控制流线**：由带有箭头的弧线及直线表示，称为边。它代表程序中的控制流。常见程序语句的控制流图如图 3-5 所示。包含条件的节点被称为判断节点（简称节点），由判断节点发出的边必须终止于某一个节点，由边和节点所限定的范围（包围的区域）称为区域。

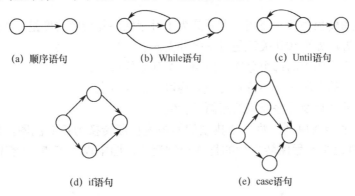

图 3-5　常见程序语句的控制流图

2．矩阵图

矩阵图是控制流图的矩阵表示形式，其矩阵的维数等于控制流图的节点数。列与行对应于标识的节点，矩阵每个元素对应于节点连接的边，控制流图的矩阵图表示如表 3-3 所示，其与对应的控制流图如图 3-6 所示。

表 3-3　控制流图的矩阵图表示

节点	1	2	3	4
1		a		
2			b	
3				c
4	d			

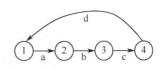

图 3-6　与表 3-3 对应的控制流图

控制流图的节点一般用数字标示，边可以用字母标示。在图 3-7 表示的例子当中，若矩阵记为 M，则 M（1，2）＝"a"，表示边 a 连接节点 1 和节点 2。需要注意的是，边 a 的方向是从节点 1 到节点 2。同样 M（4，1）＝"d"，表示边 d 连接节点 4 和节点 1，边 d 的方向是从节点 4 到节点 1。

3．控制流异常

通过控制流图的清晰描述，很容易理解程序结构的顺序，同时，也可发现一些可能的异常情况。例如，表现为程序异常地跳出循环体，或程序结构有多个出口。某些异常情况并不一定会导致程序失效，但可能不符合结构化的编程原则或面向对象的程序规范。通常，控制流图的生成并不一定要采用手工方式，特别是在程序较大或复杂时，此时，更多的是使用分析工具映射产生。

若控制流图的某些部分或整个图都很复杂，事件发生的顺序和相互关系很难被理解，则需修改程序的内容，减低程序的复杂性，因为复杂的程序语句结构常常意味着发生错误的风险。

另外，有些静态测试分析工具还能产生前驱后继表，以表示每个语句之间的相互关系。若某个语句没有前驱，则这个语句是不可达的（为死代码）。这样，可发现一个缺陷或至少一个异常的情况。正常的情况是，只有程序的第一个语句没有前驱，最后一个语句没有后继。对于多入口和多出口的程序，这个原则同样也适用。

3.3.2　将程序流程图转换为控制流图

将程序流程图转换为控制流图，主要是为了进行软件复杂度的度量，并能方便地设计测试用例。转换的方法如下（其关键是对程序分支的处理）。

（1）将程序流程图中的每个分支转换为一个独立的节点。

（2）在分支前的顺序块（不论有几个）均可合并入节点。

（3）对所有的节点及程序控制的流向进行编号。

下面依照上述转换原则，将一个典型的程序流程图转换为控制流图，如图 3-7 所示。图 3-7（b）是将程序流程图转换后的程序控制流图，图中仅由节点、（有向）流线与编号组成。

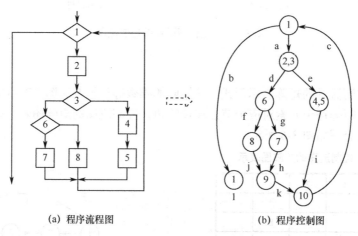

(a) 程序流程图　　　　　　　　(b) 程序控制图

图 3-7　将程序流程图转换为程序控制流图的实例

可将程序中的复合条件分解为多项单个条件，并映射成控制流图，如图 3-8 所示。

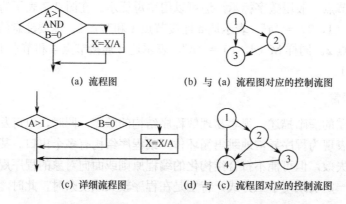

(a) 流程图　　　　(b) 与 (a) 流程图对应的控制流图

(c) 详细流程图　　　　(d) 与 (c) 流程图对应的控制流图

图 3-8　将程序中的复合条件分解成多项单个条件的控制流图

3.3.3 控制流图分析的测试应用

应用控制流图分析测试方法，可对软件（程序）的复杂度进行计算。该计算主要的是对软件质量的属性度量，例如，对软件复杂度进行度量，获得软件质量的抽象定量测量模型。

在软件复杂度度量方法中，McCabe 复杂度模型 V(G)（称环形复杂度或圈数）是一种常用方法，为程序复杂度提供度量方法，用来测量程序代码的结构复杂性。这种度量方法将用于程序的路径测试。

环形复杂度可提供程序基本路径集的独立路径数量，并确保所有语句至少执行一次的测试数量的上界。这里，独立路径是指在程序中至少引入了一个新的处理语句集合，或一个新条件的程序通路。路径可用控制流图中表示程序通路的节点序列表示，或用弧线来表示。

环形复杂度度量主要用于计算程序的基本独立路径数目，并以此来设计测试用例。计算的根据是程序的控制流图。

【例 3-1】下面是一段 C 程序函数，程序段的控制流图如图 3-9 所示。

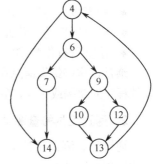

图 3-9　程序段的控制流图

```
void sort ( int irecordnum, int itype )
1    {
2        int   x=0;
3        int   y=0;
4        while ( irecordnum > 0 )
5        {
6            if ( itype= =0 )
7                break;
8            else
9                if ( itype= =1 )
10                   x=x+10;
11               else
12                   y=y+20;
13       }
14   }
```

说明：程序段中每行开头的数字（1～14）是对每条语句的编号，对应于控制流图的节点。

有以下三种计算环形复杂度 V(G) 的方法。

（1）V(G)=控制流图 G 中的封闭区域的数量+1。

（2）V(G)=E−N+2　　　　其中，E 为流图中边的数量，N 为流图中节点的数量。

（3）V(G)=P+1　　　　其中，P 是流图 G 中判定节点的数量。

根据以上三种计算方法，对应于图 3-6 中控制流图的环形复杂度，计算结果如下：

方法 1：V(G)=3（封闭区域数量）+1=4

方法 2：V(G)=10（边数）−8（节点数）+2=4

方法 3：V(G)=3（判定节点 4、6、9）+1=4

3.4 软件的复杂性度量

3.4.1 静态检查与测试对象的规范、标准的一致性

1. 静态分析检查的工具

编译器可作为静态分析工具之一，但最主要的静态测试分析工具是专门商业化的分析工具与开源分析测试工具。

通过静态分析工具能够发现编程语言的语法错误，并以故障或警告的方式进行报告。例如，检查：

- 产生不同语言元素的交叉引用列表，如变量、函数。
- 检查编程语言中数据和变量的数据类型是否正确。
- 检查没有声明的变量。
- 检查不可达代码。
- 检查域边界的上溢或下溢（静态选择）。
- 检查接口的一致性。
- 检查所有作为跳转开始或跳转结束标签的使用。

通常，这些结果信息在列表中提供。应注意到，工具中报告的"错误"结果并非一定总是软件程序的缺陷或错误，在运行时发生故障。对此，需要更进一步对工具输出的结果进行分析。

2. 通过工具检查测试对象的规范、标准的一致性

通过静态测试工具也可检查测试对象是否与规范、标准相一致。例如，是否遵循了大部分的编程规则和标准。

在任何情况下，只有通过静态分析工具等可以进行检验的标准指南才能在项目中使用，而其他一些规则的使用需要谨慎。另外，工具检查常常还有一个优点：假如编程人员知道代码需要按照编程规范进行检查，应帮助这些人员进行这种自动的检测。

3.4.2 软件复杂度的度量

1. 应用程序的控制流图度量复杂度

应用程序的控制流图度量软件复杂度，主要方法就是计算环形复杂度。例如，【例3-1】所示的过程是采用人工分析计算手段实现的，但对较复杂的程序复杂度度量，采用人工分析及计算的方法就较难以处理，这时，多采用静态测试分析工具来实现。

商品化的静态测试分析工具，如 Logiscope、Klocwork 等在测试工程实践中有广泛的应用。这里以 Logiscope 测试工具为例，做软件度量复杂度的度量分析。

2. Logiscope 测试分析工具概要

IBM Logiscope 是一款基于组件测试的静态测试分析工具，面向源代码，可测试用 C、C++、Java 和 Ada 语言平台所编写的源程序，具有跨平台特性，可运行 Windows、UNIX 和 Linux 操作系统平台。Logiscope 可用于代码评审、单元测试、系统测试及维护测试各阶段。

（1）用于开发阶段可定义软件质量的模型。由软件项目负责人或软件质量管理者根据测试准则、软件生命周期、合同需求等，挑选并采纳适用于本项目需求的质量模型来验证、评审和改进代码。

（2）可用于测试阶段，可定义具体的测试准则。Logiscope 软件系统推荐了对指令（Instruction Blocks，IB）、逻辑路径（Decision-to-Decision Path，DDP）和调用路径（Purchasing Power Parity，PPP）的覆盖测试。此外，该工具软件对安全性有较高要求的一些关键软件，还提供 MC/DC（Modified Condition/Decision Coverage）覆盖测试。

（3）用于软件维护期间可大大减少对被测试的未知系统的正确理解所需的时间。经验表明，大约 50%的软件在系统维护期间所耗费的时间，是在对软件结构、算法逻辑和运行分析的理解上。

（4）可提高编程资源的利用率。Logiscope 能在软件开发过程早期发现代码错误，并自动检查代码模块错误并进行代码审查，帮助用户加快开发进程。它通过使用软件质量指标与代码规则来辨识程序模块的错误，并直接指出和解释错误的结构，给出改进的建议。

（5）有利于积累最佳的软件产品开发实践。Logiscope 通过在开发组织中分享代码与应用代码知识，帮助开发者改进软件开发流程。该软件定义了大量的预定义代码、变量命名规则及软件质量指标，并且可根据开发者的项目要求或企业自定义的开发规范进行定制，把最佳软件开发经验与工业标准融入这些规则与质量模型中去。

（6）度量、管理和控制软件复杂度。该系统提供多种方式可视化的文本代码，拥有调用图、控制流图与继承关系图，可清楚地检视到系统代码结构与行为，快速辨识与解决存在的复杂度问题。控制流图对发现重复代码、非结构化分支、死代码都十分有效，还可指出缺乏继承的结构、递归调用或经常调用函数。这些图形可为软件程序提供构架视图。

（7）优化测试流程。该软件采用对源代码进行插桩的方法，帮助测试者辨识软件设计中的低效能。例如，一个程序可能造成产生重复的测试用例，或存在不被测试覆盖的代码，通过进行程序插桩，可辨识程序在运行时，哪些代码被执行了，以及怎样被执行。由此来帮助测试找到没有被测试到的代码部分，从而提高测试及开发的效能。

（8）分享测试信息。该软件不仅能够在企业开发内部分享最佳的代码编制经验，也可自动按照默认模板生成多种格式的测试报告，包括 Java/HTML、Word、FrameMaker（页面排版软件）与 Interleaf（文档管理软件）的格式，实现在大范围的测试信息共享。

（9）基于国际标准。该软件具备的测试质量规范是基于三种软件质量的国际标准。① 基于 SEI/CMM 标准：基于 SEI/CMM 二级（可重复级），并期望成为三级（可定义级）或更高级的软件企业或组织提供一套跟踪软件质量的技术。② 基于 RTC/DO-138B 标准：遵循该标准的软件系统 E 级到 A 级的标准，帮助软件组织对源代码进行"审核和分析"以及"结构的覆盖率分析"。③ 基于 ISO/IEC 9126 & 9001 标准：遵循 ISO/IEC 9126 标准为软件组织提供分析软件特征功能；也遵循 ISO 9001 支持软件组织做接收测试和质量检测工作。

（10）对嵌入式领域软件系统测试的深度支持。事实上，嵌入式系统软件测试相对比较困难。这是因为嵌入式系统软件开发过程是用交叉编译的方式进行的。在目标机上，不可能有多余的空间记录测试的信息，必须实时地将测试信息通过网络/串口传到宿主机上，并实时在线显示。因此，对源代码的插桩和目标机上的信息收集与回传成为测试问题的关键点。Logiscope 提供了相应技术，能够很好地解决这些问题，使其成为嵌入式领域软件测试分析工具的佼佼者。

（11）Logiscope 还支持各种实时操作系统 RTOS（Real Time Operating System）上应用程序和逻辑系统的测试，并提供了 VxWorks、VRTX 等实时操作系统的测试库。

（12）对安全性高度敏感领域软件的支持。在航空/航天领域与核电站等领域，安全是最关键的问题之一。为此，欧美航空/航天制造厂商与使用单位联合制定了 RTCA/DO-138B 软件质量标准。Logiscope 通过对源代码的回顾、分析及结构覆盖测试，能使所开发的软件达到 RTCA/DO-138B 标准的 A、B、C 三个系统级别。

（13）提供 MC/DC（Modified Condition/Decision Coverage）测试的工具。Logiscope 所具有的功能可使软件委托商用其明确的定义软件验收时的质量等级与执行的测试，而软件开发商常采用用户的定义进行其质量的检测。

（14）支持软件文档和测试文档的自动生成。Logiscope 提供文档自动生成工具，可将代码评审结果和动态测试的情况实时生成所要求的文档。这些文档忠实记录了代码的情况和动态测试的结果，同时，文档格式可根据用户的需要实现定制。

3．Logiscope 测试分析功能的组成

Logiscope 分析工具主要有三项测试功能，并以三个相对独立的测试平台出现，分别是软件质量分析工具——Audit、代码规范性检测工具——Rule Checker、测试覆盖率统计工具——TestChecker。其中，Audit 和 RuleChecker 提供对软件的静态分析功能，TestChecker 工具提供对程序的动态测试、检测覆盖率统计的功能。下面分别介绍这三个工具。

1）Audit

Audit 的主要功能是定位错误的代码模块。在测试中，一旦发现错误代码模块，Audit 就提供基于软件度量和图形表达的质量信息，帮助开发者诊断程序问题和做出是否重写模块的决定，判断是否做更彻底的测试。

Audit 将应用系统的框架以文件的形式（部件文件间的关系）和调用图的形式（函数和过程间的关系）进行可视化。函数的逻辑结构以控制流图的形式显示，在控制流图上选定一个节点，即可得到相对应的代码。Audit 可在不同抽象层上对应用系统进行分析，在不同层次间导航，促进对软件整体的理解。

运用 Audit 的代码评审功能，可定位程序模块 80% 的错误。通过对未被测试代码的定位，可帮助找到隐藏在未测试代码中的缺陷。

在软件开发与测试的各个阶段，都能运用 Audit 改进软件工程的实践，训练程序员编写良好的代码，确保软件的易维护性，并减小未来使用的风险。

Audit 提供的评估代码的软件度量模型遵循 IEC/ISO 9126 标准。其质量评价模型描述是由 Halstend、McCabe 度量方法学与引入的 Verilog（在 C 语言的基础上发展起来的一种硬件描述语言）质量方法学中的质量因素（可维护性与可重用性）与质量准则（可测试性与可读性）设计的，并且用户可定制质量评估模型来满足其具体的项目测试所需求规格说明。

2）RuleChecker

RuleChecker 的主要功能是，根据为项目定制的规则自动检查代码的编程规则，检测避免程序错误陷阱与代码错误。它预定义 20 多个程序编程规则：名称约定（如局部变量用小写等）、表示约定（如每行一条指令）、限制规则（如程序中不能使用 GOTO，不能修改循环体中计数器等）。用户可从这些规则中选择，或使用 TCL、脚本和编程语言自定义新规则。此外，还提供了 50 个面向安全及关键系统的编程规则。

RuleChecker 用所选的规则对源代码进行验证，指出所有不符合编程规则的代码，并提出改进源代码的解释与建议。RuleChecker 通过文本编辑器直接访问源代码并指出需纠正错误的位置；RuleChecker 还可生成 HTML 格式代码规则的审计报告，供开发者参考。

3）Test Checker

TestChecker 动态分析程序代码、测试覆盖率和显示覆盖代码路径。该工具能发现未测试源代码中所隐藏的缺陷，确保提高软件可靠性。Logiscope 推荐对指令、逻辑路径和调用路径的覆盖测试，对关键软件还提供 MC/DC 安全覆盖测试。

TestChecker 是基于源代码插桩技术的测试工具，可与用户的测试环境相兼容。Test

Checker 允许所有的测试运行依据其有效性进行测试活动的管理，使用户减少那些非回归测试的测试。TestChecker 产生每个测试的测试覆盖信息和累计信息，用直方图显示覆盖比率，并根据测试运行情况实时在线动态变更，实时显示新的测试所反映的测试覆盖情况。

在执行测试期间，当测试策略改变时，综合运用 TestChecker 检测关键因素可提高测试效率。将 TestChecker 与 Audit 配合使用，能帮助用户分析未测试的代码。用户可显示所关心的代码，并通过对执行未覆盖的路径观察得到有关信息，这些信息以图形-控制流图和文本-伪代码和源文件的形式向用户提交，并在其间建立导航的关联。

4．Logiscope 测试机理

该测试工具的主要功能是静态测试及分析软件质量的度量。通过对其测试机理的了解，将对更好地使用该工具大有帮助。这里分析该系统如何分析软件产品质量，如何检测代码编码规范和如何统计测试覆盖率。

1）Audit 测试机理

软件质量模型是一个分层结构：由质量因素、质量标准和质量元组成。

根据 ISO 9126 软件质量模型,质量模型是将程序信息由底层到高层、由细节到概括的抽象。质量因素处于质量模型的最高一级，包括功能性、可靠性、易用性、效率、可维护性与可移植性 6 个方面。

在每个质量因素下，又细分为多个质量标准，每个质量标准又由多个质量度量元组成，质量度量元处于质量模型分层结构的底层。质量因素、质量标准一般固定，但质量度量元非固定，可根据不同情况做变更。

Audit 的主要功能是审查程序代码的质量。度量代码质量优劣是通过三个级别的测试获得的，即度量元级（Metric）、质量标准级（Criteria）、质量因素级（Factor）。三个级别关系为逐级上升，一个比一个高。下面以 C 程序为例加以说明。

（1）度量元级。

度量元级是最小代码度量单位，共 14 个元素，其中每个度量元都有一个建议的取值范围，如表 3-4 所示。

表 3-4　度量元表

度量元名称	释义	下限：低 min	上限：高 max	超出范围的比例
COMF	注释的频率	0.20	+00	
AVGS	语句平均复杂度	1.00	9.00	
STMT	语句数	1	50.00	
VG	圈复杂度	1	10.00	
GOTO	goto 语句个数	0.00	0.00	
VOCF	词语频率	1.00	4.00	
LVAR	局部变量个数	0.00	5.00	
PARA	函数参数个数	0.00	5.00	
DRCT CALLS	调用函数次数	0.00	3.00	
RETU	函数返回值的个数	0.00	1.00	
NBCALLING	被调用次数	0.00	5.00	
PATH	非循环路径数	1.00	80.00	
LEVL	函数嵌套的层数	0.00	4.00	
Program length	程序长度			

通过度量元级别的测试，可从微观上检查程序的细节。比如函数参数是否超过 5 个，是否有多个 return 语句等程序存在的隐患。

关于 Audit 度量元的解析如下，其中一些度量元还具有相应的计算方法（公式）。

COMF：注释的频率。　　　　　　COMF=（BCOM+BCOB）/（STMT）

BCOM 为函数内部的注释行数；BCOB 为函数外部的注释行数；STMT 为总的代码行数。该值应不小于 0.2，也就是说，注释应占代码总行数的 20%以上。

AVGS：语句平均复杂度。　　　　　AVGS =（N1+N2）/（STMT）

N1 为程序中操作符的总数，如+、-、*、/、>、<、&&等；N2 为程序中操作数的总数，包括常量变量；

STMT 为程序中语句总数。

该值可用来衡量代码的可读性。该值越大，表示单位长度的代码中所包含的操作符和操作数越多，说明代码的阅读就越不方便，其值应在 1～9 之间。

VG：环形复杂度（圈数）。　　　　VG=E-N+2

E 为基本路径图中的边的数量；N 为基本路径中节点的数量。

程序的圈复杂度越大，软件维护起来就越困难，其范围应在 1～10 之间。

GOTO：程序中 goto 语句个数。

Audit 认为程序中的 goto 使用应得到限制，因为 goto 语句会影响程序的可测试性，goto 跳转的特性也会影响程序的结构化特性，所以该值应为 0。

VOCF：词语频率。　　　　VOCF =(N1+N2)/(n1+n2)

N1 为程序中操作符的总数，包括重复的；N2 为程序中操作数的总数，包括重复的。

n1 为程序中操作符的总数，不包括重复的；n2 为程序中操作数的总数，不包括重复的。

该值用于衡量相同的词语的出现频率，该值越大，表明程序中重复或相近的语句越多，其值应在 1～4 之间。

LVAR：局部变量个数。局部变量过多也会增加程序稳定的难度，需要检查每一个定义的局部变量都确实被使用过，去除多余的局部变量。若局部变量还是过多，则应考虑分拆函数。该值应在 0～5 之间。

PARA：函数的参数个数。该参数个数不能超过 5 个，否则将降低程序的可维护性。

DRCT_CALLS：调用函数次数。是指一个函数调用其他函数的次数（不包含重复调用），其范围应在 0～3 之间。若一个函数调用过多的其他函数，会给程序代码修改带来困难，也会降低程序的稳定性。

RETU：函数返回值个数。其值不能超过 1。Audit 认为，函数可有多个返回值，但会降低程序稳定性和可维护性。

NBCALLING：被调用次数。是指被测函数被其他函数所调用的次数，其范围应在 0～5 之间。该值越大，表明该函数被调用的次数越多，复用性越好，功能越重要，但若太大，则不便于维护，一旦修改该函数就会涉及很多函数。

PATH：非循环路径数。是指不包括循环的分支语句的路径。其值应在 1～80 之间。

LEVL：函数嵌套的层数。是指函数被嵌套的层数，过多不便于维护，其范围应在 0～4 层之间。

（2）质量标准级。

质量标准级是度量元级的上一个级别，它由多个度量元构成。Logiscope 将 C 程序的质量标准分成以下四个部分。

① **ANALYZABILITY**（可分析性）。ANALYZABILITY=VG+STMT+AVGS+COMF

用于被测函数便于阅读的指标。其值越大，说明越不容易分析阅读。

② **CHANGEABILITY**（可修改性）。CHANGEABILITY=PARA+LVAR+VOCF+GOTO

用于衡量被测函数是否容易修改。其值越大，说明被测函数越不容易修改。

③ **STABILITY**（稳定性）。STABILITY=NBCALLING+RETU+DRCTCALLS+PARA

用于衡量被测函数在做了改动时出现错误的概率有多大。该值越大，表明被测函数改动后出错的概率越大，越不稳定。

④ **TESTABILITY**（可测试性）。TESTABILITY=DRCTCALLS+LEVL+PATH+PARA

用于衡量被测函数做改动时进行重新测试的难易程度。该值越大，表明测试难度越大。

（3）质量因素级。

质量因素级是质量标准级的上一个级别，它由多个质量标准级构成。

Logiscope 中的 C 程序的质量因素主要指可维护性。

MAINTAINABILITY=ANALYZABILITY+CHANGEABILITY+STABILITY+TESTABILITY

Audit 按照上述这种分层、量化方式来审查代码质量，并通过一个文本文件来定义质量模型。在为被测代码建立 Audit 测试项目的过程中，有一个步骤要求是 "choose a quality"，即要求设定一个质量模型。Audit 提供默认的质量模型文件，其位置在 "LogiscopeHOME\Logiscope\Ref\Logiscope.ref"。用记事本可打开该文件，通过检视发现，文件中首先定义了若干质量度量元，并为度量元设定数值范围，接着通过组合若干度量元形成质量标准，最后又通过组合所有质量标准，形成质量因素。这个过程与软件质量模型中由底层到高层、由细节到概括的结构是完全对应的。

除使用 Audit 提供的默认质量模型文件外，测试用户也可自定义质量模型文件（在大多数情况下，需制定符合测试者需要的质量模型文件），但自定义需要符合 Logiscope.ref 文件格式。各层具体的分析结果按照质量度量元、质量标准、质量因素的顺序由低到高，依次进行。

对质量模型中最低层的质量度量元级，质量模型文件从 Audit 提供的度量元中选择几十个度量元构成基本度量元，如函数语句数度量元（lc_stat）、类公共数据成员数度量元（cl_data_publ）等。因此，度量元是检测软件质量好坏的最基本元素。Audit 内部定义了大量质量度量元，在提供的默认质量模型文件中，选取的度量元都为最后评价可维护性提供服务。通过分析 Logiscope.ref 质量模型文件，可知度量元都是可量化的数字，并允许在质量模型文件中为每个度量元设定上限值与下限值，当某一度量元超出设定上限值和下限值范围时，Audit 就认为被检测的代码在该项度量元上不符合要求。例如，度量元 lc_stat 度量元表示函数中可执行语句的数量。该度量元对于衡量函数的复杂性很有用，对它可设定其上限值为 30，下限值为 0，即规定了一个函数中可执行的语句数不能超过 30 条。以上就是 Audit 对质量模型中度量元级的处理过程。

质量标准评价函数的稳定性的计算公式如下：

function_STABILITY=ic_varpe + ct_exit + dc_calls + ic_param

该公式表明，质量标准由四个度量元决定，即 ic_varpe、ct_exit、dc_calls 和 ic_param。每个度量元权重为 1。该质量标准最高得分为 4 分，即当构成该质量标准的四个度量元的值均在设定范围内时，该项质量标准得分为 4 分；当有三个度量元的值均在设定的范围内时，该项质量标准得分为 3 分，以此类推。最后根据具体的得分，可判定程序代码在该项质量标准上所处的等级，这就是 Audit 对质量模型中质量标准级的处理算法。

由此可以看出，质量标准级度量是建立在质量度量元基础之上的，是比质量度量元更综合的一级度量。最后，再综合多个质量标准级度量，得出代码的可维护性质量因素。公式如下：

function_MAINTAINABILITY:

Component=function_ANALYZABILITY+function_CHANGEABILITY

+function_STABILITY + function_TESTABILITY

可维护性由四个质量标准级度量相加得出（每个质量标准级得分计算方法如前所述）。最后根据具体得分，可判定程序代码在可维护性上所处的等级。

这四个等级为 EXCELLENT（优秀）、GOOD（良好）、FAIR（较差）、POOR（不合格）。

通过 Audit 提供的默认质量模型分析，Audit 是从质量度量元到质量标准，最后到质量因素的逐级综合评价方法。若用户自己定制质量模型，其计算原理完全相同。

（4）作用域划分。

在人工分析一个应用程序代码时，通常会先查看应用程序的总体情况，然后分析应用程序中的各个类（面向对象语言实现的代码），进而再分析类中的成员函数。Audit 在分析、显示对代码的审查结果时，也按照这种形式进行划分，称为作用域。比如对于 C++、Java 语言实现的代码，Audit 划分的作用域有应用程序作用域、类作用域、函数作用域。通过它们的名字，可以理解各个作用域所包含的内容。应用程序作用域针对整个应用程序，类作用域针对系统中的各个类，函数作用域针对系统中的各个函数。不同作用域之间彼此独立，但它们都遵照前面叙述的质量模型对代码进行分析。

Audit 对代码的处理过程：对于使用 Audit 的测试用户来说，输入的是源程序代码，而输出的则是 Audit 对其分析的结果。Audit 对代码的处理过程如图 3-10 所示。

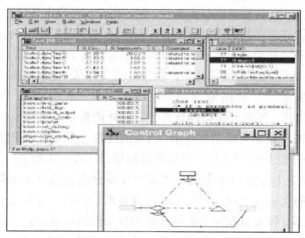

图 3-10　Audit 对代码的处理过程

2）RuleChecker 检测机理

RuleChecker 是静态测试工具，用来检查代码书写规范。为了清楚地表达说明，需要先回顾一下软件开发组织内部的编码规范。

通常，编码规范中会对程序代码的注释、变量命名、书写格式等做出具体规定，其目的是让开发者编写的程序代码更具有健壮性，可读性更好。RuleChecker 协助开发人员实现代码更健壮、可读性更好的目标。

RuleChecker 集成了一个编码规范集。规范集中的内容与开发组织内部定义的编码规范的内容是类似的，但它的覆盖范围更广，规范所做的规定也更细。在这个规范集中，近一半的编码规范的内容可由开发组织进行定制，这就大大增加了应用灵活性，使 RuleChecker 能更好地适应软件开发、测试实际情况的需要。

在 RuleChecker 项目具体测试过程中，编码规范如何发挥作用？有一个步骤是"Choose a configuration file"，即选择一个编码规范描述文件。RuleChecker 提供 RuleChecker.cfg 编码规范描述文件，当然也可修改或重新编写一个.cfg 文件，以适应具体情况的要求。图 3-11 是 RuleChecker 的编码规则举例。下面是 RuleChecker 编码规范的实例。

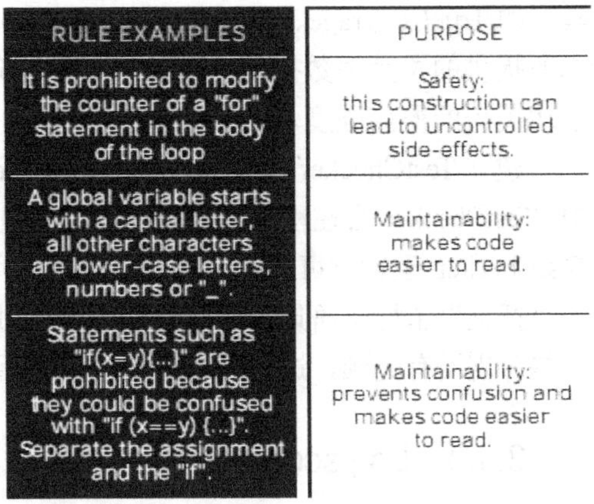

Headercom 编码规范：对代码文件的文件注释做出规定，具体内容是"每个代码文件的头部必须有文件注释，且注释要遵照一定的格式"。这个格式也可由用户设定。现将 Headercom 规范要求的注释格式，设置成与编码规范中规定的文件注释相同格式。

图 3-11　RuleChecker 的编码规则举例

打开 RuleChecker.cfg 文件，用下面的内容代替文件 Headercom 原来的内容。

```
STANDARD Headercom ON
LIST  " HEADER "    "【文件名】"
  "【功能模块和目的】"
  "【主要函数及其功能】"
  "【主要算法】"
  "【接口说明】"
  "【开发者及日期】"
  "【版本】"
  "【更改记录】"
END LIST
LIST "CODE"    "【文件名】"
  "【功能模块和目的】"
  "【主要函数及其功能】"
  "【主要算法】"
  "【接口说明】"
  "【开发者及日期】"
  "【版本】"
  "【更改记录】"
END LIST
END STANDARD
```

完成此操作后，以.cfg 后缀名保存为另一文件。在建立被测代码的 RuleChecker 项目时，选中该文件，RuleChecker 就以该格式检查代码文件的注释格式。若检测中有哪个文件不符合要求，则被检测出。

3）TestChecker 的测试机理

TestChecker 用来统计被测试程序的测试覆盖率，主要用于动态测试。它所提供的覆盖率数据是边覆盖率，或称判定到判定的覆盖（DDP 覆盖）。

所谓边覆盖率是指执行的测试用例对程序的控制流图中边的覆盖情况。一些单元测试工具，如 TrueCoverage、IBM Rational Purecoverage 等，也可统计被测试程序测试覆盖率，但它们所提供的覆盖率数据是点覆盖率或称语句覆盖率（IB 覆盖率）。语句覆盖的覆盖强度要低于边覆盖的覆盖强度。

建立 TestChecker 项目后，通过 TestChecker 编译连接代码，生成可执行文件。在这个过程中，TestChecker 会在程序源代码中涉及控制流转移的语句处插入一些标志语句（程序"插桩"）。TestChecker 运行该可执行文件，执行测试用例时，TestChecker 在后台运行。由于在程序代码中"插桩"了标志语句，所以在程序执行过程中，TestChecker 会记录程序中哪些分支走到了，哪些分支没有走到，进而统计出每个测试用例的覆盖率，以及多个测试用例覆盖率的总和。

3.4.3 Logiscope 静态分析测试应用

Logiscope 可选 C、C++、Java 和 Ada 四种语言编写的源程序，在测试项目中可选某一种语言的三项任务，即 AuditProject 代码评审工程、RuleCheckerProject 编码规则检查工程、TestCheckerProject 动态测试工程。ReviewerProject 是将 Audit 与 RuleChecker 的功能相结合，不应算为新类型。

运用 Logiscope 进行测试，需完成测试的需求设计、策略规划、自动化测试设计、测试执行及测试结果分析过程。这里，主要阐述测试设计、测试执行及测试结果分析步骤。

1. Audit 代码评审测试

具有三个步骤：建立 Audit 测试工程项目、执行测试、查看和分析测试结果。

1）建立 Audit 测试工程项目

新建 Logiscope Audit 工程项目。这里设定被测试程序是如下的 C/C++程序。

```
# include "stdio.h"
void main()
{
    int a=0;
    int b=0;
printf("Pease input a and b:\n");
scanf("%d，%d",&a,&b);
if (a!=b)
if(a>b)
        printf("a>b\n");
else
        printf("a<b\n");
else
        printf("a=b\n");
}
```

操作步骤：首先在 C 程序语言的 IDE 环境中编辑、编译、运行被测试程序；然后在编译、链接没有问题后运行 Logiscope。

生成被测程序的 Audit 测试工程项目有以下两种方法。

第一种方法：在 Logiscope 的 Logiscope studio 中，建立被测程序的 Audit 项目（常用）。

第二种方法：在 Visual Studio 中建立 Audit 项目。

这里，介绍第一种方法，即在 Logiscope studio 中建立 Audit 测试工程项目。

（1）在"开始"菜单中，启动 Logiscope studio，进入 Logiscope studio 环境。

（2）单击"File"→"New"菜单项，弹出如图 3-12 所示的对话框，选择测试工程种类。

（3）选择 C、C++、Java 的 Audit Project 选项。Location：该测试工程项目所在路径，可任选。Project：该工程名称，自定义。

（4）在对话框中，选中 Project 选项卡，在列表框中选择"C Audit Project"项，然后在"Project"框中添入将要建立的 Audit 项目名称，再在"Location"框中选择一个存放将要生成的 Audit 项目的文件目录，单击

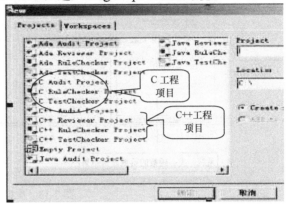

图 3-12　新建一个测试工程项目

"确定"按钮。在出现的"Application root"编辑框中，添入要被测试源程序文件所在文件夹路径。选择刚才所创建的工程路径，即被测程序源代码存放路径。

（5）可在"Directories"栏中进行选项操作。

① Include all subdirectory：选路径所在子文件夹文件。

② Do not include subdirectory：不选择子文件夹下面的文件。

③ Customize subdirectory to include：自定义需要包含的子文件夹或保持默认设置不变。

（6）其他栏目均采用默认设置，单击"下一步"按钮，弹出新的对话框。在该对话框中，使"Choose a parser"组合框保持 MFC 默认项，在"Choose a quality"框中选择质量模型（Choose a quality model），或添加所设计的质量模型文件存放路径（Choose a Logiscope repository）。

Logiscope 默认选择：Logiscope\HOME\Logiscope\Ref\Logiscope.ref 下的质量模型文件。在"Choose a Logiscope"框中为生成的 Logiscope 中间结果文件选择存放路径，一般使用当前提供默认路径，默认设置会在源代码路经下自动建立一个 Logiscope 文件夹。

Logiscope 在 Ref 文件夹中内置质量模型，存储各种语言书写规范和质量评测指标，保持默认设置即可。该对话框还需指定显示质量模型（Quality Model）和显示源代码文件（Source Files）文件的存放路径。单击"下一步"按钮，弹出新对话框。该对话框是向用户报告将要生成 Audit 项目的相关情况，无须编辑、设置。单击"完成"按钮。至此，已生成一个 Audit 项目，如出现工程列表，即表示工程添加成功。

2）执行测试

在已建立的测试工程项目窗口中，选择"Project"→"Build"菜单项，Audit 开始对被测代码进行测试。当 Build 执行后，代码质量的检测结果也就产生了并进行保存。

在测试之前，需对源代码文件进行编译检查。选择"Project"→"Build"菜单命令，或单击工具栏上相应的按钮。

3）查看测试结果

在测试执行完毕，测试结果即可得到。查看与分析 Audit 对被测程序的测试分析结果。

● 选择"Browse"→"Quality"→"Factor Level"项，会显示 Audit 对所检测源程序质量水平的评价结果，评价结果包括系统的质量、类的质量和函数的质量，如图 3-13 所示。

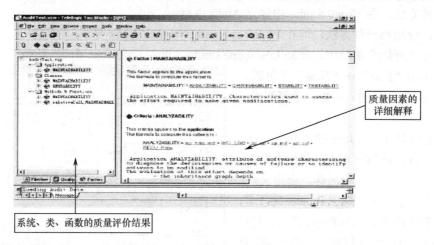

图 3-13　质量水平评价

● 选择"Browse"→"Quality"→"Criteria Level"项，显示 Audit 对所测源程序的各项质量标准的检测结果。具体有系统质量标准、类质量标准、函数质量标准，如图 3-14 所示。

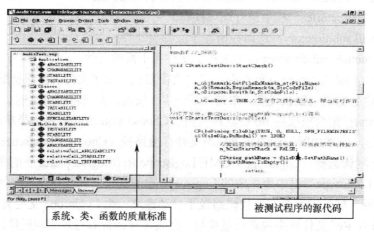

图 3-14　质量标准评价

● 选择"Browse"→"Quality"→"Quality Report"项，可生成各种风格的系统质量评价报告。

以上是 Audit 对被测试代码在质量因素级、质量标准级上的检测信息，关于系统、类、函数在质量度量级上的检测信息，需要选择"Project"→"Start Viewer"项，通过启动"Logiscope Viewer"来查看。启动"Logiscope Viewer"，其界面如图 3-15 所示。在 Viewer 列表控件中，显示了系统中的全部函数。选中某函数后，通过单击下面工具栏上的按钮，可查看 Audit 提供的对函数的各种分析信息。工具栏及工具栏上各按钮功能如图 3-16 所示。单击工具栏上的相应按钮，会分别显示如下信息：单击"函数流程图"，会显示被测试函数流程图，如图 3-17 所示。

图 3-15　Viewer 界面

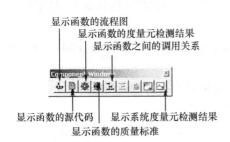

图 3-16　函数分析信息工具栏

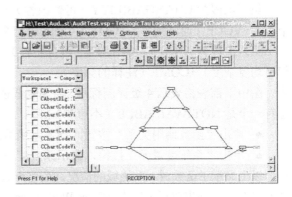

图 3-17　被测试函数流程图

此时，若选择"Options"→"Full Reduction"或"Options"→"Step-by-Step Reduction"项，可对流程图进行结构化转换，选择"Options"→"Initial"项还原。

- 单击"函数度量元"，会显示函数度量元检测分析结果，如图 3-18 所示。
- 单击"函数质量标准"按钮，会显示函数质量标准的检测结果，如图 3-19 所示。

其中，圆形图中的四个象限图表示的含义如下。

第一象限为 TESTABILITY（可测试性）=DRCTCALLS（调用函数次数）+LEVL（函数嵌套的层数）+PATH（非循序路径数）+PARA（函数参数个数）

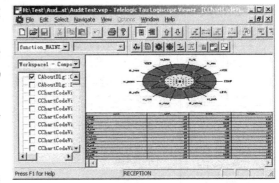

图 3-18　函数度量元检测分析结果

第二象限为 STABILITY（稳定性）=NBCALLING（被调用次数）+RETU（函数返回值个数）+DRCTCALLS（调用函数次数）+PARA（函数参数个数）。

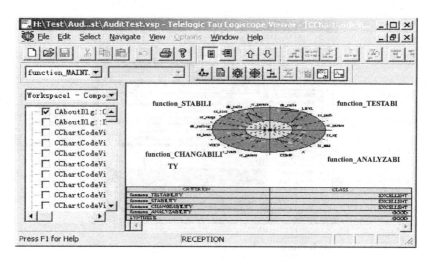

图 3-19　函数质量标准的检测结果

第三象限为 CHANGABILITY（可修改性）=PARA（函数参数个数）+LVAR（局部变量个数）+VOCF（词语频率）+GOTO（goto 语句个数）。

第四象限为 ANALYZABILITY（可分析性）=VG（圈数）+STMT（语句数）+AVGS（语句平均复杂度）+COMF（注释的频率）。

图中下部表格表示 4 级评测标准，由高到低依次为 EXCELLENT、GOOD、FAIR、POOR。还有一个是 NOT AVAILABLE（不可测）。

- 单击"函数调用关系"按钮，会显示函数之间的调用关系的检测结果。
- 单击"系统度量元"按钮，显示系统度量元测试结果。

以上显示了函数域、系统域的情况，还可查看各个类的情况。在 Viewer 中单击"File"→"New"项，在弹出对话框选中"Class Workspace"，单击"确定"按钮，其界面如图 3-20 所示。

窗口的列表框中列出了系统中所有的类。选中某个类后，单击下面这个工具栏上的按钮，可以查看关于该类的各种分析信息。工具栏及各按钮的功能如图 3-21 所示，单击工具栏按钮，会分别显示相应信息。当单击"类度量元"时，会显示类度量元的检测结果，如图 3-22 所示。

图 3-20　Class Workspace 界面

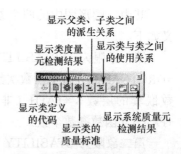

图 3-21　Class Workspace 工具栏
及各按钮的功能

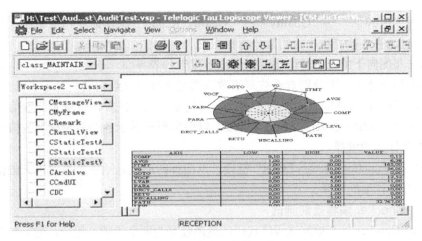

图 3-22 类度量元的检测结果

图 3-22 中的两个同心圆表示每个度量元范围，绿点表示取值在正常范围内，红点表示取值超出规定范围。图形下表列出对应每个度量元最小值和最大值记在当前函数中的值。单击"类派生关系"，会显示父类、子类之间的派生关系，如图 3-23 所示。单击"类使用关系"，会显示类与类之间的使用关系。如图 3-24 所示。

- 选择"Project"→"Build"命令，Logiscope 自动执行代码的测试。Audit 开始扫描程序代码，Build 执行成功之后，测试结果也就产生了，并等待调用和显示。

4）查看 Audit 代码评测结果

对 Audit 代码测试结果的分析，实际是通过对被测试程序进行代码测试后的结果分析。

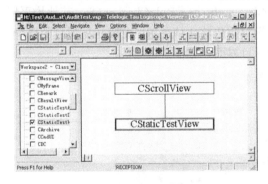

图 3-23　父类、子类之间的派生关系

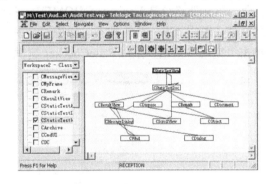

图 3-24　类与类之间的使用关系

（1）质量度量元级结果分析。

① 选择建立的 Audit 工程，选择"Project"→"Build"，对其进行编译检查，分析度量元级。

② 选择"Project"→"Start Viewer"，启动 Logiscope Viewer。

③ 调用 Viewer 模块，界面左侧为被测程序所有函数列表，可选择函数 main 来分析。

（2）质量标准级结果分析。选择"Browse"→"Quality"→"Criteria Level"菜单命令，或单击工具栏的对应按钮，会自动生成被测程序在质量标准级的检测分析结果。若对某个质量标准不熟悉，可双击该质量标准，在右侧查看其详细解释。

（3）质量因素级结果分析。选择"Browse"→"Quality"→"Factor Level"菜单命令，或直接单击工具栏上的对应按钮，会自动生成被测程序在质量因素级的检测结果。

（4）结果分析报告。Logiscope 自动生成 Audit 检测报告，方法如下。

① 选择"Browse"→"Quality"→"Quality Report"菜单命令，或单击工具栏上的对应按钮，会自动生成被测程序的结果分析报告。

② 单击左侧向下的三角号，出现报告显示报告列表界面。

③ 单击相应链接，可分别查看被测函数或类在 3 种质量级别的统计图表及源文件表。

④ 单击"Function Metrics Level"链接，可显示度量元报告、度量元详细信息。

⑤ 单击"Function Criteria Level"链接，以图标形式显示各个质量标准的情况，单击相应链接可查看详细的解释。

（5）单击"Function Factors Level"链接，以图标的形式显示各个质量因素的情况，单击相应链接可查看详细的解释。

2. RuleChecker 编程规则测试

使用 RuleChecker 检查被测试程序代码的规范性分为两个步骤：第一，建立被检测代码的 RuleChecker 项目；第二，分析 RuleChecker 给出的代码书写规范性测试结果，得出分析报告。

1）建立 RuleChecker 测试工程项目

步骤如下。

启动 Logiscope studio，进入 Logiscope studio 环境，单击"File→New"菜单命令。弹出对话框。选中"Project"选项卡，选择"C++RuleChecker Project"项，在"Project"框中添入要建立的 RuleChecker 项目名，为 Locator 选择存放将要生成 Rule Checker 项目文件目录。

在"Application root"框中添入所要检测的源程序文件存放路径。

使"Choose a parser"组合框保持默认，在"Choose a configuration file"编辑框中添加或默认所设计的规则集文件，若不重新设置，则 Logiscopc 默认选中 TestChecker 提供的规则集文件，该文件路径是 Logiscope\HOME\Logiscope\data\audit_c++\RuleChecker.cfg，其他均采用默认值。单击"下一步"按钮。弹出对话框，向用户报告将生成的 RuleChecker 项目的情况，单击"完成"按钮，生成 RuleChecker 测试工程项目界面，如图 3-25 所示。

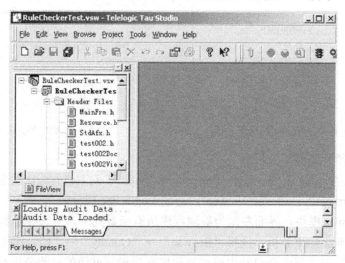

图 3-25　RuleChecker 测试工程项目界面

2）执行测试

选择"Project"→"Build"命令，RuleChecker 开始扫描程序代码。Build 执行成功后，测试结果也就产生，等待调用和显示。

3）查看测试结果

执行完成测试后，即生成结果。查看步骤如下。

选择"Browse"→"Rule"→"Rule Violations"命令，RuleChecker 会在树状视图中列出代码中所有违反编码规范的地方，如图 3-26 所示。

图 3-26　RuleChecker 测试界面

树状视图中共有三个文件夹：Violated Rules 文件夹、Clean Rules 文件夹和 Ignored Rules 文件夹。其中，Violated Rules 文件夹罗列出代码未遵守的编码规范；Clean Rules 文件夹罗列出代码遵守的编码规范；Ignored Rules 文件夹罗列出在本次检测中忽略的编码规范。各文件夹展开后，如图 3-27 所示。这里主要说明查看 Violated Rules 文件夹的内容。展开 Violated Rules 文件夹后，显示了在代码中未遵守的各项编码规范，每个规范都以一个交通灯的图标显示。双击这个图标，RuleChecker 会显示对这条编码规范的解释，如图 3-28 所示。

图 3-27　RuleChecker 树状视图

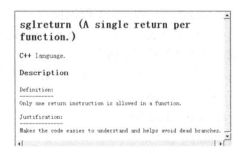

图 3-28　编码规范的解释

单击图标将其展开，会列出违反该项编码规范的源文件的文件名，再向下展开，会显示在该文件中违反该编码规范的代码的行号，如图 3-29 所示。双击行号，RuleChecker 会显示源文件，并将光标定位到违反该规范的代码行处，如图 3-30 所示。

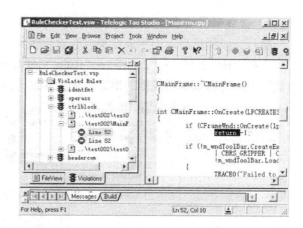

| 图 3-29　违反编码规范的位置 | 图 3-30　定位违反编码规范的代码 |

以上是 RuleChecker 测试信息查看功能的基本内容。可人工开启、关闭某些编码规范。单击"Prtoject"→"Settings"命令，打开对话框。对话框最下面的列表框列出 RuleChecker 提供的所有编码规范。当其前面复选框为选中状态时，则该规范在 RuleChecker 检测过程中生效；当在未选中状态时，则该规范在 RuleChecker 检测过程中不生效。设置完成，单击"确定"按钮保存设置。然后选择"Project"→"Build"菜单命令，重新让 RuleChecker 扫描代码。Build 结束后，与设置相符的测试结果产生，查看方法与前面一样。单击"Browse"→"Rule"→"Rule Violations Report"命令，生成 RuleChecker 新的测试报告。

测试报告以网页的形式提供，查阅方便。测试报告分为两个部分：第一部分以源文件为单位和以编码规范为单位，测试结果以表格形式显示；第二部分给出所有编码规范的解释说明。

上述内容为 RuleChecker 的基本运用，测试的主要工作是对 RuleChecker 提供的规则集中的各条规则进行了制定。

3．Logiscope 测试项目应用

这里规划了一个单元测试工程项目，并给出测试的思路。该测试项目的实施过程细节及具体步骤，可参考前两节的分析阐述与说明。该二次函数求根程序的单元测试过程由读者自行或教学组织完成，作为学习和运用 Logiscope 的实践。

测试策略：对提供的 C 语言编制的二次函数的源程序（也可自行选择其他 C/C++单元程序或模块作为被测程序），确定运用 Logiscope 进行测试；通过为该测试建立三个测试工程项目，并完成测试过程，编制测试报告。

（1）二次函数 C 源程序。选定 VC 或其他 C 开发环境，建立相应工程项目。这里给定已完成的二次函数求根 C 源程序。

//这是一个二次函数 $Y=ax^2+bx+c$，求方程的根 $Y=0$ 的 C 程序，用于作单元测试的被测程序。

```
#include<stdio.h>
#include<math.h>
main()
{
  float a,b,c,x1,x2,disc;
                              //输入 a,b,c 系数！
  printf("输入二次函数系数 a,b,c:");
  scanf("%f,%f,%f",&a,&b,&c);
```

```c
printf("a,b,c:%8.4f,%8.4f:%8.4f\n",a,b,c);
                                      //判断是否二次函数-方程！
if(fabs(a)<1e-5)
    {
    printf("方程不是一个二次方程！\n");
    }
else
    {
                                      //是，计算判别式！
disc = b*b - 4*a*c;
                                      //计算方程根！
if(disc<0)
    {
printf("方程没实数根,方程为虚数根!\n");
x1 = (-b + sqrt(abs(disc)))/(2*a);
x2 = (-b - sqrt(abs(disc)))/(2*a);
printf("x1=:%8.4f",x1);
printf("+i\n");
printf("x2=:%8.4f",x2);
printf("+i\n");
    }
else
    {
if(fabs(disc)<1e-5)
        {
        printf("方程有两个相等的实数根:%8.4f\n",-b/(2*a));
        }
    else
        {
        x1 = (-b + sqrt(disc))/(2*a);
        x2 = (-b - sqrt(disc))/(2*a);
        printf("方程有两个不相等的实根:%8.4f,%8.4f\n",x1,x2);
        }
    }
    }
}               //程序结束！
```

（2）建立三个相应测试工程项目。

① 建立 Audit 代码评审测试项目。

② 建立 RuleChecker 编码规则测试项目。

③ 建立 TestChecker 动态测试项目（可以在学习动态测试技术时进行）。

（3）执行测试和分析结果。

① 执行 Audit 代码评审测试项目，并分析测试结果。

② 执行 RuleChecker 编码规则测试项目，并分析测试结果。

③ 执行 TestChecker 动态测试项目，并分析测试结果。

（4）编制测试报告。编制该单元测试的报告，并提交。

3.5 软件评审

3.5.1 软件评审的概念

评审是以有组织、有策略的方式，应用人类智力的分析能力来检查和评估软件的复杂问题的一种手段。这种评审以通过深入的阅读与正确的理解分析被检查文档来完成。

目前在软件测试领域，关于软件评审技术还没有统一定义的术语。这里使用的专业术语参考 ISTQB 大纲和 IEEE 1028 中相关的描述定义。

评审是对所有人工静态分析技术和具体文档检查方法的通称。评审也经常使用同样含义的术语——审查。审查定义为使用数据收集和特定规则的特殊正式评审。

文档检查有多种不同的方法，可通过检查的强度、检查的形式，以及必要的人力与时间资源的配给来区分。

所有文档都可提交进行评审或审查。例如，合同、需求定义、设计规格说明、程序代码、测试计划和手册等。评审是检查文档语义准确性的唯一手段。

评审也常称为同行评审，并能得到所提供的反馈。

1．评审是保证质量的方法

评审是保证检查文档的有效方法。为了在早期发现错误和不一致，在文档完成后，应尽早地进行评审。在通用 V 模型的每个阶段结束时，确认检查通常会采用评审方式进行。修改缺陷能有效地提高文档的质量，同时对整个开发过程产生积极的影响。因为开发必须建立在缺陷很少或没有缺陷的文档的基础上。

2．评审的积极作用

除了降低缺陷，评审还有下列积极作用。

（1）评审可以降低消除缺陷的成本。

（2）评审可以缩短开发周期。

（3）通过评审，如在早期修正错误，则可大幅度地减低开发时间和成本。

（4）评审使缺陷数量减少，在执行动态测试时，将减少发现缺陷的总数。

（5）降低系统运行的故障率。

（6）评审可以改进团队成员的工作方法，从而提高发布产品的质量。

（7）评审的团队行为，可以减少对一些问题的遗忘。

（8）评审容易对检查的问题达成共识。

3．评审潜在问题

没有很好组织的评审，可能会使文档作者感觉评审是针对个人而非文档，这样达不到评审的目的。

4．评审的成本和收益

据专业统计，目前评审成本占整个开发预算的 10%～15%。成本包括评审过程本身、评审数据分析、过程改进的工作量。良好评审的收益一般估计节约成本为 14%～25%。如系统、有效开展评审，30%以上文档缺陷都能在下一道工序前被发现和改正。

3.5.2　评审的组织

评审通常都需要组织，并进行事先的策划。评审的组织活动由若干人选组成，并分配相应的角色与承担工作责任。

1．经理

评审活动的组织与策划者，通常由测试经理（或测试负责人）担任。他的工作日责任是选择评审对象并确保基础文档，提供评审所必需的资源，负责选择需要参加评审的人员。选择性参加评审会议。

2．主持人

评审主持人一般由测试经理确定，其工作职责是：主持与评审有关的管理工作，计划、准备并保证有序进行，达到评审目标，收集评审数据，主持评审会议，发布评审报告。

3．文档作者

被评审文档的作者。他提交评审的文档，负责使评审对象满足评审入口准则（文档的完成状态），执行返工使文档达到评审出口准则。

4．评审人员

参加评审的人员。其职责是为评审会议做好充分的各项准备工作，包括对评审材料的预读和分析，并对被评审的对象、事物描述不充分和有偏差的地方必须做相应的标记。

5．记录员

评审会议的过程记录者。其工作任务是记录评审中所有的发现、存在的问题、将采取的改正措施。评审会议所做的各项决定与建议等。要求记录者以简短与准确的方式做记录，并能抓住评审讨论的中心思想。

3.5.3　评审过程

通用评审包含静态检查的全部含义，这里的所有检查通用标准都与 IEEE 软件评审标准（IEEE 1028）相一致。评审活动需要 6 个步骤：计划、概述、准备、评审会议、返工和跟踪。

1．计划

确定开发过程中需要评审哪些文档，并以何种方式评审，确定评审范围和内容。

2．概述

为参加评审的人提供必要的全部信息，传达被评审对象的信息、相关情况的介绍等。

3．准备

评审人员集中学习识别评审对象的各种特性，并根据提供的基础文档检查评审对象。记录文档的不足、问题或意见。

4. 评审会议

主持人主持评审会议。需要用交际能力和技巧保护参加评审的人，并激励为评审做出最大贡献。评审会议的通用准则如下。

- 一次会议限定在 2 小时内。
- 如果一个或多个专家没有出席，或准备不充分，主持人有权取消和终止会议。
- 提交讨论的是被评审文档，而不是作者本人。
- 评审人员应注意他们的语言及表达方式。
- 作者不应为自己或文档辩护。
- 主持人不应该同时成为评审人员。
- 不讨论常见的风格问题（方针之外的问题）。
- 开发方案和对应的讨论不是评审团队的任务。
- 每个评审人员必须有机会充分地表达他们的论点。
- 会议记录必须完整地表达评审人员的意见。
- 问题不应以命令的形式写给作者。
- 问题必须划分权重：严重缺陷、重要缺陷、一般缺陷、好的。
- 评审团队应对评审对象给出最后意见：接受、有条件接受、不接受。
- 所有参会人员需要签署会议纪要。

5. 返工

测试由经理决定接受评审会议（或团队）的建议还是选择其他对被评审文档的修正。返工通常是在评审结果的基础上修正缺陷。

6. 跟踪

对评审后的修正的过程及结果的跟踪。这项工作通常由经理、评审主持人或特别指定职责人员跟踪缺陷的修改。一般情况下，进行二次评审只对修改过的部分进行检查。

3.5.4 评审类型

根据评审对象的不同，评审主要分成以下两类：与技术产品或开发过程中创建的部分产品相关的评审；分析项目计划和开发流程的评审。

1. 走查

走查是以发现书面文档中的缺陷、含糊的表达和问题为目的的非正式评审。

IEEE 1028 中关于标准的走查的目的是，发现异常、改进产品、考虑替换方案以及评估对标准和规格的符合度。走查适合 5～10 人的小型开发团队运用。

2. 审查

审查是最正式的评审。遵循正规和正式的流程。通常，每个参与者都是从文档作者的同事中选出，并具有固定的角色。事件的顺序按照一定的规则来定义。使用包括针对单个方面审查标准的检查表。这里的标准指正式的入口准则和出口准则。

审查重点是发现文档不清晰点和可能的缺陷，度量文档质量，改进产品质量和开发流程。

审查会议遵循以下的议程：主持人主持会议，介绍参会人员和角色，简介需要检查的主题。主持人询问每个参与者是否准备充分。询问使用了多少时间，发现多少问题。检查所有会议记录是否保持完整性，最后对会议做出整体的判断。

3．技术评审

技术评审关注的焦点是文档与规格说明书的一致性、文档目标的适用性、与标准的一致性。在准备阶段，评审人员根据评审的标准对评审对象进行审查。

技术审查通常要求：技术评审人员必须由有资质的技术专家担任；技术评审的大部分工作量集中在准备工作阶段；评审结果必须获得所有人员的一致签名通过，应将不同的意见记录在会议纪要中；技术评审通常要定义入口和出口准则。

4．非正式评审

非正式评审是评审的精简形式。非正式评审在测试实践中很普遍，但在一定程度遵循通用的评审流程。

通常情况下，由作者发起非正式评审。多以交叉阅读和个别交换意见的方式进行。结对编程、结对测试、代码交换等都是非正式评审的方式。

5．评审类型的选择

使用何种评审在很大程度上取决于质量要求和与其工作量。它与项目环境相关。下面给出一些问题和标准，有助于具体评审类型的选择。

- 评审结果的表现形式有助于评审类型的选择。是正式文档还是非正式的检查文档。
- 组织会议是否很困难，专家难以集中。
- 是否需要有不同领域的技术知识。
- 需要有多少有资质的评审参与人员。评审人员是否有激励机制。
- 评审的期望结果是否与投入工作量匹配。
- 评审对象需要哪种程度的正式记录，是否可由工具支持。
- 管理层的支持程度如何。

6．评审成功的因素

以下因素是取得评审成功的关键因素：

- 评审的目的是提高被评审文档质量，对所发现问题必须以中性和客观的方式进行记录。
- 人的特性和心理作用都会对评审产生很大的影响，作者应把评审作为经历。
- 根据被评审文档的类型和级别以及参与评审人员的知识水平来选择不同且合适的评审类型。
- 使用检查表和指南来提高在评审过程中发现问题的效率。
- 管理层为评审提供足够的资源。
- 不断地从评审中学习经验和教训。持续改进评审过程。

本 章 小 结

1．软件静态测试（或称分析）包含静态分析和评审两大部分。静态分析和评审是从不同的方式和角度来寻找和预防软件的缺陷或故障，消除和减低软件失效的概率。可通过不同的静态技术来检查并确认软件工作产品的质量。

2. 静态分析常采用代码检查、结构分析、质量度量等方法和手段来实现。

3. 静态测试方法策略不同，其过程也不同，但目的是一致的。在实际测试中，常用的测试方法分为人工方式和自动化方式，但多采用混合的措施来达到测试目的。

4. 检查分析程序代码与规范、标准的一致性，数据流和控制流分析的手段，是测试人员对静态测试具有可操作性的策略与过程。

5. 软件评审是静态测试的主要方法之一，评审可应用人类的分析能力来检查和评估复杂的问题。评审在静态测试中的作用和功效十分重要。通过对评审基础、评审内容、评审过程，评审的类型、评审人员的角色和职责的分析，能够清晰地理出关于软件评审的思路和脉络，同时也获得了可操作的过程。评审是通过深入阅读和理解被检查的文档而完成的。

文档检查有多种不同技术，可通过检查强度、形式、必要的人力和时间资源以及它们的目的来区分。评审需要进行组织和具体实施。评审也用于测试风险分析。风险分析可用于指导测试工作，即具体测试技术和测试强度的选择与确定。

6. 通过静态分析工具识别典型的程序代码缺陷和设计缺陷。静态测试分析工具在实际测试中常被运用。本章分析了典型的静态分析测试工具 Logiscope 的测试机理及工程应用的方法，为使用测试分析工具完成静态测试分析给出了范例。

习题与作业

一、选择题

1. 【单选】在下列关于静态测试和动态测试的区别的描述中，正确的是_____。
   A. 静态测试并没有真正运行软件，而动态测试则需要运行软件
   B. 静态测试需要借助专门的测试工具，而动态测试不需要
   C. 静态测试是由开发人员执行的，而动态测试是由专门的测试人员完成的
   D. 静态测试是为了增强测试人员对软件的理解，而动态测试是为了发现缺陷

2. 【单选】在下列关于代码检查的描述中，错误的是_____。
   A. 代码检查可以发现违背程序编写标准和编写风格的问题
   B. 代码检查能快速找到缺陷，发现 30%～45%的逻辑设计和编码缺陷
   C. 代码检查应在编译和动态测试之后进行
   D. 代码检查看到的是问题本身而非征兆

3. 【单选】使用静态测试中的函数调用关系图不能够_____。
   A. 检查函数的调用关系是否正确
   B. 发现是否存在孤立函数
   C. 明确函数被调用频度，并对这些函数进行重点检查
   D. 发现函数内部结构

4. 【单选】_____不属于静态分析。
   A. 编码规则的检查　　　　　　　B. 内存泄漏
   C. 程序复杂度分析　　　　　　　D. 程序结构分析

5. 【单选】使用静态测试中的接口一致性分析涉及_____。
   ① 各模块之间接口的一致性　　② 模块与外部数据库接口的一致性
   ③ 形参与实参在类型、数量、顺序上的一致性

④ 全局变量和公共数据区在使用上的一致性

A．①　　　　　B．①②　　　　　C．①②③　　　　　D．①②③④

6．【单选】_____不属于 McCabe 复杂度。

  A．行复杂度　　　　　　　　　B．圈复杂度

  C．基本复杂度　　　　　　　　D．模块设计复杂度

7．【单选】在下列关于数据流分析方法的描述中，错误的是_____。

  A．数据流分析是在程序代码经过的路径上检查数据的用法

  B．数据流分析不一定能够发现缺陷，但可以发现异常

  C．在数据流分析过程中，需要检查每个变量的使用情况

  D．数据流异常通常不明显，并且每个异常都会导致不正确的行为

8．【单选】判断下面代码段中有数据流异常的变量是_____。

```
void exchange (int& Min, int& Max)
{
        int   help;
        if (Min>Max)
        {
               Max = Help;   Max = Min;   Help = Min;
        }
}
```

  A．Min 和 Max

  B．Min 和 Help

  C．Help 和 Max

  D．Min、Max 和 Help

9．【单选】在控制流图中，不能仅用带标号的圆圈表示的是_____。

  A．一条或多条语句　　　　　　B．一个处理框序列

  C．一个条件判定框　　　　　　D．一个循环结构

10．【单选】_____是由 Case 多分支结构转换的控制流图。

A.　　　　　　　　B.　　　　　　　　C.　　　　　　　　D.

11．【单选】以下控制流图的环形复杂性 V(G) 等于_____。

  A．4　　　　　　　B．5　　　　　　　C．6　　　　　　　D．7

12. 【单选】在下列关于评审的描述中，错误的是_____。

    A．评审是对软件工作产品（包括代码）进行测试的一种方式

    B．评审可以降低消除缺陷的成本

    C．由于在评审时软件并没有运行，所以很难发现缺陷

    D．评审可以在需求文档中发现一些冗长的不需要的内容，这在动态测试中很难发现

13. 【单选】可以作为评审对象的是_____。

    ① 需求规格说明   ② 程序代码

    ③ 测试计划   ④ 用户手册

    A．① ②   B．① ② ③

    C．① ② ④   D．① ② ③ ④

14. 【单选】在下列关于评审会议的通用准则的描述中，不正确的是_____。

    A．提交讨论的是被评审文档，而不是作者本人

    B．作者不应为自己或文档辩护

    C．主持人可以同时成为评审人员

    D．评审团队应对评审对象给出是否接受的最终意见

15. 【单选】在评审过程中，主持人的工作职责不包括_____。

    A．参与和评审有关的管理工作   B．选择评审对象和需要参加评审的人员

    C．收集评审数据   D．发布评审报告

16. 【单选】技术评审的目的是_____。

    A．确认软件符合预先定义的开发规范和标准

    B．发现软件业务错误

    C．提高被评审文档的质量

    D．保证软件在独立的模式下进行开发

17. 【单选】属于走查的内容为_____。

    ① 检查代码和设计的一致性   ② 标准的遵循和可读性

    ③ 评审对象主要是软件代码   ④ 不安全、不明确和模糊的部分

    A．① ② ③   B．② ③ ④

    C．② ③   D．① ② ③ ④

18. 【单选】多出口函数可能会发生_____问题。

    A．生逻辑错误   B．降低可靠性

    C．产生内存泄漏   D．降低运行性能

二、判断及填空题

1. 【判断】静态测试只能通过手工方式进行。_____

2. 【判断】软件开发项目中的所有文档都通过人工评审进行审查。_____

3. 【判断】静态测试在软件生命周期的各级测试均有应用，但常用于软件的早期测试，如需求分析阶段、项目设计阶段及组件测试阶段。_____

4. 【判断】静态分析既可以发现程序中的语法错误，也可以检查和判定程序中的逻辑错误。_____

5. 【判断】通过静态分析能够发现软件的所有逻辑设计和编码错误。_____

6. 【判断】通过控制流图可以发现程序结构的异常。_____

7. 【判断】环形复杂度度量主要用于计算程序基本路径集的路径数量。_____

8. 【判断】环形复杂度的值越大，理解程序模块的难度越高。_____

9. 【判断】评审是人工静态分析技术和文档检查方法的通称，是检查文档语义准确性的唯一手段。_____

10. 【判断】对软件开发过程中的所有文档都必须进行评审。_____

11. 【判断】评审可以改进团队成员的工作方法，提高发布产品的质量。_____

12. 【判断】走查可以发现设计控制流图和实际程序生成的控制流图的差异。_____

13. 【判断】结对编程、结对测试和代码交换都是非正式评审方式。_____

14. 【填空】参与软件评审的人员角色包括经理、主持人、_____、_____和记录员。

15. 【填空】软件评审的类型分为走查、_____、_____和非正式评审，其中最正式的评审是_____。

16. 【填空】程序控制流图中所涉及的图形符号只有两种，分别是_____和_____。

17. 【填空】控制流图可用矩阵表示，矩阵维数等于控制流图的_____，矩阵的每个元素对应于_____。

18. 【填空】静态测试的实现技术主要包括_____、_____、代码质量度量以及评审和检查。

19. 【填空题】针对软件可维护性，目前在测试工程中主要存在三种代码质量度量的参数：_____复杂度、_____复杂度和 McCabe（圈）复杂度。

20. 【填空题】静态测试评审是对需求分析和概要设计进行评审，包括手工评审和_____两个步骤。手工评审分为_____和_____。

三、简述题

1. 阐述静态测试的两种主要方法的思路、概念和实施策略。

2. 阐述静态分析技术的主要具体方法和过程。

3. 试总结和归纳基本的评审原则、评审目标、评审过程、评审类型。评审的组织、过程及主要活动。

4. 分析走查和评审的对象、方法、效果等各有异同，因此，其所运用的范围和组织形式也不尽相同。

5. 学习 Logiscope 等可获得的静态测试工具，熟悉和掌握其使用方法，应用于实际测试项目。

6. 简要总结静态测试的数据流分析技术及适用的测试问题。

7. 简要总结静态测试的控制流分析技术及适用的测试问题。

8. 使用手工方式完成自选确定的程序段（C、Java 程序）的控制流图绘制，并计算出环形复杂度（圈数）。

四、测试设计题

1. 【设计】根据下面给出的程序流程图，完成以下要求：

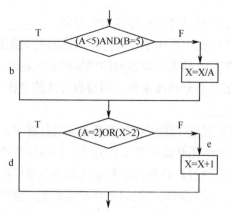

（1）根据程序流程图画出相应的控制流图（要求对程序中的复合条件进行分解）。

（2）写出控制流图的矩阵表示。

（3）计算环形复杂度 V(G)。

（4）找出程序的独立路径集合。

2.【设计】试用 Logiscope 或其他静态测试分析工具，熟悉和掌握其使用方法，应用于实际测试项目。

这里规划二次函数求根程序的单元测试项目，并给出测试的思路。测试项目实施过程细节及具体步骤，可参考本章第 3.3 节、第 3.4 节的内容。作为学习静态测试与运用 Logiscope 工具（或其他选用的静态测试工具）的实践。

测试策略：对自选或给定的 C/C++、或 Java 程序或模块源程序，确定运用人工分析或自动化测试工具进行测试分析，完成测试，编制测试报告。

（1）建立 Audit 代码评审测试与 RuleChecker 编码规则测试 2 个项目。

（2）执行 Audit 代码评审测试项目，并分析测试结果。

（3）执行 RuleChecker 编码规则测试项目，并分析测试结果（可在学习第 4 章后进行）。

（4）编制测试报告。

Chapter **4**

第 4 章 软件动态测试技术

本章导学

内容提要

本章将比较全面地介绍实施动态软件测试的各项技术的基本概念与基本方法，这些技术广泛运用于实际的测试工程。动态测试技术主要包括以黑盒测试技术与白盒测试技术为代表的各种方法。黑盒测试技术的内容包括等价类划分法、边界值分析法、状态转换测试法、因果图法、决策表法、全配对法等；白盒测试技术主要包括语句覆盖、分支覆盖、条件覆盖与路径覆盖等。这些技术方法将用于指导实际测试工程中的测试用例设计和动态测试过程。

学习目标

- ☒ 认识与理解动态测试的概念、典型问题、主要技术特点及应用策略
- ☒ 学习和掌握运用等价类划分法与边界值分析法设计测试用例
- ☒ 学习和掌握运用因果图法与决策表法设计测试用例
- ☒ 学习和掌握运用状态转换法设计测试用例
- ☒ 学习和掌握运用全配对法设计测试用例
- ☒ 学习和掌握运用逻辑覆盖理论与程序路径表达的原则

☒ 学习和掌握语句覆盖、分支覆盖、条件覆盖及组合条件覆盖等测试用例的设计

☒ 学习和掌握运用路径覆盖原则进行路径覆盖的测试用例设计

4.1 软件动态测试技术

4.1.1 动态测试

在软件测试领域，多数情况下，动态测试被认为是在计算机上运用特定的测试用例执行测试对象、获得测试结果的过程。因此，这个过程也称为动态测试分析（Dynamic Testing Analysis）。

1. 动态测试概念

动态测试方法的主要特征是，必须真正运行被测试程序，通过输入测试用例对其运行情况进行软件缺陷与错误的检测，即对输入与输出的对应关系进行动态分析，达到测试目的。从软件生命周期的视角进行审视，动态测试贯穿于软件产品开发过程及生命周期的每个阶段，其历程可在组件测试、集成测试、系统测试、验收测试的过程活动中。这个过程在软件产品发布之后直到软件生命结束，将一直持续地进行下去。所以，动态测试实际上也属于软件维护测试的范畴。

动态测试分析的测试对象（软件或程序）必须是可执行的，并在程序执行之前需要提供测试数据、测试条件及测试环境。

2. 动态测试内容及过程

动态测试具体内容包括功能确认与接口测试、覆盖率分析、性能分析、内存泄漏分析等。

（1）功能确认与接口测试。这部分的测试包括各个单元的功能、单元的接口、局部的数据结构、重要的执行路径、错误处理的路径和影响上述几个方面的边界条件等内容。

（2）覆盖率分析主要对代码的执行路径覆盖范围进行评估。语句覆盖、判定覆盖、条件覆盖、条件/判定覆盖、基本路径覆盖都是从不同的要求出发，为设计测试用例提出依据。

（3）性能分析的测试是动态测试的重要内容。应用程序运行速度缓慢，是开发过程中常见的重要问题，如不能定位产生问题的所在，即不能解决应用程序的性能问题，则会降低并影响软件的质量。查找和修改软件性能瓶颈已成为调整整个程序代码性能的关键。目前，性能分析工具大致分为纯软件的测试工具、纯硬件的测试工具（如逻辑分析仪和一些仿真器等），以及软、硬件结合的测试工具三类。

（4）内存泄漏有可能导致整个软件系统运行的崩溃。尤其对于嵌入式系统，这种软、硬件资源相对紧凑、实时性较强、运行环境变化较大，或处在整个系统中的重要部位（如网络通信系统的路由器、交换机，无线通信系统的基站系统，军事武器的火控系统，各种移动通信系统等），将可能导致出现一些无法预料的状况。通过检测内存运行实况，可了解程序内存分配的真实情况，发现内存的非正常使用，在问题出现之前就发现征兆，在系统崩溃前发现内存泄漏错误，在发现内存分配错误时，精确显示发生错误时的上下文状况，指出发生错误的缘由。

动态测试贯穿于组件测试、集成测试、系统测试及验收测试阶段。在不同的阶段有不同的测试内容及测试过程。

在组件测试阶段，其测试目标是检测组件中的不合格品（程序模块、函数、类等）。组件测试通常由程序模块的开发者进行设计与执行，在开发环境中进行。

在集成测试阶段，其测试的目标是动态检测模块与接口，主要集中在功能测试方面，其

测试由开发组织者或测试组织者主导，并依靠建立的测试环境。

在系统测试阶段，其测试目标是对提交的软件产品进行验证性测试。系统测试通过需求的分析来确定方案，测试活动的主导由用户主持和实施，并在所建立的测试环境（仿真或真实环境）中实施，测试过程呈现为动态，主要有功能性测试与非功能性测试。该阶段测试的结果决定软件是否可以发布或交付用户使用。

在实际中，不论哪个测试阶段或测试活动，都要进行测试过程的管理。

3．动态测试平台

动态测试分析的测试对象（程序）必须是可执行的，因此，在程序执行之前需要提供测试数据。在低级别的测试阶段（组件测试和集成测试），测试对象往往无法单独运行，为了能运行测试对象，必须将测试对对象集成到测试平台。动态测试平台如图 4-1 所示。

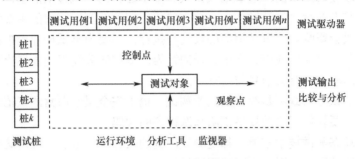

图 4-1　动态测试平台

测试对象通常需要通过事先定义接口来调用程序的不同部分。当程序的某些部分还没有完成，即还不能被使用时，可用桩来模拟。桩模拟程序中通常由测试对象调用的那部分的输入/输出行为。测试台必须能为测试对象提供输入数据。在很多情况下，还要模拟程序中调用测试对象的部分，这就是驱动器的工作。驱动器和桩的组合构成了测试台，测试台与测试对象一起形成一个可执行的程序。

4．动态测试的系统性方法

1）系统化测试策略

在执行程序时，测试必须以尽可能少的成本，发现尽可能多的缺陷，验证尽可能多的需求。这需要采用系统化的测试方法。采用增量方法是测试执行的主要步骤。

第一步，确定测试条件、前置条件及测试要达到目标。前置条件是指在对组件或系统执行特定测试或测试规程之前必须满足的环境条件和状态条件。例如，将必要数据放在数据库内。

第二步，指定单个测试用例。设计测试用例，必须确定如何将每个需求和测试用例之间进行关联，从而可确定测试对需求的覆盖率，便于估算需求变更对测试的影响。

第三步，确定如何执行测试。执行单个测试用例有时并无太大的意义，常采用的策略是测试用例需按一定的方式进行组合，将若干个单独的测试用例组合在一起测试。为使测试用例能按序执行，通常需要建立和使用测试脚本（Test Scripter）的方式进行。一般在脚本中设置相应的前置条件，使测试脚本自动执行预置的指令，并比较测试结果。前置条件、期望结果和期望的后置条件对判断软件中是否有失效很重要。

第四步，确定测试完成准则的定义。

2）动态测试用例规格说明

每个测试用例规格说明的一个内容是为测试对象确定测试输入数据。执行测试用例的前置条件、测试的期望结果和期望的后置条件对判断软件的失效很重要。在测试执行之前，应先确定期望结果和行为（如输出和内部状态改变），以增加对测试的正确判断和减少遗漏。

5. 动态测试的实施策略

动态测试有多种不同的策略与方法。在实际测试中，根据测试需求，可将这些策略与方法分成两大测试策略，即运用黑盒测试与白盒测试。

随着面向对象开发方法应用的日益频繁，UML（统一建模语言）的使用很普遍。运用UML图符定义方法不仅可方便地针对面向对象的软件设计，也可或多或少地直接用UML图来产生或设计测试用例。

基于经验（直觉的）的测试用例设计方法，是系统化测试的补充，也能发现运用系统化方法测试时不能或没有发现的一些缺陷或错误。基于经验的测试方法的基础是测试者的技术水平、测试经验与专业背景。这种技术方法主要采用探测性测试，它的主要特征是：一个测试用例的执行结果会影响后续测试用例的设计与执行；需要为测试构建虚拟模型，模型包含程序如何工作、其行为如何或应该产生怎样的行为，测试的关注点为发现模型中没有或与以前发现的不一样的程序的有关信息与动态行为。

基于直觉的测试方法既不是纯粹的黑盒测试，也不完全属于白盒测试范畴，因为在应用该方法时，并不需要软件程序的规格说明和源程序的代码。

准确地说，动态测试技术本质上都是测试用例的某种设计方法，应用这些方法，可使测试者得到不同的测试用例，用于不同的测试目标。

4.1.2 动态测试（黑盒技术）的测试模型

1. 对象测试模型

对象测试模型注重于测试内容的表达，阐明的是如何表达测试内容。对象测试模型把分散的功能测试单元有机地组合起来，使实际测试更逼近真正的系统测试。其主要思想是：测试内容及测试的实现方法（指对测试数据的处理）可以被封装限定在一个个的测试对象中。测试对象有三个层次：数据对象、业务对象和事务对象，它们的关系为逐级包含。简单来说，数据对象是指业务（或功能）数据的载体，通常是物理对应，其主要测试内容是一个状态迁移图。业务对象是共同实现的一种业务（或功能）数据对象集合，它一般只有逻辑对应，其主要测试内容是一个时间追踪图。事务对象是指一组业务相关的业务对象的有序组合，其主要测试内容是业务间的关系图，准确地说是业务结果间的布尔关系图。

2. 端口测试模型

这个模型侧重于对被测对象的抽象，说明要测试什么。它将被测试对象之间的共性抽象出来，使测试与被测对象可以最大限度地分离开来，其主要思想是：被测试对象可用测试端口集合来表达；测试功能体现在测试端口对外协议（称为端口协议）的实现上，对不同系统测试或对同一系统中不同子系统测试都表现为对不同端口的测试。端口协议一般用结构化语言描述在测试用例中。端口协议的差异不影响测试对象的内部实现（与被测对象接口除外）。

3. 分层设计模型

分层设计模型侧重于黑盒自动测试工具的实现，阐明的是如何设计测试工具。它将测试工具的功能进行抽象和分层，使测试工具的积木化开发现实、可行。其主要思想是：测试工具可划分为五个不同的层次，从低到高依次是：端口驱动层、测试执行层、测试表达层、测试管理层、测试设计层。通过规范这五个层次间的接口，可使按照这个设计模型设计的测试工具或提供相同的接口的其他测试工具无缝地集成在一起，从而实现理想的积木式开发。

4.2　等价类划分法与边界值分析法

4.2.1　等价类划分法简介

等价类划分法（Equivalence Class Testing）是典型的动态测试技术之一，属于黑盒测试的技术范畴。该方法只是根据软件或程序的功能规格说明（需求）进行测试用例设计，并对输入要求和输出要求做出不同的对待与处理。

1. 等价区间与等价测试原理

等价区间：若(A,B)是命题 f(x)的一个等价区间，在(A,B)中任意取 x_i 进行测试。如果 f(x_i)错误，那么 f(x)在整个(A,B)区间都将出错；如果 f(x_i)正确，那么 f(x)在整个(A,B)区间都将正确。

根据此原则而设计的测试方法，称为等价测试。换言之，等价类划分法的技术基础是等价测试原理。

等价类划分法是把程序的输入域划分为若干部分，然后从每个部分中选取少量代表性数据作为测试用例（数据），而每一个测试数据对于揭露程序中的缺陷或错误均为等效，并做合理假定：采用等价类中的某个任意值进行测试，就等同于用该类中所有值的测试，即如果某个等价类中的一个测试用例检测出了缺陷或错误，那么这一等价类中的其他测试用例也能发现同样的问题。反之，如某一等价类中没有一个测试用例能够检测出缺陷或错误，则这类中的其他测试用例也不会检测出问题（除非该类中某些测试用例又属另一等价类）。应用等价类划分测试可大幅减少测试用例的数量，做到"事半功倍"，并能够满足测试的充分性，取得完备测试结果。

2. 等价类划分

对于测试，有两个重要点：一是完备性，二是无冗余。输入域须提供一种形式的完备性，若测试输入域互不相交则可保证形式的无冗余。

1）等价类划分的任务

（1）划分与确定等价类。

（2）为每一个等价类建立测试用例，建立测试的最小数目，并提供充分的覆盖。

在划分等价类之前，需首先从软件功能规格说明书中找出所有输入条件，然后为每个输入条件划分两个或多个等价类，形成若干互不相交的子集，称之为等价类。所有等价类的并集就是整个测试输入域。

通常，软件或程序不仅能够接收有效、合法的输入数据，还能接受无效的或不合法的输入数据的"意外考验"，不至于出现异常或崩溃，这样软件才有可靠性。因此，等价类划分会有两种不同的情形：有效等价类和无效等价类。

有效等价类指对程序功能规格说明是合理、有意义的输入数据所构成的集合。利用有效等价类检验程序是否实现规格说明中所规定的功能。根据具体的程序，有效等价类可由一个或多个组成。与有效等价类定义相反，无效等价类指对程序功能规格说明是无意义、不合理的输入数据所构成的集合。利用无效等价类，可检查被测对象的功能的实现是否有不符合程序规格说明要求的地方。根据具体程序，无效等价类可由一个或多个组成。

有效等价类：有效区间的合法输入范围。

无效等价类：无效区间的非法输入范围。

无效区间	有效区间	无效区间

2）等价类划分原则

如果输入条件指定是在一个连续的范围的值，则划分为一个有效等价类及两个无效等价类。

例如，某个参数值的输入值的有效范围是：3000~8500

有效等价类：{3000 <= 参数值 <= 8500}

无效等价类：{参数值 <3000} ,{ 参数值 >8500}

另一表示形式：

← 2999.99	3000.00~8500.00	8500.01 →
无效	有效	无效

- 如果输入条件指定的是在一个离散的（不连续的）范围的可允许的离散值，则划分为一个有效等价类及两个无效等价类。

例如，某个保险程序的某项输入数据是 18~70 的整数值，则可做如下划分。

有效等价类： {18 >= 数据值 <= 70}

无效等价类： {数据值<18},{数据值>70}

另一表示等价类的形式：

← 17	18~70	71 →
无效	有效	无效

- 在输入条件规定了输入值的集合或规定了"必须如何"的条件情形下，可划分一个有效等价类和一个无效等价类。

例如，购买汽车的客户（申请者）必须是个人身份。

有效类：{个人}

无效类：{公司，房屋，…，其他… }

另一表示形式：

所有其他的	个人（客户）
无效	有效

- 在输入条件为一个布尔量的情况下，可确定一个有效等价类和一个无效等价类。

在规定了输入数据的一组值（假定 N 个），并要对每一输入值进行分别处理的情形下，可确立 N 个有效等价类及一个无效等价类。

- 在规定了输入数据必须遵守某规则情形下，可确立一个有效等价类（符合规则）及若干个无效等价类（违反规则）。

例如，在某个输入条件说明了一个必须成立的情况（如输入数据必须是数字）下，可划分一个有效等价类（输入数据为数字）及一个无效等价类（输入数据为非数字）。

- 按照数值集合划分。如规格说明规定了输入值的集合，则可确定一个有效等价类（该集合有效值之内）和一个无效等价类（该集合有效值之外）。

例如，若要求"标识符应以字母开头"，则"以字母开头"为有效等价类；若"以非字母开头"则为无效等价类。

- 利用对等区间划分选择测试用例，为每一等价类规定唯一编号。
- 设计一个新的测试用例，使其尽可能多地覆盖尚未覆盖的有效等价类。
- 重复这一步骤，直到所有的有效等价类都被覆盖为止。
- 设计一个新的测试用例，使它仅覆盖一个无效等价类，重复这一步骤，直到所有的无效等价类都被覆盖为止。
- 等价类划分通过识别多个相等的输入条件，极大地降低了测试用例的数量。
- 等价类划分法的测试用例均为单输入条件，因此运用该方法不能解决输入条件出现组合时测试的情形。
- 在确知已划分的等价类中各元素在处理中的方式不同时，应将该等价类进一步划分为更小的等价类。

3. 常见等价类划分形式

等价类测试分为标准等价类测试和健壮等价类测试。为理解问题，现以有两个输入变量 x1 和 x2 的程序 F 为例，说明标准等价类测试和健壮等价类测试。

现定义，输入变量 x1 和 x2 在下列范围内取值：

a≤x1≤d, 区间[a,b],(b,c),[c,d]

e≤x2≤g, 区间[e,f],[f,g]

变量 x1，x2 的无效等价类分别为：x1<a，x1>d 和 x2<e，x2>g。

1）标准等价类测试

标准等价类测试不考虑无效数据值，测试用例使用每个等价类中的某一个值，如图 4-2 所示。三个测试用例使用每个等价类中一个值。通常，标准等价类测试用例的数量和最大等价类中元素的数目相等。

2）健壮等价类测试

健壮等价类测试的主要出发点是不仅关注等价类，同时也关注了无效等价类。对有效输入，测试用例从每个有效等价类中取一个值；对无效类的输入，测试用例取一个无效值，其他值均取有效值。

这种方法如图 4-3 所示。健壮等价类测试需注意两个问题。第一，规格说明往往没有定义无效测试用例的期望输出应该是什么。因此，需定义这些测试用例的期望值。第二，对强类型的程序设计语言不必考虑无效的输入。

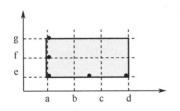

图 4-2　标准等价类测试用例

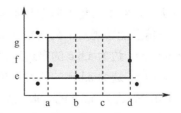

图 4-3　健壮等价类测试用例

3）对等区间划分

对等区间划分是测试用例设计的非常规形式化的方法。它将被测对象的输入、输出划分成一些区间，对一个特定区间的任何值均为等价。形成测试区间的数据不只是函数或者过程的参数，也可以是程序可访问的全局变量、系统资源等。这些变量或资源可以是以时间形式存在的数据，也可以是以状态形式存在的输入、输出序列。对等区间划分假定位于单个区间的所有值对测试均为对等，应为每个区间的每一个值设计一个测试用例。这里，考虑计算平方根函数的测试用例区间，有 2 个输入区间和 2 个输出区间，如表 4-1 所示。

表 4-1　平方根函数的测试用例区间

输入分区		输出分区	
i	<0	a	>0
ii	>=0	b	Error

可用 2 个测试用例来测试 4 个区间。

测试用例 1：输入 4，返回 2　　　//区间 ii 和 a

测试用例 2：输入－10，返回 0，输出 "Square root error - illegal negative input"。

//区间 i 和 b

上例的对等区间划分很简单。当软件更加复杂时，对等区间确定和区间之间的相互依赖就越多，使用对等区间划分设计测试用例的难度就会增加。对等区间划分基本上是一种正面测试技术，需使用负面测试进行补充。

4．用等价类划分法设计测试用例

1）用等价类划分法设计测试用例的步骤

根据程序说明的规则，定义确立等价类，建立等价类表，列出所有划分出的等价类：

● 输入条件、有效等价类和无效等价类，从划分出的等价类去设计测试用例。

● 通常从每个类中设计选取一个测试用例，这些测试用例应具备互斥性。连续写出测试用例，直至有效等价类覆盖确定的规则说明。

● 预期结果是测试用例的必要组成部分，用例设计必须包含对输入的预期结果。

● 用等价类划分法设计测试用例的实例。

【例 4-1】这里对三角形组成问题的程序进行测试设计，采用等价类划分法设计。

输入条件：三个边长数（设定在 1～100 之间的整数），两边之和必须大于第三边。

现进行分析，对三角形组成问题来说，有四种可能的输出：等边三角形、等腰三角形、一般三角形、不能组成三角形（非三角形）。

在多数情况下，是从输入域划分等价类的，但并非不能从被测程序的输出域反过来定义等价类，事实上，对于三角形问题却是最简单的划分方法。

利用这些信息能够确定下列输出（值域）等价类。

R1={< a,b, c>: 边为 a,b,c 的等边三角形}

R2={< a,b, c>: 边为 a,b,c 的等腰三角形}

R3={< a,b,c>: 边为 a,b,c 的一般三角形}

R1={< a,b, c>: 边为 a,b,c 不能组成三角形}

用标准等价类和健壮类等价类划分法设计测试用例，得等价类表，设计覆盖等价类的测试用例。有 4 个标准等价类测试用例（如表 4-2 所示），取 a，b，c 的无效数值产生 7 个健壮等价类测试用例（如表 4-3 所示）。

表 4-2　三角形问题的 4 个标准等价类测试用例

测试用例	a	b	c	预期输出
Test 1	10	10	10	等边三角形
Test2	10	10	5	等腰三角形
Test3	3	4	5	一般三角形
Test4	4	1	2	非三角形

表 4-3　三角形问题的 7 个健壮等价类测试用例

测试用例	a	b	c	预期输出
Test 1	5	6	7	一般三角形
Test2	−1	5	5	a 值超出输入值定义域
Test3	5	−1	5	b 值超出输入值定义域
Test4	5	5	−1	c 值超出输入值定义域
Test5	101	5	5	a 值超出输入值定义域
Test6	5	101	5	b 值超出输入值定义域
Test7	5	5	101	c 值超出输入值定义域

5．等价类测试结束准则

应用等价类划分测试技术的测试准则（等价类划分覆盖率）定义为执行的等价类数量与总共划分确定的等价类数量之比。

等价类划分覆盖率＝（执行的等价类数量/总共划分确定的等价类数量）×100%

覆盖率决定测试的完备性。测试之前定义的覆盖率作为测试活动是否充分的一个标准，以及测试执行后判断测试强度是否达到要求的一个指标。

4.2.2　边界值测试

1．边界值分析法

边界值分析法（Boundary Value Analysis, BVA）是对等价类划分测试方法的补充，是与等价类划分法紧密结合的黑盒测试，即对输入定义域或等价区间的边界进行测试。这种测试法具有较强的发现缺陷或错误的效能，因为程序设计中可能常常会疏忽了对"边界"的正确处理，从而造成缺陷或错误。

每一个输入域在边界处的测试用例，包括以下情形。

（1）取值在边界上（在可能或有效的情形下）。

（2）取值恰比边界值略小。

（3）取值恰比边界值略大。

需要注意：边界值必须考虑边界值上限的邻近值和下限的邻近值的数量。具体数量只包含不相等的输入值。对于邻近等价类重叠的数据作为一个边界值看待，这是因为对每个测试数据都只有一个测试用例与之对应。

【例 4-2】例如，平方根函数的程序的测试用例设计。输入等价区间为[0，+∞），划分等价类：一个有效等价类，有效区间为[0，+∞）；一个无效等价类，无效区间为（-∞，0）；可取 x=1.8 及 x=−30.2 进行等价类测试，边界值为 0，以 x=0 进行边界值的测试。

2．边界值测试的应用举例

1）三角形组成问题程序的边界值测试

【例 4-3】在三角形组成问题的描述中，要求边长为正整数，其输入域的边界下限值为 1，上限值为 100。表 4-4 给出三角形问题的边界值分析测试用例。

表 4-4　三角形问题的边界值分析测试用例

测试用例	a	b	c	预期输出
Test 1	60	60	1	等腰三角形
Test2	60	60	2	等腰三角形
Test3	60	60	60	等边三角形
Test4	50	50	99	等腰三角形
Test5	50	50	100	非三角形
Test6	60	1	60	等腰三角形
Test7	60	2	60	等腰三角形
Test8	50	99	50	等腰三角形
Test9	50	100	50	非三角形
Test10	1	60	60	等腰三角形
Test11	2	60	60	等腰三角形
Test12	99	50	50	等腰三角形
Test13	100	50	50	非三角形

其中，1、2、99、100 为边界值。

2）NextDate 函数程序的边界值测试

【例 4-4】在 NextDate 函数中，规定了变量 mouth、day、year，其相应的取值范围为：$1 \leqslant mouth \leqslant 12$，$1 \leqslant day \leqslant 31$，$1912 \leqslant year \leqslant 2050$。

表 4-5 给出该程序的健壮性测试用例。

表 4-5　NextDate 函数程序的健壮性测试用例

测试用例	Month	day	year	预期输出
Test 1	6	15	1911	1911. 6. 16
Test2	6	15	1912	1912. 6. 16
Test3	6	15	1913	1913. 6. 16
Test4	6	15	1975	1975. 6. 16
Test5	6	15	2049	2049. 6. 16
Test6	6	15	2050	2050. 6. 16
Test7	6	15	2051	2051. 6. 16
Test8	6	−1	2001	day 超出[1…31]
Test9	6	1	2001	2001.6.2
Test10	6	2	2001	2001.6.3
Test11	6	30	2001	2001.7.1
Test12	6	31	2001	输入日期超界
Test13	6	32	2001	day 超出[1…31]
Test14	−1	15	2001	month 超出[1…12]
Test15	1	15	2001	2001.1.16
Test16	2	15	2001	2001.2.16
Test17	11	15	2001	2001.11.16
Test18	12	15	2001	2001.12.16
Test19	13	15	2001	month 超出[1…12]

其中，1911、1912、1913、2049、2050、2051 为 year 的边界值；−1、1、2、11、12、13 为 mouth 的边界值；−1、1、2、30、31、32 为 day 的边界值。

3．边界值法测试结束准则

类似于等价类划分的测试结束准则，预先定义期望的边界值覆盖率，并在执行测试后对覆盖率进行计算。

边界值覆盖率=（执行的边界值数量/总的边界值数量）×100%

4.2.3　等价类划分测试法与边界值测试法结合设计测试用例

在实际测试中，经常采用等价类划分法与边界值法联合使用的策略，通盘考虑测试用例的设计问题，这不仅可以做到设计周全，不宜遗漏，而且能够减少测试用例的数量及测试工作量。

【例 4-5】某商业银行的房屋贷款规定，房屋抵押贷款的额度限制范围为 100000.00～500000.00/每笔；出售房屋数量 20 套，编号为 1～20；可购买的房屋类型为别墅、塔楼、单身公寓；客户贷款必须以个人身份办理。现应用等价类/边界值方法设计该程序测试用例。

1．等价类划分

等价类划分情况如图 4-4 所示。

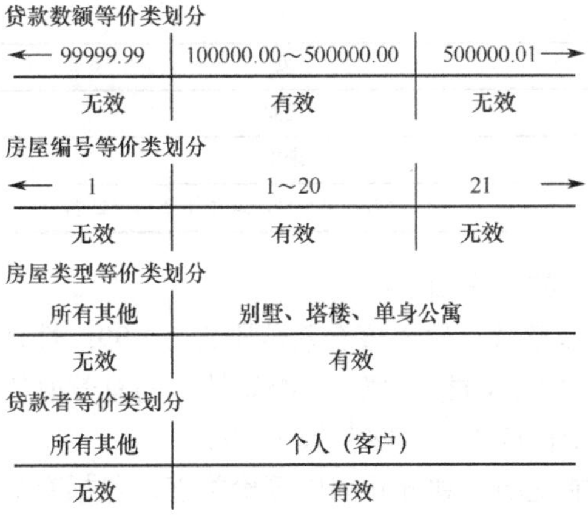

贷款数额等价类划分

← 99999.99	100000.00～500000.00	500000.01 →
无效	有效	无效

房屋编号等价类划分

← 1	1～20	21 →
无效	有效	无效

房屋类型等价类划分

所有其他	别墅、塔楼、单身公寓
无效	有效

贷款者等价类划分

所有其他	个人（客户）
无效	有效

图 4-4　等价类划分情况（例 4-5）

2．测试用例（EP/BV）设计

房屋贷款程序的测试用例如表 4-6 所示。

表 4-6　房屋贷款程序的测试用例

测试用例	有效类测试用例			
	贷款数额	房屋编号	房屋类型	客户（个人）
1	**100000.00**	**1**	别墅	刘晓宁
2	500000.00	**20**	单身公寓	张向阳
3	230000.00	7	塔楼	李明方
无效类测试用例				
4	**500000.01**	**1**	别墅	张毅（刘晓宁同事）

无效类测试用例				
5	**99999.99**	**2**	单身公寓	方剑
6	150000.00	**21**	塔楼	尚英
7	175000.00	**0**	别墅	李丽
8	220000.00	2	办公室	鲍红
9	360000.00	2	塔楼	其他合法的未贷款者
注：标记为粗体的为边界值测试				

【例4-6】用等价类划分法测试保险公司保费费率计算程序。

某保险公司的人寿保险的保费计算方法为：投保额×保险费率，其中的保险费率依点数的不同而有所区别，10点及10点以上保险费率为0.6%，10点以下保险费率为0.1%；而点数由投保人年龄、性别、婚姻状况和抚养人数决定，具体的保险费点数规则如表4-7所示。

表4-7 保险费点数规则

年龄	20～39岁	6点
	40～59岁	4点
	60岁以上或20岁以上	2点
性别	男	5点
	女	3点
婚姻	已婚	3点
	未婚	5点
抚养人数	一人扣0.5点，最多扣3点（四舍五入取整数）	

对程序中各个输入条件的要求如下：

年龄为1位或2位非零整数，输入值有效范围为1～99；性别为一位英文字符，有效取值是"M"（表示男性）或"F"（表示女性）；婚姻情况的有效取值是"已婚"或者"未婚"；抚养人数的有效取值可为空白或1位非零整数1～9。

（1）分析该程序的功能说明，划分并列出等价类表，包括有效等价类和无效等价类。

（2）根据所列出的等价类表，设计能覆盖所有等价类的测试用例，以及输入和预期的输出。划分的等价类表如表4-8所示。

表4-8 保险程序的等价类表

输入条件	有效等价类	编号	无效等价类	编号
年龄	20～39岁	1		
	40～59岁	2		
	1～19岁、60～99岁	3	小于1	12
			大于99	13
性别	单个英文字符	4	非英文字符	14
			非单个英文字符	15
	"M"	5	除"M"和"F"之外的其他单个字符	16
	"F"	6		
婚姻	已婚	7	除"已婚"和"未婚"之外的其他字符	17

输入条件	有效等价类	编号	无效等价类	编号
婚姻	未婚	8		
抚养人数	空白	9	除空白和数字之外的其他字符	18
	1~6 人	10	小于 1	19
	6~9 人	11	大于 9	20

根据该等价类表，测试用例设计如表 4-9 所示。

表 4-9　保险程序的测试用例一览表

测试用例编号	输入数据				预期输出
	年龄	性别	婚姻	抚养人数	保险费率
1	27	F	未婚	空白	0.6%
2	50	M	已婚	2	0.6%
3	70	F	已婚	7	0.1%
4	0	M	未婚	空白	无法推算
5	100	F	已婚	3	无法推算
6	99		已婚	4	无法推算
7	1	Child	未婚	空白	无法推算
8	45	N	已婚	5	无法推算
9	38	F	离婚	1	无法推算
10	62	M	已婚	没有	无法推算
11	18	F	未婚	0	无法推算
12	40	M	未婚	10	无法推算

4.3　因果图/决策表法

4.3.1　因果图法

1．因果图法的原理

等价类划分和边界值分析测试方法，都着重于考虑程序的单项输入条件，但并未考虑输入条件之间的联系或组合的情况。当需要关注程序输入条件之间的相互关联关系及相互组合时，会产生新的复杂情况。因为测试要检查程序输入条件的组合关系并非很容易，即使将所有的输入条件都划分为一个个等价类，它们之间复杂的组合情况仍难以用等价类来描述，此时依然运用等价类划分和边界值测试的方法，进行测试用例的设计很困难。因此，需要考虑采用一种适合描述多种输入条件且在具有组合的情形下设计测试用例的方法。因果图（Cause/Effect Graphing，CEG）是一种以因果逻辑关系的图示模型来描述可能的输入条件的组合关系，以及可能产生的相应动作（输出结果）的情形的方法。这个方法的实质是：从程序规格说明（需求）的描述中找出因（输入条件）与果（输出结果或程序状态改变）的关系。

2．因果图元素及构造

在说明如何运用因果图法之前，首先需要说明什么是因果图。因果图使用 4 种简单的逻辑符号，以直线连接左、右节点。左节点表示输入状态（或称原因），右节点表示输出状态（或称结果）。因果图中用符号形式分别表达了软件规格说明中的 4 种因果关系，如图 4-5 所示。

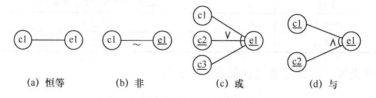

(a) 恒等　　　(b) 非　　　(c) 或　　　(d) 与

图 4-5　因果图的符号及 4 种因果关系

图中 c_i 表示原因，通常位于图左部，e_i 表示结果，位于图右部。c_i 与 e_i 取值 0 或 1。0 表示某个状态不出现，1 表示某个状态出现。

恒等：若 c1 是 1，则 e1 也为 1，否则 e1 为 0。

非：　若 c1 是 1，则 e1 为 0，否则 e1 为 1。

或：　若 c1 或 c2 或 c3 是 1，则 e1 是 1，否则 e1 为 0。

与：　若 c1 和 c2 都是 1，则 e1 为 1，否则 e1 为 0。

在实际问题中，输入状态相互之间还可能存在某些依赖关系，这称为"约束"。例如，某些输入条件本身不可能同时出现，而输出状态之间也往往存在着约束。在因果图中，采用特定符号来表明这些约束，如图 4-6 所示。

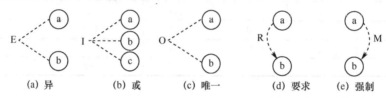

(a) 异　　　(b) 或　　　(c) 唯一　　　(d) 要求　　　(e) 强制

图 4-6　因果图的约束符号及约束关系

对于输入条件的约束有 4 种。

E 约束（异）：a 和 b 中最多有一个可能为 1，即 a 和 b 不能同时为 1。

I 约束（或）：a、b、c 中至少有一个必须是 1，即 a、b、c 不能同时为 0。

O 约束（唯一）：a 和 b 必须有一个且仅有一个为 1。

R 约束（要求）：a 是 1 时，b 必须是 1，即 a 是 1 时，b 不能是 0。

但对于输出条件的约束只有 M 约束一种。

M 约束（强制）：假如结果 a 是 1，则结果 b 强制为 0。

运用因果图法描述输入条件的组合情形，最后目的是要生成相应的决策表（也称为判定表），并由此设计生成测试用例。其基本步骤如下。

根据程序规则说明描述的语义内容，分析并确定"因"和"果"，即哪些是原因，哪些是结果，并给每个原因和结果赋予一个标识符。原因通常为输入条件或输入条件的组合，结果可能为带有约束的输出条件。

找出原因与结果之间、原因与原因之间对应的组合关系。根据这些关系，构造并画出因果图。

由于语法或环境限制，有些原因与原因之间、原因与结果之间的组合情况不可能会出现。为表明这些特殊的情形，在因果图上用一些记号表明其约束或限制条件。

3．因果图的构造举例

【例 4-7】一个程序的功能规格说明要求如下：输入的第一个字符必须是#或者*，第二个字符必须是一个数字，在此情况下，可对文件进行修改。若输入的第一个字符不是#或* ，则程序给出信息 N；若输入的第二个字符不是数字，则程序给出信息 M。

构建因果图的步骤如下。

（1）根据该程序的功能规则说明进行分析，列出原因与结果。

（2）找出原因与结果之间的因果关系、原因与原因之间的约束关系。

（3）画出因果图。

列出原因与结果。

原因：c1 第一个字符是 #。

c2 第一个字符是*。

c3 第二个字符是一个数字。

结果：e1 给出信息 N。

e2 修改文件。

e3 给出信息 M。

绘制因果图：将原因和结果用逻辑符号连接，得到因果图，如图 4-7 所示。

编号为 10 的中间节点是导出最终结果的进一步的原因。

因 c1 和 c2 不可能同时为 1，也就是说，第一个字符不可能既为#又是*，因此，在因果图上需对其施加 e 约束，最终得到具有约束关系的因果图，如图 4-8 所示。

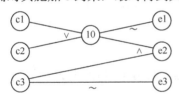
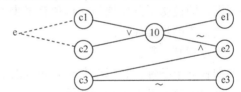

图 4-7　因果图表示　　　　　图 4-8　示例具有 e 约束的因果图表示

4.3.2　决策表法

决策表（Decision Table）也称判定表。决策表是分析和表达多逻辑条件下，执行不同操作的一种描述形式。它可把复杂的逻辑关系与多种条件组合情况表达得具体、明确，并体现出严密的逻辑关系。软件的功能说明通常可以用决策表的形式来表示，描述所定义的条件（需求）集合、复杂的业务逻辑关系，以及所规定的相应操作（动作）。

通常，在一些数据处理问题中，一些操作的实施将依赖于多个逻辑条件的组合，即针对不同逻辑条件的组合，会分别执行不同的操作。决策表将很适合表达此类问题，特别是在采用测试驱动开发模式的运用中，常常采用决策表来设计测试用例。

1．决策表的构成

决策表的构成如图 4-9 所示。

分析图 4-9，可看出决策表由以下四个部分（区域）组成。

（1）**条件桩**（Condition Stub）：列出问题的所有条件。通常认为，所列出的条件先后次序无关紧要。

	规则1	规则2	规则3	…	规则n
条件（桩）					
条件1			条件项		
条件2		条件项			
⋮					
条件n					
动作（桩）					
动作1				动作项	
动作2			动作项		
⋮					
动作n					

图 4-9　决策表的构成

（2）**动作桩**（Action Stub）：列出问题规定的可能采取的操作。对这些操作的排列顺序没有约束。

（3）**条件项**（Condition Entry）：针对条件桩给出的条件列出所有可能的取值。

（4）**动作项**（Action Entry）：列出在条件项的各种取值情况下应采取的动作。

根据决策表的构成原则，可划分出图 4-9 的条件桩、动作桩、条件项与动作项。

2．决策表建立

在决策表中，将任何一个条件组合的特定取值及相应要执行的动作称为规则，表中贯穿条件项和动作项的一列为一条规则。显然，判定表中列出多少组合条件的取值，也就产生了多少条规则，即说明了条件项与动作项有多少列。

建立决策表的步骤如下。

（1）确定规则个数。

（2）如有 n 个条件，且每个条件有两种取值（0、1 或 N、Y），将产生 2^n 种规则。

（3）列出所有的条件桩和动作桩。

（4）填入条件项。

（5）填入动作项。

（6）得到初始决策表。

（7）化简决策表。

对初始决策表，合并相似规则（相同动作），得到简化的决策表。在实际使用决策表时，有可能需要简化，简化的原则是以合并相似规则为目标。若表中有两条以上的规则具有相同动作，并且在条件项之间存在极为相似的关系，便可进行合并。化简决策表，实际上是减少了列的数量。

【例 4-8】表 4-10 是一个决策表，现对它进行组成的分析。

表 4-10　决策表分析

选项 ＼ 规则	1	2	3~4	5	6	7~8
条件：						
c1	T	T	T	F	F	F
c2	T	T	F	T	T	F
c3	T	F	-	T	F	-

选项 ＼ 规则	1	2	3~4	5	6	7~8
动作：						
a1	√	√				
a2	√			√	√	
a3		√		√		
A4			√			√

- 条件（桩）：c1、c2、c3。
- 动作（桩）：a1、a2、a3。
- 规则 1：若 c1、c2、c3 都为真，则采取动作 a1 和 a2。
- 规则 2：若 c1、c2 都为真，c3 为假，则采取动作 a1 和 a3。
- 规则 3、4：若 c1 为真、c2 为假、c3 为真或为假，均采取动作 a4。
- 规则 5：若 c1 为假，c2、c3 为真，则采用动作 a2 和 a3。
- 规则 6：若 c1、c3 为假，c2 为真，则采用动作 a2。
- 规则 7、8：若 c1、c2 为假、c3 为真或为假，均采取动作 a4。

根据表中的情形，第 3、4 条规则的动作项一致，条件项中前 2 个条件取值一致，只有第 3 个条件取值不同，这表明前 2 个条件分别取真值和假值时，无论第 3 个条件取何值，都要执行同一操作，这 2 条规则可合并。合并后第 3 个条件项用符号 "-" 标识，表示与取值无关，称为 "无关条件"。类似地，具有相同动作的规则 7、8 也可合并，如图 4-10 所示。

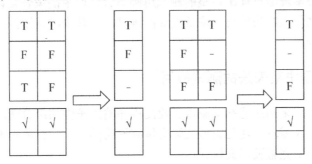

图 4-10　决策表的化简合并——两条规则合并为一条

每当某一规则的条件已满足并确定要执行的操作后，不必再检验别的规则；如某一规则得到满足要执行多个操作，这些操作的执行将与顺序无关。

【例 4-9】表 4-11 是某个图书馆应用系统中软件的一张阅读指南决策表（这类表在互联网应用软件系统中有很多）。读者对表中的问题给予回答，若回答为肯定，则标注 "Y"（程序取真值）；若回答为否定，则标注 "N"（程序取假值）。阅读的建议在动作域中表达列出。

表 4-11　阅读指南决策表

选项 ＼ 规则		1	2	3	4	5	6	7	8
问题（条件）	觉得疲倦？	Y	Y	Y	Y	N	N	N	N
	感兴趣吗？	Y	Y	N	N	Y	Y	N	N
	感觉糊涂？	Y	N	Y	N	Y	N	Y	N

选项 ＼ 规则		1	2	3	4	5	6	7	8
建议 （动作）	重　读					√			
	继　续						√		
	跳下一章							√	√
	休　息	√	√	√	√				

化简后的决策表，如表 4-12 所示。

表 4-12　化简后的阅读指南决策表

选项 ＼ 规则		1～4	5	6	7～8
问题 （条件）	觉得疲倦？	Y	N	N	N
	感兴趣吗？	-	Y	Y	N
	感觉糊涂？	-	Y	N	-
建议 （动作）	重　读		√		
	继　续			√	
	跳下一章				√
	休　息	√			

决策表突出的优点是，能把复杂的问题按照各种可能的情况全部列举出来，简明并避免遗漏。因此，利用决策表能设计出完整的测试用例集合。运用决策表设计测试用例，可把条件理解为输入，把动作理解为输出，降低设计的难度，并减少测试用例的数量冗余，因决策表经化简后列数减少了。

4.3.3　因果图/决策表法的测试应用

如前所述，采用因果图法能帮助测试者检测程序输入条件的组合情况，这是一种将自然语言的软件规则说明（需求）转化成形式语言规则说明的一种严格逻辑方法，并能够发现软件规则说明中存在的不完整及二义性。

因果图可方便地转化为决策表，而决策表中的每一列可设计为一个测试用例，以检测软件在输入条件组合之下的输出是否正确，即是否实现了软件功能。在实际测试中，该方法适合测试程序输入条件的各种组合情况，应用较多。

1．因果图/决策表法设计测试用例的步骤

根据程序规格说明书描述的语义内容，分析并确定"因"和"果"，将其表示成连接各原因与各结果的"因果图"。

当由于语法规则或问题环境限制，某些原因和结果的组合情况不可能出现时，则使用约束条件进行说明。

将构成的因果图转换为决策表。

以决策表中的每一列表达的条件与动作，设计成一个测试用例（含输入与输出）。

2．测试应用举例

【例 4-10】根据 4.3.1 节中【例 4-7】所描述的软件问题而构造的因果图（如图 4-11 所示），

应用决策表法设计测试用例。

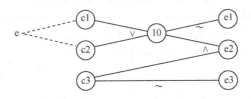

图 4-11　软件问题构成的因果图

这里有 c1、c2、c3 三个条件，因此最多可有 8 条规则，将因果图转换成决策表，如表 4-13 所示。

表 4-13　因果图转换的决策表

规则\选项	1	2	3	4	5	6	7	8
条件：								
c1	1	1	1	1	0	0	0	0
c2	1	1	0	0	1	1	0	0
c3	1	0	1	0	1	0	1	0
10			1	1	1	1	0	0
动作：								
e1							√	√
e2			√		√			
e3				√		√		√
不可能	√	√						
测试用例			#3	#A	*6	*B	A1	GT

设计测试用例。表 4-13 中 8 种情况的最左面两侧，原因 c1 和 c2 同时为 1 是不可能的，应排除这两种情况。最后根据该决策表，可设计出 6 个独立的测试用例。

（1）测试用例 1：输入数据—#3　预期输出—修改文件。

（2）测试用例 2：输入数据—#A　预期输出—给出信息 M。

（3）测试用例 3：输入数据—*6　预期输出—修改文件。

（4）测试用例 4：输入数据—*B　预期输出—给出信息 M。

（5）测试用例 5：输入数据—A1　　预期输出—给出信息 N。

（6）测试用例 6：输入数据—GT　　预期输出—给出信息 N 和信息 M。

若在软件开发设计阶段就已采用决策表，则不必要构造画出因果图，可直接利用决策表设计测试用例。

【例 4-11】以三角形组成问题构造决策表，设计测试用例。

（1）确定规则个数。三角形组成问题的决策表有 4 个条件，每个条件可取两个值，故有 2^4=16 种规则。

（2）列出所有的条件桩和动作桩。

（3）填入输入项与填入动作项。

（4）得到初始决策表并化简。得到三角形组成问题的决策表，如表 4-14 所示。

表 4-14 三角形组成问题的决策表

选项＼规则	规则1~8	规则9	规则10	规则11	规则12	规则13	规则14	规则15	规则16
条件:									
c1: a,b,c 构成三角形?	N	Y	Y	Y	Y	Y	Y	Y	Y
c2:a=b?	-	Y	Y	Y	Y	N	N	N	N
c3:a=c?	-	Y	Y	N	N	Y	Y	N	N
c4:b=c?	-	Y	N	Y	N	Y	N	Y	N
动作:									
a1:非三角形	√								
a2:一般三角形									√
a3:等腰三角形					√		√	√	
a4:等边三角形		√							
a5:不可能			√	√		√			

【例 4-12】NextDate 函数的决策表测试用例设计。NextDate 函数可说明定义域中依赖性问题，决策表可突出这种依赖关系，因此，可成为基于决策表法设计测试用例的一个完美实例。前面曾分析过 NextDate 函数的等价类划分，其不足之处是机械地选取输入值，由此可能产生出"奇怪"的测试用例。例如，寻找确定 2003 年 4 月 31 日的下一天。问题产生的根源是等价类划分与边界值分析都假设了变量为独立的。若变量之间在输入定义域中存在某种逻辑依赖关系，那么这些依赖关系在机械地选取输入值时可能会丢失。而决策表法通过使用"不可能动作"的概念表示条件的不可能组合，强调了这种依赖关系。

为了产生给定日期的下一个日期，NextDate 函数能使用的操作只有 5 种：day、mouth、year 三个变量的加 1 操作及 day、mouth 两个变量的复位操作。

下面在以下等价类集合上建立决策表。

M1:{mouth:mouth 有 30 天}

M2:{ mouth:mouth 有 31 天,12 月除外}

M3:{mouth:mouth 有 12 月}

M4:{mouth:mouth 是 2 月}

D1:{day:1≤day≤27}

D2:{day:day=28}

D3:{day:day=29}

D4:{day:day=30}

D5:{day:day=31}

Y1:{year:year 是闰年}

Y2:{year:year 不是闰年}

表 4-15 是该题目的决策表，共有 22 条规则。

规则 1~5 处理有 30 天的月份。

规则 6~10 和规则 11~15 处理有 31 天的月份，其中规则 6~10 处理 12 月之外的月份。

规则 11~15 处理 12 月，不可能也列出规则，如规则 5 处理在有 30 天的月份中考虑 31日；最后的 7 条规则关注 2 月和闰年问题。

表 4-15 NextDate 函数的决策表

规则 / 选项	1	2	3	4	5	6	7	8	9	10	11
条件:											
c1:mouth 在	M1	M1	M1	M1	M1	M2	M2	M2	M2	M2	M3
c2:day 在	D1	D2	D3	D4	D5	D1	D2	D3	D4	D5	D1
c3:year 在	-	-	-	-	-	-	-	-	-	-	-
动作:											
a1:不可能					√						
a2:day 加 1	√	√	√			√	√	√	√		√
a3:day 复位				√						√	
a4:mouth 加 1				√						√	
a5:mouth 复位											
a6:year 加 1											
条件:											
c1:mouth 在	M3	M3	M3	M3	M4	M4	M4	M4	M4	M4	M4
c2:day 在	D2	D3	D4	D5	D1	D2	D2	D3	D3	D4	D5
c3:year 在	-	-	-	-	-	Y1	Y2	Y1	Y2	-	-
动作:											
a1:不可能									√	√	√
a2:day 加 1	√	√	√		√	√					
a3:day 复位				√			√	√			
a4:mouth 加 1				√			√	√			
a5:mouth 复位				√							
a6:year 加 1				√							

进一步简化 22 条规则。若表中有两条规则动作项相同，则一定至少有一个条件能把这两条规则用不关联条件合并。例如，规则 1、2、3 都涉及有 30 天的月份 day 类 D1、D2 和 D3，并且它们的动作项都是 day 加 1，因此可将规则 1、2、3 合并。类似地，有 31 天的月份的 day 类 D1、D2、D3 和 D4 也可合并，2 月的 D4 和 D5 也可合并。简化后的决策表如表 4-16 所示。

表 4-16 简化后的 NextDate 函数决策表

规则 / 选项	1~3	4	5	6~9	10	11~14	15	16	17	18	19	20	21~22
条件:													
c1:mouth 在	M1	M1	M1	M2	M2	M3	M3	M4	M4	M4	M4	M4	M4
c2:day 在	D1~D3	D4	D5	D1~D4	D5	D1~D4	D5	D1	D2	D2	D3	D3	D4~D5
c3:year 在	-	-	-	-	-	-	-	-	Y1	Y2	Y1	Y2	-
动作:													
a1:不可能			√									√	√
a2:day 加 1	√			√		√		√	√				
a3:day 复位		√			√		√			√	√		
a4:mouth 加 1		√			√					√	√		
a5:mouth 复位							√						
a6:yearj 加 1							√						

根据简化后的决策表（如表 4-17 所示），可设计测试用例。

表 4-17   NextDate 函数程序的测试用例表

测试用例	Mouth	Day	Year	预期输出
Test1~3	8	16	2001	17/8/2001
Test4	8	30	2004	1/9/2004
Test5	8	31	2001	不可能
Test6~9	1	16	2004	17/1/2004
Test10	1	31	2001	1/2/2001
Test11~14	12	16	2004	17/12/2004
Test15	12	31	2001	1/1/2002
Test16	2	16	2004	17/2/2001
Test17	2	28	2004	29/2/2004
Test18	2	28	2001	1/3/2001
Test19	2	29	2004	1/3/2004
Test20	2	29	2001	不可能
Test21~22	2	30	2004	不可能

【例 4-13】银行的 ATM 机取款程序的测试。客户为了能从 ATM 机中安全顺利地完成取款操作，需要满足下面的 4 项条件：银行储蓄卡有效；正确地输入了 PIN（密码）；PIN 最多可输入三次；ATM 机中有现金且用户卡（账号）中有额度。

分析问题：ATM 机对客户取款的操作的可能反应如下。

（1）拒绝插入 ATM 的卡。

（2）要求再一次输入 PIN。

（3）ATM 机出现吞卡（插入卡后不退出）。

（4）ATM 机要求客户重新输入取款现金数。

（5）ATM 机输出了客户要求数额的现金。

这个实例的因果图如图 4-12 所示。

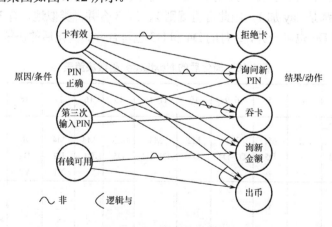

图 4-12   ATM 机因果图

该因果图清楚地表达了得到预期的结果，需要组合哪样的条件。将该因果图转换为决策表，从决策表设计测试用例。银行 ATM 机取款程序的决策表如表 4-18 所示。

表 4-18　银行 ATM 机取款程序的决策表

条件/原因	1	2	3	4	5
卡有效	N	Y	Y	Y	Y
PIN 正确	-	N	N	Y	Y
三次不正确 PIN	-	N（exit）	Y	-	-
有钱可用	-	-	-	N	Y
结果/动作					
拒绝卡	Y	N	N	N	N
询问新 PIN	N	Y	N	N	N
吞卡	N	N	Y	N	N
询问新金额	N	N	N	Y	N
出币	N	N	N	N	Y

决策表中每列可设计为一个测试用例，直接得到需要的输入条件和期望动作。

成功出币（测试用例 5）须具备下面的条件：银行卡有效，在最多三次尝试后 PIN 输入正确，且在 ATM 机中有现金与银行卡中有额度的情况下，输出现金。

3．应用因果图-决策表法的小结

（1）适于有以下特征的应用程序。

①if-then-else 逻辑关系突出。

②输入变量之间存在逻辑关系。

③涉及输入变量子集的计算。

④输入与输出之间存在因果关系。

（2）适于使用决策表设计测试用例的情况。

①规格说明以决策表形式给出，或较容易转换为决策表。

②条件的排列顺序不会也不应影响执行的操作。

③规则的排列顺序不会也不应影响执行的操作。

④当某一规则的条件已经满足并确定要执行的操作后，不必检验别的规则。

⑤如果某一规则的条件要执行多个操作任务，则这些操作的执行顺序无关紧要。

（3）当决策表规模较大时，若有 n 个判定的条件，在决策表中就会有 2^n 个规则产生，这基于对每个条件取了真、假值。此时，可通过扩展条目决策表（条件使用等价类）、代数简化表的方法，将大表"分解"为小表，以减小决策表的规模，有利于简化设计测试用例。

4.4　状态转换法

4.4.1　状态转换法原理

1．状态转换图

在很多情况下，测试对象的输出结果或行为的方式不仅要受到当前输入数据的影响，同时还与测试对象的当前运行执行情况，或其之前的事件，或之前的输入数据有关。为了说明这些关系，引入状态图的概念，即状态机的图解表示。

状态机是一种概念机器（如程序、逻辑电路等），其中的状态数量和输入信号都是有限且固定的。一个有限状态机由状态（节点）、转换（链接）、输入（链路权）和输出（链路权）组成，其状态图则由节点、链接、链路权进行定义，或者以状态转换中的符号来表示。因此，状态图表示了一个系统所拥有的初始状态、历史状态、当前状态及下一个状态（结束状态或特殊状态），显示从一个状态转换为另一个状态的事件或状况。

状态转换图也称功能图分析，是以功能图模型的方式表示程序的功能说明。功能图模型由状态转换图和逻辑功能模型所构成，它可表示一个功能的实现顺序或变化的状态，能很好地发现并调整有效操作（输入数据）的序列，从而有利于发现及调整测试用例的顺序。特别是在软件更新或软件形式修改后，需获得相应的标准文档而比较困难时，采用状态转换图则能清晰、准确地表达。在状态转换图中，由输入数据和当前状态决定输出数据及后续状态。

逻辑功能模型用于表示在状态输入条件和输出条件之间的对应关系。逻辑功能模型只适合描述静态的说明，输出数据仅由输入数据决定，而测试用例则由测试中的一系列状态和在每个状态中必须依靠输入/输出数据满足的一对条件所组成。

状态图通常由状态转换（迁移）图和布尔函数（逻辑关系）组成。状态图用状态与迁移来描述。一个状态指出了数据输入的位置（或时间），迁移则指明状态的改变，同时依靠判定表或因果图表示的逻辑功能。这里通过典型的堆栈的例子，来说明三种不同的状态：空状态（empty）、非空状态（filled）、满状态（full）。堆栈的状态图如图 4-13 所示。

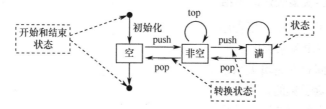

图 4-13　堆栈的状态转换图

2．状态转换测试法

当软件（程序）系统因历史原因（执行进程）而导致不同的状态表现时，就需要应用状态转换测试法进行测试。应用状态转换测试法，其测试对象可为一个具有不同系统状态的完整系统，或面向对象系统中具有不同状态的类。被测对象可由初始状态转化到其他的不同状态，通常由事件驱动。事件可以是一个函数的调用或某种操作。

根据堆栈操作的规则说明，可定义堆栈在什么样的状态下调用什么样的程序函数（push、pop、top 等），同时也必须明确当一个元素加入到状态为"full"的堆栈中时，堆栈将如何进行（push）处理。此时，函数功能一定是与处于"filled"状态时不一样。因此，程序必须能够根据堆栈的状态提供不同的功能。在测试时，被测试对象的状态起决定性作用，必须考虑相应的状态。

例如，测试堆栈可接受字符串（string）类型。下面是一个测试用例。

前置条件：堆栈初始化。其状态为 empty（空状态）。

输入：push（"hello"）。

期望结果：堆栈中已有"hello"。

后置条件：堆栈的状态已变为 filled（非空状态）。

注意，此例没有考虑堆栈的其他一些功能（如显示堆栈最大高度值、当前高度值等），因为这些函数调用并不改变堆栈的状态。

4.4.2 运用状态转换法设计测试用例

应用状态转换法进行测试用例的设计，一般有以下 2 个步骤。

（1）将状态图转换为状态树。

（2）依据状态树进行测试用例设计。

在状态图比较简单时，也可直接依据状态图设计出测试用例，不再需要先将图转换为树。

1. 状态转换图转换为转换树的规则

（1）将初始状态或开始状态转换作为状态树的根。

（2）从开始状态出发到任意一个可达状态的每个可能的转换，转换树都包含了从根出发到达一个代表此状态的下一个后续状态的节点的分支。

（3）对转换树中每个叶节点（新增节点），重复（2），直到满足下面两个结束条件之一为止。

① 与叶节点相关的状态已出现过一次从初始状态对应于状态图中的一遍循环，即根到叶节点的连接上。

② 结束条件与叶节点相关的状态是一个结束状态，并无更多状态转换需要考虑。

在状态转换时，需覆盖所有的状态，包含状态转换图中的所有转换。

对堆栈这个实例，由状态图得到的状态转换树，如图 4-14 所示。从根到叶节点总共有 8 条不同路径；每条路径可设计为一个测试用例，即一系列的函数调用。每个状态至少都到达过一次，每个函数根据状态转换的规则说明在相关的状态中被调用。

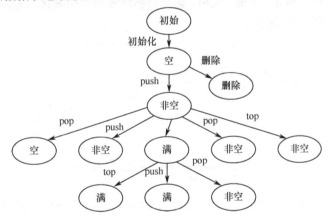

图 4-14 堆栈实例的状态转换树

2. 测试用例设计

（1）在设计基于状态图（树）的测试用例时应考虑的信息如下。

① 测试对象的初始状态（组件或系统）。

② 测试对象的输入。

③ 期望输出或期望行为。

④ 期望的结束状态。

（2）在测试用例针对每个期望的状态转换时需定义的内容如下。

① 状态转换之前的状态。

② 触发状态转换的所有触发事件。

③ 在状态转换时触发的期望反应。

④ 接下来的期望状态。

为设计所需测试用例，可将有限状态机（状态图）转换为包含特定转换序列的转换树。将可能具有无限多状态序列的循环状态，转换为不含循环的相应数目的状态转换树。

依据上述测试用例设计原则，该实例共有 8 条不同路径，据此设计 8 个测试用例，以及调用和执行 8 个不同的程序函数。

（3）测试完成准则。

定义测试强度和测试准则：每个状态至少到达过一次；每个状态至少执行过一次。

每个状态及与此状态相关的函数至少执行一遍，这样才能对测试对象描述的期望行为与实际行为进行比较。

（4）状态转换法的测试应用价值。

状态转换法适合进行系统性的测试，如 GUI（Graphical User Interface，图形用户界面）的测试，这在目前大量的软件系统中都存在。GUI 由一系列屏幕界面和用户控件元素（如菜单、对话框）等构成。在这些面向对象的系统中，对象可以有不同的状态，功能组件可由用户进行前后变换操作，如菜单选择、栏目选项、确定按钮等行为。如果把屏幕界面和控件看成软件当前的状态，则对输入操作的处理就是状态的一种转换，GUI 的一系列变化就可视为一个有限状态机，应用状态转换法可获得相应测试用例及测试的覆盖率。

3. 测试设计应用举例

【例 4-14】一项订单预订、生成、支付、提交票据过程的程序测试。其状态转换图如图 4-15 所示。试设计该程序的测试用例。

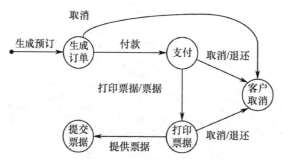

图 4-15　订单预订、生成、支付、提交票据过程的程序状态转换图

通过分析状态图，可得到以下 4 条不同的路径。

第 1 条：起始（根）→生成订单→支付→打印票据→提交票据。
　　　　调用函数（操作）：生成预订、付款、打印票据/票据、提供票据。

第 2 条：起始（根）→生成订单→客户取消。
　　　　调用函数（操作）：生成预订、取消。

第 3 条：起始（根）→生成订单→支付→客户取消。
　　　　调用函数（操作）：生成预订、付款、取消。

第 4 条：起始（根）→生成订单→支付→打印票据→客户取消。
　　　　调用函数（操作）：生成预订、付款、打印票据、取消/退还。

第 5 条：起始（根）→生成订单→支付→客户取消。
　　　　调用函数（操作）：生成预订、付款、取消/退还。

需要设计 5 个测试用例（调用函数）并执行测试。

4.5 全配对法

在许多软件的测试中，常会遇到具有多个输入参数的组合情形，若采用之前介绍过的测试用例设计方法，将无法或难以解决测试用例的设计问题。在软件有更多的输入参数的组合需要在测试设计时考虑的情况下，或软件在体现功能或一些组合中存在着很多路径时，随意跳过某些测试，将会冒着测试风险。这时，可运用一种新的设计方法——全配对法（All Pairs Method）来设计测试用例，解决测试问题。

全配对法是基于正交矩阵（Orthogonal Arrays）与组合分析的一项测试技术。应用这项技术，能够实现以一种测试策略（以矩阵图表示的方式）选择所有可能的组合集合中的一个"恰当"的组合，即组合集合中的子集合，进行测试用例设计。

所谓全配对法，即每一个选项将与其他所有的选项配对一次，但不是所有的组合将跨越所有的选项，测试是同时的多种配对。在应用这项测试技术时，通常需要考虑所有合理的组合情形，并应具有必要的被测软件的背景知识。

4.5.1 全配对法测试原理

1. 正交试验设计法

正交试验设计法产生于实际工作。在现在许多工程实验或检测中，如果有很多的因素变化制约某个事件的变化，为了弄清哪些因素重要，哪些不重要；怎样的因素搭配组合会产生极值，则必须通过实验来进行验证。如果影响因素很多，而且每种因素又有多种变化（称为水平），那么试验的数量将会非常大。显然，不可能实施每一项试验。例如，影响某型号的内燃机的主轴温升的因素有很多个，如转速、预紧力、油气压力、喷油间隙时间、燃油品质等。每种因素又有多种的变化（水平值高），如转速的变化范围可为 8～20kr/m，等等。若对内燃机的所有因素都进行一次实验检测，完成整个内燃机主轴温升的试验大约需要做 900 次。若按照每一天完成 3 次试验来计算，则需要连续进行 10 个月的试验才能完成。这显然是很困难的，因时间、人力及耗费的成本都可能不允许这样做。

类似的情况也大量存在于软件测试中。例如，互联网即时通信软件 Skype 的隐私设置功能的测试问题。打开该软件的工具/选项/隐私设置界面，如图 4-16 所示。

图 4-16 Skype 软件的工具/选项/隐私设置界面

需测试的内容（项目）如下。

- 允许呼叫来自：任何人、联系人列表成员，具有 2 种情况。
- 自动接收来自……的视频及共享屏幕：任何人、联系人列表成员、无人，具有 3 种情况。
- 允许即时消息来自：任何人、联系人列表成员，具有 2 种情况。
- 保存记录为：没有历史记录、2 周、1 个月、3 个月、永久保存，具有 5 种情况。
- 允许显示我的在线状态：是、否，具有 2 种情况。
- 接受浏览器的 Cookies：是、否，具有 2 种情况。
- 允许使用微软定向广告：是、否，具有 2 种情况。

测试项目的可能组合：2×3×2×5×2×2×2=480。

显然，要设计 480 个测试用例，完成该测试是较困难的，将受到各种条件的制约。

2. 正交表的相关概念

正交表是运用组合数学理论构造出的一整套规则的表格。正交表的符号表示：L runs (levels ^ factors) 或 L runs (levels^{factors}) 或 $L_n(t^c)$ ，这里，n 为次数（Runs），t 为水平（Level）数，c 为列数，即可能设置的最多因素（Factor）个数。例如，$L_9(3^4)$，表示要进行 9 次操作（例如试验、测试等），最多可考察 4 个因素（例如，试验的项目、测试的项目等），每个因素有 3 个水平（例如试验项目、测试项目的不同参数值、设置值）。

次数：运用在试验中，为操作或运行次数。运用在测试中，为运行多少个测试用例。

Runs=$\Sigma(t-1)\times c+1$

因素：在试验中，将准备考察的变量称为因素，在测试中即为测试项。

水平：在试验中，将因素被考察的不同的值称为水平，在测试中即为测试项不同用例值。

例如，$L_4(2^3)$、$L_8(2^7)$、$L_9(3^4)$、$L_{18}(3^6 6^1)$ 分别是四个不同的正交表。其中，

$L_4(2^3)$，Runs=$(2-1)\times3+1=4$

$L_8(2^7)$，Runs =$(2-1)\times7+1=8$

$L_9(3^4)$，Runs =$(3-1)\times4+1=9$

$L_{18}(3^6 6^1)$，Runs =$(3-1)\times6+(6-1)\times1+1=18$

表 4-19 为三个正交表：$L_4(2^3)$、$L_9(3^4)$、$L_8(2^7)$

表 4-19　3 因素 2 水平 $L_4(2^3)$、4 因素 3 水平 $L_9(3^4)$、7 因素 2 水平的正交表 $L_8(2^7)$

L_4 (2^3)	Factor1 因素 1	Factor2 因素 2	Factor3 因素 3
Run1　运行 1	0	0	0
Run2　运行 2	0	1	1
Run3　运行 3	1	0	1
Run4　运行 4	1	1	0

L_9 (3^4)	1	2	3	4
1	0	0	0	0
2	0	1	2	1
3	0	2	1	2
4	1	0	1	2
5	1	1	2	0

$L_9(3^4)$	1	2	3	4
6	1	2	0	1
7	2	0	2	1
8	2	1	0	2
9	2	2	1	0

$L_8(2^7)$	1	2	3	4	5	6	7
1	0	0	0	0	0	0	0
2	0	0	0	1	1	1	1
3	0	1	1	0	0	1	1
4	0	1	1	1	1	0	0
5	1	0	1	0	1	0	1
6	1	0	1	1	0	1	0
7	1	1	0	0	1	1	0
8	1	1	0	1	0	0	1

3．正交表的特性

1）正交表的每一列中不同数字出现次数均相等

根据正交表的构成形式，正交表为一个 n 行 c 列的矩阵表，其中第 j 列由数码 0，1，2，…，S_j 组成，这些数码均各出现 n/S 次。例如，$L_8(2^7)$ 是 8 行 7 列的矩阵，为 2 水平的正交表。

任一列都有数码 0 与 1，均各出现 8/2 = 4 次，在其他的列中其出现的次数均相等。在 $L_9(3^4)$，3 水平正交表中，任一列都有 0、1、2，且任一列中出现次数均相等，即正交表水平值具有"均匀分散"的特性，这样就可保证试验条件或测试用例均衡分散在因素水平的完全组合中。因此，正交表具有很强的代表性，容易得到"好的"的试验操作或测试。

2）任意两列中数字的排列方式齐全且均衡

例如，在 2 水平的正交表中，任何两列（同一横行内）有序对子共有 4 种：（0，0）、（0，1）、（1，0）、（1，1），每种配对出现的次数相等。在 3 水平的情况下，任何两列（同一横行内）有序配对共有 9 种：（0，0）、（0，1）、（0，2）、（1，0）、（1，1）、（1，2）、（2，0）、（2，1）、（2，2），且每对的出现次数均相等，即正交表的配对具有"齐整可比"的特性。在同一正交表中，每个因素的每个水平出现次数完全相同，这就保证了在各个水平中最大限度地排除了其他因素水平的干扰。因此，能最有效地进行比较和做出试验或测试的预期，容易得到"好的"试验操作或测试。

以上分析充分体现了正交表的两大特点：均匀分散性与整齐可比性。通俗地讲，就是每个因素的每个水平与另一个因素的各个水平各相交（配对）一次，这就是正交性，即实现全配对。据此原理而运用的测试设计方法，称为全配对测试法。

例如，若针对一个 3 因素、3 水平的测试项目设计，按全部的组合要求，须进行 $3^3 = 27$ 种组合情形测试，且尚还未考虑每一组合的重复次数。若按 $L_9(3^3)$ 正交表来设计运行测试，只需运行 9（次）个测试用例，显然大大减少了测试工作量，并能够满足测试覆盖的要求。

4.5.2 全配对测试法应用

1. 正交表设计法的基本步骤

（1）确定有哪些因素（变量）。

（2）确定每个因素有哪几个水平（变量取值）。

（3）选择合适的正交表表示。

（4）把变量的值映射到表中。

（5）把每一行的各因素水平的组合作为一个测试用例。

（6）加上认为可能且没有在表中出现的组合。

2. 应用正交表法设计测试用例

【例 4-15】对某一软件系统的用户密码进行修改程序的测试设计。

（1）因素与水平选取。

① 用户代码（因素 1）：错误（水平 0）；正确（水平 1）。

② 用户旧密码（因素 2）：错误（水平 0）；正确（水平 1）。

③ 用户新密码两次输入（因素 3）：不一致（水平 0）；一致（水平 1）。

（2）构造正交表。

① 根据上面所列因素（变量），可得 3 因素 2 水平正交表 $L_4(2^3)$，如表 4-20 所示。

表 4-20　3 因素 2 水平正交表

	因素 1	因素 2	因素 3
运行 1	0	0	0
	因素 1	因素 2	因素 3
运行 2	0	1	1
运行 3	1	0	1
运行 4	1	1	0

② 将水平（变量）值映射到正交表中，如表 4-21 所示。

表 4-21　将水平（变量）值映射到正交表中

	用户代码	用户旧密码	用户新密码两次输入
测试用例 1	错误	错误	两次输入不一致
测试用例 2	错误	正确	两次输入一致
测试用例 3	正确	错误	两次输入一致
测试用例 4	正确	正确	两次输入不一致

③ 补充可能的组合到正交表中（正常情形，可选的，表第 5 行），如表 4-22 所示。

表 4-22　补充可能的组合到正交表中

	用户代码	用户旧密码	用户新密码两次输入
测试用例 1	错误	错误	两次输入不一致
测试用例 2	错误	正确	两次输入一致
测试用例 3	正确	错误	两次输入一致
测试用例 4	正确	正确	两次输入不一致
测试用例 5	正确	正确	两次输入一致

至此，修改用户密码界面程序的测试，只需设计并执行 5 个测试用例。

【例 4-16】互联网即时通信软件 Skype 的隐私设置功能的测试问题。

（1）需测试项目（因素）。

- 允许呼叫来自：任何人、联系人列表成员（2 种情形）。
- 自动接收来自……视频及共享屏幕：任何人、联系人列表成员、无人（3 种情形）。
- 允许即时消息自：任何人、联系人列表成员（2 种情形）。
- 保存记录为：没有历史记录、2 周、1 个月、3 个月、永久保存（5 种情形）。
- 允许显示我的在线状态：是、否（2 种情形）。
- 接受浏览器的 Cookies：是、否（2 种情形）。
- 允许使用微软定向广告：是、否（2 种情形）。

（2）测试项目组合。

完全的组合数为：2×3×2×5×2×2×2=480（个）

（3）构造正交表。

隐私设置功能有 6 个因素为 3 个水平，另 1 个因素为 6 个水平，共由 7 个因素组成。

正交表构成：因 Runs（测试用例运行）=(3−1)×6+(6−1)×1+1=18，由此，依据正交表的特性原则，该正交表为 $L_{18}(3^6 6^1)$，如表 4-23 所示。

表 4-23 $L_{18}(3^6 6^1)$

	1	2	3	4	5	6	7
1	0	0	0	0	0	0	0
2	0	0	1	1	2	2	1
3	0	1	0	2	2	1	2
4	0	1	2	0	1	2	3
5	0	2	1	2	1	0	4
6	0	2	2	1	0	1	5
7	1	0	0	2	1	2	5
8	1	0	2	0	2	1	4
9	1	1	1	1	1	1	0
10	1	1	2	2	0	0	1
11	1	2	0	1	2	0	3
12	1	2	1	0	0	2	2
13	2	0	1	2	0	1	3
14	2	0	2	1	1	0	2
15	2	1	0	0	2	0	4
16	2	1	1	0	2	0	5
17	2	2	0	0	1	1	1
18	2	2	2	2	2	2	0

允许呼叫来自："任何人"替换 0，"联系人列表成员"替换 1，如表 4-24 所示。

表 4-24 第 1 项 "允许呼叫来自" 的替换

	允许呼叫来自	2	3	4	5	6	7
1	任何人	0	0	0	0	0	0
2	任何人	0	1	1	2	2	1
3	任何人	1	0	2	2	1	2
4	任何人	1	2	0	1	2	3
5	任何人	2	1	2	1	0	4
6	任何人	2	2	1	0	1	5
7	联系人列表成员	0	0	2	1	2	5
8	联系人列表成员	0	2	0	2	1	4
9	联系人列表成员	1	1	1	1	1	0
10	联系人列表成员	1	2	2	0	0	1
11	联系人列表成员	2	0	1	2	0	3
12	联系人列表成员	2	1	0	0	2	2
13	2	0	1	2	0	1	3
14	2	0	2	1	1	0	2
15	2	1	0	1	0	2	4
16	2	1	1	0	2	0	5
17	2	2	0	0	1	1	1
18	2	2	2	2	2	2	0

对每一因素重复实施这个过程，则有以下内容。

- 自动接收视频来自："任何人"替换 0；"联系人列表成员"替换 1；"无人"替换 2。
- 允许即时消息自："任何人"替换 0；"联系人列表成员"替换 1。
- 显示我的在线状态："是"替换 0；"否"替换 1。
- 接受浏览器的 Cookies："是"替换 0；"否"替换 1。
- 允许使用微软定向广告："是"替换 0；"否"替换 1。
- 保存记录为："没有历史记录"替换 0，"2 周"替换 1，"1 个月"替换 2，"3 个月"替换 3，"永久保存"替换 4。

第 2～7 项的替换如表 4-25 所示。

表 4-25 第 2~7 项的替换

	允许呼叫来自	自动接收视频来自	允许即时消息自	显示我的在线状态	接受浏览器的 Cookies	允许使用微软定向广告	保存记录为
1	任何人	任何人	任何人	是	是	是	无历史
2	任何人	任何人	联系人列表成员	否	2	2	2 周
3	任何人	联系人列表成员	任何人	2	否	否	1 个月
4	任何人	联系人列表成员	2	是	2	2	3 个月
5	任何人	无人	联系人列表成员	2	否	是	永久
6	任何人	无人	2	否	是	否	5
7	联系人列表成员	任何人	任何人	2	否	2	5
8	联系人列表成员	任何人	2	是	2	否	永久
9	联系人列表成员	联系人列表成员	联系人列表成员	否	否	否	无历史

	允许呼叫来自	自动接收视频来自	允许即时消息自	显示我的在线状态	接受浏览器的Cookies	允许使用微软定向广告	保存记录为
10	联系人列表成员	联系人列表成员	2	2	是	是	2 周
11	联系人列表成员	无人	任何人	否	2	是	3 个月
12	联系人列表成员	无人	联系人列表成员	是	是	2	1 个月
13	2	任何人	联系人列表成员	2	是	否	3 个月
14	2	任何人	2	否	否	是	1 个月
15	2	联系人列表成员	任何人	否	是	2	永久
16	2	联系人列表成员	联系人列表成员	是	2	是	5
17	2	无人	任何人	是	否	否	2 周
18	2	无人	2	2	2	2	无历史

经过替换，测试用例已从 480 个大幅缩减为 18 个，约减少了 96%。输入组合的全配对在整个测试中至少有过一次。

至此，正交表中还有一些单元格（标记 2 的）没有被分配替换值。此时，需要用有效值进行替换填充，其步骤及原则如下。

（1）选择表中每个因素的第一个值进行单元格填充（这里标记为**粗体**）。

（2）对该因素水平值的进行轮流替换单元格填充（这里标记为**粗体**）。

（3）设定相应的值使用的比例（假如 60% 为"是"，40% 为"否"，就用此百分比）。

（4）设定相应的值将根据风险的大小来确定。

未分配值的替换如表 4-26 所示。

表 4-26　未分配值的替换

	允许呼叫来自	自动接收视频来自	允许即时消息来自	显示我的在线状态	接受浏览器的Cookies	允许使用微软定向广告	保存记录为
1	任何人	任何人	任何人	是	是	是	无历史
2	任何人	任何人	联系人列表成员	否	是	是	2 周
3	任何人	联系人列表成员	任何人	是	否	否	1 个月
4	任何人	联系人列表成员	任何人	是	否	否	3 个月
5	任何人	无人	联系人列表成员	否	否	是	永久
6	任何人	无人	联系人列表成员	否	是	否	无历史
7	联系人列表成员	任何人	任何人	是	否	是	2 周
8	联系人列表成员	任何人	任何人	是	是	否	永久
9	联系人列表成员	联系人列表成员	联系人列表成员	否	否	否	无历史
10	联系人列表成员	联系人列表成员	联系人列表成员	否	是	是	2 周
11	联系人列表成员	无人	任何人	否	否	是	3 个月
12	联系人列表成员	无人	联系人列表成员	是	是	否	1 个月
13	任何人	任何人	联系人列表成员	是	是	否	3 个月
14	联系人列表成员	任何人	任何人	否	否	是	1 个月
15	任何人	联系人列表成员	任何人	否	是	是	永久
16	联系人列表成员	联系人列表成员	联系人列表成员	是	是	是	1 个月
17	任何人	无人	任何人	是	否	否	2 周
18	联系人列表成员	无人	联系人列表成员	否	否	否	无历史

这里，从该实例可以看到，仅仅是隐私设置这一项功能的测试设计，采用了人工方法设计来完成，其过程是比较复杂的。

微软公司已开发出了一项针对全配对组合测试用例自动生成的工具——PICT，可自由下载使用。网址为http://msdn.microsoft.com/en-us/testing/bb980925。

4.6 覆盖测试法

4.6.1 逻辑覆盖

结构测试方法是按照程序内部的结构来测试程序，检测的是程序中的每条通路是否都能按照预定的要求进行正确的工作，因此，检测需要采用适当的逻辑覆盖测试方法来完成。

逻辑覆盖是动态测试的主要方法之一，是以程序内部的逻辑结构为基础的测试技术，是通过对程序逻辑结构的遍历实现程序设计的覆盖。

覆盖测试不是目标，只是一种手段。覆盖测试的目标仍是尽可能地发现错误，去寻找被测对象与既定的规格说明不一致的地方。因此在测试用例设计时，首先应从对需求和设计了解开始，利用已有的经验去挖掘测试用例，包括正常用例和异常用例。在此基础上，再使用需要的覆盖率准则衡量已有的测试设计，并补充相应的用例达到需要的覆盖率。在覆盖测试设计好后，就可构造测试过程和执行测试。为便于理解，下面以一个简单但经典的小程序进行说明。

if　((A>1) AND (B=0))　then
　　　X=X/A
If　((A=2) OR (X>1))　then
　　　X=X+1

其中，"AND"和"OR"为逻辑运算符。其所对应的程序流程图和控制流图如图4-17所示。控制流图中的各个边分别由A、B、C、D、E表示。

本节将分析几种常用的逻辑覆盖法与覆盖测试用例的设计方法。

依据覆盖源程序的语句的不同程度，逻辑覆盖主要包括以下几类。

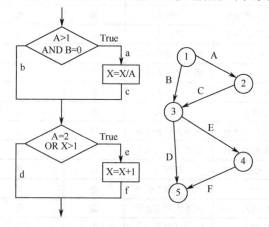

图 4-17　示例程序流程图和控制流图

1. 语句覆盖

语句覆盖（Statement Coverage）的测试目标是运行若干测试用例，使被测试的程序的每一条可执行语句至少执行一次。语句覆盖测试主要集中在测试对象的语句上。用例的执行需要满足事先定义的最小数目语句或所有语句。如要求覆盖所有语句，而有些语句通过任何测试用例都无法覆盖，这时就会出现不可达代码（死代码）。

语句覆盖的第一步是将源代码转换为控制流图。控制流图中的节点是覆盖关注的焦点。

语句覆盖方法需要选择足够多的测试用例，使程序中的每个可执行语句至少执行一次。例如上例，设计一个能通过路径 acef 的测试路径即可。

即当 A=2,B=0,X=3 时，程序按照流程图上的路径 ace（流图上的路径 BCEF 或 1-2-3-4-5）执行，即程序段中的 4 个语句均得到执行，完成语句覆盖。

语句覆盖可以保证程序中每个语句都得到执行，但并不能全面地检验每个语句，即它并非一种充分的检验方法。当程序段中两个判定的逻辑运算存在问题时，如第一个判定的运算符 "AND" 错写成运算符 "OR"，这时仍使用该测试用例，则程序仍按流程图上的路径 ace 执行；当第二个条件语句中 X>1 误写成 X>0 时，上述的测试用例也不能发现这一错误。

语句覆盖也称为 C0 覆盖，是较弱的覆盖准则。

测试完成准则的定义为：满足语句覆盖率。

语句覆盖率=（被执行语句的数量/所有语句数量）×100%。

2．分支（或称判定）覆盖（Branch Coverage）

分支覆盖具有更有效的覆盖准则。要求测试每个判定的结果，如 IF、CASE 语句中的所有可能。控制流图中的边是分支覆盖关注的焦点。它考虑判定的执行情况，分支覆盖又称为判定覆盖。分支覆盖率也称为 CI 覆盖。

分支覆盖是比语句覆盖强的覆盖测试方法，通过执行足够的测试用例，使得程序中的每个判定至少都获得一次 "真" 值和 "假" 值，即要使程序中的每个取 "真" 分支和取 "假" 分支至少均经历一次。对上述示例程序，设计两个测试用例，使它们能通过路径 ace 和 abd（流图上的路径 AD 或 1-3-5），或通过路径 acd（流图上的路径 BCD 或 1-2-3-5）及 abe（流图上的 AEF 或 1-3-4-5），即可达到分支覆盖的标准。

若选用的两组测试用例如表 4-27 所示，则可分别执行流程图上的路径 ace 和 abd，从而使两个判断的 4 个分支 c,e 和 b,d 分别得到覆盖。

表 4-27　测试用例（1）

测试用例	A, B, X	(A>1)AND(B=0)	(A=2)OR(X>1)	执行路径
测试用例 1	2　0　3	真（T）	真（T）	ace (BCEF)
测试用例 2	1　0　1	假（-T）	假（-T）	abd (AD)

另一种情形：若选用的两组测试用例如表 4-28 所示，则可分别执行流程图上的路径 ace（流图上的路径 BCD 或 1-2-3-5）及 abe（流图上的 AEF 或 1-3-4-5），可以达到对 4 个分支的覆盖。

表 4-28　测试用例（2）

测试用例	A, B, X	(A>1) AND (B=0)	(A=2) OR (X>1)	执行路径
测试用例 3	3　0　3	真（T）	假（-T）	acd（BCD）
测试用例 4	2　1　1	假（-T）	真（T）	abe（AEF）

需要注意的是，上述的两组测试用例在满足判定覆盖的同时，还完成了语句覆盖，因此判定覆盖要比语句覆盖更强的覆盖，可发现在空分支中遗漏的语句。实现了判定覆盖则一定

包含着语句覆盖，100%的分支覆盖可保证 100%的语句覆盖，反之不然。但此时仍存在一个问题，即如果程序段中的第 2 个判定条件 X>1 误写为 X<1，执行测试用例 4（执行路径 abe）并不影响其结果。这表明，仅仅满足判定覆盖仍然无法确定判断内部条件的错误。

另外，现在的主流编程语言都支持多值判断语句，如 CASE 语句，所以，判定覆盖更为广泛的含义应该是，使每个判定获得每种可能的结果至少一次。测试完成准则定义为：每个分支分别对待，对分支的组合没有特别的要求。

3. 条件覆盖（Condition Coverage）

如果判定是由逻辑运算符连接的几个条件确定的，则测试中需要考虑条件的复杂性。考虑条件组合时的不同需求和相应的测试强度。

1）分支条件测试

设计足够的测试用例，运行被测程序，使程序中的每个判断的每个条件的所有可能值至少执行一次，并且每个可能的判断结果也至少执行一次，即要求各个判断的所有可能的条件取值组合至少执行一次。

分支条件测试的目标是每个原子（部分）条件都需要取到"真"、"假"两个值。原子条件是指不包含 AND、OR、NOT 等逻辑运算符，只包含关系运算符的条件。在测试对象的源代码中，一个条件可以包含多个原子条件。分支条件测试要求设计足够的测试用例，使得分支中每个条件的所有情形（真/假）至少出现一次，并且每个判定本身的判定结果（真/假）也至少出现一次。对上述示例程序段，若采用测试用例 1 和测试用例 5，就可达到分支条件测试这一要求，如表 4-29 所示。

表 4-29　测试用例（3）

测试用例	A，B，X	执行路径	覆盖条件	(A>1)AND(B=0)	(A=2)OR(X>1)
测试用例 1	2　0　3	ace	T1，T2，T3，T4	真（T）	真（T1）
测试用例 5	1　1　1	abd	-T1，-T2，-T3，-T4	假（-T）	假（-T1）

在实际情况下，大多数计算机不能用一条指令对多个条件做出判定，而必须将源程序中对多个条件的组合分解成几个简单的单个条件来判定。上例经编译系统产生的目标程序执行流程如图 4-18 所示。从执行流程可知，上面两个例子未能使目标程序中每个简单判定区的各种可能的结果（真/假）都出现，如不可能使判定 I（B=0）为"假"，则也不可能使判定 K(X>1)为"真"。原因是：在含有 AND 和 OR 的逻辑表达式中，某些条件将对其他条件产生抑制，如逻辑表达式 A AND B，如 A 为"假"，目标程序就不再检查 B 了，这样 B 中错误就无法被发现。

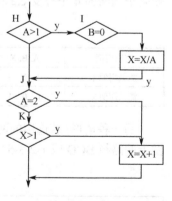

图 4-18　目标程序执行流程

此外，虽然判断一次就取得"真/假"值一次，但并没有覆盖所有的引起"真/假"取值的条件组合，如单个条件为 T1、-T2 时，也能使判定 (A>1) AND (B=0) 取假值。

2）分支条件组合测试

分支条件组合测试，也称为分支条件组合覆盖（Branch Condition Combination Coverage），是一种比分支条件覆盖更强的覆盖。其含义是，设计的测试用例，需要将原子条件的所有 true-false 组合至少执行一遍。如可能，所有的变量都需要构建相应的值。分支条件组合测试包括语句覆盖和分支覆盖。如上述程序段，判定(A>1)AND(B=0)包含了两个条件：A>1 及 B=0。此时更强的覆盖标准是"条件覆盖"，条件覆盖的目的是设计若干测试用例，执行被测程序后，要使每个判定中每个条件可能值至少满足一次。计算公式如下：

分支条件组合覆盖＝（被评价到的分支条件组合数）/（分支条件组合总数）

例如，A 和 B 是操作数，应用前面分支条件覆盖的规则，可判断出下面一组用例可达到分支条件覆盖的要求：满足分支条件覆盖的用例。

用例序号	A 的值	B 的值
Case1	True	True
Case2	False	False

显然，该例中，A 和 B 的条件组合有 4 种（True，True）、（True，False）、（False，True）、（False，False）。因此，如要达到分支条件组合覆盖，还需要补充两个用例：Case3（True，False）、Case4（False，True）。

下面再看前面例子，在第一个判定(A>1)AND(B=0)中应考虑到各种条件取值的情况：

- A>1 为真，记为 T1。
- A>1 为假，记为-T1。
- B=0 为真，记为 T2。
- B=0 为假，记为-T2。

同样，对于第二个判定 (A=2) OR (X>1) 应考虑到：

- A=2 为真，记为 T3。
- A=2 为假，记为-T3。
- X>1 为真，记为 T4。
- X>1 为假，记为-T4。

因此，只需要采用两个测试用例，就可以满足测试要求，即覆盖 4 个条件可能产生的 8 种情况，如表 4-30 所示。

表 4-30　测试用例（4）

测试用例	A	B	X	执行路径	覆盖条件
测试用例 1	2	0	3	ace (BCEF)	T1, T2, T3, T4
测试用例 5	1	1	1	abd (AD) （1-3-5）	-T1, -T2, -T3, -T4

这两个测试用例不仅覆盖了 4 个条件的全部 8 种情况，而且将两个判定 4 个分支 b,c,d,e 也同时覆盖了，即同时达到了条件覆盖和判定覆盖。但满足了条件覆盖，就一定能满足判定覆盖，下面通过另两组测试用例说明这一点。在给出先用另外两组测试用例的情况下，程序段执行的覆盖情况如表 4-31 所示。

表 4-31　测试用例（5）

测试用例	A	B	X	执行路径	覆盖条件	覆盖分支
测试用例 6	1	0	3	abe (AEF)(1-3-4-5)	-T1, T2, -T3, T4	b e
测试用例 4	1	1	1	abe (AEF)(1-3-4-5)	T1, -T2, T3, -T4	b e

从上表可看出，覆盖了全部条件的测试用例不一定覆盖全部分支。实际上，这里只覆盖了 4 个分支中的 2 个（b，e）。

实践中，很可能面临这样的问题：不可能执行所有的组合，部分条件不能组合。由此而产生了条件确定测试。

3）条件确定测试

条件确定测试可消除组合的限制条件。对于测试用例，每个原子条件对测试结果都有实际影响。对于测试结果并不随某个原子条件的改变而改变的测试用例，可以考虑不设计。设计足够的测试用例，运行被测程序，使程序中的每个判断的每个可能的条件取值组合至少执行一次。

4. 测试完成准则

与前面所述内容类似，可以通过计算已运行的逻辑值和要求的所有条件的逻辑值之间的百分比作为测试完成的准则。对于比较关注源代码条件复杂程度的逻辑，应达到完全的验证。如代码中没有复杂的条件表达式，分支测试覆盖就足够了。

5. 其他覆盖

1）函数覆盖

函数覆盖是针对系统或一个子系统的测试，它表示在该测试中，有哪些函数被测试到了，其被测试到的频率有多大，这些函数在系统所有函数中所占的比例是多少。目前，在业界测试工程当中，函数覆盖基本上是利用测试工具完成。已有很多自动化函数覆盖测试工具，如 IBM Rational TrueCoverage、Logiscope 等，都提供函数覆盖的测试。函数覆盖是一个比较容易实现自动化的技术，同时也易于对测试结果的理解，其公式如下：

函数覆盖＝（至少被执行一次的函数数量）/（系统中函数的总数）

由于函数覆盖也是基于代码的，因此可将它归入白盒测试范畴。

2）层次 LCSAJ 覆盖

LCSAJ(Linear Code Sequence and Jump)是线性代码序列与跳转。一个 LCSAJ 是一组顺序执行的代码，以控制跳转为其结束点。

LCSAJ 的起点是根据程序本身决定的。它的起点为程序第一行或转移语句入口点，或者是控制流可以跳达的点。若几个 LCSAJ 首尾相接，且第一个 LCSAJ 起点为程序起点，最后一个 LCSAJ 终点为程序终点的 LCSAJ 串就组成了程序的一条路经（LCSAJ 路径）。一条 LCSAJ 程序路径可能是由 2 个、3 个或多个 LCSAJ 组成的。

基于 LCSAJ 与路径的这一关系，提出层次 LCSAJ 覆盖准则。这是一个分层覆盖准则。概括的描述为：第一层为语句覆盖；第二层为分支覆盖；第三层为 LCSAJ 覆盖，即程序中的每一个 LCSAJ 都至少在测试中经历过一次；第四层为两两 LCSAJ 覆盖，即程序中的每两个相连的 LCSAJ 组合起来在测试中都要经历一次；第 $n+2$ 层为每 n 个首尾相连的 LCSAJ 组合在测试中都要经历一次。

在实际测试时，若要实现层次 LCSAJ 覆盖，则需要产生被测程序的所有 LCSAJ，且越高层的覆盖准则，越难得到满足。

3）ESTCA 覆盖

覆盖准则的含义是做到全面且没有遗漏，但实际情况是测试并不能真正做到无遗漏，而且，经常是越容易出错的地方就越容易被遗漏。面对这类情况，应针对容易发生问题的地方设计更多的测试用例。

解决其问题的一种策略是：在容易发生问题的地方设计测试用例，即重视程序中谓词（条件判断）的取值。由此得出一套错误敏感测试用例分析 ESTCA（Error Sensitive Test Cases Analysis）规则。

ESTCA 覆盖的逻辑覆盖出发点的思路是从测试实践的经验教训出发，吸收计算机硬件的测试原理，提出一种经验型的测试覆盖准则。在硬件测试中，对每一个门电路的输入、输出测试都有额定标准。通常，电路中一个门的错误常常是"输出总是 0"，或"输出总是 1"。与硬件测试中的这一情况类似，测试须重视程序中谓词的取值，大量的实验表明，程序中的谓词最容易出错。

ESTCA 方法规则简单，但并不完备，在测试中却有效。其规则如下。

[规则 1] 对于 A rel B（rel 可以是<，= 和 >）型的分支谓词，应适当地选择 A 与 B 的值，使得测试执行到该分支语句时，A < B，A = B 和 A>B 的情况分别出现一次。

[规则 2] 对于 A rel C（rel 可以是>或是<，A 是变量，C 是常量）型的分支谓词，当 rel 为<时，应适当地选择 A 的值，使 A = C–M（M 是距 C 最小的容器容许正数，若 A 和 C 均为整型时，M = 1）。同样，当 rel 为>时，应适当地选择 A，使 A=C+ M。

这是为了检测"差一"之类的错误，如"A>1"错写成"A>0"。

[规则 3] 对外部输入变量赋值，使其在每一测试用例中均有不同的值与符号，并与同一组测试用例中其他变量的值与符号不一致。

显然，上述规则 1 是为了检测 rel 的错误；规则 2 是为了检测"差一"之类的错误（如本应是"IF A > 1"而错成 "IF A > 0"）；规则 3 是为了检测程序语句中的错误，如应引用某一变量而错成引用成另一个常量。

上述三条规则并不完备，但在普通程序测试中有效，原因在于规则本身针对了程序编写人员容易发生的错误，或测试围绕着发生错误的频繁区域，从而提高了发现错误的命中率。

4）继承上下文覆盖

继承上下文覆盖是扩展到面向对象软件领域里的一种覆盖率度量方法，用于度量在系统中的多态调用被测试的程度。

继承上下文覆盖不是一个单个度量，是一种扩展结构化覆盖当方法被继承时的额外接口。它提供了一个可替代的度量定义，考虑在每个类的上下文内获得的覆盖率级别。

继承上下文定义将基类上下文内例行程序的执行作为独立于继承类上下文内例行程序的执行。同样，考虑继承上下文内例行程序的执行也独立于基类上下文内例行程序的执行。为获得 100% 的继承上下文覆盖，代码须在每个适当的上下文内被完全执行。

5）基于状态的上下文覆盖

在绝大多数面向对象系统中存在许多类，这些类通常可描述为状态机。这些类的对象可存在于众多不同状态中的任何一种，并且每个类的行为在每个可能的状态中其性质是不同的，因为类的行为依赖于状态。因此，如何测试这种类成为传统方法覆盖测试的难题。

基于状态的上下文覆盖类似于继承上下文覆盖：提供传统结构化覆盖率度量的一个可选择定义。这些可选择的定义在不同的上下文内，其独立度量的覆盖率不同。

基于状态的上下文覆盖对应于被测类对象的潜在状态。这样基于状态的上下文覆盖把一个状态上下文内的一个例行程序的执行认为是独立于另一个状态内相同例行程序的执行。为达 100% 基于状态的上下文覆盖，例行程序必须在每个适当的上下文（状态）内被执行。

4.6.2　路径覆盖

通过前面讨论的覆盖准则，应注意到，虽然有的覆盖准则提到经历路径这一问题，但并未涉及路径的覆盖。事实上，路径能否被全面覆盖是软件测试中重要的问题。因为程序要得到正确的结果，就必须能保证程序总是沿着特定的路径顺利执行。只有当程序中的每一条路径都经受了检验，才能使程序受到全面的检验。

从广义角度讲，任何有关路径分析的测试都可被称为路径测试。这里给出路径覆盖最简单的描述，即路径测试就是从一个程序入口开始，执行所经历各个语句的完整过程。

路径测试也属于基于结构的测试（白盒测试），完成路径测试的理想状况是做到路径完全被覆盖。从路径覆盖讨论中得知，对于较简单的程序实现完全路径测试是可行的，但对于程序中出现较多个判定和较多循环，则路径数目将会急剧增加，可能是一个庞大的数字，要在测试中覆盖这样多的路径有时无法实现。为解决该问题，需要把覆盖路径数量压缩到一定限度内，例如，对程序中的循环体只执行一次。

路径覆盖的目的是设计足够多的测试用例，要求遍历测试对象的所有不同的路径。

考虑如图 4-19 所示的控制流图，阐明"路径"的概念。图 4-20 中，长程序包含一条循环语句，DO-WHILE 循环至少需要执行一次，WHILE 条件在循环的最后才判定是否需要继续循环，即是否需要跳到循环的开始。如利用分支覆盖来设计测试用例，可考虑用两个测试用例来覆盖这个循环。

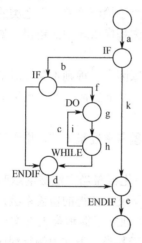

图 4-19　某程序控制流图

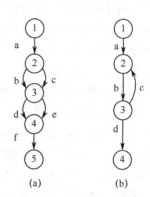

图 4-20　两个简单程序的控制流-路径

（1）没有重复的循环：a、b、f、g、h、d、e。

（2）只有一个返回和一个重复的循环：a、b、f、g、i、g、h、d、e。

通常，一个循环语句会多次重复。控制流图中更加可能的分支序列是：

a、b、f、g、i、g、i、g、h、d、e

a、b、f、g、i、g、i、g、i、g、h、d、e

a、b、f、g、i、g、i、g、i、g、i、g、h、d、e

……

这表明在这个控制流图中有不确定数目的路径。即使对循环的次数加以限制，路径数目仍会不确定地增加。

1．路径表达式

对于逻辑路径测试，这是一种穷举路径的测试方法。一个软件系统，通常贯穿程序的路径数量很大，即使其每条路径都经过测试，仍可能存在缺陷或错误。原因如下。

（1）穷举路径测试无法检查出程序本身是否违反设计规范，即程序本身是否是错误的。

（2）穷举路径测试不能查出因遗漏路径而导致的程序出错。

（3）穷举路径测试发现不了与数据相关的错误情形。

路径测试必须遵循以下原则才能达到测试目的。

（1）保证一个模块中的所有独立路径至少被测试过一次。

（2）所有逻辑值均需测试真（True）、假（False）两种情况。

（3）测试将检查程序的内部数据结构，并保证其结构的有效性；

（4）在取值的上下边界处，即在可操作范围内运行所有的循环。

为了满足路径覆盖，必须首先确定具体路径以及路径个数。

在前面关于基本概念的介绍中，已经采用边（弧）序列和节点序列表示某一条具体的路径。下面给出路径更为概括的表示方法及路径计算。这里定义如下规则：

（1）弧 a，b 相乘，表示为 ab。表明路径先经历弧 a，接着再经历弧 b，弧 a 和弧 b 是先后相接的。

（2）弧 a 和弧 b 相加，表示为 a+b。表明两弧是"或"的关系，是并行的路径。在图 4-19（a）中，节点 2 和节点 3 有两弧相连（弧 b 和弧 c）它们是并行的；弧 d 和弧 e 也为并行。

在图 4-19（a）表示的控制流中，共有 4 条路经（abdf、abef、acdf、acef），可用加法连接，得到整个程序路径：adbf+adef+acdf+acef。在图 4-19（b）表示的控制流中，请读者自行计算路径条数。

在路径表达式中，将所有弧均以数值 1 代替，再进行表达式的相乘和相加运算，最后得到数值为该程序的路径数。

很显然，一程序中所含有的路径数和程序复杂程度直接关联，即程序越复杂，其所包含的路径数也就越多。

2．基本路径测试方法

对复杂性较大的程序做到覆盖所有路径（测试所有可执行路径）是不可能的。根据前面所说的独立路径概念，某一程序的独立路径是指从程序入口到程序出口的多次执行中，每次至少有一个语句集（包括运算、赋值、输入/输出或判断）是新的或未被重复的。若用流图来进行描述，独立路径就是在从入口进入流图后，至少走过一个弧。

在不能做到覆盖所有路径的前提下，如某一程序的每个独立路径都被测试过，那么可以认为程序中每个语句都被检验过了，即达到了语句覆盖，这种测试方法就是通常所说的基本路径测试方法。

从基本集导出的测试用例保证对程序中每条执行语句至少执行一次。基本路径测试用例的设计方法步骤如下。

1）画出控制流图

程序段的控制流图如图 4-21 所示。

C 函数如下。

```
void sort ( int irecordnum, int itype )
10   {
20       int   x=0;
30       int   y=0;
40       while ( irecordnum-- > 0 )
50       {
60           if ( itype= =0 )
```

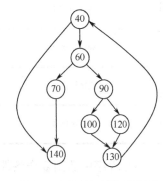

图 4-21　程序段的控制流图

```
70              break;
80          else
90              if ( itype= =1 )
100                 x=x+10;
110             else
120                 y=y+20;
130         }
140     }
```

说明：程序段中每行开头的数字（10~140）是对应每条语句的编号。

2）计算圈数

从第3章已知，有以下三种计算环形复杂度的方法。

（1）V(G)=计算其中封闭区域的数量+1，为对应的环形复杂度。

（2）V(G)，定义 V(G) = E–N+2，其中 E 为流图中边的数量 N 为流图中节点的数量。

（3）V(G)，定义 V(G) = P+1，P 是流图 G 中判定节点的数量。据此，计算环形复杂度。

方法1：V(G) = 3（封闭区域）+1=4。

方法2：V(G) = 10（条边）–8（节点）+2=4。

方法3：V(G) = 3（判定节点4、6、9）+1=4。

3）导出测试路径

根据上面的计算结果，可导出基本路径集，列出程序的独立路径（用题中给出的语句编号表示），可得出程序段的基本路径集中有 4 条独立路径，每条独立路径为一个独立的测试用例。路径如下。

路径1：4→14。

路径2：4→6→7→14。

路径3：4→6→9→10→13→4→14。

路径4：4→6→9→12→13→14。

4）设计测试用例

根据3）中的独立路径，设计测试用例输入数据和预期输出。设计的测试用例如表 4-32 所示。

表 4-32 设计的测试用例

用例名称	输入数据	预期输出
测试用例1	irecordnum = 0 itype = 0	x = 0 y = 0
测试用例2	irecordnum = 1 itype = 0	x = 0 y = 0
测试用例3	irecordnum = 1 itype = 1	x = 10 y = 0
测试用例4	irecordnum =1 itype = 2	x = 0 y = 20

在程序中遇到复合条件，如条件语句中的多个布尔运算符（OR、AND）时，为每一个条件创建一个独立节点，包含条件的节点称为判断节点，从每个判断节点发出两条或多条边。

例如：

1   if (a or b)

2   x

3   else

4   y

5   …

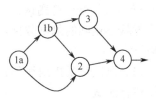

从判断节点出发的程序控制流图如图 4-22 所示。

V(G)=2+1=3，得到 3 个独立路径（测试用例）。

图 4-22　从判断节点出发的
程序控制流图

3．Z 路径覆盖

Z 路径覆盖是路径覆盖的一种变体。对于比较简单的小程序，实现路径覆盖是可能的。但是，如果程序中出现较多判断和较多循环，可能的路径数目将急剧增长，甚至达到天文数字，以至不可能实现路径覆盖。为解决这一问题，必须舍掉一些次要因素，对循环机制进行简化，从而极大减少路径数量，使覆盖这些有限的路径成为可能。一般，称简化循环意义下的路径覆盖为 Z 路径覆盖。

这里所说的对循环化的化简是指限制循环次数。无论循环形式和实际执行循环体次数是多少，只考虑循环一次和零次这 2 种情况，即只考虑执行时进入循环体一次和跳过循环体。

对于程序中的所有路径可以用路径树来表示。当得到某一程序的路径树后，从其根节点开始，一次遍历，再回到根节点时，把所经历的叶节点名排列起来，就得到一个路径。如果设法遍历了所有的叶节点，则得到了所有的路径。当得到所有路径后，生成每个路径的测试用例，就可做到 Z 路径覆盖测试。

4.6.3　循环的路径测试

从本质上说，循环测试的目的就是检查循环结构的有效性。事实上，循环是大多数程序算法的基础，但由于其测试的复杂性，在测试时应加以注意。循环可划分为以下几种模式，并以此设计循环测试用例。

1．循环测试的基本方法

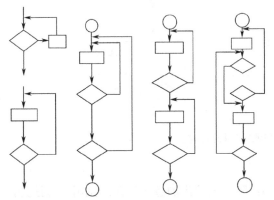

(a) 简单循环　(b) 嵌套循环　(c) 串接循环　(d) 非结构循环

图 4-23　循环类别

循环可划分为简单循环、嵌套循环、串接循环和非结构循环 4 类，如图 4-23 所示。下面对这 4 类循环的测试方法进行简单说明。

1）简单循环

设其循环的最大次数为 n，循环有以下几种情形。

（1）跳过整个循环。

（2）只循环一次。

（3）循环两次。

（4）循环 m 次，其中 $m<n$。

（5）分别循环 $n-1$ 次、n 次和 $n+1$ 次。

2）嵌套循环

若将简单循环的测试方法用于嵌套循环，可能的测试数就会随嵌套层数成几何级增加，这会导致不实际的测试数目。因此，不能采用简单循环的测试办法。为减少测试数目，可采用以下办法。

（1）测试从最内层循环开始，将其他循环设置为最小值，内层循环则按照简单循环测试方法进行测试。

（2）对最内层循环使用简单循环，而使外层循环的迭代参数（循环计数）最小，并为范围外或排除的值增加其他测试。

（3）由内向外地构造下几个循环的测试，但其他的外层循环为最小值。由内向外地进行嵌套循环，每回退一层后进行一次测试，本层循环的所有外层循环仍取最小值，而由本层循环嵌套的循环取某些"典型"值。

（4）不断地向外层回退，直到所有循环测试完毕。

3）串接循环

若所有要处理的两个串接循环是相互独立的，则可分别采用简单循环的测试方法进行测试；否则采用嵌套循环的测试方法进行测试。

4）非结构循环

在这种情况下，不测试。需重新设计程序，使其结构化后再进行测试。

2. Z路径覆盖下的循环测试方法

简化循环的思想就是前述的Z路径覆盖。简化后的循环测试只考虑执行循环体一次和零次（不执行）这两种情况，即考虑执行时进入循环体一次和跳过循环体这两种情况。图4-24所示为两种最典型的循环控制结构，前一种是先比较后执行，后一种是先执行后比较，循环简化后，判定分支的效果一样，即循环要么执行，要么跳过。

将循环结构简化选择结构后，路径数量将大为减少，通过枚举得到所有路径是可能的。

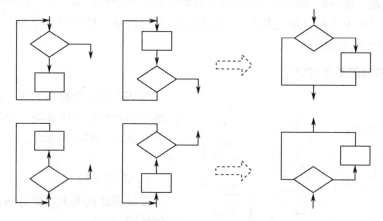

图4-24 两种最典型的循环控制结构

3. 生成测试用例

路经测试的关键问题仍是如何得到测试用例。除上面给出的各种设计测试用例方法外，通常还可以采用以下三种方法设计测试用例。

（1）通过对非路经分析得到测试用例。用这种方法得到的测试用例是在系统本身的实践中提供的，基本上是测试者凭经验得到的，甚至是由猜测得到的。测试用例执行后，除可取得测试结果供进一步分析外，还可通过语法分析求得路径表达式，从而生成程序路径树。随着程序的执行得到这次执行路径的编码，再经过译码后就得到本次执行的路径。

（2）寻找尚未测试过的路径并生成相应的测试用例。穷举被测程序路径树的所有路径，并与前面已测试路径进行对比，可得知哪些路径尚未测试过，并针对这些路径生成测试用例，进而完成其他测试。

（3）通过指定特定路径并生成相应的测试用例。首先列举所有的路径，然后制定某些特定的路径，生成其相应的测试用例。

本 章 小 结

本章重点介绍了各种动态测试技术。这些技术分属于黑盒测试与白盒测试两大类型，并可分别针对不同的测试对象，以解决不同测试领域的问题。

1. 黑盒测试技术主要用于功能测试或非功能测试，这种动态测试技术应用基于软件的需求和规格说明。黑盒测试技术主要有等价类划分法、边界值分析法、因果图法、决策表法、状态转换法、全配对法等。各种测试的方法可以满足不同特征的测试对象的测试需求，如针对全部条件的组合（通常，组合数目非常大）测试问题，这在以面向对象的软件开发方法产生的软件中非常普遍，全配对法的测试技术则能够较好地解决测试用例的设计。

2. 白盒测试技术主要用于基于软件或程序结构的测试，选择这项技术的基础是测试对象的组成结构，因此它是基于程序内部结构的检查和分析的过程。白盒测试主要解决程序覆盖问题和路径遍历问题，根据不同的程序结构，其测试的强度将不同，即覆盖的程度不同。覆盖测试的基础是程序源代码或组件模块。可根据被测对象或软件程序构成的不同复杂程度及规模，来选择和应用适当的测试用例设计技术，并根据被测对象与所选技术，来确定测试强度。白盒测试较适合低级别测试，如用在组件测试或集成测试中，只能检验存在的代码模块。没有一种测试技术能覆盖测试需要的所有方面，因此，常采用不同测试技术的组合。

程序的语句覆盖、分支覆盖是覆盖测试的最低标准。要达到更强的覆盖，必须应用更强的测试，如条件测试、条件组合测试、MC/DC 测试等。针对组件或软件模块的覆盖有函数覆盖、层次 LCSAJ 覆盖、基于上下文的覆盖等。

3. 路径能否被全面覆盖是测试中的重要问题。路径测试也属于白盒测试，完成路径测试的理想情况是做到路径的完全覆盖，但从路径覆盖的讨论中获知，当程序中出现较多判定和较多的循环时，路径数目将会急剧增加，在很多情况下已不可能实现路径的完全覆盖。路径覆盖的目的是设计足够的测试用例作为测试的代表，达到覆盖程序所有可能的路径。

4. 软件失效的严重程度和预期的风险能够指导测试技术的选择和测试强度的确定。需要确定影响采用具体技术或要求特定测试技术的因素，具体选择基于各种不同的测试需求和相关信息。

5. 应该明确测试对象的类型，根据测试对象选择合适的测试技术。具有不同经验的人会使用不同的测试技术，但测试对象本身的特征预测是选择测试技术首要问题。行业标准与法规标准也会要求使用特定的测试技术与覆盖的准则。

6. 测试方法的选择策略。为最大限度地减少测试遗留的缺陷，同时也为最大限度地发现存在的缺陷，在测试实施之前，测试者必须确定将要采用的测试策略和测试方法，并以此为依据制定详细的测试方案。通常，在确定测试方法时，应遵循 2 个原则：一是根据程序的重要性和一旦发生故障将造成的损失来确定测试等级和测试重点；二是选择的策略，能尽可能少地使用测试用例，发现尽可能多的程序错误。在一次完整测试后，如遗留错误过多且严重，则表明本次测试不足，而测试不足意味着让用户承担隐藏错误带来的风险。测试过度会带来资源浪费，因此，测试需找到平衡点。具体采用何种方法，需要针对软件项目的特点确定。实际测试中，常需要综合使用各种方法以有效提高测试效率及测试覆盖率。

（1）首先进行等价类划分，包括输入条件和输出条件的等价划分，将无限测试变成有限测试，这是减少工作量和提高测试效率的最有效的方法。

（2）在很多情况下都须使用边界值分析法。用此方法设计的测试用例发现错误的能力最强。

（3）可使用错误推测法追加一些测试用例，但这需要依靠测试者的智慧与经验。

（4）对照程序逻辑，检查已设计出的测试用例的逻辑覆盖程度。如未达到要求的覆盖标准，应再补充足够的测试用例。

（5）如程序的功能说明中含有输入条件的组合情况，则一开始就可选用因果图法和判定表驱动法。

（6）对于参数配置类的软件，用全配对法（正交试验法）选择较少的组合来达到最佳测试效果。

（7）利用状态转换法可通过不同时期条件的有效性，即状态变化来设计不同的测试数据。

习题与作业

一、选择题

1.【单选】在下面关于动态测试的描述中，错误的是_____。

A. 动态测试必须运行被测试程序

B. 动态测试需要对输入与输出的对应关系进行分析

C. 动态测试适用于软件生命周期的各个阶段

D. 动态测试必须由专门的测试人员完成

2.【单选】_____不属于动态测试的内容。

A. 检查程序编码规则　　　　　B. 检查各个组件功能

C. 检查内存使用情况　　　　　D. 评估系统性能

3.【单选】系统测试阶段动态测试的目标是_____。

A. 检测组件中的不合格品　　　B. 动态检测模块与接口

C. 功能和非功能的动态测试　　D. 对提交的软件进行验证性测试

4.【单选】动态测试用例规格说明的内容包括_____。

① 前置条件；② 输入数据；③ 预期结果；④ 后置条件

A. ①②　　　　　　　　　　　B. ②③

C. ①②③　　　　　　　　　　D. ①②③④

5.【单选】在下面关于基于直觉的动态测试方法的描述中，错误的是_____。

A. 此方法的基础是测试人员的技术、经验和知识

B. 使用此方法时需要需求规格说明书和源代码

C. 既不是黑盒测试也不是白盒测试

D. 可以发现运用系统化方法进行测试时无法发现的问题

6.【单选】在下面关于等价类划分法的描述中，错误的是_____。

　　A．将测试对象的输入域划分成若干部分

　　B．从每个部分中选取少数具有代表性的数据作为测试用例

　　C．只需要考虑程序中合理的、有意义的输入数据

　　D．等价类划分的主要依据是需求规格说明书

7.【单选】在某院校的学生成绩信息管理系统中，成绩输入范围为 0～100 分，根据等价类划分法的原则，学生的成绩可划分为_____。

　　A．2 个有效等价类和 2 个无效等价类　　B．1 个有效等价类和 2 个无效等价类

　　C．2 个有效等价类和 1 个无效等价类　　D．1 个有效等价类和 1 个无效等价类

8.【单选】某程序输入 X 取值于一个固定的枚举类型{1,4,9,16}，并且程序要对这 4 个输入值分别进行处理，根据等价类划分法，这种情况下对输入 X 划分正确的是_____。

　　A．划分为 4 个有效等价类、1 个无效等价类

　　B．划分为 1 个有效等价类、4 个无效等价类

　　C．划分为 1 个有效等价类、2 个无效等价类

　　D．划分为 1 个有效等价类、1 个无效等价类

9.【单选】用等价类划分法设计 6 位长度的数字类型用户名（不能包含除数字外的其他字符）登录操作的测试用例，应该分成_____个等价区间。

　　A．2　　　　　　　　B．3　　　　　　　　C．4　　　　　　　　D．6

10.【单选】在下面的说法中，错误的是_____。

　　A．标准等价类测试不考虑无效数据值

　　B．健壮等价类测试会同时考虑有效等价类和无效等价类

　　C．各个等价类的代表值至少要在一个测试用例中出现

　　D．使用无效数据值的测试用例可以不用定义预期结果

11.【单选】在下面关于边界值分析的说法中，不正确的是_____。

　　A．边界值分析采用定义域或等价区间的边界值设计测试用例

　　B．边界值分析法是一种补充等价划分法的黑盒测试技术

　　C．边界值分析法考虑了输入变量之间的依赖关系

　　D．程序在处理大量中间数值时不易出错，但容易在边界值处出现错误

12.【单选】如采用边界值分析法进行健壮性测试，需要对程序的每个输入变量选取_____来设计测试用例。

　　A．最小值、正常值、最大值

　　B．最小值、略大于最小值、正常值、略小于最大值、最大值

　　C．略小于最小值、最小值、正常值、最大值、略大于最大值

　　D．略小于最小值、最小值、略大于最小值、正常值、略小于最大值、最大值、略大于最大值

13.【单选】某程序输入 X 作为整数类型变量，1<=X<=10，如果用边界值分析法设计测试用例，则 X 应该取_____边界值。

　　A．0，1，10，11　　　　　　　　　B．1，10

　　C．1，11　　　　　　　　　　　　D．1，5，10，11

14.【单选】某程序含有 3 个变量，采用边界值分析法设计测试用例，使除一个以外的

所有变量取正常值，使剩余变量取最小值、略高于最小值、正常值、略低于最大值和最大值，对每个变量都重复进行。这样产生的测试用例数为_____。

    A．12　　　　　　　B．13　　　　　　　C．14　　　　　　　D．15

15．【单选】某程序的一个输入变量的取值范围是正整数，那么这个变量的有效边界值的数目是_____。

    A．1个　　　　　　B．2个　　　　　　C．3个　　　　　　D．4个

16．【单选】在某商品销售管理系统中，销售可根据当时实际情况给客户0～15%的折扣，折扣精确到小数后两位。现要对系统的折扣项用边界值分析法进行测试，则折扣项的边界值应该取_____。

    A．(-2, -1, 0, 1, 99, 100, 101)　　　　　　B．(-Max, 0, 20, Max)

    C．(-0.01, 0, 0.01, 14.99, 15.00, 15.01)　　D．(-0.01, 0, 0.01, 99.99, 100.00, 100.01)

17．【单选】在下面的说法中，不正确的是_____。

    A．等价类划分法没有考虑输入条件之间的联系与相互组合的情况

    B．因果图法适合检查程序输入条件的各种组合情况

    C．因果图中可以表示出恒等、非、或、与四种因果关系

    D．因果图法是根据画出的因果图直接设计测试用例

18．【单选】因果图中用来表示"或"关系的图示是_____。

19．【单选】_____不是因果图中输入条件的约束。

    A．E约　　　　　　B．M约束　　　　　　C．O约束　　　　　　D．R约束

20．【单选】某程序的原因C1和C2表示的状态不可能同时出现，则原因是C1和C2之间具有_____。

    A．异约束　　　　　B．或约束　　　　　　C．唯一约束　　　　　D．要求约束

21．【单选】某公司员工分为技术和管理两大类。员工考核分为称职、优秀和特殊贡献三个等级。普通和优秀员工都可以有特殊贡献，对考核等级相同的两类员工发放的年终奖不同。现有一个程序可以计算该公司员工的年终奖，根据员工类型和考核等级的不同组合情况，输出的奖金分为1类奖金，2类奖金，3类奖金，…，现在要使用因果图法对该软件进行测试，分析后得到的结果数目有_____。

    A．4个　　　　　　B．5个　　　　　　C．6个　　　　　　D．8个

22．【单选】根据第5题中描述的奖金计算软件的规格说明，判断下面说法中正确的是_____。

    A．原因"普通员工"和"管理人员"之间具有E约束

    B．原因"普通员工"和"管理人员"之间具有O约束

C．原因"考核称职"和"特殊贡献"之间具有 E 约束

D．原因"考核称职"和"特殊贡献"之间具有 O 约束

23．【单选】在下面关于决策表法的描述中，不正确的是＿＿＿＿。

A．是最为严格、最具有逻辑性的黑盒测试方法

B．适合处理针对不同逻辑条件的组合值执行不同操作的问题

C．决策表由条件桩、动作桩、条件项和动作项组成

D．决策表中条件的排列顺序可能会影响所执行的操作

24．【单选】构造决策表时，＿＿＿＿将列出问题规定可能采取的操作。

A．条件桩　　　　B．动作桩　　　　C．条件项　　　　D．动作项

25．【单选】在下面关于决策表规则的说法中，错误的是＿＿＿＿。

A．任何一个条件组合的特定取值以及相应要执行的操作就是一条规则

B．规则的排列顺序不影响执行测试的操作

C．规则在决策表中表现为贯穿条件桩和动作桩的一列

D．初始决策表中规则的数目由所有条件的取值组合数决定

26．【单选】理解下列决策表，根据其初始决策表和简化后的决策表设计的测试用例数分别是＿＿＿＿。

条件	1	2	3	4
c1	T	F	F	F
c2	-	T	T	F
c3	-	T	F	-
a1	X	-	X	-
a2	-	X	-	-
a3	X	-	-	X

A．4、4　　　　B．8、4　　　　C．8、6　　　　D．8、8

27．【单选】根据某银行信用卡管理系统的规格说明构造如下所示的决策表，现有一个测试用例的输入为：工作人员收到一张没有挂失、已经超过透支限额的信用卡，并且信用卡的地址也已经变更，那么该测试用例的预期结果是＿＿＿＿。

	规则 1	规则 2	规则 3	规则 4	规则 5
条件：					
c1: 信用卡已经挂失	T	F	F	F	F
c2: 有新地址	-	F	T	F	T
c3: 超过透支限额	-	T	T	F	F
动作：					
a1: 报警	X	-	-	-	-
a2: 更改地址	-	-	X	-	X
a3: 提高透支限额	-	X	X	-	-
a4: 允许付款	-	X	X	X	X

A．工作人员应该更改信用卡地址，提高信用卡透支额度，并且允许客户付款

B．工作人员应该更改信用卡地址，提高信用卡透支额度，但不允许客户付款

C．工作人员应该更改信用卡地址，并且允许客户付款

D．工作人员应该提高信用卡透支额度，并且允许客户付款

28.【单选】根据第 11 题给出的决策表，判断下面说法中不正确的是_____。

    A．如果信用卡已经挂失，无论是否超过透支限额，都要执行报警操作

    B．如果信用卡没有挂失且有了新地址，则必须执行更改地址的操作

    C．只有信用卡没有挂失且没有超过透支限额时，才能执行允许客户付款的操作

    D．只有信用卡没有挂失且已经超过透支限额时，才能执行提高透支限额的操作

29.【单选】逻辑覆盖法不包括_____。

    A．分支覆盖　　　　B．语句覆盖　　　　C．需求覆盖　　　　D．条件组合覆盖

30.【单选】针对逻辑覆盖有下列叙述，_____是不正确的。

A．达到 100%分支覆盖就一定能够满足 100%语句覆盖的要求

B．达到 100%条件覆盖就一定能够满足 100%语句覆盖的要求

C．达到 100%判定条件覆盖就一定能够满足 100%语句覆盖的要求

D．达到 100%修订的条件判定覆盖就一定能够满足 100%语句覆盖的要求

31.【单选】针对下面的程序，满足语句覆盖的测试用例(a, b)的值为_____。

        If a>0 And b<5   Then

           c = a+b

        End If

        If a>5 Or b>10   Then

           c = a-b

        End If

    A．a=10，b=4　　　B．a=-1，b=11　　　C．a=5，b=3　　　D．a=6，b=6

32.【单选】针对下列程序段，对于(A，B)的取值，以下_____测试用例组合能够满足条件覆盖的要求。

        IF ((A - 10) = 20 AND (B + 20) > 10)   THEN C = 0

        IF ((A - 30) < 10 AND (B - 30) < 0)   THEN B = 30

        ①A=50 B=-10   ②A=40 B=40

        ③A=30 B=-10   ④A=30 B=30

    A．①②　　　　　　B．③④　　　　　　C．①④　　　　　　D．②④

33.【单选】条件（x<12 and y>8 or z<>10）的条件组合覆盖用例个数是_____。

    A．3 个　　　　　　B．6 个　　　　　　C．8 个　　　　　　D．16 个

34.【单选】根据条件(x>3, y<5)设计条件组合覆盖的测试用例为_____。

    ①x=6，y=3　　　　　　　　②x=6，y=8

    ③x=2，y=3　　　　　　　　④x=2，y=8

    A．①②③④　　　B．①②③　　　　C．①②④　　　　D．③④

35.【单选】为了达到测试目的，路径测试必须遵循的原则包括_____。

    ① 保证模块中的所有独立路径至少被测试过一次

    ② 所有逻辑值均需测试真、假两种情况

    ③ 检查程序的内部数据结构，并保证其结构的有效性

    ④ 在上下边界及可操作范围内运行所有的循环

    A．①②　　　　　B．①②③　　　　C．①②④　　　　D．①②③④

36.【单选】在程序控制流图中，有 11 条边、9 个节点，则控制流图的环形复杂度 V(G)等于_____。

A. 2   B. 4   C. 6   D. 8

37.【单选】以下所示程序控制流图中有_____条线性无关的基本路径。

A. 1

B. 2

C. 3

D. 4

38.【单选】下面关于嵌套循环的测试方法的描述中，错误的是_____。

A. 直接使用简单循环的测试方法

B. 测试从最内层循环开始，所有外层循环次数设置为最小值

C. 对最内层循环按照简单循环的测试方法进行

D. 由内向外地进行下一个循环的测试，本层循环的所有外层循环仍取最小值，而由本层循环嵌套的循环取某些"典型"值

39.【单选】下面关于 Z 路径覆盖描述中，不正确的是_____。

A. Z 路径覆盖只考虑循环体执行一次和跳过循环体这两种情况

B. Z 路径覆盖可以大大减少包含循环的程序的路径数量

C. Z 路径覆盖可以将程序中的循环结构简化为选择结构

D. Z 路径覆盖对 WHILE 型循环结构和 UNTIL 型循环结构简化的效果不同

40.【单选】状态转换测试完成的标准是_____。

① 每个状态至少达到一次   ② 每个转换至少被执行一次

③ 每个违反规格说明的转换已经被检查过   ④ 每个输入数据至少被确认过

A. ①③   B. ③④   C. ①②③   D. ①②③④

41.【单选】根据给出状态图，为覆盖所有状态至少需要设计_____个测试用例。

A. 1 个

B. 2 个

C. 3 个

D. 4 个

42.【多选】状态转换测试用例设计的完全定义内容是_____。

A. 测试对象的初始化状态   B. 测试对象的输入

C. 预期结果或预期的行为   D. 预期的最终状态

43.【多选】状态转换图转换为状态树的规则有（按照顺序）_____。

A. 从初始状态出发到任意一个可达状态的每个转换，转换树都包含了从根出发到达一个代表此状态的下以后续状态的节点的分支

B. 初始状态转换为树的根

C. 对转换树的每个叶节点（新增节点）重复（A）的过程，直到满足结束条件

D. 对转换树的每个叶节点（新增节点）重复（B）的过程，直到满足结束条件；结束条件：与叶节点相关的状态已出现过一次从根到叶节点的连接上；与叶节点相关的状态是一个结束状态，并无更多的状态转换需要考虑

E. 结束条件：与叶节点相关的状态已出现过一次从根到叶节点的连接上；与叶节点相关的状态是一个结束状态，并无更多的状态转换需要考虑

二、判断题与填空题

1. 【判断】动态测试的测试对象包含软件开发过程中的各种文档。＿＿＿＿＿

2. 【判断】软件产品发布后就不再需要进行动态测试。＿＿＿＿＿

3. 【判断】动态测试需要在程序执行之前提供测试数据。＿＿＿＿＿

4. 【判断】在低级别的测试阶段，往往无法单独运行测试对象，因此无法进行动态测试。＿＿＿＿＿

5. 【判断】测试脚本的实质是自动执行的指令，并在脚本中设置相应的前置条件，比较测试结果。＿＿＿＿＿

6. 【判断】合理划分等价类后，每个等价类中的各个输入数据对于揭露程序中的错误都是等效的。＿＿＿＿＿

7. 【判断】等价类划分法需要考虑程序中输入条件之间的组合情况。＿＿＿＿＿

8. 【判断】等价类划分法只能从被测程序的输入域来划分等价类。＿＿＿＿＿

9. 【判断】如果已划分的等价类中各元素在程序中的处理方式不同，则应将该等价类进一步划分为更小的等价类。＿＿＿＿＿

10. 【判断】应用等价类划分法设计测试用例时，如果某一个输入条件选取了无效等价类的代表值，则其他输入条件应该选取有效等价类的代表值。＿＿＿＿＿

11. 【判断】边界值分析法是基于可靠性理论中称为"单故障"的假设，两个或两个以上故障同时出现而导致软件失效的情况很少。＿＿＿＿＿

12. 【判断】使用边界值分析法设计测试用例时，所有的边界值都可以从模块的功能说明中获得。＿＿＿＿＿

13. 【判断】如果程序规格说明给出的输入域或输出域是有序集合，则应选取集合的第一个和最后一个元素作为测试输入值。＿＿＿＿＿

14. 【判断】决策表可以把复杂的问题按照各种可能的情况全部列举出来，利用决策表能设计出完整的测试用例集合。＿＿＿＿＿

15. 【判断】如决策表有 n 个条件，每个条件有真、假两个取值，则简化前的初始决策表中会有 2_n 种规则。＿＿＿＿＿

16. 【判断】决策表中的两条规则只要具有相同动作项就可以进行合并。＿＿＿＿＿

17. 【判断】当决策表规模较大时，可以通过对条件使用等价类的方法将大表"分解"为小表。＿＿＿＿＿

18. 【判断】逻辑覆盖是一种通过对程序逻辑结构的遍历实现程序设计覆盖的白盒测试方法。＿＿＿＿＿

19. 【判断】100%的语句覆盖可以保证100%的判定覆盖，反之则不行。＿＿＿＿

20. 【判断】语句覆盖关注的是控制流图中的节点，分支覆盖关注的是控制流图中的边。＿＿＿＿＿

21. 【判断】任何情况下，都可以达到100%语句覆盖的要求。＿＿＿＿＿

22. 【判断】任何情况下，都无法实现对程序所有路径的完全覆盖。＿＿＿＿＿

23. 【判断】即使一个软件系统中的每条路径都经过测试，仍然可能存在缺陷或错误。＿＿＿＿＿

24. 【判断】路径测试是一种穷举路径的测试方法，它可以查出程序因遗漏路径而导致的出错。＿＿＿＿＿

25. 【判断】如用控制流图描述，独立路径必须至少包含一条在本次定义路径之前不曾用过的节点。_____

26. 【判断】采用基本路径测试方法可以达到100%的语句覆盖。_____

27. 【填空】动态测试的具体内容包含功能确认与接口测试、_____、_____和_____等。

28. 【填空】测试对象需要通过事先定义接口来调用程序的不同部分。当程序的某些部分还没有完成时，可以用_____模拟由测试对象调用的那部分输入/输出行为。在很多情况下，还要用_____模拟程序中调用测试对象的部分。

29. 【填空】实际测试工作中，根据测试需求可将动态测试策略与方法分成两大类：_____和_____。

三、项目实践题

1. 【设计】使用等价类划分法分析 NextDate 函数的输入条件，确立有效等价类和无效等价类，建立等价类表，并设计出相应的测试用例。

2. 【设计】某城市的固定电话号码由以下三个部分组成。

   地区码——空白或三位数字；前缀——非"0"或"1"开头的三位数字；后缀——4位数字。

   假定被测程序能接受一切符合上述规定的电话号码，拒绝所有不符合规定的电话号码。

   要求：

   （1）对电话号码划分有效等价类和无效等价类，建立等价类表。

   （2）根据（1）建立的等价类表设计测试用例。

3. 【设计】假设商店货品价格(R)都不大于100元（且为整数），若顾客付款(P)在100元内，现有一个程序能在每位顾客付款后给出找零钱的最佳组合（找给顾客货币张数最少）。假定此商店的货币面值只有50元(N50)、10元(N10)、5元(N5)和1元(N1)四种，请结合等价类划分法和边界值分析法为上述程序设计出相应的测试用例。

4. 【设计】使用因果图法为三角形问题设计测试用例。

5. 【设计】某软件工资管理模块的需求规格说明书有如下描述。

   对于年薪制员工：如果犯有严重过失，扣年终风险金的4%；犯有一般过失，扣年终风险金的2%。

   对于非年薪制员工：如果犯有严重过失，扣当月薪资的8%；犯有一般过失，扣当月薪资的4%。

   请基于以上需求绘制出因果图和决策表，并设计相应的测试用例。

6. 【设计】某公司对客户的折扣政策为：

   只对单次交易额在4万元（含4万元）以上的客户实施折扣。

   如果客户的支付信用好，折扣率为10%，否则要根据客户与公司的过往交易情况确定折扣率。

   如果客户与本公司的交易史在5年以上（含5年），折扣率为5%，否则折扣率为2%。

   请基于以上规格说明构造决策表，并设计相应的测试用例。

7. 【设计】有一个处理单价为5角钱的饮料的自动售货机，相应的规格说明如下。

   若投入5角钱或1元钱的硬币（每次只能投入一个硬币），按下"橙汁"或"啤酒"按钮，则相应的饮料就送出来。

   若投入5角的硬币，按下按钮后（只能选择一种饮料），总有饮料送出。

若售货机没有零钱找，则一个显示"零钱找完"的红灯会亮，这时投入 1 元硬币并按下按钮后，没有饮料送出，而且 1 元硬币被退出来。

若售货机有零钱找，则"零钱找完"的红灯不会亮，此时投入 1 元硬币并按相应的饮料按钮，则在送出饮料的同时找回 5 角硬币。

请基于以上软件规则说明构造出决策表，并设计相应的测试用例。

8.【设计】使用逻辑覆盖方法测试以下程序段。

```
void Test (int X,int A,int B)
①    {
②        if ( (A>1)&&(B=0) )
③            X=X/A;
④        if ( (A=2)||(X>1) )
⑤            X=X+1;
         }
```

说明：程序段中每行开头的数字（①~⑤）是对每条语句的编号。

分别基于语句覆盖、分支覆盖、条件覆盖、判定条件覆盖和条件组合覆盖来设计测试用例，并写出每个测试用例的执行路径（用题中给出的语句编号表示）。

9.【设计】请使用基本路径测试方法测试以下程序段。

```
1    int    IsLeap(int year)
2    {
3      if (year % 4 == 0)
4      {
5        if (year % 100 == 0)
6        {
7          if ( year % 400 == 0)
8            leap = 1;
9          else
10           leap = 0;
11       }
12       else
13         leap = 1;
14     }
15     else
16       leap = 0;
17     return   leap;
18   }
```

说明：写在程序段某些行开头的数字是对相应语句的编号。

（1）画出以上代码的控制流图（用题中给出的语句编号表示）。

（2）计算出上述控制流图的圈复杂度 V(G)。

（3）导出基本路径集，列出程序的独立路径（用题中给出的语句编号表示）。

（4）假设输入的取值范围是 1900≤year≤2050，请使用基本路径测试法为变量 year 设计测试用例，使其满足基本路径覆盖的要求。用例设计的表格形式如下：

用例编号	输入数据 year	预期输出 leap	覆盖的路径
1			
2			
⋮			
n			

10.【设计】试用等价类划分法与边界值分析法，解决下列测试实际问题，并设计测试用例。

某公司关于节日奖金计算方法描述如下：员工在公司的工作年限超过3年，可得到相当于其月收入的50%的奖金；在公司的工作年限超过5年，可得到相当于其月收入的75%的奖金；工作年限超过8年，可得到相当于其月收入的100%的奖金。

根据该奖金发放规则，请列出正确的有效等价类和测试代表值；无效等价类和测试代表值。

提示：（1）确定有效等价类和无效等价类。

（2）有效等价类和测试用例值用列表方式表示。

（3）无效等价类和测试用例值用列表方式表示。

11.【设计】试用因果图与决策表测的方法，解决下列测试实际问题，并设计测试用例。

自动饮料售货机软件程序测试问题。一自动售货机的自动售货功能如下所述：若投入2元5角硬币，按下"绿茶"、"奶茶"、"红茶"按钮，相应的饮料就自动送出。若投入3元硬币，在送出饮料的同时退回5角硬币。试运用因果图法设计测试用例。

提示：（1）分析问题的文字说明，列出原因与结果。可设立中间状态：已投币、已按钮。

（2）根据原因和结果，可设计一个因果图。

（3）将因果图转换为决策表。表的每列可作为确定测试用例的依据。

12.【设计】运用逻辑覆盖规则，试对给出的下列C程序段分别以语句覆盖、分支覆盖、条件覆盖、判定/条件覆盖进行测试用例的设计。

```
1    void DOWORK (int x, int y, int z)
2    {
3      int    k = 0, j = 0;
4      {
5          k = x*y-1;
6          j=sqrt (k);
7      }
8      if ((x == 4)||(y>5));
9          j = x*y+50
10         j = j%3;
11    }
```

提示：（1）画出程序的控制流图（注意语句编号）。

（2）分别以语句覆盖、分支覆盖、条件覆盖、判断/条件覆盖设计测试用例（列在一张表格上）。

13.【设计】给出以下 C 程序，设计该程序的基本路径测试的测试用例。要求所设计确定的测试用例须保证每个基本独立路径至少执行一次。

函数说明：当 i_flag=0 时；返回 i_count+100。

当 i_flag=1 时；返回 i_count*10。

否则，返回 i_count*20。

输入参数：int i_count   int i_flag。

输出参数：int i_return

程序代码：

```
1   int test (int i_count,int i_flag)
2   {
3       int i_temp = 0;
4       while (i_count > 0)
5       {
6           if   (i_flag == 0)
7           {
8               i_temp = i_count +100;
9               break;
10          }
11          else
12          {
13              if (i_flag == 1)
14              {
15                  i_temp = i_temp + 10;
16              }
17              else
18              {
19                  i_temp = i_temp + 20;
20              }
21          }
22          i_count--;
23      }
24      return i_temp
25  }
```

提示：（1）画出程序控制流图（注意节点的标示）。

（2）计算环形复杂度（圈数）。

（3）导出程序的基本路径。

（4）设计测试用例。

14.【设计】下图是一个使用信用卡在无人加油机上自助加油的程序状态转换图。假设需要设计最少数量的测试用例去覆盖该状态转换图的每个状态转换，并假定每一个测试必须在初始状态开始或者结束，并等待客户的操作。试采用状态转换法设计测试用例。

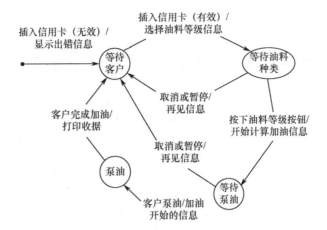

15.【设计】请使用全配对（正交试验法）为字体对话框（如下图所示）设计测试。

字体对话框的说明如下。

字体颜色：black，white，red，green，blue，yellow

字体大小：整数 1~1638

选择 Brush Script MT 字体时，必须以 Italic 样式呈现。

选择 Monotype Corsive 字体时，Bold 和 Italic 的样式值需一致。

16.【设计】应用全配对方法，对下列 Word 的边框和底纹设置（如下图所示）功能进行软件测试设计。这里，边框和底纹设计的对话框有：

- 5 种设置。
- 5 种类型（做了限制）。
- 5 种颜色（做了限制）。
- 5 种宽度（做了限制）。

共有组合 5×5×5×5=625 个

试应用全配对法对该程序的功能进行测试设计。要求采用人工设计的过程。

注：在学习过自动化测试技术之后，或下载并使用 PITC，对该程序进行测试设计。

Chapter

第 5 章　软件自动化测试

本章导学

内容提要

本章系统地介绍应用自动化测试实施和完成软件测试工作的基本概念与基本方法。内容包括软件自动化测试的概念、定义和自动化测试的原理，软件自动化测试生存周期方法学及其方法学的应用，引入自动化测试的功效与作用，建立自动化测试系统的模型，关于自动化测试的测试用例与测试脚本的知识，以及目前在软件测试领域与软件工程中常用的软件自动化测试工具的概要说明和基本使用方法等。通过本章学习，可深入地认识和理解自动化测试的基本要素、基本知识，把握初步的软件自动化测试的运用，为实际的自动化测试工作建立扎实的技术基础。

学习目标

☒ 认识与理解应用软件自动化测试的基本概念

☒ 认识与理解软件自动化测试生存周期方法学及其应用

☒ 熟悉软件自动化测试工具与平台的获取及引入

☒ 了解自动化测试系统的建立模型及测试应用的过程

☒ 对常用软件自动化测试工具的系统性认识及基本使用策略

5.1 软件自动化测试概念

5.1.1 自动化测试的原理

1. 自动化测试的概念

软件测试通常非一次完成。测试不仅要检查已发现的缺陷是否得到修复，同时还要检查修复过程中是否又引入了新的故障或缺陷，这说明测试需要多次执行。若一个项目有几千甚至上万个测试用例需要执行，其工作量和时间耗费将十分巨大，此时，仅采用手工方式测试将难以实现。由此引发了用计算机来替代人工进行自动化测试的设想，特别是针对需要进行反复测试的那些过程而言。这就是自动化测试产生的原动力。

事实上，自动化测试是软件测试的重要策略与技术手段。自动化测试能完成许多人工测试无法实现或难以实现的测试工作，甚至能更迅速地获得比手工测试更好的测试质量与效率，能提高整个软件产品的开发质量、缩短开发周期。据一些机构对全球软件工程（项目或产品）的分析与统计，目前测试环节已占到整个软件开发周期的 35%～40%的时间，对可靠性要求更高的软件系统，这个比例甚至达到 50%～60%。在整个测试活动中，虽然手工测试仍为基本方式，但自动化测试的运用已占很大的比例，在各个测试环节中已不可或缺，它不仅仅是手工测试补充，在某些方面，其作用与效果是手工测试无法替代和比拟的。

自动化测试是软件测试领域的分支，它是自动化理论、人工智能与软件测试理论的综合运用，与常规测试技术有一些不同，除运用一般的测试理论及方法外，还采用了某些特殊的技术与策略，以完成测试任务与实现测试目标。

所谓自动化测试一般是指软件测试的自动化过程。自动化测试是在预设条件下自动运行被测对象，自动进行分析、评估测试结果及提交相应测试报告。因此，自动化测试可理解为测试过程的自动化与测试结果分析的自动化的系列活动。

测试过程的自动化是指不用手工逐个对测试用例进行测试执行。测试结果分析的自动化是指不用人工逐点去分析测试过程中产生的中间结果或数据流，以及最终结果的分析报告。

自动化测试的实质就是模拟手工测试的步骤，执行用某种程序设计语言编制的测试执行程序（测试用例或脚本），控制被测软件的执行，并以全自动或半自动的方式完成测试的过程。全自动测试指在测试过程中，完全无须人工干预，由程序自动完成测试过程。半自动测试是指在自动测试过程中，需要进行人工干预，手动输入测试用例或选择测试路径，再由自动化测试程序按照人工指令要求完成自动化测试工作。

综上所述，对自动化测试做描述性定义：使用一种自动化测试工具来验证各种测试需求，包括测试活动的实施与管理。自动化测试通过运用自动化测试工具，并结合其他手段，按照测试管理的预定计划自动进行，以减轻手工测试工作量或实现手工无法完成的测试目标。

2. 自动化测试的引入

软件系统在给用户提供前所未有的强大优势与应用的灵活性的同时，也给测试带来了较大难度。这是因为要对整个软件系统进行测试，需从用户角度来考虑整个软件系统的可用性与可靠性。例如，目前流行的应用软件大多运行在网络环境下，软件的架构多采用 C/S 运行模式，或更为复杂的多层 B/S 结构。所以对任何以这种结构开发的软件，都需要模拟用户随机、并发访问形式与访问机制，来检测系统的功能实现、响应时间、负载能力与软件的可靠性等。

自动化测试在许多情况下可提供其最大的价值，如测试脚本开发或测试脚本子程序的自动生成，以及测试脚本反复调用执行等。

自动化测试是一个渐进的过程，可能并不需要一开始就对所有的测试采用自动化的策略。如何确定在哪个阶段、哪些测试需要实施自动化测试，已成为自动化测试首先需要解决的问题。例如有些测试活动，虽执行时间不长，但过程很烦琐，需执行的动作非常多，运行10min测试，可能需要击键150次，打开8个窗口，不断地进行切换操作。若将其操作过程自动化，则可大大提高测试的效率及测试的可靠性（确保操作的正确性），此时可考虑采用自动化测试的策略，这很有价值。又如，对软件系统的各项系统性功能的测试，因测试可以很明确地知道应在什么情况下输入什么数据，会有什么样的输出结果，所以这样的测试就易于实现自动化，从自动化测试中获得好的效果。例如，针对软件系统的功能测试、性能测试、负载测试、压力测试、安全性测试等，就非常适合运用自动化测试的策略。

3．实现自动化测试的三个要素

自动化测试的实现，通常要具备三个要素。

（1）测试的自动执行。操作运行能使用强功能的函数直接操作控件，测试过程可基本达到自动化或较少人工干预的半自动化。

（2）对状态的自动识别。通过直接识别、间接识别和不识别（默认状态）三种方式实现。例如，能对软件使用的原始状态的方式通过模拟操作的方式进行识别。

（3）自动的逻辑处理。对于测试过程中的逻辑处理，对简单的逻辑能通过测试系统自身来实现，而对复杂的逻辑则需通过引用外部的系统来实现。

自动化测试的实现，需要通过分析、确认、规划、建立测试系统（包括自动化测试工具的运用）、执行测试等过程。

5.1.2　自动化测试的优势与特点

1．优势与特点

采用自动化测试策略或技术，一般认为具有以下优势与特点。

- 可使某些测试任务提高执行的效率。例如压力测试。
- 方便进行回归测试。特别在程序修改频繁时，效果非常明显。由于回归测试的动作和用例是完全设计好的，测试的期望结果完全可预料，因此，回归测试的自动实现可极大提高测试效率。
- 在较少时间内运行更多的测试。例如对运行烦琐的测试、系统的每日构建等。
- 可执行某些手工测试难以或不可能实现的测试。例如对大数量（如几百或上千、上万）的用户并发测试，不可能有足够多的测试人员同时、实时进行。
- 更好地利用人力资源。将烦琐并重复的测试工作赋予自动化的方式，可提高测试的准确性和效率，将测试人员解脱出来，将更多的精力放在测试的分析、设计及规划工作上。
- 测试具有一致性与可重复性。因每次测试执行内容及过程的一致性得到保障，从而可达到测试可重复的效果。例如，回归测试、重复单一数据录入或击键等操作测试；又如，测试用例具有极大相似性且测试步骤基本相同，只是输入参数不同，如等价类在很多情形下就是这样。

- 具有测试脚本的复用性。自动化测试通常采用脚本技术，以实现在不同测试过程中使用相同的测试用例，只需对脚本做少量甚至不做修改，就可以实现测试的复用。
- 可让软件尽快发布、投入市场。自动化测试可缩短测试的时间，加快产品开发的周期，尽快发布产品，投入市场。
- 增强软件的可信度。由于测试是自动地执行，所以不存在手工执行过程中可能造成疏忽与错误。通过自动化测试，软件产品的可信度（质量）会增强。
- 非常重要的测试和涉及范围很广的测试。例如针对系统的 GUI 测试、功能与性能的测试等。
- 可较快或实时地获得测试结果。例如路径测试、逻辑流程与控制流的覆盖测试。
- 测试执行与控制可实现自动化方式。例如单机运行或网络分布式运行的测试，在节假日或工作日夜间可运行的测试。
- 可自动完成对测试用例的调用控制。例如对测试对象、测试范围、测试报告及文档生成，以及对测试版本的管理控制的测试。
- 对测试结果与标准输出需进行大量或精确的比对。例如对不吻合预期测试结果的分析、记录、分类及报告，以及总体测试状况的统计及报表的分析。
- 若测试运行时间只占总体测试时间的 10%，而需花费 90%的总体测试时间进行准备，则可考虑实施自动化测试。

3．自动化测试的局限性

自动化测试能带来十分明显的效果，可解决许多测试的策略问题和测试技术问题，但并非完美无缺和无所不能。自动化测试具有以下局限性。

- 不现实的期望。自动化测试工具不能解决面临的所有问题。事实上，当期望不现实或过高时，自动化测试将难以满足这种期望。
- 缺乏自动化测试的经验。例如缺乏自动化测试的实践经验，当测试的组织协调较差，软件开发或测试的相关文档较少或两者不一致时，其自动化测试发现缺陷或错误的能力将大大降低。此时，首先要考虑和改进的是测试的有效性，而非测试的效率。
- 期望自动化测试能够发现大量新的缺陷。自动化测试在首次运行时最有可能发现缺陷，若测试已运行过，再次运行相同的测试，发现新缺陷的概率很小。如回归测试，再次运行相同测试只能确保修改是否正确，并不能发现新问题。
- 错觉自动化测试可靠性一定高。例如在自动测试过程中没有发现任何软件缺陷，并不能说明软件缺陷或错误不存在，此时不应产生软件的可靠性就一定高的错觉。
- 错误认为自动化测试无须维护。实际上，在软件被修改或变更后，通常对测试也需做相应的调整、修正工作，这也会导致对自动化测试的修改，即自动化测试通常是需要不断维护的，因此，这可能会带来自动化测试维护的高成本。
- 技术问题的影响因素。商业测试工具也属于软件产品，都有其适用范围，并不能包罗所有测试。实际上，测试工具本身都可能存在不足或问题。虽然测试工具能处理某些测试中的异常事件，但对实时突发事件的解决可能无能为力。因此，从技术层面将无法做到完美无缺和无所不能，完全替代所有人工测试。另外，在自动化测试工具充分地利用发挥其作用方面，其使用者的专业能力和技术水平的影响作用也十分显著。

5.2 软件自动化测试生存周期方法学及应用

软件自动化测试生存周期方法学反映和代表了当今软件自动化测试的结构策略及方法论。应用这个方法学，可促使软件工程和测试工作遵行在规划、设计自动化测试方案时可参照的一个规范与有效的模型，这对改进软件测试过程、提高测试有效性、确保测试质量都是十分有效的。软件自动化测试生存周期方法学分为六个部分，如图 5-1 所示。

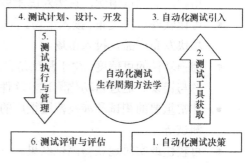

图 5-1 软件自动化测试生存周期方法学

5.2.1 自动化测试决策

1. 确定自动化测试应用策略

在自动化测试生命周期中，确认采用自动化测试是自动化测试生存周期的第一个阶段。测试需求分析为首要问题，这需要明确测试目标、解决测试的什么问题、是否采用测试工具、选用哪种工具等。该阶段主要是分析、总结采用自动化测试对软件开发的潜在优势及可能存在的问题，做出测试过程中或某些环节采用自动化测试的策略决定。

应用自动化测试的策略与技术，构建自动化测试系统可解决许多测试问题，如对现在基于互联网的 Web 应用系统的测试都会不同程度地采用自动化测试的策略与技术。通用的自动化测试系统模型如图 5-2 所示。

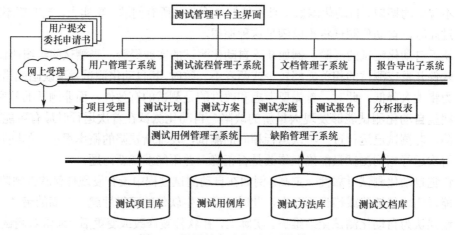

图 5-2 通用的自动化测试系统模型

5.2.2 测试工具获取

自动化测试工具获取是自动化测试生存周期的第二个阶段。该阶段选择和确定可用于支持测试生存周期中的不同类型的测试工具，针对软件项目所特定的测试类型做出正确选择，并需要确定如何获取测试工具，自行开发、购置或采用混合方案。

自动化测试工具选择原则：测试需求、效果预测、实现条件和成本控制。

根据不同的测试阶段和不同的目的，测试工具可按照其用途分类，有功能测试工具、非功能测试工具、组件（单元）测试工具、测试管理工具，以及测试用例设计、开发工具等。若按测试技术方法的分类指导原则划分，分为黑盒测试、白盒测试和测试管理工具三大类。通常，黑盒测试工具运用黑盒技术，具备功能性、性能、安全性的测试工具，主要用于系统性测试和验收测试。白盒测试工具指测试、分析软件代码结构的工具，可实现代码的静态分析、动态测试和软件度量等功能。测试管理工具指管理测试流程的工具，主要实现测试计划管理、测试需求管理、缺陷管理、测试用例管理、测试过程管理，以及测试报告文档的管理等。

测试平台是用于支持不同测试环境的测试床（平台）和模拟器；提供软件变更前后分析和工作软件风险及复杂度评价的静态分析器和比较器；用于测试执行和回归的测试驱动及捕获/回放工具；度量和报告测试结果及覆盖率动态分析等。

事实上，许多自动化测试工具同时具有多种功能与特性，使用时应明确使用范围及领域、功能与特性，正确掌握其应用的方法（或需二次开发），有效地发挥其作用。

能否正确、合理地选用工具关系到测试效率、成本，甚至关系到测试的成败。例如，单一测试工具不能满足大多数测试的需要。兼容性测试对一些控件特性的识别难度较大；某些物理设备的功能结果判定，测试工具无能为力，如对打印结果的检查等。

5.2.3 自动化测试引入

这是自动化测试生存周期的第三个阶段，包括对测试过程的分析和对测试工具的评估。

测试过程的分析：定义测试目标、目的和策略。

对测试工具的评估：所选测试工具是否满足测试需求、测试环境、用户环境、运行平台及被测试对象分析的过程。

自动化测试引入后的系统功能组成如图 5-3 所示。

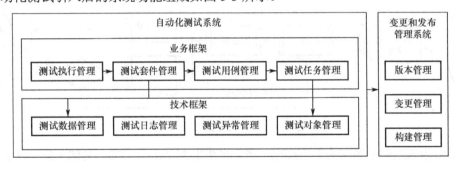

图 5-3　自动化测试引入后的系统功能组成

5.2.4 测试计划、设计、开发

测试计划、测试设计、测试开发是自动化测试生存周期的第四个阶段。

1. 测试计划

测试计划包括确定测试流程生成标准与准则；支撑测试环境所需配置的硬件、软件和网络系统；确定测试数据的需求，初步安排测试进度，控制测试配置和建立测试环境；确定测试工具。另外，测试计划还包括测试方法及测试结果的描述。

2. 测试设计

测试设计部分解决和确定需要实施的测试数目、测试方法、必须执行的测试条件，需建立遵循的测试设计标准。网络环境是自动化测试的重要条件，在进行测试设计与开发时必须确定和考虑这个因素。在迭代模式开发中的一个自动化测试设计举例如图 5-4 所示。

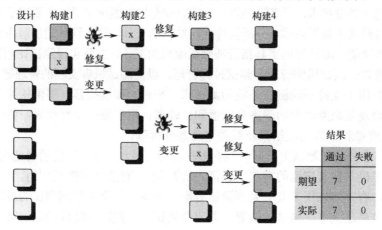

图 5-4　自动化测试设计举例

5.2.5　测试执行与管理

1．自动化测试流程

自动化测试流程可提供完整的测试流程框架，测试可以它作为基础，根据业务实际要求，来定制符合具体实施的测试流程。一般工具还提供内嵌软件测试流程的测试管理工具支持，包括完整的测试评测方法。自动化测试标准流程如图 5-5 所示。

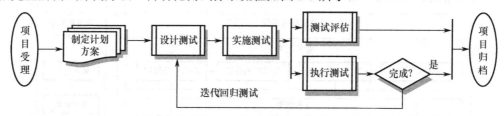

图 5-5　自动化测试标准流程

自动化测试流程是测试的工作过程，通常可借助测试工具完成，测试工具可以进行部分测试设计、实现、执行和比较工作。

自动化测试流程每个阶段的具体内容如图 5-6 所示。

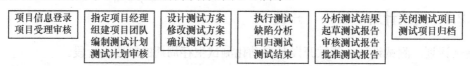

图 5-6　自动化测试流程每个阶段的具体内容

2．测试执行、管理

在建立自动化测试系统后，将进入系统运行与管理。在执行自动化测试之前，需要设计测试用例或编制（或生成）测试脚本，进行调试和正确性的验证；完成测试配置与部署；确定函数库，封装常用、可复用的功能，组织驱动脚本的各种数据文件，进行组件识别与版本控制、配置生成和变更等配置管理。

（1）对开发或自动生成脚本源代码、测试过程使用的配置文件、数据库等测试数据，测试过程结构、报告、运行日志等都是配置管理对象，保存信息以待自动化测试评估。

部署测试环境，对于系统测试或回归测试这类涉及大量测试个案运行的情况，节约测试时间策略除利用自动化工具外，就是充分利用硬件资源，把大量测试个案分配到各机器上并行运行，或将大量系统测试运行安排在夜间和假日进行。增加有限时间内可执行的测试项目。

（2）正确使用自动化测试程序，控制好测试环境、程序初始状态和程序运行参数等；随时更新测试程序，以适应被测试程序的不断变化；量化并收集数据，作为后期改进的重要输入参数。

（3）测试结果与标准输出的对比。首先，在设计测试用例时，必须考虑如何易于对测试结果实现标准的输出。输出的数据量及数据格式对比较的速度有直接影响。其次，考虑输出数据与测试用例的目标逻辑对应性及易读性。通常，需要写一些特殊程序执行测试结果与标准输出的比对工作，因为有的输出内容是不能直接比对的。例如，对运行的日期时间的记录、对运行的路径的记录，以及测试数据的版本等。

（4）对不吻合测试结果的分析处理。用于对测试结果与标准输出进行对比的工具，往往也能对不吻合的测试结果进行分析、分类、记录和报告。这里，分析是指找出不吻合的地方并指出错误的可能原因；分类是指包括各种统计上的分项，如对应的源程序位置、错误的严重级别（提示、警告、非实效性错误、实效性错误或其他分类）；记录是指分类的存档；报告是指主动对测试的运行者及测试用例责任人通报出错的信息。

（5）测试状态的统计和报表的产生。运用自动化测试应完成任务。提高测试过程管理质量，同时节约用于产生统计数据的时间。通常，自动化测试工具均有这项功能。

（6）自动化测试与开发中的产品每日构建的配合。自动化测试要依靠配置管理来提供良好运行环境，同时与开发中的软件每日构建紧密配合。通常，开发达到一定进度时，要进行每日测试及每日构建，使软件开发状态得到更新，及早发现设计和集成中的故障与缺陷。

（7）实现自动化比对技术。测试软件是否产生正确的输出，通过测试实际输出与预期输出之间完成一次或多次比较来实现。自动化比较为必需环节。有计划地进行比较比随意地进行比较具有更高的效率和发现问题的能力。比较可检测两组数据是否相同或标识有差异的内容，但比较并不能告之测试通过或失败，需要测试者判断。

简单比对仅比对实际输出与预期输出是否完全相同，这是自动化比对的基础。智能比对则允许用已知的差异来比对实际输出和预期输出，使用较复杂的比对手段，包括正则表达式搜索技术、屏蔽搜索技术等。例如，要求比对包含日期信息的输出报表的内容，若使用简单比对，显然不行，因为每次生成报表的日期信息肯定不同。若使用智能比对，可忽略日期差别，仅比对其他的内容，甚至还可忽略日期内容，但若比对日期格式，则要求日期按特定格式输出。

5.2.6　测试评审与评估

测试评审与评估是在整个测试生存周期内进行，以确保连续地改进测试活动。在测试生存周期和后续测试活动中，须评估各种度量，并进行最终测试结果评审，确保测试过程的不断改进。

自动化测试计划应为整个测试计划的一部分，在制订项目测试计划时统一进行，但又相对独立于计划中的手工测试部分。经过自动化测试决策，将自动化测试引入测试过程时，仍应充分关注其风险。因此，仍然需要手工测试作为自动化测试的后备方案。

对自动化测试系统的架构、运行的情况进行评审与评估，包括对自动化测试规划方案、计划、设计等的各项评审。评估针对执行测试后，对测试工具、测试过程、各项测试结果的获取效果的评估，以期改进和积累测试经验，从而对自动化测试系统策划、设计等环节实现改进。

自动化测试方法包括测试覆盖和质量评测。测试覆盖是对测试完全程度的评估，由测试需求和测试用例的覆盖或已执行代码的覆盖表示。质量评测是对测试对象（系统或被测试的应用系统）的可靠性、稳定性及性能的评估，建立在对测试结果的评价和对测试过程中确定的变更（缺陷）分析的基础上。

自动化测试的评估系统框架如图 5-7 所示。

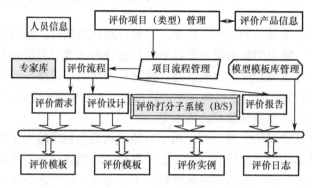

图 5-7　自动化测试的评估系统框架

5.3　自动化测试用例与脚本

5.3.1　自动化测试用例的生成要求

自动化测试用例可选取自有系统的预测试用例或确认的测试用例。通过执行这些用例可获得出口准则（指自动化测试活动的通过标准）。例如，所有的自动化测试用例 100%得以执行，测试用例密度达到 10 cases/Kloc（这个指标仅为举例），而入口准则可能通过了"冒烟测试"等（但并非绝对，有可能是在系统预测试之后）。

5.3.2　自动化测试脚本

自动化测试实质为模拟手动测试过程与步骤，自动地完成测试。全自动测试指执行用某种程序设计语言编制的测试程序，并控制被测软件的执行。半自动测试指在自动测试过程中，需手动输入测试用例或选择测试路径，再交付自动测试程序按人工要求完成测试。运行这两种自动测试方式都需要测试脚本或测试用例的支持。

1. 测试脚本

自动化测试脚本是指自动化测试执行中的程序和过程，自动化测试用例是指自动化测试执行中引用的具体测试用例。

对于功能测试或性能测试，自动化测试设计几乎都采用"录制-回放"技术。所谓"录制-回放"技术，就是先由手工执行一遍测试的动作和流程，并由计算机录制在此流程期间客户端和服务器端之间的通信信息，这些信息通常为记录的一些通信协议和数据，形成特定的脚本程序。然后，在测试工具统一管理下运行录制的脚本，提供执行测试后的分析及报告。

自动化测试脚本除具备一般意义上的程序特征之外，还具有自身的一些特点。脚本与测试一样，随测试模式和测试方法不同，测试脚本以多种形式出现。例如，功能测试所引用的脚本与性能测试所应用的脚本完全不一样，即使是性能测试所录制的脚本，由于软件架构和应用模式的不同，其录制的脚本也不同，因此，测试脚本可能会变化。

在自动化测试过程中，测试的主要依据之一就是测试脚本。测试脚本自身在脱离了所依附的系统时，一般是不能独立运行的，必须依附于某个系统的支撑。

测试脚本可自动生成。已有一些专门生成、开发脚本的工具，如 AutoIt，可帮助开发者或测试者编制各种测试脚本。

2．自动化测试脚本的种类

1）结构化脚本

结构化脚本类似于结构化的程序，含有控制脚本执行的指令。这些指令或为控制结构，或为调用结构。控制结构中包括"顺序"、"循环"和"分支"，与结构化程序设计中的概念相同。调用结构是在脚本中调用另外的脚本，当子脚本执行完成后再继续运行父脚本。结构化脚本的优点是健壮性好，可通过循环和调用减少工作量；其缺点是脚本较复杂，而且测试用例"捆绑"在脚本中。结构化脚本侧重于描述脚本中控制流程的结构化特性。

2）共享脚本

共享脚本是指脚本可以被多个测试用例使用，一个脚本可以被其他脚本所调用，这样的脚本称为共享脚本。使用共享脚本可以节省脚本的生成时间和减少重复工作量，当重复任务发生变化时，只需修改一个脚本或几个共享的脚本。

共享脚本可以是在不同主机、不同系统之间的共享脚本，也可以是在同一主机、同一系统之间的共享脚本。共享脚本侧重于描述脚本中共有的特性。

共享脚本的优点：以较少的开销实现类似的测试；维护开销低于线性脚本；能删除明显的重复；可以在脚本中增加更智能的功能。共享脚本的缺点：需要跟踪更多的脚本，给配置管理带来一定的困难；对于每个测试，仍然需要特定的测试脚本，因此维护费用比较高；共享脚本通常是针对被测软件的某部分的，部分脚本不能被直接运行。

可建立共享脚本库，以达到最大程度的共享。应注意与共享脚本配套的文档的规范性和完整性。

3）数据驱动脚本

数据驱动脚本技术将测试数据输入存储在独立的数据文件中，而不是绑定在脚本中。执行时，是从数据文件中读入数据。这种脚本的最大优点是，用同一个脚本允许执行不同的测试，仅对数据进行修改，不必修改执行的脚本。

使用数据驱动脚本，可以较小的开销实现较多的测试用例，通过为一个测试脚本指定不同的测试数据文件实现简化测试用例，减少出错的概率。将测试数据文件单独列出，选择合适的数据格式和形式，可将测试注意力集中到测试数据的维护和测试执行上。

数据驱动脚本的优点：可以快速地增加类似的测试；测试者增加新测试不必掌握工具脚本语言的技术；对第二个及以后类似的测试无额外的维护开销。数据驱动脚本的缺点：初始建立开销较大，需要专业编程的支持。

4）关键字驱动脚本

关键字驱动实际上是比较复杂的数据驱动技术的逻辑扩展。它将测试数据文件变成测试用例的描述，用一系列关键字指定要执行的任务。在关键字驱动技术中，假设测试者具有某些被测系统知识，因此不需告诉测试者如何详细动作，只说明测试用例做什么。关键字驱动脚本中使用的是说明性与描述性方法。描述性方法将被测软件的知识建立在测试自动化环境中，这种知识包含在支持脚本中。例如，为完成在网页浏览时输入网址，一般的脚本需要说明在某个窗口的某个控件中输入什么字符；而在关键字驱动脚本中，可直接在地址栏中输入网址，甚至更简单，仅说明输入网址是什么。

关键字驱动脚本的数量不随测试用例的数量而变化，仅随软件规模而变化。这种脚本还可实现跨平台测试用例共享，只需更改支持脚本即可。

5）线性脚本

线性脚本是录制手工执行的测试用例得到的脚本。这种脚本包含所有用户的键盘和鼠标输入。如仅使用线性脚本技术，每个测试用例可通过脚本完整地被回放。线性脚本中也包括比较，如检查某个窗口是否弹出。

线性脚本的优点：不需要深入的工作或计划；可加快自动化；对实际执行操作可审计跟踪；测试用户不必为编程人员；可提供良好（软件或工具）演示。

线性脚本适于以下情况：演示或培训；执行量较少且环境变化小的测试；数据转换，如将数据从 Notes 数据库中转换到 Excel 表格中。

线性脚本的缺点：过程烦琐，一切依赖于每次捕获的内容；测试输入和比较是"捆绑"在脚本中的；无共享或重用脚本；线性脚本容易受软件变化的影响；线性脚本的修改代价大，维护成本高；容易受意外事件影响，引起整个测试失败。

6）脚本的预处理

预处理具有一种或多种预编译的功能，包括静态分析和一般替换。脚本的预处理是指脚本在被工具执行前必须进行编译。预处理功能通常需要工具的支持，在执行脚本前自动进行处理。"美化器"是对脚本格式进行检查的工具。必要时，将脚本转换成符合编程规范要求，使脚本编写能更专注于技术方面。可静态分析查找脚本中出现和可能出现的缺陷。可发现拼写错误或不完整指令等脚本程序的缺陷；替换可让脚本更明确，易于维护。使用替换时，应注意不要执行不必要的替换。在进行调试时，应注意缺陷可能会存在于被替换的部分中，而不是在原来的脚本中。

5.4 自动化测试工具

5.4.1 自动化测试的专项工具

自动化测试的专项工具，主要解决某一专项测试的问题。例如，测试 Web 应用软件的功能特性、性能特性和安全特性的工具，进行覆盖率测试的工具，以及对内存分析、脚本设计、测试管理等专项进行测试的工具等。

1. 白盒测试工具

白盒测试针对被测源程序的结构进行测试，测试所发现的故障可以定位到代码级。根据测试工具工作原理，用于白盒测试的自动化测试工具可分为静态测试工具和动态测试工具。

静态分析对所涉及的程序结构及组成元素进行各种度量。覆盖测试完成对程序的逻辑覆盖和路径测试覆盖，分析与覆盖测试主要用于组件（单元）测试中。

静态测试是在不执行程序的情况下，分析软件的特性。静态分析主要集中在软件需求文档、设计文档以及程序结构方面，可以进行类型分析、接口分析、输入输出规格说明分析等。

常用的这类工具有 Quality Toolset、IBM Logiscope、Klocwork、JUnit 与 CUnit（单元测试）、xCover（C/C++代码覆盖分析）、Clover（基本的 Java 代码覆盖测试分析）、CodeCover（白盒测试，主要测试代码的分支、循环及 MC/DC 覆盖）、JDepend（评价 Java 程序质量工具）等，分为商品化工具与开源类工具。

1）静态测试工具的功能

（1）代码审查。代码审查工具分析代码的相关性、跟踪程序逻辑、浏览程序的图示表达，寻找和确认"死"代码，检查源程序是否遵循了约定的程序设计规则等。代码审查工具通常也称为代码审查器。

（2）一致性检查。这项检查检测程序的各个单元是否使用了统一的记法或术语，检查设计是否遵循了约定的规格说明。

（3）错误检查。错误检查用以确定结果差异和分析错误的严重性和原因。

（4）接口分析。接口分析检查程序单元之间接口的一致性、是否遵循了预先确定的规则或原则，并分析检查传送给子程序的参数以及检查模块的完整性等。

（5）输入/输出规格说明分析检查。此项分析的目标是借助分析输入/输出规格说明生成测试输入数据。

（6）数据流分析。数据流分析检测数据的赋值与引用之间是否出现了不合理的现象，比如引用未赋值的变量，或对未曾引用的变量再次赋值等。

（7）类型分析。该项分析主要检测命名的数据项和操作是否得到正确的使用。通常，类型分析检测某一实体的值域（或函数）是否按照正确、一致的形式构成。

（8）复杂度分析。复杂度分析帮助测试人员精确规划测试与设计测试用例。

白盒动态测试工具有 Parasoft C/C++、IBM Rational PurifyPlus、VectorCAST 等。

这些工具一般具有以下功能。

（1）确认功能及对接口进行测试。测试内容包括各模块功能、模块间的接口、局部数据结构、主要执行路径、错误处理等。

（2）性能测试。主要查找影响软件性能的瓶颈所在，性能测试工具能提供改善性能问题的关键数据分析，给出被测试系统的性能分析结果及报告。

（3）内存分析。内存分析是指检测在软件运行中、在结束程序（模块、类、函数、例程等）时，内存是否被"泄漏"（程序占用内存而在退出时并不释放，意味着内存数量的减少）了。内存分析工具分析内存使用状况，了解程序的内存分配的情况，以发现内存的非正常使用的情况。例如，Memtest86+是一款免费开源的内存测试工具，其测试准确度较高，能检查出内存隐性问题，它是基于 Linux 核心的测试程序。

2）白盒测试工具简介

IBM Rational PurifyPlus（运行实时分析）是一个完整的自动化运行实时分析工具，用于提高应用程序的性能和质量。该工具是为需要创建和配置可靠应用程序的开发者而设计的，它支持 UNIX 平台的 C/C++和 Java，Windows 平台的 VC/C++、C#、VB.NET 等。PurifyPlus for Windows 为 Java 服务器端和客户端提供一样的支持。安装 Web 服务器后，可针对服务器，如 Web Sphere，Web Logic 和 Apache Jakarta Tomcat 上的 Java Server Pages（JSPs）和 Java Servlets 使用 PurifyPlus。PurifyPlus 可帮助用户可视化地执行代码，提供便于理解和可重复的信息，可结合或独立于源代码（包括第三方组件）。

PurifyPlus 由 Purify、Quantify 和 PureCoverage 三个部分组成。其中，Purify 定位内存泄露和运行时的错误，Quantify 寻找性能瓶颈，PureCoverage 表示了未测试代码和提供代码覆盖分析。TrueCoverage 支持 Windows NT/2000/XP 开发平台和 C/C++、Java、VB。

2．黑盒测试工具

黑盒测试是在明确软件产品应具有的功能条件下，完全不考虑被测程序的内部结构和内部特性，通过测试来检验功能能否按照软件需求规格说明正常运行。这类测试工具主要为动态测试，可完成软件功能、性能、安全性等方面的各项测试。

黑盒测试工具主要分为功能测试工具与非功能测试工具。前者主要用于检测程序能否达到预期的功能要求，关注于应用业务逻辑、用户界面和功能检测方面；后者是主要以性能测试、安全性测试、质量度量为测试内容的工具。性能测试工具用于确定软件系统性能，例如用于 C/S 系统加载能力和性能测量，用于生成、控制并分析 C/S 应用系统性能等。测试主要在服务器端进行，关注于服务器的性能、衡量系统的响应时间、事务处理速度和其他对时间敏感的软件性能等。

业界目前常用的工具有 IBM Rational Functional Testing（RFT，功能测试）、Rational Performance Testing（RPT，性能测试）、APPScan（安全测试）；HP Load Runner、QuickTest Professional；Compuware QARun（功能测试）和 QALoad（性能测试）等。

3．测试管理工具

测试管理工具用于对测试进行管理，帮助测试人员完成测试计划、跟踪测试事件及运行结果、管理测试过程等。事实上，运用测试管理工具也属于自动化测试范畴。IBM Rational TestManager（测试管理）、Rational ClearQuest（缺陷管理）、QACenter（测试管理）、Track Record（缺陷管理）、HP TestDirector 都是常用的测试管理工具。

测试管理工具可用于制订测试计划、测试用例设计、测试用例实现、测试实施以及测试结果分析，从独立或全局角度对各种测试活动进行有效的管理和控制。可让测试人员随时了解软件需求变更，并对测试计划、测试设计、测试实现、测试执行和结果分析的影响因素进行全方位测试管理。测试管理工具一般具有下列功能。

（1）可处理针对测试计划、执行和结果数据的收集。测试者可通过创建、维护或引用测试用例来组织测试计划，包括来自外部模块、需求变更请求和 Excel 电子表格的数据，甚至包括第三方测试工具。

（2）具有独立性和集成特性的测试管理功能。既可作为独立组件存在，也可配合其他测试工具使用，构成集成测试解决平台。能获取需求变更对于测试的影响。通过自动跟踪整个项目质量和需求状态来分析所造成的针对测试用例的影响，由此，管理平台成为整个软件项目状态数据的集散中心。

（3）让整个项目团队获得信息共享的访问。对测试事件（或缺陷）进行跟踪管理和测试的配置管理。提交与更新过程中的事件（故障、缺陷）报告；生成预先定义或用户定义的管理报告；有选择地自动通知用户对故障状态的修改；QA 或 QE 经理、分析师、软件开发和测试者使用测试管理工具都容易获得基于自己特定角度的测试结构数据，并利用这些数据对于自身工作进行决策。管理工具在整个软件项目生命周期内可为开发团队提供持续、面向测试计划目标的状态和进度跟踪。

（4）所包含的 API 可让测试者为不同输入类型制作接口程序配件。例如，Rational Test Manager 能与 Rational Requisite Pro 需求组件、Rational Rose 系统分析模型组件和 Rational Clear Quest 需求变更组件等实现连接，形成集成测试解决方案。

4．测试管理工具 TD 简介

TD（Test Director）是 HP Mercury Interactive 公司的商品化测试管理软件产品，是主流的测试管理工具之一。TD 能指导进行测试需求管理、测试计划管理、测试用例管理和缺陷管理，实现对测试执行和缺陷的跟踪，用于整个测试过程的各阶段。它基于 Web 的测试管理系统，可在企业内部或外部进行全球范围的测试管理。TD 基于 B/S 结构，以 Web 形式提供访问和服务，实现消除机构间、地域间障碍，使测试、开发或其他 IT 人员通过一个中央数据仓库交互测试信息。TD 将测试过程流水化，从测试需求管理、测试计划、测试日程安排、测试执行到出错后的错误跟踪，仅在浏览器应用中就可完成，具有强大图表统计功能和自动生成机制，不需要在客户端安装专门程序。

（1）总体管理流程。分 4 个阶段：分析并确认测试需求，定义测试范围，设定测试目标、确定测试策略，将需求说明书中的需求转化为测试需求，并详细描述每个需求；生成各种测试报告和测试统计图表，分析和评估需求能否达到设定的测试目标；依据测试需求制定测试计划，创建测试用例并执行；进行缺陷跟踪和管理。

（2）制定测试计划的流程。定义具体的测试策略；将被测系统划分为若干分等级的功能模块；为每个模块设计测试集，即测试用例；将测试需求和测试计划进行关联，使测试需求自动转化为具体的测试计划；为每个测试集设计具体的测试步骤；创建自动化测试脚本；借助自动生成测试报告和统计图表进行分析和评估测试计划。

（3）执行测试流程。创建测试集，包含多个测试项；制定执行方案；执行测试计划阶段编写的测试项（分自动和手动编写）；用自动生成的各种报告和统计图表分析测试执行结果。

（4）缺陷跟踪的流程。缺陷跟踪步骤：添加缺陷报告，质量保障经理、项目经理、最终用户都可在测试的任何阶段添加缺陷报告；分析评估新提交的缺陷，确认需要解决哪些缺陷；修复状态为 Open 的缺陷；回归测试新的版本；自动生成报告和统计图表进行分析。

5．测试设计与开发工具

1）脚本工具

常用的脚本设计编写工具有 AutoIt、AutoHistory 等。

AutoIt（3.2.4.1）是一款功能强大的脚本工具，为业界影响较大的经典产品，在 Windows GUI 中进行自动化操作。该软件利用模拟键盘按键、鼠标移动和窗口/控件组合实现自动化任务，提供执行脚本的平台，并且可把自身脚本语言转换成.exe 可执行程序，在转换时可设定是否允许将 exe 文件反向转换成脚本代码，并可设定密码，在提供正确密码后才进行转换。AutoIt 的脚本语法类似于 VBScript，适于编写完成重复性任务的脚本。

AutoIt 的功能如下。

（1）运行 Windows 和 DOS 程序。

（2）模拟键击动作（支持大多数键盘布局）和模拟鼠标移动和单击动作。

（3）对窗口进行移动、调整大小和其他操作；直接与窗口"控件"交互（设置/获取文本、移动、关闭等）；配合剪贴板进行剪切/粘贴文本操作。

（4）对注册表进行操作。

（5）具备标准语法，支持复杂表达式、用户函数、循环以及脚本编写所需功能。

（6）支持 Unicode，同时保留 Ansi 版本（AutoIt3A.exe）。为 ChrW()和 AscW()增加了对 Unicode 字符的支持。

（7）AutoIt 不依赖外部 DLL 文件或添加注册表项目即可独立运行。使用 Aut2exe 工具可把脚本文件编译为独立的可执行程序。

2）测试设计工具

测试设计是说明测试将被测试的软件特征或特征组合的方法，并确定选择相关测试用例过程。测试设计和开发需要的工具类型有测试数据生成器、基于需求的测试设计工具、捕获及回放、覆盖分析、脚本生成等。

测试数据（桩数据、驱动数据、测试用例）生成工具十分有用，可自动生成测试数据，减轻测试人员的设计工作负担，以及消除或减少人工生成数据的偏差。

路径测试数据生成器是常用的测试数据生成工具。常用的工具有 Parasoft C++test 等。

这里对 Parasoft C++test 进行简要介绍。C++test 是 Parasoft 公司开发的专门针对 C/C++ 源程序代码进行组件测试的工具，被广泛使用与认可。它能完成的测试有代码构造（白盒测试）、代码功能（黑盒测试）和代码更新/维护完整性（回归测试）。

Parasoft C++test 测试运行界面如图 5-8 所示。

C++test 可测试 C/C++类、函数或部件，无须编写测试用例、测试驱动程序或桩调用代码；能将其集成到开发中，有效防止软件错误，提高代码的稳定性，并自动实现组件（单元）测试。组件测试目前被广泛认为是敏捷方法中极限编程的重要基础。

C++test 既可以单独运行，也可以嵌入到 Microsoft 的 Visual Studio 环境中使用（如图 5-9 所示）。

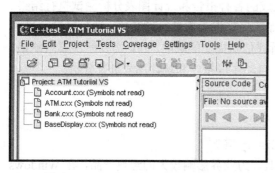

图 5-8　Parasoft C++test 测试运行界面

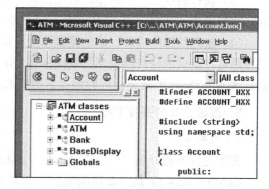

图 5-9　C++test 工具栏直接嵌入
Visual Studio 环境中使用

（1）自动建立测试驱动和桩函数。C++test 自动建立测试驱动程序，其设计目标为极大化类的测试覆盖性和错误检测，为类建立测试驱动器。操作过程：简单地打开类，然后选择"Build Test"选项，将自动建立测试驱动程序。

如果被测的方法需要调用当时还不存在或无法访问的函数，C++test 能自动生成桩函数，这样就能测试与外部资源操作交互作用和不包含任何隐藏的弱点。C++test 并非实际调用这些函数，而是调用桩函数并返回桩函数提供的值。

如果需要控制使用返回值，可建立桩调用表，声明输入/输出关系。用户也能加入自己定义的桩函数。若使用原始的函数，且该函数定义在不同的文件中，或仿真原始函数行为，则用一个简单的函数替代自动生成。在类的测试中生成驱动程序和桩函数的能力为 C++test 所独有。C++test 能自动测试 C/C++类而不需要用户进行任何干预，能尽快自动检测代码错误，能快速和低成本地找到和修正。

（2）用于静态测试。C++test 内嵌 Effective C++（epcc）、More Effective C++（mepcc）、及 Universal Code Standard（ucs）等超过 700 条的 C/C++规范，集成了由 Parasoft 累积的规范，以及用户自行定义的规范。在静态测试中，C++test 对代码进行详尽的扫描，验证代码中是否存在与规范相冲突的地方，发现程序的简单或低级错误，避免由此带来集成后的扩散。

（3）高效的白盒测试。C++test 能自动执行所有白盒测试，自动生成和执行测试用例，自动标记运行失败，以图示方式显示，自动保存测试用例，方便进行回归测试。

（4）C++test 能自动生成桩函数或允许用户自己的桩函数，能测试引用外部对象的类，即能运行任何一个或一组类，自动生成和执行一组测试用例，发现尽可能多的错误。C++test 还允许用户定制测试用例生成，在项目、文件、类或方法的层次上执行测试。

（5）C++test 可通过黑盒测试大部分操作。

① 建立测试用例与帮助用户设置每个测试用例的结果。用户可简单地输入测试用例，让 C++test 运行测试用例并自动确定实际的输出结果。若输出结果正确，不需要其他动作；若输出结果不正确，可输入预期输出结果。这比手工输入每个测试用例更快、更容易。

② 自动生成测试用例的核心集合。C++test 设计配置了一组广谱黑盒测试用例。当将这些测试用例用于黑盒测试时，只需简单观察实际输出结果，然后对任何不正确的结果输入预期的值。在需要输入或修改测试用例时，可在 C++test 自动生成的测试用例框架中简单地输入相应的值。这项特性显著加快了建立测试用例的过程和提高了快捷的程度。

③ C++test 完全自动化地建立了黑盒测试的大多数步骤。只需按一个键，就能对项目、文件、类或方法运行一个或一组测试，然后自动执行所有测试用例，报告所有输入/输出关系，并标记实际输出与预期不一致或导致程序崩溃的那些测试用例。

④ 实现完全自动化与回归测试的有关步骤。首次测试某个类时，自动保存其测试和测试参数，当执行回归测试时，打开合适的项目和文件，运行所有原来的白盒或黑盒测试用例，自动运行完全相同的测试用例及测试参数，并报告发现的问题，使得测试者能即时知道程序修改是否引入了任何新的缺陷或错误。

（6）监视测试覆盖率。为帮助使用者测量当前使用测试用例集合的有效性，自动监视测试覆盖性，并提供尽可能多的覆盖率信息，建立实时的综合测试覆盖率报告。覆盖情况以窗口图示，显示当前正被执行的代码行、已执行过的代码行和每行的执行次数情况。C++test 不仅指出了某个代码行是否被测试过，而且还说明被测试的彻底程度。这些信息对确定哪些代码需进一步深入测试很有用。

（7）产品版本与系统要求的说明。目前，C++test 有三个版本：C++test 专业版/架构师版/服务器版。支持系统装载的操作系统有 Windows NT、Windows XP/Windows7 及以上版本，VC++6.0 及以上版本，.NET 2003 及以上版本，UNIX 系统，以及 Linux 系统。

5.4.2 自动化测试套件

IBM Rational 测试中心解决方案可构成基于 Jazz 平台的软件质量管理中心，如图 5-10 所示。这是一个系列化的质量管理（测试工具）的组合，具有综合的协同性特点，可满足测试项目的几乎所有的测试业务需求，可协同完成各项测试的任务。这些测试的需求包含以下内容。

（1）软件质量体系的建立，包括各种测试流程与方法。

（2）测试需求管理的能力。

（3）应用架构测试与分析的能力。

（4）组件（单元）测试的能力，包括静态测试和动态运行时的分析。

（5）系统测试的能力，包括性能测试、功能测试和安全测试。

（6）测试过程管理的能力。

（7）测试资产管理的能力。

（8）测试环境管理的能力。

（9）测试缺陷管理的能力。

（10）实时系统或嵌入式系统的测试能力。

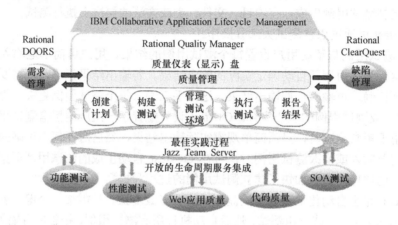

图 5-10　IBM 基于 Jazz 平台的软件质量管理中心

　　该质量管理中心构建了高效的质量汇总，即选择先进的方法论构筑指导流程；从多角度考虑组建测试团队；选择强大的技术平台搭建环境；制定标准和规范来稳步提高质量。

1．IBM Rational 测试套件（测试中心）构成

IBM Rational 测试中心是一个测试套件（如图 5-11 所示）。

图 5-11　IBM Rational 测试中心构成

该测试中心提供软件质量体系/测试方法学与流程（RMC/RUP），集成测试过程管理方案，提供自动化测试系列和测试资产的管理，以及对软件质量的度量；针对软件产品的功能、可靠性、性能等进行全方位的质量测试与控制，提供与开发的无缝集成、配置管理和测试管理三个方面的支持。

该套件可实现基于需求的测试，提供需求管理工具（RequisitePro DOORS）。集成变更与缺陷管理系统（ClearQuest），可确保缺陷被正确地跟踪和修正，确定哪些功能测试脚本会受到代码变更的影响。

该套件提供三种级别的软件性能诊断信息，对导致性能不佳的业务事务处理、底层客户端调用和系统资源进行分析，找出产生性能瓶颈的原因。例如，性能测试帮助测试者确定何时可通过增加系统内存或提高 CPU 速度来优化后端服务器，找出导致性能问题的客户端、中间层或服务器端代码所在的特定区域。通过模拟实际工作负载、时间进度情况创建负载的能力。在给定时间内，通过指定虚拟用户群提交事务处理的数量与类型，准确地控制事务处理的速度。针对嵌入式、实时与基于网络的软件系统，该套件可提供实时测试功能，提供针对目标机的测试、代码覆盖措施、内存泄露检测和性能记录等方面的自动化测试。

2．测试套件功能概要

（1）Rational Performance Tester（RPT）为应用服务提供先进性能及可扩展性测试。

针对 SOA 应用测试，Web Severvice，可组合进行系统性能测试，如图 5-12 所示。

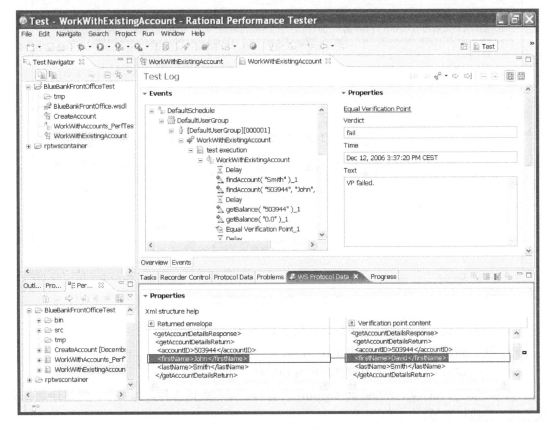

图 5-12　应用 RPT 进行系统性能测试

（2）根据管理流程建立测试计划，如图 5-13 所示。

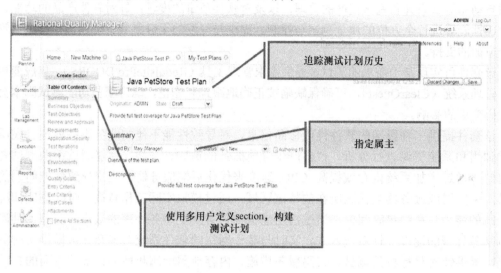

图 5-13　根据管理流程建立测试计划

（3）为测试关联需求，如图 5-14 所示。

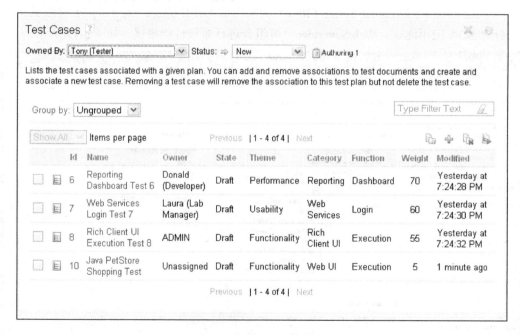

图 5-14　为测试关联需求

（4）将测试任务和测试计划关联，如图 5-15 所示。

（5）建立测试用例集合，如图 5-16 所示。

（6）过程审核——对测试内容进行审核和审批，如图 5-17 所示。

① 管理流程 review、refine 和 sign-off 所有和质量相关的工件，如需求、测试计划、测试用例、完成标准等。

② 维护版本历史，追踪质量的演进，重用历史版本。

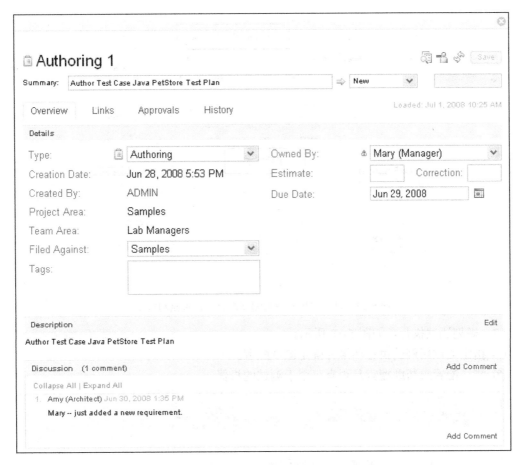

图 5-15　将测试任务和测试计划关联

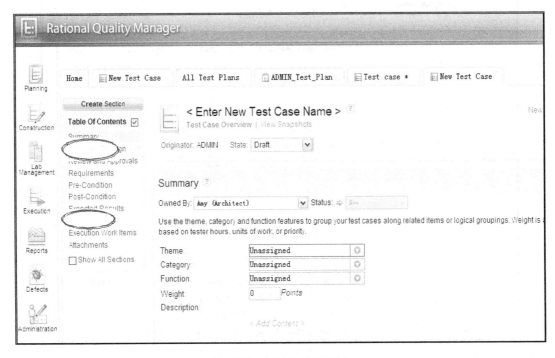

图 5-16　建立测试用例集合

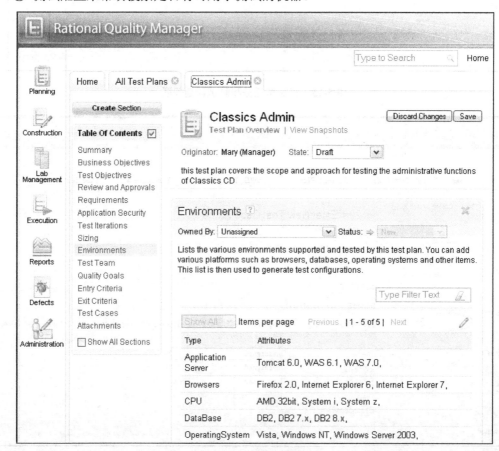

图 5-17 过程审核——对测试内容进行审核和审批

（7）规划测试执行，如图 5-18 所示。

① 指定测试用例的执行环境并确定测试配置。

② 测试配置来帮助搜索是否有可用于测试的机器。

图 5-18 规划测试执行

（8）查找可用的测试资产并部署，如图 5-19 所示。

图 5-19　查找可用的测试资产并部署

（9）执行测试并提交缺陷，如图 5-20 所示。

图 5-20　执行测试并提交缺陷

（10）提供报表——来自多个角度的项目状态的静态视图，如图 5-21 所示。

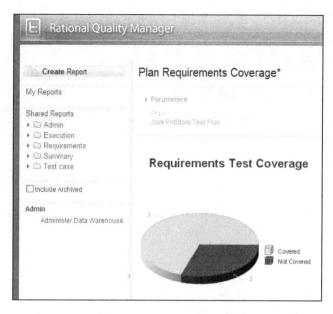

图 5-21　项目状态的静态视图

（11）定制的报表可实现共享和获得项目重要信息，如图 5-22 所示。

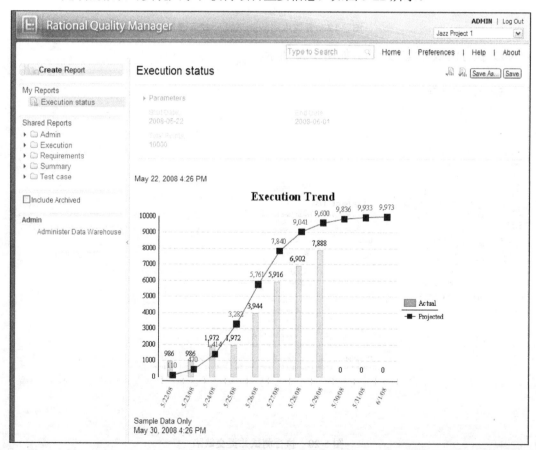

图 5-22　定制的测试结果报表

（12）在 RQM 中查看需求，如图 5-23 所示。

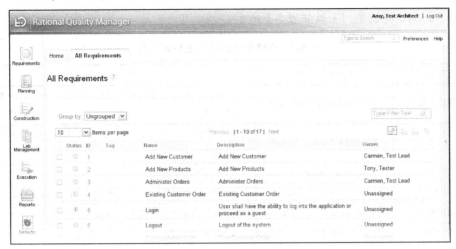

图 5-23　在 RQM 中查看需求

（13）在 DOORS 中检查 QA 状态，如图 5-24 所示。

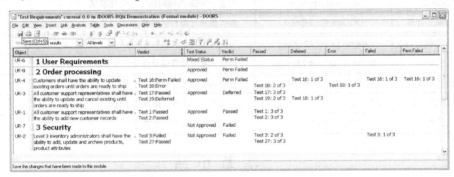

图 5-24　在 DOORS 中检查 QA 状态

（14）在 DOORS 中检查测试覆盖，如图 5-25 所示。

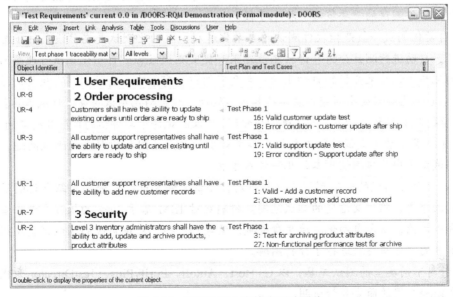

图 5-25　在 DOORS 中检查测试覆盖

3. IBM Rational 测试系列工具

IBM Rational 测试系列工具如表 5-1 所示。

表 5-1　IBM Rational 测试系列工具

测试类型	测试产品名称	产品功能描述
应用架构测试	Rational Software Architect	对应用系统的架构进行深入的剖析，发现各种模式与反模式，系统架构重构
组件静态测试	Rational Software Analyzer	基于规则的代码静态分析，主要针对 Java/J2EE 代码，也支持 C/C++的代码评审
组件静态测试	Rational Ounce Labs	代码级静态安全测试
组件静态测试	Rational Logiscope	基于规则的代码静态分析，主要用于 C/C++、Java 代码
组件动态测试	Purify/PureCoverage/Quantify	内存访问错误检测/代码覆盖、函数覆盖检测/性能
嵌入式测试	RTRT	嵌入式系统测试
功能测试	Rational Functional Tester	基于 Web、Windows32/Java 和.NET 应用功能测试
性能测试	Rational Performance Tester	基于 Web 应用的性能测试
安全性测试	Rational AppScan	对基于 Web 的应用进行安全性测试
测试需求/缺陷管理	DOORS/ClearQuest	测试需求管理和缺陷管理
测试管理	Rational Quality Manager	软件测试生命周期管理平台
测试环境管理	Rational Test Lab Manager	测试环境的管理以及自动化部署
测试资产管理	Rational ClearCase	对测试资产进行版本化管理
质量体系/测试方法库	RMC/Rational Unified Process	测试方法、流程，质量体系建设
测试度量	Rational Insight	测试指标、度量、绩效报告

本 章 小 结

1. 本章详细介绍了自动化测试的基本概念和测试原理、分析了自动化测试的基本策略、基本方法，以及自动化测试的优势、特点、制约因素，引入自动化测试所能达到的目标。自动化测试是软件测试的重要策略与技术手段。

2. 自动化测试一般是指软件测试的自动化过程。自动化测试是在预设条件下自动运行被测对象，自动进行测试分析、评估测试结果和提交测试报告。自动化测试可理解为测试过程的自动化与测试结果分析的自动化的一系列有组织、有策略、有计划、有执行的活动。

3. 以自动化测试生存周期方法学及其应用展开了对自动化测试决策、测试工具获取、测试引入过程、测试设计与开发、测试执行与管理，以及测试评审与评估的详尽分析与问题讨论。

4. 介绍了自动化测试的脚本知识、各类脚本的适用范围和所解决的测试问题，常用的自动化测试系统中构建测试脚本的几种技术方法。

5. 以自动化测试的专项测试工具与自动化测试套件为选项，分别介绍和说明了自动化测试工具的分类、作用及适用的测试范围。特别针对 IBM 基于 Jazz 的软件质量中心展开了详尽的分析讨论，结合自动化测试生命周期方法学的思想，对该系统的测试架构及组成、系列测试工具的配置与关联进行了分析图解。

6. 针对不同类型的测试工具，以 C++test、AutoIt、PurifyPlus、TestDirector 为代表做了功能的介绍和应用的简要分析说明。

习题与作业

一、选择题

1.【多选题】在下列给出的各项中，关于软件自动化测试的描述性定义是_____。

   A．使用一种自动化测试工具来验证软件测试的需求

   B．测试按照测试者的预定计划自动地进行

   C．自动化测试的目标着重于发现旧的软件缺陷

   D．自动化测试可部署在各个测试阶段

2.【多选题】软件自动化测试实现的要素是_____。

   A．测试的自动执行　B．状态的自动识别　C．自动的逻辑处理　D．回归测试

3.【多选题】将给出的 A、B、C、D 条填入下图中的 4 个虚线框内合适的位置上（写明标号），完成软件自动化测试的流程框架示意图。

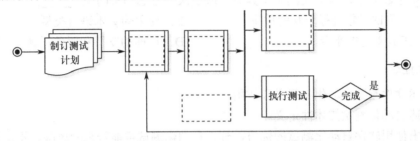

   A．设计测试　　　　　B．实施测试　　　　　C．评估测试　　　　D．迭代/回归测试

4.【单选题】_____是将测试输入存储在独立的文件中，而不是存储在脚本中。在脚本中存放控制信息，其优点包括脚本与数据分离，数据文件以适当的文件格式单独维护，测试设计者不必具备专业的脚本技术或编程知识。

   A．结构化脚本　　　B．关键字驱动脚本　　　C．共享式脚本　　　D．数据驱动脚本

5.【多选题】在下面给出的几项中，_____是针对自动化测试脚本描述。

   A．脚本与测试一样，根据测试模式和测试方法不同，脚本以多种形式出现

   B．脚本自身在脱离了所依附的系统时，依然能够运行

   C．测试脚本也会存在缺陷或故障

   D．测试脚本是指测试自动执行中的程序和过程

6.【多选题】描述自动化测试的特点有_____。

   A．自动化测试是测试工具应用的一个特例

   B．自动化测试更强调的是自动，而测试工具使用更强调工具的功能

   C．自动化测试多伴随脚本编写，测试工具使用方法则可能多种多样

   D．自动化测试与使用测试工具并没有绝对界限

   E．自动化测试思想远比某种自动化测试工具或某种脚本语言重要得多

   F．自动化测试并不一定意味着是好的测试，只是测试思想实现的多种方式之一

7.【单选题】自动化测试生命周期方法学的正确的顺序是_____。

   A．测试评审和评估　　　　　　　　B．测试工具的获取

   C．测试计划、设计与开发　　　　　D．自动化测试引入过程

   E．测试执行与管理　　　　　　　　F．自动化测试决策

①A C D B E F　　　　②D B A C E F

③F B D C E A　　　　④F D C B E A

8.【单选题】在测试脚本的录制、编写与调试过程中，需要注意的原则是_____。

A. 测试脚本录制包含两种模式：控件识别模式和模拟操作模式。控件识别模式中使用键盘操作实现两种模式混合录制效果

B. 测试工具的选择直接影响到实施的具体细节，而试用和比较是非常简单有效的方法

C. 脚本录制与测试执行同期进行，脚本录制完成后应立即完成其主要调试工作

D. 自动化回归测试建议采用以录制脚本为主、编写脚本为辅的实现方式

9.【单选题】测试管理工具可能包括的功能有：①管理软件需求；②管理测试计划；③缺陷跟踪；④测试过程中各类数据的统计和汇总。在下列选项中，正确的是_____。

A. 除①以外　　　B. 除②以外　　　C. 除③和④以外　　D. 全部

10.【单选题】引入自动化测试工具时，属于次要考虑因素的是_____。

A. 与测试对象进行交互的质量　　　B. 使用的脚本语言类型

C. 工具支持的平台　　　　　　　　D. 厂商的支持和服务质量

二、简述题

1. 简述软件测试自动化的意义和作用。

2. 简述自动化测试描述性定义。

3. 列出使用软件自动化测试的优势，分析自动化测试可能带来的风险、不足和问题。

4. 为什么要使用测试工具？

5. 综述自动化测试生命周期的 6 个阶段的要点

6. 简述自动化测试实现的要素。

7. 分析结构化脚本、共享脚本、数据驱动脚本、关键字脚本、线性脚本的特点。

8. 总结归纳对自动化测试工具的理解与认识，获取有关工具，学习和试用这些工具，并总结体会。

9. 将从不同途径所获得的商用典型的自动化测试工具（种类不限），在客户机/服务器上进行安装和试运行。根据课程实践条件，选取其中的白盒测试、黑盒测试工具、性能测试工具等，学习相关内容和掌握使用方法，并尝试进行项目的测试实践。

10. 总结学习软件自动化测试系统的构建策略，并结合实际测试问题（例如，针对单元测试的测试项目、某个网站性能测试的项目），试给出一个自动化测试系统的框架解决方案。

三、项目实践题

1.【实践题】自选黑盒测试工具，学习了解其功能和基本使用方法，完成基本的操作及应用。

2.【实践题】自选白盒测试工具，学习了解其功能和基本使用方法，完成基本的操作及应用。

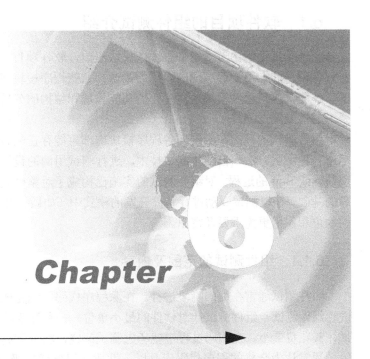

Chapter

第6章 软件项目的组件测试

本章导学

内容提要

本章将通过软件项目的组件测试工程实践的规划、设计与实施的过程，学习和运用软件组件测试知识和组件测试工具的应用，建立组件测试策略与实施方法。通过选定的测试案例、测试类型和测试过程，系统地学习软件项目的组件测试技术，解决组件测试的实际问题，并能获得举一反三的效果，学会和掌握对各类软件的组件测试的运用。

本章的重点是软件项目的组件测试范围及内容：组件测试的策略、软件 GUI 的测试、面向对象软件类的测试、功能强大的 Logiscope 组件测试工具及测试应用、JUnit 组件测试的构建等。

学习目标

⊠ 认识和明确软件项目组件测试的范围及内容

⊠ 认识和明确软件项目组件测试的基本策略与方法

⊠ 认识和明确面向对象软件类的测试方法

⊠ 掌握软件 GUI 的测试

⊠ 掌握和运用 Logiscope 测试工具进行软件组件测试

⊠ 掌握和运用 JUnit 测试工具进行软件组件测试的构建

6.1 软件项目的组件测试介绍

软件项目通常由若干组件程序或模块组成，软件项目（产品）的组件（单元）测试是针对软件项目的详细设计实现的编码的测试。这些程序模块或类呈现为单元的形式，通常所做的具体测试包括组件模块（程序）的功能体现和结构的分析、组件程序的质量检测，以及必要时的性能测试等。

组件测试的目的在于发现各程序模块内部可能存在的各种差错或缺陷。组件测试主要是运用各种测试方法和自动化测试技术，进行测试用例的设计并执行测试，分析程序质量，发现缺陷或 Bug 的过程。对组件测试的实施已构成了对整个软件项目测试的重要组成和质量保障的基础。在以测试驱动进行软件开发的模式中（如敏捷开发模式的 XP 编程等），组件测试的地位和作用更为重要及突出。

6.1.1 组件测试的范围及内容

组件测试通常在编码阶段进行。在源程序代码编制完成、确认无语法等错误之后，即可进行组件测试。组件测试针对软件的最小单位——程序模块或类。在编码过程中进行组件测试，其花费最小，在编码过程中就考虑测试问题，将得到高质量的代码。

通常认为合格的程序代码应具以下性质（根据优先级别排序）：正确性、清晰性、规范性、一致性和高效性等。其中，正确性是指代码逻辑必须正确，能够实现预期的功能；清晰性是指代码必须简明、易懂，注释准确没有歧义；规范性是指代码必须符合企业或国际标准所定义的共同规范，包括命名规则、代码风格等；一致性是指代码必须在命名上（如相同功能变量尽量采用相同标识符）、风格上保持统一；高效性是指代码不但要满足以上性质，而且需要尽可能降低代码执行时间。由此，也就确定了组件测试的范围及内容。

（1）功能检查：检测组件程序（模块）逻辑功能是否实现。

（2）模块接口测试：对通过被测模块的数据流进行测试。为此，对模块接口，包括参数表、调用子模块的参数、全程数据、文件输入/输出操作进行检测。

（3）局部数据结构测试：设计测试用例检查数据类型的说明、初始化、默认值等方面是否存在问题，查清全程数据对模块的影响。

（4）路径覆盖测试：对模块中执行路径测试。对基本执行路径与循环进行测试。

（5）错误处理测试：检查错误处理功能。例如，是否拒绝不合理输入，出错描述是否难以理解，对错误的定位是否有误，出错原因报告是否有误，对错误的处理是否不正确。

（6）规范性测试：对组件模块的规范性和程序质量进行度量及评审。

如果一个程序模块要完成多项功能，并且以程序包或对象类的形式出现，如 C++中的类，则可将该模块视为由若干小程序组成，对其中每个程序进行测试，对关键模块还要做性能测试。

6.1.2 软件项目的组件测试解决方案

组件测试通常可分为静态检查和动态执行跟踪、手工或自动化测试的策略。具体的测试解决方案需要根据实际情况而确定，可采用单一技术或综合应用。

1. 组件测试设计

组件测试设计主要定义组件测试环境、静态测试和动态测试执行三个方面需要做的工作和完成的任务，可作为组件测试设计与测试管理的根据。

1）组件测试环境配置

（1）网络连接是否正常，网络流量负担是否过重。

（2）测试平台是否可选，是否在不同测试平台上进行测试。

（3）所选测试平台版本（包括 Service Pack）是否正确。

（4）所选测试平台参数设置是否正确。

（5）所选测试平台上正在运行的其他程序是否会影响测试结果。

（6）画面显示分辨率和色彩设定是否正确。

（7）对硬件测试平台的要求和支持程度。

2）程序代码的测试

（1）静态测试可考虑的方面。

①同一程序内的代码书写是否为同一风格。②代码布局是否合理、美观。③程序中的函数、子程序块分界是否明显。④注释是否符合既定格式与正确反映代码的功能。⑤变量定义是否正确（长度、类型、存储类型）。⑥子程序（函数和方法）接受的参数类型、大小、次序是否和调用模块相匹配；等等。

（2）动态测试可考虑的方面。

①测试数据是否具有一定的代表性。②测试数据是否包含测试所用的各个等价类（边界条件、次边界条件、空白、无效），是否可从客户得到测试数据，所用的测试数据是否具有实际意义（客户业务）。③每组测试数据是否都得到了执行。④每组测试数据的测试结果是否与预期的结果一致；等等。

2．组件测试步骤

在代码编写完成后，组件测试主要为两个步骤：静态检查和动态执行跟踪。

1）静态检查

静态检查（走查或评审）的主要工作是：保证代码算法的逻辑正确性（人工检查或用自动化测试工具发现）、清晰性、规范性、一致性或算法的高效性（必要时），尽可能发现未曾发现的错误或缺陷。具体内容如下。

（1）算法的逻辑正确性。编写的代码算法、数据结构定义（队列、堆栈等）是否实现模块或方法的要求。

（2）模块接口的正确性。形式参数个数、数据类型、顺序是否正确；返回值类型及返回值是否正确。

（3）输入参数的正确性。若无正确性检查，需要确定是否不需要该项检查。缺少参数正确性检查是造成软件不稳定的主要原因之一。

（4）调用其他方法检测接口的正确性。检查实参类型是否正确、输入参数值是否正确、个数是否正确。特别是具有多态的方法，其返回值是否正确。应对每个被调用的方法的返回值用显示代码做正确性检查，在被调用方法出现异常或错误时，程序应给予反馈，并添加出错处理代码。

（5）检测出错处理。程序具有预见出错的条件和出错处理，测试其逻辑的正确性。当出现下列情况时，则表明模块的错误处理功能存在错误或缺陷：出错描述难以理解；出错描述不足以对错误定位和不足以确定出错的原因；显示的错误信息与实际错误原因不符合；对错误条件的处理不正确；在处理错误前，错误条件已引起系统的干预等。

（6）保证表达式、SQL 语句的正确性。检查编写的 SQL 语句的语法、逻辑的正确性。表达式应保证不含二义性，对容易产生歧义的表达式或运算符优先级（如<、=、>、&&、||、++、－等）可采用括号"（）"运算符避免二义性。这样既能保证代码正确、可靠，又能提高代码的可读性。

（7）检查常量或全局变量使用的正确性。确定所使用的常量或全局变量的取值和数值、数据类型；保证常量每次引用同它的取值、数值和类型的一致性。

（8）标识符定义的规范性与一致性。保证变量命名能够见名知义，并且简洁。变量命名不宜过长或过短，须规范、容易记忆，最好能拼读。尽量用相同的标识符代表相同的功能，不用相同的标识符代表不同的功能，更不能用相同的标识符代表不同的功能。

（9）程序风格的一致性与规范性。代码必须能保证符合企业编程规范，保证所有成员函数代码风格一致、规范。例如，对数组循环应采用统一方式。如这里采用下标变量从下到上的方式（for(I=0;I++;I<10)），那里又采用从上到下的方式（for (I=10;I--;I>0)）；建议采用 for循环与 While 循环，尽量不采用 do{} While 循环。

（10）检查程序中使用的神秘数字是否采用标识符定义。数字包括各种常数、数组大小、字符位置、变换因子及程序中出现的其他以文字形式书写的数值。在源代码里，神秘数字须采用相应的标量表示，若该数字在整个系统都可能使用，则务必定义为全局常量。若该神秘数字在一个类中使用，可将其定义为类的属性，或该神秘数字只在一个方法中出现，则务必将其定义为局部变量或常量。

（11）检查代码算法效率是否高、是否可优化。例如，SQL 语句是否可优化，是否可用1 条 SQL 语句实现多条 SQL 语句功能，循环是否必要，循环中语句是否可抽出到循环外，等等。

（12）检查程序是否清晰简洁、容易理解。例如，检查方法的内部注释是否完整、明了和简洁，是否正确说明代码功能，检查错误的注释，对包、类、属性、方法功能、参数、返回值的解释是否正确且易理解。

2）动态执行跟踪

通过设计测试用例，执行被测程序来跟踪比较实际结果与预期结果的偏差，发现缺陷或错误。经验表明，静态测试仅能有效发现 30%～70%的逻辑设计与编码的错误，代码中仍有大量隐性错误无法被发现。因此，必须通过动态跟踪分析才能捕捉到错误或缺陷。动态执行跟踪是组件测试的主要行为之一。

组件测试采用覆盖与路径测试对每个模块内部做动态执行跟踪检测：

（1）对模块内所有独立的执行路径至少测试一次。

（2）对所有的逻辑判定，取"真"与"假"的两种情况都至少执行一次。

（3）在循环的边界和运行界限内执行循环体。

（4）测试内部数据的有效性等。

3. 组件测试的自动化构建

在组件测试的某些方面，如组件程序的功能检测、程序的覆盖率检测、代码的规范性测试等，都可考虑设计构建自动化测试的解决方案。事实上，无论是在测试哪个阶段和哪个层次，都离不开测试工具的运用与辅助。组件测试也可进行自动化测试构建与实施，通过运用自动化测试策略来完成测试任务、提高测试工作效率、保证组件测试的质量。

组件测试的自动化构建，依然需要根据组件测试的目标和内容而确定，并且仍需要与手工测试过程相配合。在构建组件测试的自动化时，正确选择和充分运用测试工具特性将起重要作用。组件测试的自动化构建主要从以下几个方面考虑。

（1）根据组件测试的目标和内容确定哪些方面的测试工作可以自动化。

（2）对构建组件测试自动化方案运行所达到的功能、成本和效率进行评估。

（3）针对人工测试或测试效率较低的测试部分，应考虑实施自动化测试策略。

（4）设计自动化测试的架构方案及实施细节。

（5）正确选用适于组件测试自动化的测试工具。

（6）执行所制定的组件测试自动化策略的各项具体步骤与过程。

6.2 软件 GUI 的测试

目前的软件系统（或产品）大量使用 GUI（Graphic User Interface，图形用户界面）。GUI 的开发采用了许多可重用的组件，其本身结构较复杂，增加了测试难度。由于 GUI 设计和实现技术较类似，因此就产生了其测试的模式或测试的标准，成为 GUI 测试内容及可采用方法。

6.2.1 页面元素测试

1. 页面元素

通过页面走查、浏览，确定页面是否符合设计需求。可结合兼容性测试检测不同分辨率下的显示效果。可结合数据定义文档查看表单项的内容信息。对动态生成页面进行浏览查看。例如，对 Servlet 部分可结合编码规范，进行代码走查。若数据用 XML 进行封装，则要测试以下内容。

（1）页面元素的容错性列表（如输入框、时间列表或日历）。

（2）页面元素清单（是否将所需元素列出，如按钮、单选按钮/复选框、列表、超链接、输入等）。

（3）页面元素的容错性是否存在及是否正确。

（4）页面元素的基本功能能否实现（如文字特效、动画特效、按钮、超链接等）。

（5）页面元素的外形、摆放位置（如按钮、列表框、可选框、输入框、超链接等）是否正确。

（6）页面元素显示是否正确（文字、图形、签章）。

2. 界面测试标准

界面测试应符合标准及规范。

（1）检测直观性。① 用户界面应洁净，建立友好操作界面，所需功能或期待响应明显，并位于预期出现的位置。② 界面组织、布局应合理，允许方便地从一功能转到另一功能，任何时刻都可决定放弃或退回、退出，输入得到认可，菜单或窗口应深藏不露。③ 不应有多余功能、太多特性复杂化，不应感到信息庞杂。④ 如操作中所有努力失败，帮助系统应起作用。⑤ 错误处理。程序应该在用户执行严重错误的操作之前提出警告，并允许用户恢复由于错误操作导致丢失的数据。

（2）检测一致性。① 快速键及菜单选项。例如，在 Windows 中按 F1 键可得到帮助信息。② 整个软件应使用同样术语，特性命名应一致。③ 软件应一直面向同一级别用户，不显示泄露机密的信息。④ 按钮位置及等价按键。对话框应有"OK"与"Cancel"按钮，"OK"、

"Cancel"位置符合常规，选中按钮或等价按键通常为 Enter、Esc。

（3）检测灵活性。① 状态跳转。应实现同一任务有多种选择方式。② 状态终止和跳过，具有容错处理能力。③ 数据输入和输出。有多种方法输入数据及查看结果。例如，写字板插入文字可用键盘输入或粘贴，多种格式文件读入、对象插入，或用鼠标从其他程序拖动。

6.2.2　对窗体操作的测试

（1）窗体控件大小、对齐方向、颜色、背景等属性设置值是否和软件设计规约一致。

（2）窗体控件布局是否合理、美观，控件 TAB 顺序是否从左到右，窗体焦点是否按照编程规范落在既定控件上。

（3）窗体画面文字，全/半角、格式与拼写是否正确。

（4）窗体大小能否改变、移动或滚动，能否响应相关输入或菜单命令。

（5）窗体中数据内容能否用鼠标、功能键、方向箭头和键盘操作访问。

（6）显示多个窗体时，窗体名称是否正确表示，活动窗体是否被加亮。

（7）多用户联机时，所有窗体是否实时更新；声音及提示是否符合既定编程规则。

（8）相关下拉菜单、工具栏、滚动条、对话框、按钮及其他控制是否正确且完全可用。

（9）无规则单击鼠标时，是否会产生无法预料的异常结果。

（10）窗体声音及颜色提示与窗体操作顺序是否符合需求。

（11）如使用多任务，所有窗体能否被实时更新。

（12）当被覆盖并重新调用后，窗体能否正确再生。

（13）能否使用所有窗体的相关功能。

（14）窗体能否被正确关闭。

6.2.3　对下拉式菜单与鼠标操作的测试

（1）应用程序菜单条是否显示系统相关特性，如时钟显示。

（2）是否适当列出所有的菜单功能和下拉子功能。

（3）菜单功能能否正确执行。

（4）菜单功能的名字是否能自释义，菜单项是否有帮助，是否语境相关。

（5）菜单栏、调色板和工具栏是否在合适的语境中正常显示和工作。

（6）下拉菜单的相关操作是否使用正常及功能正确。

（7）能否通过鼠标来完成所有的菜单功能。

（8）能否通过用其他文本命令激活每个菜单功能。

（9）菜单功能能否随当前窗体操作加亮或变灰。

（10）在整个交互式语境中能否正确识别鼠标操作，如多次单击鼠标或鼠标有多按钮。

（11）光标、处理指示器和识别指针能否随着操作而相应改变。

（12）鼠标有多个形状时能否被窗体识别，如漏斗状时，窗体不接收输入。

6.2.4　对数据项操作的测试

在 GUI 测试中，针对数据项的操作主要有以下 4 个方面。

（1）数据项（数字、字母）能否正确回显，并输入到系统中。

（2）图形模式的数据项（如滚动条）能否正常工作。

（3）数据输入消息能否得到正确理解，能否识别非法数据。

（4）数据输入消息是否可理解。

6.3 面向对象软件类的测试

6.3.1 类、对象、消息及接口

为更好地理解关于类的测试，下面简要介绍对象及面向对象程序设计的有关概念。

1．对象

对象（Object）是一个属性（数据）集及操作（行为）的封装体。对象属性是指描述对象的数据，可以是系统或用户定义的数据类型，也可以是一个抽象的数据类型，对象属性值的集合称为对象状态（State）。

对象行为，是定义在对象属性上的一组操作方法（Method）集合。方法是响应消息而完成的算法，表示对象内部实现的细节。对象的方法集合体现了对象的行为能力。

对象的属性和行为是对象定义的组成要素，统称对象的特性。无论对象是有形、抽象的，还是简单或复杂的，一般都具有以下 7 个特征。

（1）具有一个状态，由与其相关联的属性值集合所表征。

（2）具有唯一标识，可区别于其他对象。

（3）有一组操作方法，每个操作决定对象的一种行为。

（4）对象的状态只能被自身的行为所改变。

（5）对象的操作包括自操作（施予自身）和它操作（施予其他对象）。

（6）对象之间以消息传递方式进行通信。

（7）一个对象的成员仍可以是一个对象。

前 3 个特征是对象的基本特征，后 4 个特征是特性的进一步定义的说明。综上所述，对象是一个可计算的基本实体，将协作解决某类问题的所有对象组成对象群（集合）。

当一个程序被执行时，对象被创建、修改、访问或因为协作的结果而被删除。程序中，对象是一些问题及其解决方法的特定实体描述。对象具有生命周期。

对象是软件开发阶段测试的直接目标。在程序运行时，对象的行为是否符合它的规定说明，该对象能否与其相关的对象协同工作，是面向对象测试所关注的焦点。

2．类

类（Class）是对象的抽象与描述，是具有共同属性和操作的多个对象的相似特性的统一描述体。类也是对象，但它是一种集合对象，称为对象类（Object Class），简称类，以区别于基本的实例对象（Object Instance）。

在类描述中，每个类有一个命名，应表示一组对象的共同特征，还必须给出一个生成对象实例的具体方法。类中的每个对象都是该类的对象实例，即系统运行时通过类定义中的属性初始化可以生成该类的对象实例。实例对象是自描述数据结构，每个对象都保存其内部状态，一个类的每个实例对象都能理解该所属类发来的消息。

类可看做创建对象的模板。面向对象程序运行的基本元素是对象，类用于定义对象这一基本元素。创建对象的过程称为实例化，创建的结果就是实例。对象类与对象实例是同一个集合与其元素的关系，密切而有区别。类中所有对象的基本概念基本相同，可从以下两个方面描述。

（1）在类声明中，定义了每个对象能做什么。

（2）在类实现中，定义了类的每个对象将如何动作，即描述对象如何表现其属性。

类提供完整解决特定问题的能力，因为类描述数据结构（对象属性）、算法（方法）和外部接口（消息协议）。例如，在图形处理过程中，一般需要程序控制画笔，如钢笔等，要描述画笔的共性结构和信息。其属性数据包括墨水颜色、笔头粗细（线型）、起始位置等。其操作方法包括同一消息接口的多态性，对不同笔执行不同的算法，如不同方法移动笔，不同图素的起、落笔及其消息响应的描述等。

在一个有效率的面向对象系统中，没有完全孤立的对象，对象的相互作用的模式是采用消息传送方式。

3．消息

消息（Message）是面向对象系统中实现对象间的通信和请求任务的操作。消息传递是系统构成的基本元素，是程序运行的基本处理活动。一个对象所能接收的消息及其所带的参数构成该对象的外部接口。对象接收它能够识别的消息，并按照自己的方式解释和执行。一个对象可以同时向多个对象发送消息，也可接收由多个对象发来消息。消息只反映发送者的请求，由于消息识别、解释取决于接收者，因而同样的消息在不同对象中可解释成相应的行为。

对象间传送的消息一般由3个部分组成，即接收对象名、调用操作名和必要的参数。在C++中，一个对象的可能消息集是在对象的类描述中说明，每个消息在类描述中由一个相应的方法给出，即使用函数定义操作。对象的相互作用，用类似于客户/服务器的机制将消息发送到指定对象，即向对象发送一消息就是引用一方法的过程，实施对象的各种操作就是访问一个或多个在类对象中定义的方法。

消息协议是一个对象对外提供服务的规定格式说明，外界对象能够并且只能向该对象发送协议中所提供的消息，请求该对象服务。请求对象操作的唯一途径是通过协议中提供的消息进行。在具体实现上，是将消息分为公有消息和私有消息，而协议则是一个对象所能接收的所有公有消息的集合。

消息除了需要一个操作的名字外，还包含一些值，即实参。实参常在操作被执行时使用。消息的接收者也可将某个值返回给消息发送者，对象间的协同工作通过互相传送消息完成。

面向对象程序执行的典型过程是，首先进行实例化对象，然后将一条消息传送给其中某个对象。消息的接收者把自己产生的消息发送给其他对象，甚至发送给自身，来执行计算任务。

从软件测试的角度审视，关于消息有以下结论。

（1）消息的发送者决定何时发送消息，这有可能做出错误的决定。

（2）消息的接收者可能收到非预期的特定消息，并做出不正确的反映。

（3）消息可能含有参数。在处理一条消息时，参数能被接收者使用或修改。如果传递的参数是对象，那么在消息被处理前和处理后，对象必须处于正确的状态，而且必须是接收者所期望的接口。

4．接口（Interface）

接口是行为声明的集合。行为被集中在一起，并通过单个概念定义相关的动作。接口由一些规范构成，规范定义了类的一套完整公共行为。

从测试的角度审视，关于接口有以下结论。

（1）接口封装了操作的说明。如果这一接口包含的行为和类的行为不相符，那么这一接口的说明就会存在问题。

（2）接口非孤立，它与其他的接口和类有一定的关系。一个接口可以指定一个行为的参数类型，使得实现该接口的类可被当做一个参数进行传递。

5. 封装、继承和多态

封装性、继承性和多态性是所有面向对象程序设计都具有的3个共同特性。通过分析，可进一步认识与理解面向对象概念及工作原理。

1）封装（Encapsulation）

这是面向对象具有的一个基本特性，其目的是有效实现信息隐藏原则。这是软件设计模块化、软件复用和软件维护的一个基础。封装是一种机制，将某些代码和数据链接起来，形成一个自包含的黑盒子（产生一个对象）。一般封装定义如下。

（1）有一个清楚的边界，封装的基本单位是对象。

（2）一个接口，这个接口描述该对象与其他对象之间的相互作用。

（3）受保护的内部实现。提供对象相应的软件功能细节，并且实现细节不能定义在该对象的类之外。

面向对象概念的重要意义是，它提供了软件构造的封装和组织方法。以类/对象为中心，既满足模块原则和标准，又满足代码复用要求。客观世界的问题论域及其具体成分在面向对象的系统中，最终只表现为一系列的类/对象。

对象的成员中含有私有部分、保护部分和公有部分。公有部分为私有部分提供一个可控制的接口。这表明，在强调对象封装性时，也必须允许对象有不同程度的可见性。这个可见性是指对象的属性和服务允许对象外部存取和引用的程度。

面向对象程序设计技术有利于软件设计者把一个问题论域分解成几个相互关联的子问题，每个子问题（子类）都是一个自包含对象。一个子类（Subclass）可继承父类属性和方法，还可拥有自己的属性和方法。子类也能将其特性传递给自己的下级子类。这种对象的封装、分类层次和继承概念是人们对真实世界认识的抽象思维，运用聚合和概括是自然映射、融洽结合。

2）继承（Inheritance）

这是面向对象技术中的另一个重要概念及特性。它体现了现实世界中对象之间的独特关系。因为类是对具体对象的抽象，可有不同级别的抽象，就会形成类的层次关系。若用节点表示类对象，用连接两个节点的无向边表示其概括关系，就可用树形图表示类对象的层次关系，其中高层节点是下层节点的父类，下层节点是高层节点的子类。

继承关系可分几种：一代或多代继承、单继承（子类仅对单个直接父类继承）、多继承（子类对多于一个的直接父类继承）、全部继承、部分继承等。

继承特性允许一个新类在一个已有类的基础上进行定义，允许程序设计在设计新类时，只考虑与已有的父类不同的特性部分，把继承父类的内容作为自己的组成部分。若父类中某些行为不适用于子类，则程序设计可在子类中以重写方式实现。因此，继承机制能提高代码的复用率。

从测试的角度审视，继承性包含以下内容。

（1）继承提供一种机制，通过这种机制，潜在的错误能够从一个类传递到它的派生类。

（2）子类是从父类继承过来的，所以子类也就继承了父类的说明与实现。因此，可用测试父类的方法对子类进行测试。

3）多态（Polymorphism）

这是面向对象程序设计技术的又一个特性，其原意是指一种具有多种形态的事物，这里指同一消息为不同的对象所接收时可导致不同的行为。多态性支持"同一接口，多种方法"，使高层代码（算法）只写一次，而在低层可多次复用。有多种多态性方法的使用，如动态绑定、重载等，以提高程序的灵活性与效率。在 C++ 中，利用多态性，使用函数名和参数类别来实现功能的重载。例如，业务系统常需要打印不同形式的报表，用多个函数来处理不同对象，在面向对象的系统中，只要用一个函数的不同参数就可以使之同各个对象相结合，分别实现相应的任务。

多态用来支持多种不同类型所适应的策略，支持灵活的程序设计，使程序易于维护。

多态可分为包含多态与参数多态。包含多态是指同一个类具有不同表现形式的一种现象，使参数具有替换的能力。为响应操作的请求，当对象定义与后续对象定义相符时，对象就可被相互替换。参数多态是采用参数化模板，通过给出不同的类型参数，使一个结构具有多种类型。例如，压栈操作函数，既可实现 int 类型数据压栈，也可实现 char 类型数据压栈。

从软件测试的角度审视，包含多态具有以下功能。

（1）包含多态允许系统通过增加类进行扩展，而非修改已存在的类，因此，扩展中可能会出现意外的交互关系。

（2）包含多态允许任何操作都包括一个或多个类型不确定的参数，这会增加应测试的实际参数的种类。

参数多态是指能够根据一个或多个参数来定义一种类型的能力。从测试角度看，参数多态支持不同类型的继承关系。例如，如果某个模板仅仅用来初始化单个实例，就不能保证它与其他类的协作良好。在测试时应对这些操作进行检查。

针对继承性和多态特性的测试，是软件测试技术的新难点。

6.3.2　类的测试设计

一般代码的复杂度与测试用例设计的复杂度成正比。因此，软件设计须做到模块或方法功能的单一性，实现高内聚。这会使得方法或函数代码尽可能简单，会极大地提高测试用例设计的容易度，提高测试用例的覆盖率。

1．对类做测试计划表头

设计测试用例可参考如下表格，拟订对每个类（或模块）的测试计划。如表 6-1 所示，对每个类（组件）做测试计划表头，指明本测试计划针对哪个模块及相关文件。如表 6-2 所示为针对表 6-1 指定模块的测试用例相对应的子表，每个测试用例可拥有一个子表。组件测试结果子表在执行测试用例时根据测试实际结果填写。

表 6-1　组件测试计划表头

编号：0001（注："编号"要从 001 编号开始一直到 9999，自行编号）
标识格式："子系统名.jsp_filename" 或 "子系统名.ackageName.JavaClassName"
组件功能项：（如组件完成"新增帖子"的功能）
针对概要/详细设计文件名：（如 x.x 版本公告部分详细设计说明书）
物理文件名：jsp_filename（含目录）packageName.JavaClassName
组件测试子项：0001

表 6-2　测试用例子表

编号：0001（注："编号"要从 0001 编号开始一直到 9999，自行编号）	
程序设计者：	测试人员：
测试目的：对错误逻辑输入检验	
测试内容描述：（例如，对 public int fun3（String p1,int p2）输入检验，如检验到 p1==null，应记录到系统 logfile,return–1）	
输入期望：（p1==null）	功能处理期望描述：（logfile 多一条历史记录，方法 return-1）
输出期望：（return–1）	
实际输入数据：（p1=null）	实际处理情况描述：（程序没有进行 p1= =null 的验证，没有及时 return–1，而是运行
实际输出：（没有写 logfile 文件）	到 p1.aaa( )方法时出现 null pointer 异常）
测试结论：（正常/异常）	

2．设计测试类模块

一个模块或一个方法不是一个独立程序，在设计测试时要考虑它与外界的联系，用一些辅助模块模拟与所测模块相联系的其他模块。辅助模块分为两种：驱动模块（Driver）和桩模块。驱动模块相当于所测模块的主程序。驱动模块接收测试数据，把数据传给所测模块，最后输出实际测试结果。桩模块（Stub）用于代替所测模块调用的子模块。桩模块可做少量的数据操作，不需要把子模块所有功能都加进来，但不容许不做任何事情。

所测模块与其相关的驱动模块及桩模块共同构成测试环境。驱动模块和桩模块编写给测试带来额外开销。因它们在交付时不作为产品的一部分，并且编写需要一定的工作量，特别是桩模块，不能只简单给出"曾经进入"的信息。为能正确测试，桩模块可能需要模拟实际子模块的功能，这样桩模块的建立就不是很轻松及简单的了。编写桩模块既困难又费时，但可减低难度，方法是在项目进度管理时将实际桩模块的代码编写工作安排在被测模块完成之前即可，这样可提高测试效率，提高实际桩模块的测试频率，从而更有效地保证质量。为了保证能向上一层级提供稳定可靠的实际桩模块，为后续模块测试建立基础，驱动模块必不可少。

对每个测试包或子系统可根据所编写的测试用例来编写测试模块类作为驱动模块，用于测试包中所有的待测试模块，但最好不在每个类中用一个测试函数的方法来测试跟踪类中所有的方法。这样做的好处如下。

（1）能同时跟踪测试包中所有的方法或模块，也可方便地测试跟踪指定的模块或方法。

（2）能联合使用所有测试用例对同一段代码执行测试，发现问题。

（3）便于回归测试。当某个模块被修改后，只要执行测试类就可执行所有被测模块或方法。这样不但方便检查、跟踪所修改代码，而且还能检查出修改对包内相关模块或方法所造成的影响，及时发现修改引进的错误。

（4）将测试代码与产品代码分开，使代码清晰、简洁，提高两种代码的可维护性。

3．跟踪调试

跟踪调试不仅是深入测试代码的最佳方法，而且也是程序调试发现错误根源的有力工具。在完成测试类设计后，最好能借助代码排错测试工具来跟踪调试待测代码，以深入检查代码的逻辑错误。现有的代码开发工具（如 JBuilder），一般都集成排错工具。排错工具一般由执行控制程序、执行状态查询程序、跟踪程序组成。执行控制程序包括断点定义、断点撤销、单步执行、断点执行、条件执行等功能。执行状态查询程序实现寄存器、堆栈状态、变量、代码等与程序相关的各种状态信息的查询。跟踪程序用以跟踪程序执行过程中所经历的事件序列，如分支、子程序调用等。程序员可通过对程序执行过程中各种状态的判别进行程序错误的识别、定位及改正。

对于模块组件跟踪调试，应做到对被测模块的每次修改都用测试用例跟踪执行一遍，以排除所有可能出现或引进的错误。在时间有限的情况下，也必须调用驱动模块对所有测试用例执行一次，并对出现错误或异常的测试用例跟踪执行一次，以发现问题的根源。

下面给出排错时应采用的方法策略。

（1）断点设置。对源程序实行断点跟踪将能大大提高排错效率。通常，断点设置除了根据经验与错误信息设置外，还应重点考虑以下类型的语句。

① 函数调用语句。子函数的调用语句是测试重点，一方面可能是调用子函数时导致的接口引用的错误，另一方面可能是子函数本身的错误。

② 判定转移/循环语句。判定语句常常会因边界值与比较优先级等问题引起错误或失效而做出错误的转移。因此，判定转移/循环语句也是重要测试点。

③ SQL 语句。对于数据库应用程序，SQL 语句常在程序模块中实现较重要的业务逻辑，且比较复杂，也属于较易出错的语句。在跟踪执行或运行状态下将疑似错误的 SQL 语句打印出来，重新在 SQL 查询分析器中跟踪执行，可较高效地检查纠正 SQL 语句的错误。

（2）复杂算法。其出错概率常与算法复杂度成正比，越复杂的算法越需要重点跟踪，如递归、回溯等算法。

（3）可疑变量查看。在跟踪执行状态下，当程序停止在某条语句时，可查看变量当前值和对象当前属性，通过对比这些变量当前值与预期值可较容易地定位程序问题根源。

在面向对象程序中，继承性与多态特性的测试，也是测试的新难点。

4．面向对象测试与传统测试的区别

（1）面向对象软件特有的继承、封装和多态等特性与传统的软件有较大区别。这个区别给软件测试带来一系列新问题。在传统的面向过程的程序中，通常考虑函数行为的特征；而在面向对象的程序中，需要考虑基类函数、继承类函数的行为特征。

（2）面向对象的程序结构已不再是传统的功能模块结构。封装把数据及对象数据的操作封装在一起，限制了对象属性对外的透明性和外界对它的操作权，在某种程度上避免了对数据的非法操作，有效地防止了故障扩散。但同时，封装机制也给测试数据的生成、测试路径的选取、测试结构的分析带来困难。

（3）继承和多态机制是面向对象实现的主要手段。继承实现了共享父类中定义的数据和操作，同时也可定义新的特性；子类在新环境中存在，所以父类正确性不能保证子类正确性；继承使代码重用率得到提高，但同时也使故障传播概率增加。继承关系的测试方法及策略是测试工作重点与难点。

（4）多态增加了系统运行中可能的执行路径。这给面向对象的软件带来更为严重的不确定性，给测试覆盖率带来新的困难。

（5）面向对象软件的依赖性问题。这是由存在的继承、多态等关系所引起的。因此，一个类将不可避免地依赖于其他类。

在非面向对象软件中存在以下依赖关系。

① 变量间的数据依赖。

② 模块间的调用依赖。

③ 变量与其类型间的定义依赖。

④ 模块与其变量间的功能依赖。

而面向对象软件中除了存在上述依赖关系外，还存在以下依赖关系。

① 类与类间的依赖。

② 类与操作间的依赖。

③ 类与消息间的依赖。

④ 类与变量间的依赖。

⑤ 操作与变量间的依赖。

⑥ 操作与消息间的依赖。

⑦ 操作与操作间的依赖。

5. 面向对象测试的特点

面向对象技术可产生更好的系统结构和更规范的编程风格，优化数据使用安全性，提高程序代码重用性。但编程中的错误不可避免，并因面向对象技术开发的软件代码重用率高，故更需要严格的测试，以避免错误的繁衍与扩大。

面向对象程序的测试主要针对编程方法和源程序代码进行，测试内容主要体现在组件测试与集成测试中。面向对象组件测试针对程序内部具体单一功能模块进行测试；面向对象集成测试则是针对系统内部的相互服务进行测试，如函数间的相互作用、类之间的消息传递等。面向对象系统测试主要以用户需求为测试标准。

在传统的面向过程的程序中，对于函数 y=Function(x)，只需考虑一个函数（Function()）的行为特征；而在面向对象程序中，就不得不同时考虑基类函数（Base::Function()）的行为和继承类函数（Derived::Function()）的行为作用。

面向对象程序的结构不再是传统的功能模块结构，作为一个整体，原有集成测试所要求的逐步将开发的模块搭建在一起进行测试的方法已变得不可行。而且，面向对象软件抛弃了传统的开发模式，对每个开发阶段都有不同于以往的要求和结果，已经不可能用功能细化的观点来检测面向对象分析和设计的结果。因此，传统的测试模型对面向对象软件已经不适用了。针对面向对象软件的开发特点，应有一种新的测试模型。

1）对认定的类的测试

OOD 认定的类可以是 OOA 中认定的对象，也可以是对象所需要的服务的抽象和对象所具有的属性的抽象。认定的类原则上应该尽量具有基础性，以便于维护和重用。

对于认定的类，需要测试的方面如下。

（1）是否涵盖了 OOA 中所有认定的对象。

（2）是否体现了 OOA 中定义的属性。

（3）是否实现了 OOA 中定义的服务。

（4）是否对应着一个含义明确的数据抽象。

（5）是否尽可能少地依赖其他类。

（6）类中的方法（如 C++类的成员函数）是否为单用途。

2）对构造的类层次结构的测试

为了能充分发挥对象的继承共享特性，OOD 的类层次结构通常基于 OOA 中产生的分类结构原则进行组织，着重体现父类和子类之间一般性与特殊性。在当前问题空间，对类层次结构的主要要求是，能在解空间构造实现全部功能的结构框架。为此，要测试的方面如下。

（1）类层次结构是否涵盖了所有定义的类。

（2）是否体现了 OOA 中所定义的实例关联。

（3）是否实现了 OOA 中所定义的消息关联。

（4）子类是否具有父类所没有的新特性。

（5）子类间的共同特性是否完全在父类中得以体现。

3）对类库支持的测试

对类库的支持虽然也属于类层次结构的组织问题，但其强调重点是对软件再次开发的复用。因它并不直接影响当前软件的开发和功能实现，因此，可对它进行单独测试。测试内容如下。

（1）一组子类中关于某种含义相同或基本相同的操作，是否有相同接口（包括名字和参数表）。

（2）类中的方法（如 C++类的成员函数）功能是否较单纯，相应的代码行是否较少。

（3）类的层次结构是否是深度大、宽度小。

6. 面向对象的编程测试

继承是面向对象程序的重要特点，继承使得代码的重用率提高，同时也使错误传播可能性增加。继承使得传统测试遇到难题，即对继承的代码应如何测试，多态使得面向对象程序对外呈现强大的处理能力，但同时却使得程序内"同一"函数的行为复杂化，测试时必须考虑不同类型具体执行的代码和产生的行为。

面向对象程序是把功能的实现分布在类中。能正确实现功能的类，通过消息传递来协同实现设计要求的功能。这种程序架构能将出现的错误精准地确定在某一个具体的类中。因此，在面向对象编程阶段，测试重点集中在类功能的实现和相应的程序架构上，主要体现在以下两个方面（这里假定使用 C++）。

1）数据成员是否满足数据封装的要求

数据封装是数据和数据有关的操作集合。检查数据成员是否满足数据封装的要求的基本原则是，数据成员是否被外界（数据成员所属的类或子类以外的调用）直接调用，即当改变数据成员的结构时，是否影响类的对外接口，是否会导致相应外界必须改动。应注意，有时强制的类型转换会破坏数据的封装特性。例如：

```
class Hiden
{private:
int a=1;
char *p= "hiden";}
class Visible
{public:
int b=2;
char *s= "visible";}
…
Hiden pp;
Visible *qq=(Visible *)&pp;
```

在上面程序段中，pp 的数据成员可通过 qq 被随意访问。

2）类是否实现了要求的功能

类所实现功能，都是通过类成员函数执行体现。在测试类的功能实现时，应首先保证类成员函数的正确性。单独地看待类的成员函数，与面向过程程序中的函数或过程没有本质区别，在传统的组件测试中所使用的方法，基本上都可在面向对象组件测试中使用。

类函数成员的正确只是类能实现要求功能的基础，类成员函数间的作用和类之间的服务调用则是组件测试无法确定的。因此，需要进行面向对象集成测试。

测试类的功能，不能仅满足于代码能无错运行或被测试的类能提供的功能为正确，应以所做的 OOD 结果为依据，检测类提供的功能是否满足设计要求，是否存在缺陷。必要时（如通过 OOD 结果仍不清楚明确的地方）应参照 OOA 的结果，并以之为最终标准。

7．面向对象的覆盖测试

由于传统结构化度量没有考虑面向对象的特性，如封装、继承和多态等，因此结构化覆盖必须加强，以满足面向对象的特性。上下文覆盖就是一种针对面向对象特性而增强的覆盖测试。

上下文覆盖可应用到面向对象领域，处理封装、继承和多态特性等，同时该方法也可被扩展用于多线程应用。通过使用这些面向对象的上下文覆盖，结合传统结构化覆盖方法就可保证代码的结构被完整地执行，同时提高对被测软件质量的信心。

面向对象的上下文覆盖有三个定义。

（1）继承上下文覆盖（Inheritance Context Coverage），该覆盖测试用于度量在系统中的多态调用被测试的程度。

（2）基于状态的上下文覆盖（State-Based Context Coverage），该覆盖测试用于改进对带有状态依赖行为的类的测试。

（3）已定义用户上下文覆盖（User-Defined Context Coverage），该覆盖测试用于传统结构化覆盖无法使用的地方，如多线程的应用。

8．面向对象的组件测试

传统的组件测试针对程序的函数、过程或完成某一特定功能的程序模块。面向对象的组件测试，沿用组件测试概念，实际测试类成员函数。因此，传统测试方法可在面向对象的组件测试中使用，如等价类划分/边界值分析法、因果图法、逻辑覆盖法、路径分析法、程序插装等。

在面向对象程序中，组件概念已经不是模块。封装包含了类和对象的定义，每个类，以及类的实例（对象）包含了属性（数据）和操作这些属性的动作，即方法与过程——成员函数。最小的测试单位是封装类与对象。类包含一组不同的操作，并且某个或某些特殊操作可能作为一组不同类的一部分而存在，测试时不再测试单个孤立的操作，而是操作类及类的一部分，因此，组件测试的意义发生了较大变化。

类测试等价于对面向过程软件的组件测试，传统组件测试主要关注模块算法和模块接口间数据的流动，即输入和输出。而面向对象的类测试主要测试封装在类中的操作及类的状态行为。

组件测试进行的测试分析（提出相应的测试要求）和测试用例（选择适当的输入，达到测试要求）、规模和难度等均远小于对整个系统的测试分析和测试用例，对语句应有 100%的执行代码覆盖率。

设计测试用例选择输入数据时，可基于以下两个假设。

（1）若函数（程序）对某一类输入中的一个数据能正确执行，则对同类中其他输入也能正确执行。

（2）若函数（程序）对某一复杂度输入能正确执行，则对更高复杂度的输入也能正确执行。例如，在需要选择字符串作为输入时，基于本假设，就无须计较字符串的长度。除非要求字符串的长度是固定的，如 IP 地址字符串。在面向对象程序中，类成员函数通常都很小，功能单一，函数之间的调用频繁，容易出现如下不宜被发现的错误。

if(-1==write(fid,buffer,amount))error_out();这一语句没有全面检查 write()的返回值，无意中断时，若假设了只有数据被完全写入和没有写入两种情况。当测试也忽略了数据部分写入的情况时，就给该程序遗留了隐患。

按程序的设计，使用函数 strrchr()查找最后的匹配字符，但程序中误写成了函数 strchr()，使程序功能实现时查找的是第一个匹配字符。

程序中若将 if(strncmp(str1,str2,strlen(str1)))误写成 if(strncmp(str1,str2,strlen(str2)))。如测试用例中使用的数据 str1 和 str2 长度一样，就无法检测出错误。

因此，在测试分析和设计测试用例时，应注意面向对象程序的这个特点，尤其是针对以函数返回值作为条件判断选择、字符串操作等情况。

面向对象编程特性对成员函数的测试又不完全等同于传统函数或过程测试，尤其是继承性和多态性，使子类继承或过载的父类成员函数出现了传统测试中未遇见的问题。这里需要从两方面考虑。

（1）继承的成员函数是否都不需要测试。对父类中已测试过的成员函数，有两种情况需在子类中重新测试。①继承的成员函数在子类中做了改动。②成员函数调用了改动过的成员函数的部分。例如，假设父类 Bass 有两个成员函数：Inherited()和 Redefined()，子类 Derived 只对 Redefined()做了改动。Derived::Redefined()显然需要重新测试。对于 Derived::Inherited()，如它有调用 Redefined()的语句（如 x=x/Redefined()），就需重新测试，反之则无必要。

（2）对父类的测试能否照搬到子类。引用上面的假设，Base::Redefined()和 Derived::Redefined()已经是不同的成员函数，它们有不同的服务说明和执行。对此，照理应该对 Derived::Redefined()重新测试分析，设计测试用例。但由于面向对象的继承使得两个函数相似，故只需在 Base::Redefined()的测试要求和测试用例上添加对 Derived::Redefined()新的测试要求和增补相应的测试用例。例如，Base::Redefined()含有如下语句：

  If (value<0) message ("less");

  else if (value==0) message ("equal");

  else message ("more");

Derived::Redefined() 中定义为：

  If (value<0) message ("less");

  else if (value==0) message ("It is equal");

  else

  {message ("more");

  if (value==88)message("luck");}

在原有测试上，对 Derived::Redefined()的测试只需做相应改动：将 value==0 的测试结果期望改动；增加 value==88 的测试。

多态有几种不同形式，如参数多态、包含多态、重载多态。包含多态和重载多态在面向对象语言中通常体现在子类与父类的继承关系上，对这两种多态的测试参见上述对父类成员函数继承和重载的论述。包含多态虽然使成员函数的参数可有多种类型，但通常只是增加了测试繁杂性。对具有包含多态的成员函数进行测试时，只需要在原有测试分析基础上扩大测试用例中输入数据的类型的考虑。

6.4 Logiscope 组件测试应用

6.4.1 Logiscope 概况

Logiscope 是 IBM（Telelogic）公司开发的基于组件测试的优秀自动化测试工具，在软件工程业界知名且得到应用广泛。Logiscope 面向源代码工作，可测试用 C、C++、Java 和 Ada 语言编写的程序，具有跨平台特性，可运行在 Windows、UNIX、Linux 等操作系统平台上。

1．Logiscope 应用于软件生命周期的各阶段

Logiscope 可用于软件生命周期的代码开发评审、组件测试、系统测试及软件维护各阶段。

（1）用于开发：定义质量模型。项目或质量管理者可根据软件准则、应用软件生存周期、合同需求等，挑选并采纳适用于项目需求的质量模型，通过验证、评审过程及改进代码。

（2）用于测试：定义测试准则。Logiscope 推荐对指令（IB）、逻辑路径（DDP）和调用路径（PPP）的覆盖测试，以及对安全关键软件提供的 MC/DC 的覆盖测试。

（3）用于维护：经验表明，软件系统的维护费用与开发费用基本相等。通过分析得知，50%的软件维护时间消耗在对软件结构、程序逻辑和系统运行的理解上，运用 Logiscope 工具可大大减少对未知系统的理解所需时间。

2．应用 Logiscope 实现的功效

（1）提高编程资源利用率。Logiscope 能在软件开发早期就发现代码的错误，自动检查或审查代码，找出缺陷与错误。它通过使用软件质量指标与代码规则来辨识软件模块存在的错误，并直接指出解释错误的结构，给出改进建议。

（2）有利于积累最佳工程实践。通过在开发组织中分享代码与应用代码知识，Logiscope 可帮助改进开发流程。它定义大量的预定义代码和命名规则及质量指标，并可根据开发的项目或企业自定义规范定制，把最佳开发经验与工业标准融入规则与质量模型中。

（3）可管理和控制软件复杂度。Logiscope 提供多种方式的可视化文本代码，拥有调用图、控制图与继承关系图，能清晰地监视软件系统的代码结构与行为，快速辨识复杂问题。其中，控制图对于发现重复代码、非结构化分支、无用代码十分有效，并可指出缺乏继承的结构、递归调用或被经常调用的函数。这些图形为程序提供了构架视图。

（4）可优化测试流程。Logiscope 基于对源代码的插桩技术，能帮助测试者辨识出软件设计是否低效。例如，程序可能造成产生重复的测试用例和不被测试覆盖的源代码，可帮助辨识应用程序在运行时哪些代码被执行了，怎样被执行，帮助测试者找到没有被测试的代码，有效提高测试及开发的效率。

（5）实现分享测试信息。Logiscope 不仅在企业内部分享最佳代码经验，并可自动按照默认模板生成多种格式的测试报告，如 Java/HTML、Word、FrameMaker（页面排版软件）与 Interleaf（文档管理程序）的格式，实现大范围的测试信息共享。

（6）基于国际标准。Logiscope 的测试质量规范基于三种软件质量国际标准。

① 基于 SEI/CMM 标准：为基于 SEI/CMM 二级（可重复级），并期望成为三级（可定义级）或更高级别的软件企业或开发组织提供一套跟踪软件质量的技术。

② 基于 DO—178B 标准：遵循该标准的软件系统 E 级到 A 级的标准，帮助软件开发组织对源代码进行"审核和分析"与"结构的覆盖率分析"。

③ 基于 ISO/IEC 9126 质量标准：遵循该标准为软件组织提供分析软件特征的功能，同时它也遵循 ISO—9001 标准支持软件组织接受测试和软件质量检测工作。

（7）对嵌入式软件测试的深度支持。Logiscope 支持多种测试方式，特别是针对嵌入式领域软件测试的深度支持。事实上，嵌入式系统已遍布工业、军事、通信、家电、医疗卫生等领域，但对其软件测试却较困难。因为嵌入式系统软件开发是用交叉编译方式进行的。在目标机上不可能有多余空间记录测试的信息，必须实时地将测试信息通过网络/串口传到宿主机，并实时地在线显示。因此，对源代码的插装和在目标机上的信息收集、回传成为测试的关键问题。Logiscope 提供了 VxWorks、pSOS、VRTX 实时操作系统的测试库，支持各种实

时操作系统上的应用程序测试与支持逻辑系统测试，较好地解决上述问题，因此成为嵌入式软件测试工具的佼佼者。

（8）对安全敏感领域软件的支持。在航空/航天领域、核电站系统中，安全是最关键问题。

欧美航空/航天制造厂商与使用单位联合制定了 RTCA/DO—178B 标准。Logiscope 通过对源代码分析，通过其结构覆盖分析功能，使测试开发的软件可达到该标准 A、B、C 三个系统级别。Logiscope 最先提供 MC/DC（Modified Condition/Decision Coverage）测试覆盖的工具。这项功能使软件委托者可用自己定义的软件验收质量等级与执行测试。

（9）软件文档和测试文档自动生成。Logiscope 提供文档自动生成工具，可将代码评审结果和动态测试情况实时生成所要求的文档，这些文档如实地记录了代码情况和动态测试结果，并且可根据用户需要实现定制文档格式。

6.4.2 Logiscope 功能

Logiscope 主要有三项功能，并以三个相对独立的测试工具实现：软件质量分析工具 Audit、代码规范性检测工具 RuleChecker、测试覆盖率统计工具 TestChecker。其中，Audit 和 RuleChecker 分别提供对软件的静态分析功能，TestChecker 工具提供对程序进行动态测试、测试覆盖率统计的功能。Logiscope 的三个工具的测试功能图表显示如图 6-1 所示。

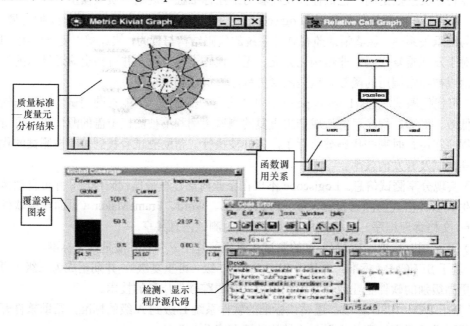

图 6-1 Logiscope 的三个工具的测试功能图表显示

1. 代码评审工具 Audit

Audit 的功能是定位错误的代码模块。在测试中，一旦发现错误代码模块，Audit 就提供基于软件度量和图形表达的质量信息，帮助开发者诊断程序问题和做出判断，决定是否重写程序或进一步做更彻底的测试。Audit 将应用系统的框架以文件形式（部件文件间的关系）和调用图形式（函数和过程间的关系）可视化，函数的逻辑结构以控制流图的形式显示。在控制流图上选定一节点，即可得到相对应的代码，可在不同的抽象层上分析应用系统，实现不同层次间导航，以促进对软件整体的理解。运用此代码评审功能，可定位程序模块的 80%

的错误，通过对未被测试代码的定位，帮助找到隐藏在未测试代码其中的缺陷。在软件开发与测试的各个阶段，运用 Audit 改进软件工程实践，训练程序员编写质量良好的代码，确保软件的易维护性，可减少未来风险。

Audit 提供的评估代码的软件度量模型遵循了 ISO 9126 标准。质量评价模型描述了 Halstend、McCabe 的度量方法学与 VERILOG（在 C 基础上发展起来的一种硬件描述语言）质量方法学中的质量因素——可维护性与可重用性、质量准则——可测试性与可读性，用户可定制质量评估模型来满足具体项目测试的需求。

2. 编码规则工具 RuleChecker

RuleChecker 的功能是根据为项目定制规则自动检查代码编程的规则，检测避免程序的错误陷阱和代码错误。Logiscope 预定义了 20 多个程序编程和 50 个面向安全、关键系统的编程规则。名称约定，如局部变量用小写；表示约定，如每行只有一条指令；表示限制规则，如程序中不能使用 GOTO 语句，不能修改程序循环体中计数器等。用户可从这些规则中选择，或用 TCL、脚本和编程语言自定义新规则。

RuleChecker 用所选规则对源代码进行验证，指出所有不符合规则的代码，并提出改进源代码的解释与建议，还通过文本编辑器直接访问源代码并指出需要纠正的位置，并可生成 HTML 格式的代码规则审计报告，供开发团队参考。

3. 动态测试工具 TestChecker

TestChecker 的功能是动态分析程序代码，测试覆盖率和显示覆盖的代码路径，发现未测试源代码中所隐藏的缺陷，确保和提高软件可靠性。Logiscope 推荐对 IB、DDP 和 PPP 的覆盖测试，以及针对安全关键软件的 MC/DC 覆盖测试。

TestChecker 是基于源代码插桩技术的测试工具，可与用户测试环境相兼容，允许所有的测试运行依据其有效性进行测试活动的管理，减少非回归测试。

TestChecker 产生每个测试的覆盖信息和累计信息，用直方图显示覆盖比率，并根据测试运行情况实时、在线、动态地变更，实时地显示新的测试所反映的测试覆盖情况。

在执行测试期间，当测试策略改变时，综合运用 TestChecker 检测关键因素可提高测试效率。TestChecker 与 Audit 配合使用能帮助用户分析未测试的代码，可显示所关心的代码，并通过对执行未覆盖的路径的观察得到有关信息。这些信息以图形（控制流图）和文本（伪代码和源文件）的形式向用户提供，并在其间建立了导航关联。

6.4.3　Logiscope 的安装与配置

这里以 Logiscope v6.3 为例说明，具体细节请参考有关资料。

1. 硬件平台需求

表 6-3 给出安装 Logiscope v6.3 所需的硬件配置。

表 6-3　安装 Logiscope v6.3 所需的硬件配置

操作系统	硬件资源	最小值	推荐值
Windows	CPU	Pentium 500MHz	>P1000MHz 以上
	RAM 内存	128MB	>256MB

操作系统	硬件资源	最小值	推荐值
Windows	虚拟内存	512MB	>1024MB
	安装剩余磁盘空间	70MB	>70MB
Linux	CPU	Pentium 500 MHz	>P1000 MHz 以上
	RAM 内存	256MB	>256MB
	虚拟内存	512MB	>1024MB
	安装剩余磁盘空间	300MB	>300MB

2．软件平台需求

软件平台需求如下。

（1）Windows NT 4 SP6/Windows 2000 SP1/Windows XP SP2。

（2）Linux RedHat Enterprise 3.0、Solaris 2.6 Solaris 8。

3．安装过程

（1）在欢迎页面中，单击"Next"按钮，弹出序列号协议对话框，选择接受与否，单击"Next"按钮进入"序列号"对话框，输入默认序列号服务器名 FLEXlm 的 Licensekey information，端口号 Portnumber：19353，单击"Next"按钮结束安装过程。

（2）安装完毕，在程序组中选择"Logiscope"，可打开主页面。

（3）第一次使用时，需输入正确序列号，这里需选择 Lisence.dat 文件激活。在第一次使用时，自动弹出激活对话框。

（4）单击"Specify the Lisence"单选按钮，单击"Next"按钮选择"序列号文件"对话框，单击"Finish"按钮。

（5）用安装文件中的 Lisence.dat 文件激活 Logiscope。

（6）进入菜单页面。

4．Logiscope 使用配置

Logiscope 的三个测试模块（Audit、RuleChecker、TestChecker）相对独立，可测试以 C、C++、Java 和 Ada 编写的程序。在实际应用前，需对每个测试工具进行配置。其配置内容如下。

（1）建立与所选测试程序语言编辑、编译、运行环境的关联（可与 MS VC、Eclipse 集成）。

（2）分别建立相应的 Audit、RuleChecker、TestChecker 测试工程（项目）。

（3）向相应功能模块输入源程序进行测试，可查看测试分析结果（图、表、文形式）。

6.4.4　TestChecker 测试应用

运用 Logiscope 进行组件测试，也需完成测试的需求设计、策略计划、测试设计、测试执行与测试结果分析几个过程。这里，主要阐述测试设计、测试执行与测试结果分析三项。

在测试工程项目中可选 4 种语言中的三项，即 Audit Project 代码评审工程、RuleChecker Project 编码规则检查工程、TestChecker Project 动态测试工程。第四项是 Reviewer Project，它将 Audit 与 RuleChecker 功能结合在一起，但不是新类型。

关于 Audit 代码评审与 RuleChecker 编码规则的测试已在第 3 章中阐述，这里不再重复。本节只介绍 TestChecker 动态测试过程。

TestChecker 动态测试运用白盒技术，主要用于测试及统计被测试程序的测试覆盖率，其重点测试与统计的是 DDP 覆盖。使用 TestChecker 统计被测试程序的测试覆盖率分两个步骤：第一，建立被测程序的 TestChecker 测试工程项目；第二，在 TestChecker 环境中运行被测程序，执行测试用例，自动给出测试覆盖率。

1. 建立 TestChecker 测试工程项目

（1）用 VC 6.0 打开待测试项目的.dsp 或.dsw 文件。

（2）VC 6.0 启动后，选择"Build"→"Configurations"命令。

（3）单击"Add"按钮，在项目中添加名为 Logiscope 的文件夹，如图 6-2 所示。

（4）单击"OK"按钮，结果如图 6-3 所示。单击"Close"按钮，则退出对话框。

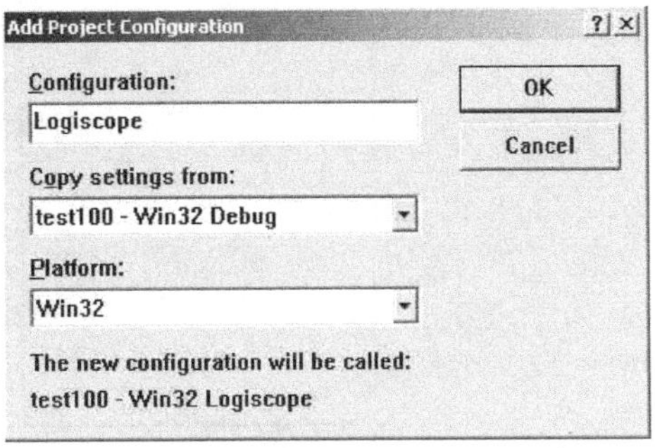

（5）选择"Build"→"Set Active Configuration"命令，选中"test-Win32 Logiscope"选项，如图 6-4 所示，单击"OK"按钮退出对话框。

图 6-2　在 VC 6.0 中添加 Logiscope 文件夹

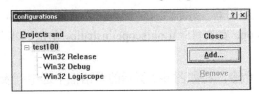

图 6-3　配置文件夹对话框

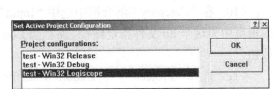

图 6-4　设置当前文件夹对话框

（6）选择"Project"→"Settings"命令，在 VC 6.0 的"Settings"对话框中进行一些参数设置。

（7）设置"C/C++"选项卡。选中"C/C++"选项卡，在"Category"组合框中选中"Preprocessor"（如图 6-5 所示）。

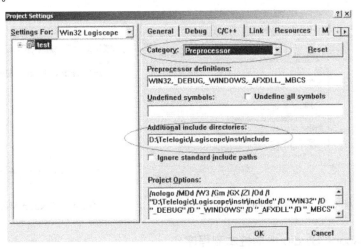

图 6-5　"C/C++"选项卡

（8）在"Additional include directories"编辑框中填入机器上的 Logiscope 的 Include 文件夹路径：Logiscope 安装目录/Logiscope/instr/include。

（9）设置"Link"选项卡。切换到"Link"选项卡，在"Object/library modules"编辑框中填入"vlgtc.lib"，如图 6-6 所示。

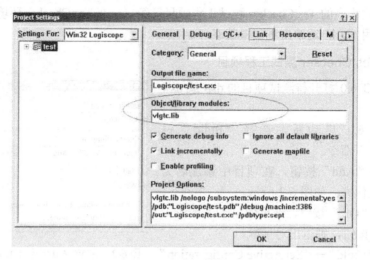

图 6-6 "Link"选项卡

（10）在"Category"组合框中选中"Input"（如图 6-7 所示），在"Additional library path"编辑框中为这个 lib 文件指定路径，路径为 Logiscope 安装目录\Logiscope\instr\lib，单击"OK"按钮。

（11）选择"Project"→"Export Makefile"命令，在如图 6-8 所示的对话框中选中列表框中的项目后，单击"OK"按钮。

（12）选择"File"→"Save All"命令，保存设置。至此，在 VC 6.0 中对被测程序的设置全部完成，退出 VC 6.0。启动 Logiscope Studio，进入 Logiscope Studio 环境，开始插桩被测程序。

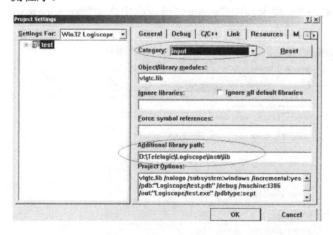

图 6-7 选中"Input"

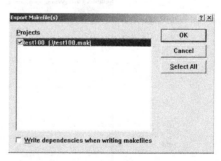

图 6-8 "Export Makefile"对话框

2. 在 Logiscope Studio 中插桩本测程序

（1）启动 Logiscope Studio 后，选择"File"→"New"命令，弹出如图 6-9 所示的对话框，选择"Projects"选项卡。

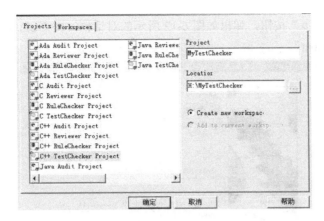

图 6-9　选择 "Projects" 选项卡

在 "Projects" 列表框中选中 "C++ TestChecker Project"，在 "Project" 编辑框中为要建立的 "TestChecker" 项目命名（可自定义）。在 "Location"编辑框中，为新建立的 TestChecker 项目指定一个存放路径，单击 "确定" 按钮。

（2）弹出如图 6-10 所示的对话框，在"Application root"编辑框中，选择待测试项目的.dsw 文件路径。

图 6-10　选择待测试项目的.dsw 文件路径

（3）单击"下一步"按钮，弹出如图 6-11 所示的对话框。框中各项内容全部采用默认设置。

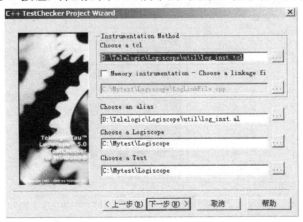

图 6-11　"C++ TestChecker Project Wizart" 对话框

（4）单击"下一步"按钮，弹出如图 6-12 所示的对话框，在"Choose a make command"框中输入"makelog.bat"。

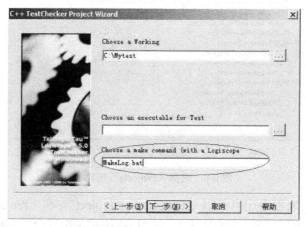

图 6-12　输入"makelog.bat"

（5）单击"下一步"按钮，弹出如图 6-13 所示对话框，单击"完成"按钮。效果如图 6-14 所示。

图 6-13　单击"完成"按钮

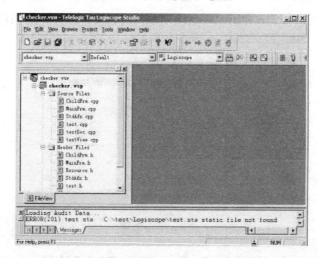

图 6-14　建立的 TestChecker 测试项目

（6）删除 resource.h 文件。在如图 6-15 所示的窗口中，选中"Resource.h"文件，按 Delete 键将其删除。

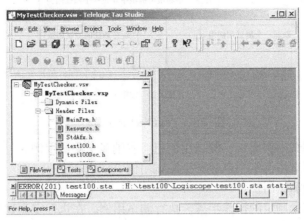

图 6-15　删除 resource.h 文件

（7）编写 makeLog.bat 文件。在与被测试项目的.dsw 文件同一目录下，新建文本文件，输入内容：call C:\program files\microsoft visual studio\vc98\bin\vcvars32.bat

nmake /A /F ABCD.mak CFG=ABCD - Win32 Logiscope

其中，C:\program files\microsoft visual studio\vc98\bin\vcvars32.bat 指定的是 VC 6.0 安装目录下的 vcvars32.bat 文件路径，若用户的 vcvars32.bat 不是安装在这个目录下，用 vcvars32.bat 文件的安装路径替换该路径；第二行中的 ABCD 替换为所测试的项目名称。在确保该文件内容正确后，保存文件，并将文件重命名为 makeLog.bat。

（8）选择"Project"→"Build"命令，TestChecker 开始编译连接程序代码，生成可执行程序。

（9）执行上一步操作后，会在所测项目的 Logiscope 文件夹下生成一个.exe 文件。选择 "Project"→"Settings"命令，在弹出的对话框中选中"TestChecker"选项卡。如图 6-16 所示，在 "Executable for test"编辑框中选中"TestChecker 生成的.exe 文件，单击"确定"按钮。

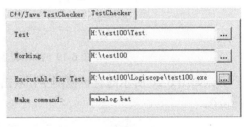

图 6-16　选中可执行文件

至此，一个 TestChecker 测试工程项目全部建立完成。项目建好后可运行程序，执行测试用例 TestChecker 并统计覆盖率。

3．TestChecker 统计覆盖率

在"Logiscope Studio"中选择"Project"→"Start TestChecker"命令，启动 TestChecker。启动后的测试界面如图 6-17 所示。

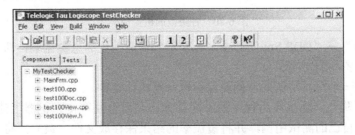

图 6-17　TestChecker 测试界面

图 6-18 给出 TestChecker 工具栏中的重要按钮。

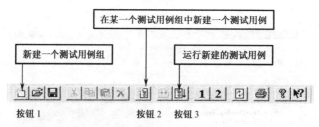

图 6-18　TestChecker 工具栏

（1）新建一个测试用例组。一测试用例组可容纳多个测试用例。

（2）在某一个测试用例组中新建一个测试用例。

（3）运行新建的测试用例。

按照测试用例事先制定的操作步骤，执行测试用例。在执行完测试用例并退出被测试程序后，TestChecker 自动给出执行该测试用例后程序的覆盖情况，以及对总覆盖率的变动情况，如图 6-19 所示。

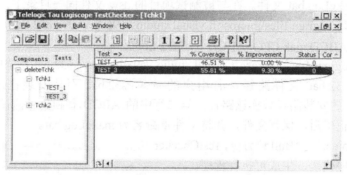

图 6-19　给出覆盖情况和总覆盖率的变动情况

在如图 6-20 所示的树状视图中，双击一个测试用例，显示运行该测试用例后各函数的覆盖情况。

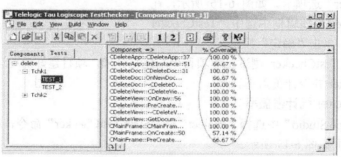

图 6-20　各函数的覆盖情况

选择"View"→"DDP Spy"命令，会显示到目前为止的总覆盖率，即所有测试用例的覆盖率之和，如图 6-21 所示。

每次执行完一个测试用例后，都要保存覆盖率统计文件。

若由测试团队共同测试应用程序的不同部分，则可分别在个人机器上建立 TestChecker 项目，独立运行自己的测试用例，并将覆盖率的结果保存成文件。最后，将个人测试用例合并一处，得出应用程序的总测试覆盖率。

除在 TestChecker 中可获得的信息外，还可在 Viewer 中以更直观的方式查看每个函数的覆盖情况。操作流程如下。

（1）保存所有操作，退出 TestChecker，弹出如图 6-22 所示的对话框。询问是否加载最新的 TestChecker 项目文件，单击"是"按钮。

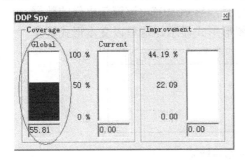

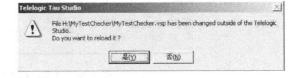

图 6-21　总体覆盖情况　　　　　　图 6-22　询问是否加载 TestChecker 项目文件

（2）在"Logiscope Studio"中单击"Project"→"Start Viewer"命令，启动 Viewer，其界面如图 6-23 所示。在列表框中选择一个函数。在如图 6-24 所示的工具栏中，单击按钮 1，此时显示当前选中函数流程图，接着再分别选中"Options"→"DDP Numbers"、"Options"→"Coverage"项，会以函数流程图形式显示目前该函数的覆盖情况，如图 6-25 所示。

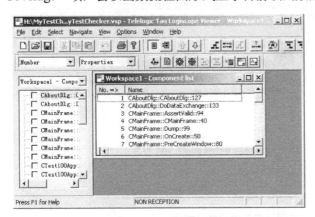

图 6-23　Viewer 界面　　　　　　　　图 6-24　Viewer 工具栏

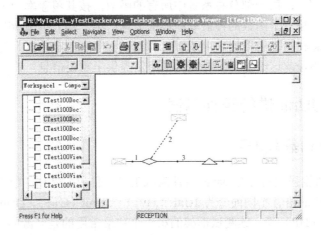

图 6-25　以流程图形式显示覆盖情况

其中，黑色实线边代表已被测试覆盖过的路径，红色虚线边代表尚未被测试执行的路径，数字是不同判断边的编号。单击工具栏上的按钮2，会显示如图6-26所示的数据。其中，第一列显示的是不同测试用例的名称，最后一列显示的是执行该测试用例后，函数达到的覆盖率，中间的若干列与前面看的那个流程图中的数字编号是相对应的，表示函数流程图中的各条边，当该条边被执行过时，显示"1"，还未被执行时，显示"0"。该窗口提供的数据，与前面流程图提供数据完全相同，只是在流程图中以图形形式显示，这里以文本形式显示。

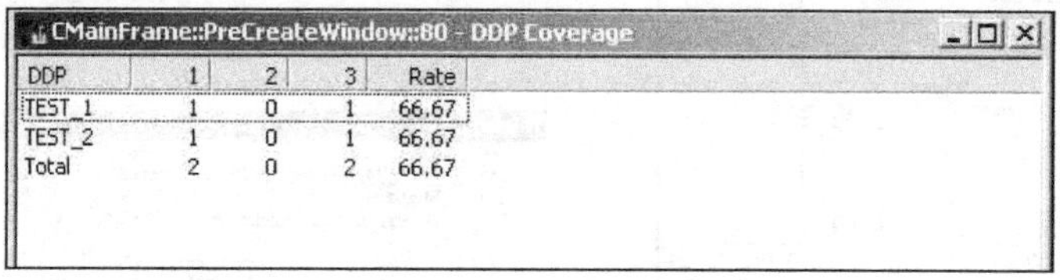

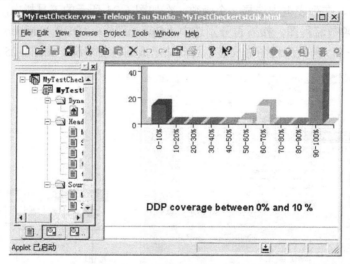

图 6-26　以文本形式显示覆盖情况

（3）在"Logiscope Studio"中，选择"Browse"→"Test"→"Test Report"命令，会生成网页式测试覆盖率的统计报告，如图 6-27 所示。

图 6-27　网页式测试覆盖率的统计报告

报告主要分三部分：第一部分将系统中所有的函数，按其覆盖率的多少，划分成不同的分组；第二部分列出每一个函数的覆盖率的详细信息；第三部分给出所有源文件的清单。

通过 TestChecker 提供的数据，可了解到为测试程序所制定并执行的测试用例，到底覆盖程序多少条执行路径，这给进一步补充测试用例提供了重要信息。

6.5　运用 JUnit 进行组件测试

6.5.1　JUnit 的基本概要

JUnit 是一款功能强大的开源 Java 组件测试工具。目前，常用的组件测试工具是 xUnit 系列框架，根据支持的语言不同而分为 JUnit（Java），CUnit（C++）、DUnit（Delphi）、NUnit（.NET）、PhpUnit（PHP）等。该测试框架的第一个和最常用的是开源的 JUnit。

JUnit 本质上是一个框架。所谓框架就是确定的一些规则，由开发者制定了一套条条框框，遵循此条条框框的要求编写测试代码。编写的测试代码必须遵循这个规则：如继承某个类，实现某个接口，即可用 Junit 进行自动测试。JUnit 能与 Java 开发环境集成，并支持 Java 开发工具，如 JDeveloper（JDK）、Eclipse 等。例如，JBuilder 自动集成了 JUnit 框架。因此，将 JUnit 看成一个测试平台更为确切。

因 JUnit 相对独立于所编写的代码，测试代码的编写可优先于实现代码的编写。在敏捷技术的 XP 极限编程中，使 TDD（Test Driven Development）或 TFD（Test First Design）的实现有了现成的方法。实际运用的流程是：用 JUnit 编写测试代码→编写实现代码→运行测试→测试失败→修改实现代码→再运行测试→直到测试成功。

目前常用的 JUnit 版本可从 JUnit 官方网站http://junit.org 主页下载版本 junit4.10.zip。安装：将 junit-4.10.zip 解压缩到名为$JUNITHOME 的目录下，将 junit.jar 和$JUNITHOME/junit 加入 CLASSPATH 中，加入后者是因为测试例程在此目录下。注意：不要将 junit.jar 放在 jdk 的 extension 目录下运行命令。

JUnit 应用，需要与开发工具集成。因篇幅所限，关于 JUnit 与 JDK、Eclipse 等的集成安装，请参阅有关技术资料。

1．JUnit 优势与组件测试编写原则

对不同性质的被测对象，如 Class，Jsp，Servlet，Ejb 等，Junit 有不同的使用技巧，以下以 Class 测试为例说明。

（1）JUnit 的优势。

① 可以使测试代码与产品代码分开。

② 针对某个类的测试代码通过较少的改动便可应用于另一个类的测试。

③ 易于集成到测试者的构建过程中，JUnit 和 Ant 结合可实施增量开发。

④ JUnit 公开源代码便于二次开发。

⑤ 可方便对 JUnit 进行扩展。

（2）编写原则。

① 简化测试编写，包括测试框架的学习和实际测试组件的编写。

② 使测试组件保持持久性。

③ 可利用既有测试编写相关的测试。

2．JUnit 特征

JUnit 特征：使用断言方法判断期望值与实际值的差异，并返回 Boolean 值；测试驱动设备使用共同的初始化变量或者实例；测试包结构便于组织与集成的运行；支持图形交互模式与文本交互的模式。

1）JUnit 断言

断言（assertion）是使用 JUnit 的一个重要概念。所谓断言是指 JUnit 框架里面的若干方法，用来判断某个语句的结果是否为真或为假，是否和预期相符合。例如，assertTrue 这一方法就是用来判定一条语句或一个表达式的结果是否为真，若条件为假，那么该断言就会执行失败。

assertTrue 的具体代码如下：

```
public void assertTrue(boolean condition)
{
If (! Condition){
```

```
abort();
}
…
```

若条件 condition 为假，就会调用 abort()方法终止程序的执行。先看下面例子：

```
int x=3;
assertTrue(x= =3);
```

因 x= =3 的结果为真，所以该断言能通过执行。

JUnit 提供 6 大类 31 组断言（方法），包括基础断言、数字断言、字符断言、布尔断言、对象断言。

JUnit 断言说明如下。

（1）assertEquals 断言。其作用是判断两个表达式的值是否相等。

其基本形式：assertEquals ([String message], expected,actual)。

expected 是期望值，由测试者自己制定。

actual 是测试代码实际产生的值。若 expected 和 actual 相等，则该断言执行通过，否则就会报错，而报错信息则可以通过第一个参数 String message 输入，该参数为可选。

大部分基本的数据类型都可使用该断言进行比较，如整数（int）、短整型（short）、布尔型（boolean）等。例如，assertEquals(2,1+,1)；该断言就能通过。

对于浮点型（float 和 double）的数据，则需要特殊考虑。需要指定一个额外的参数。

其基本形式：assertEquals([String message],expected,actual,tolerance)

例如：assertEquals("两数不相等！",3.33,10.0/3.0,0.01)

该断言表示精确到小数点后两位，该断言也能通过。

（2）assertSame 断言。其作用是判断一个对象是否相同。

其基本形式：assertSame([String message], expected,actual)。

若 expected 与 actual 引向同一个对象，则断言通过，否则执行失败。

（3）assertNull 断言。其作用是判断一个对象是否为空。

其基本形式：assertNull([String message], java.lang.object object)。

若给定的对象为 null，则该断言通过，否则执行失败。

（4）fail 断言。其作用是立即终止测试代码的执行。

其基本形式：fail（[String message]）。

该断言通常会放在测试的代码中某个不应该到达的分支处。

2）assertEqualsJUnit 框架组成

（1）测试用例（TestCase）：对测试目标进行测试的方法与过程集合。

（2）测试包（TestSuite）：测试用例的集合，可容纳多个测试用例。

（3）测试结果描述与记录（TestResult）。

（4）测试过程中的事件监听者（TestListener）。

（5）测试失败元素（TestFailure）：每一测试方法所发生的与预期不一致状况的描述。

（6）JUnit Framework 中的出错异常（AssertionFailedError）。

JUnit 框架是典型的 Composite 模式：TestSuite 可容纳任何派生自 Test 的对象；当调用 TestSuite 对象的 run ()方法时，会遍历自己容纳的对象，逐个调用它们的 run ()方法。

3）JUnit 安装与使用配置

（1）在 http://download.sourceforge.net/junit/，http://junit.org 中下载 JUnit 包并将 JUnit 压

缩包解压到一个物理目录中，如 C:\Junit4。记录 Junit.jar 文件所在目录名，如 C:\Junit4Junit.jar。

（2）进入操作系统（以 Windows 2003 为例），单击"开始"→"设置"→"控制面板"。

（3）选择系统，单击环境变量，在系统变量的"变量"列表框中选择"CLASS-PATH"关键字（不区分大小写），如该关键字不存在，则添加即可。

双击"CLASS-PATH"关键字，添加字符串 C:\Junit4Junti.jar（注意，如已有别的字符串，要在该字符串的字符结尾加上分号"；"），确定修改后，JUnit 就可在集成环境中应用了。对于 IDE 环境，应将需要用到的 JUnit 的项目增加到 Lib 中。设置不同的 IDE 会有不同的设置方法及过程。

（4）JUnit 中常用的接口和类。

Test 接口：运行测试和收集测试结果。Test 接口使用 Composite 设计模式，是单独测试用例（TestCase）、聚合测试模式（TestSuite）及测试扩展（TestDecorator）的共同接口。

它的 public int count(TestCases)方法，统计每次测试有多少单独测试用例，另一方法是 public void run(TestResult)，TestResult 为实例接收测试结果，run 方法执行本次测试。

（5）TestCase 抽象类：定义测试中固定的方法。

TestCase 是 Test 接口的抽象实现（不能被实例化，只能被继承），其构造函数 TestCase(string name)根据输入的测试名称 name 创建一个测试实例。由于每一个 TestCase 在创建时都要有一个名称，若某个测试失败了，则可识别出是哪个测试失败了。

TestCase 类中包含 setUp()、tearDown()方法。setUp()方法集中初始化测试所需的所有变量与实例，并在依次调用测试类中的每个测试方法之前再次执行 setUp()方法；tearDown()方法则是在每个测试方法之后，释放测试程序方法中引用的变量及实例。

编写测试用例时，只需继承 TestCase 来完成 run 方法即可，然后 JUnit 获得测试用例，执行其 run 方法，把测试结果记录在 TestResult 之中。

（6）assert 静态类：指一系列断言方法的集合。assert 包含一组静态测试方法，用于期望值和实际值比对是否正确。若测试失败，assert 类则弹出 assertionFailedError 异常，JUnit 测试框架将这种错误归入 Failes，并记录，同时标志为未通过测试。如果该类方法中指定一个 String 类型的传递参数，则该参数将被当成 AssertionFailedError 异常的标识信息，告诉测试者修改异常的详细信息。

其中，assertEquals(Object expcted,Object actual)内部逻辑判断使用 equals()方法，这表明断言两个实例的内部值是否相等时，最好使用该方法比较相应类实例的值。assertSame(Object expected,Object actual)内部逻辑判断使用了 Java 运算符"＝＝"，这表明该断言判断两个实例是否来自于同一个引用（Reference），最好使用该方法对不同类的实例的值进行比对。

asserEquals(String-message,String-expected,String-actual)方法用于对两个字符串进行逻辑比对，若不匹配则显示两个字符串差异的地方。

ComparisonFailure 类提供两个字符串的比对，不匹配则给出详细的差异字符。

TestSuite 类可负责组装完成多个 Test Cases。待测的类中可能包括对被测类的多个测试，TestSuit 负责收集测试，使用户可在一个测试中，完成全部的对被测类的多个测试。TestSuite 类实现 Test 接口，并且可包含其他的 TestSuites，可处理加入 Test 时所有弹出的异常。TestSuite 处理测试用例有一定规约，不遵守规约，JUnit 将拒绝执行测试，这 6 个规约如下。

① 测试用例必须是公有类（Public）。

② 测试用例必须继承于 TestCase 类。

③ 测试用例的测试方法必须是公有的（Public）。

④ 测试用例的测试方法必须被声明为 Void。

⑤ 测试用例中测试方法的前置名词必须是 test。

⑥ 用例中测试方法无任何传递参数。

（7）TestResult 结果类和其他类与接口。TestResult 结果类集合任意测试累加结果，通过 TestResult 实例传递每个测试的 Run()方法。TestResult 在执行 TestCase 时，如失败则弹出异常。

TestListener 接口是一项事件监听规约，可供 TestRunner 类使用。它通知 listener 的对象相关事件，包括测试开始 startTest(Test test)、测试结束 endTest(Test test)、错误增加异常 addError(Test test,Throwable t)与增加失败 addFailure(Test test, AssertionFailedError t)。

TestFailure 失败类是"失败"状况收集类，解释每次测试执行过程中出现的异常情况，toString()方法返回"失败"状况的简要描述。

6.5.2　运用 JUnit 进行组件测试

Java 支持面向对象，通常情况下可将程序的一个组件看成一个独立的类，因此 Java 组件测试的重点就是对这些类进行测试。通常不需要测试 get 和 set 行为，并且一个方法至少需要测试一次。

1．编写被测 Java 程序

这里是一个简单的计算器类——Computer。该程序功能是实现两个整数的加、减、乘、除运算，代码如下。

```
/* 计算器类，实现两个整数的加、减、乘、除运算*/
Public class computer
{
    private int a;                    //操作数 1
     private int b;                   //操作数 2
    public computer (intx, int y)     //构造函数 初始化
{
a=x;
b=y;
}
public int add()        //加法运算
{
    return a+b;
}
public int minus()      //减法运算
{
    return a-b;
}
public int multiply()   //乘法运算
{
    return a*b;
```

```
}
public int divide()        //除法运算
{
    If(b!=0)
    return a/b;
    else
    return 0;
}
```

用 Java 编辑器输入程序，以 computer.java 文件名保存并存放在指定路径中。

该类中定义了两个私有成员变量 a、b 作为操作数，又定义了 4 个公有方法，实现加、减、乘、除的运算，其中除法运算有除数为零的判断。

2．利用 JUnit 框架测试计算器类

用 Java 编辑器输入以下程序，以 Testcomputer.java 文件名保存在已存放了 computer.java 文件的同一路径下。

```
import junit.framework.* ;
/* 计算器的测试类 */
pubilic class Testcomputer extends TestCase
{
    pubilic Testcomputer(string name)        //构造函数
    {
super(name);
}
    pubilic void testadd()        //测试加法
{
    assertEquals(3,new computer(1,2),add());
}
}
```

测试代码各部分含义如下。

import junit.framework.* ;   //引入 Junit 框架中所有的类

pubilic class Testcomputer extends TestCase   //定义一个公有类 Testcomputer，它继承自 TestCase 类。TestCase 是 Junit 框架中的基类，包含大部分测试方法和断言

pubilic Testcomputer(string name)   //构造函数
```
    {
super(name);
}        //为构造函数，使用 super 关键字直接引用了父类 TestCase 的构造函数
pubilic void testadd()        //测试加法
{
    assertEquals(3,new computer(1,2).add());
}
```

testadd()为自定义的一个测试加法的方法。该方法包含一个 assertEquals 断言，期望值为 3，实际运行为 new copputer(1,2).add()的结果。

以上是一个 JUnit 的测试框架，可仿照该框架来设计编写测试代码。

编写测试代码时，建议测试类的方法最好都以 test 开头，因为以 test 开头的方法均会被 JUnit 自动执行。

以上代码编写完成后，即可编译运行。运行有两种方法：命令行方法与图形界面方法。

（1）命令行方法：进入 DOS，切换到 Testcomputer.java 所在的路径，输入"javac Testcomputr.java"命令编译源程序，生成 Testcomputer.class 文件，输入如下命令执行：

D:\>java junit.textui.TestRunner Testcomputer.

Time:0.15

OK (1 test)

其中，junit.textui.TestRunner 是 JUnit 自带命令行运行器；Time 为测试执行时间；OK 表示该测试代码通过，没有断言终止。

（2）图形界面方法：通过 JUinit 中自带的图形运行器界面运行测试。

图形界面中有如下内容。

① Test class name：测试类的名称。

② Runs：通过的测试数。

③ Errors：出错的测试数。

④ Failures：运行没有通过的测试数。

⑤ Results：测试结果。

单击"Run"按钮，测试代码重新执行。

据此，加入减法、乘法和除法的测试，完整代码如下。

```java
import junit.framework.*;
/*  计算器的测试类  */
pubilic class Testcomputer extends TestCase
{
        pubilic Testcomputer(string name)      //构造函数
        {
        super(name);
        }
        pubilic void testadd()                 //测试加法
        {
        assertEquals(3,new computer(1,2).add());
        assertEquals(-21474648,new computer(21474647,1).add());
        }
        pubilic void testminus()               //测试减法
        {
        assertEquals(-1,new computer(2,2).minus());
        }
        pubilic void testminus()               //测试乘法
        {
        assertEquals(4,new computer(2,2).multiply());
        }
```

· 226 ·

```
        pubilc void testminus()                //测试除法
        {
        assertEquals(0,new computer(2,0).divide());
        }
}
```

3. JUnit 的高级运用

1）setup 与 teardown 方法

JUnit 的 TestCase 基类中提供两个方法：setup 和 teardown。可将测试代码中的一些初始化定义语句放在 setup 方法中，将一些释放资源的语句放在 teardown 方法中。JUnit 执行顺序为先执行 setup 方法，再执行以 test 开头的方法，最后执行 teardown 方法。

其原型如下。

```
protected void setup();
protected void teardown();
```

现修改前述的计算器测试类，将一些对象定义语句放入 setup()方法中，代码如下。

```
import junit.framework.* ;
/* 计算器的测试类 */
pubilc class Testcomputer extends TestCase
{
        private computer a;
        private computer b;
        private computer c;
        private computer d;
        pubilc Testcomputer(string name)    //构造函数
        {
                super(name);
        }
        protected void setup()                //初始化公用对象
        {
            a = new computer(1,2);
            b = new computer(21474647,1);
            c = new computer(2,2);
            d = new computer(2,0);
        pubilc void testadd()                //测试加法
        {
         assertEquals(3,new computer(1,2).add());
         assertEquals(-21474648,new computer(21474647,1).add());
        }
        pubilc void testminus()    //测试减法
        {
         assertEquals(-1,new computer(2,2).minus());
        }
```

```
            pubilic void testminus()      //测试乘法
            {
            assertEquals(4,new computer(2,2).multiply());
            }
            pubilic void testminus()    //测试除法
            {
            assertEquals(0,new computer(2,0).divide());
            }
            public static void main (string [] args)
            {
            TestCase test1 = new Testcomputer ("testadd");
            TestCase test1 = new Testcomputer ("testminus");
            TestCase test1 = new Testcomputer ("testmultiply");
            TestCase test1 = new Testcomputer ("testdivide");
            junit.textul.TestRunner.run(test1);
            junit.textul.TestRunner.run(test2);
            junit.textul.TestRunner.run(test3);
            junit.textul.TestRunner.run(test4);
            }
    }
```

程序首先定义了 4 个 computer 类型变量（a、b、c、d），然后在 setup()方法中对 4 个对象变量进行初始化，使得在后面的具体方法中只要引用对象名即可。最后，为测试代码添加静态的 main 方法，静态的 main 方法是 Java 的入口函数，无须实例化为具体对象，即可直接运行。在 main 方法中定义 Testcomputer 类的 4 个对象，分别访问 4 个方法，然后调用 JUnit 命令运行器执行。

在 DOS 窗口中输入命令 javac Testcomputer.java 编译,输入命令 java Testcomputer 执行即可。运用 setup()和 testcomputer()的好处是可减少重复工作量，提高代码效率。

2）JUnit 集成模式

JUnit 的编辑方式有普通模式与集成模式，前面所述测试代码的结构均为普通模式，JUnit 的集成模式是一种实用的代码结构。

JUnit 自动运行所有以 test 开头的方法。若只想执行其中一部分的方法，则如何进行？一个测试类中可包含多个测试方法，每个测试方法又可包含多个断言语句，那么一个测试类中能否包含其他的测试类，即多个测试类之间能否进行集成？这些问题可通过 JUnit 集成来解决。

解决方法是在测试类中添加静态方法，其代码为：public static testsuits()。可将所有需要执行的测试方法放入其中。有了 testsuits()方法,JUnit 则不会自动运行所有以 test 开头的方法，而是直接运行 testsuits()所列举的测试方法。也可将其他测试类放入该方法中，从而实现多个测试类的集成。这里，仍以计算器测试类为例，若现在只准备执行测试加法与减法，就可将这两个方法加入 testsuits()方法中，其代码如下。

```
import junit.framework.* ;
/* 计算器的测试类 */
pubilic class Testcomputer extends TestCase
{
```

```
private computer a;
private computer b;
private computer c;
private computer d;
pubilic Testcomputer(string name)    //构造函数
{
super(name);
}
protected void setup()        //初始化公用对象
{
    a = new computer(1,2);
    b = new computer(21474647,1);
    c = new computer(2,2);
    d = new computer(2,0);
pubilic void testadd()        //测试加法
{
assertEquals(3,a.add());
assertEquals(-21474648,b.add());
}
pubilic void testminus()        //测试减法
{
assertEquals(-1,a.minus());
}
pubilic void testminus()        //测试乘法
{
assertEquals(4,c.multiply());
}
pubilic void testminus()        //测试除法
{
assertEquals(0,d.divide());
}
public static Testsuite()
{
Testsuite suite = new Testsuite();
suite.addTestTest(new Testcomputer ("testadd"));
suite.addTestTest(new Testcomputer ("testminus"));
return suite
}
}
```

这里添加 testsuite()方法，在该方法中新建 Testsuite 对象，并为该对象添加了 testadd()和 testminus()两个方法，这样 JUnit 就只会执行 testadd()和 testminus()方法了，而不会执行乘法和除法两个方法。

以上是测试方法集成，还可进行测试类集成。例如，创建测试类 TestcomputerTwo，若要把 Testcomputer 和 TestcomputerTwo 两个类统一集成到 TC 测试类中，程序如下。

```
import junit.framework.* ;
/*  计算器的测试类  */
pubilic class Testcomputer extends TestCase
{
    private computer a;
     private computer b;
     private computer c;
     private computer d;
     pubilic Testcomputer(string name)    //构造函数
     {
     super(name);
   }


   protected void setup()      //初始化公用对象
   {
     a = new computer(1,2);
     b = new computer(21474647,1);
     c = new computer(2,2);
     d = new computer(2,0);
   }
 public static Testsuite()
  {
  Testsuite suite = new Testsuite();
  suite.addTestsuite(TestcomputerTwo.class);
  suite.addTestt(Testcomputer.suite());
  return suite
  }
 }
```

在类运行时就会执行TestcomputerTwo类下面所有的测试方法，及Testcomputer类中suite()方法中所包含的测试方法。

本 章 小 结

（1）软件项目通常由若干组件程序或模块组成。组件测试的目的在于发现各模块内部可能存在的缺陷或错误。组件测试主要运用各种测试方法与自动化测试技术，通过测试用例设计、执行，发现缺陷或 bug，分析程序的质量的过程。

组件测试内容主要有功能检查、模块接口测试、局部数据结构测试、路径覆盖测试、错误处理测试及和规范性测试。

（2）软件 GUI 的测试内容主要包括页面元素测试、对窗体的测试、下拉菜单及鼠标操作测试、针对数据项操作的测试。可采用的测试方法主要有黑盒测试技术，检查表法、等价类划分/边界值法、状态转换法、全配对法等。

（3）面向对象软件包含对象、类、消息及接口等诸多构成元素和运作机制，对类的测试主要有将类作为测试计划表头、设计测试类模块、跟踪调试等，关注类的结构与类的操作的测试。

（4）Logiscope 是基于组件测试的优秀工具，其功能强大，能完满实现对组件的代码审查、编程规则检查、动态测试覆盖及统计。本章主要介绍了 TestChecker 测试的应用方法及过程。

（5）JUnit 是典型的测试框架构建工具，测试应用需通过编程二次开发，应用广泛。JUnit 的基本特征是使用断言机制来判断期望值与实际值的差异，并返回 Boolean 值。JUnit 共提供了 6 大类 31 组断言，即方法。本章介绍了最基本、常用的几种断言。Java 程序的组件可看成一个独立的类，其组件测试重点就是对这些类的测试。

习题与作业

一、简述题

1. 简述组件测试的范围及内容。
2. 简述组件测试的一般策略与解决方案。
3. 分析、归纳软件 GUI 的测试内容及测试要点。
4. 解释软件质量度量级别中的度量元、质量标准级和质量因素级构成内涵。
5. 分析、总结软件的类测试要点。
6. 解释断言，列举出 JUnit 自带的几个断言。
7. Logiscope 的 Audit、RuleChecker、TestChecker 分别解决组件测试的哪些问题？

二、项目实践题

1. 【实践题】安装 Logiscope 测试工具软件，并学习和试用，体验各项功能（或选择读者现有的组件测试工具）。

2. 【项目题】试选择一个或几个 C/C++，或 Java 的源程序，进行组件测试。运用 Logiscope Audit、RuleChecker、TestChecker 分别建立测试项目工程，设计测试，执行测试，分析测试结果，写出测试报告。

3. 【项目题】试用 Logiscope 测试工具，建立 Java 组件测试项目，并分别使用 Audit 进行评审代码质量、用 RuleChecker 进行编码规则检查、使用 TestChecker 进行动态测试。分析其测试结果，写出测试报告。

4. 【项目题】安装 JUnit 测试工具软件，并学习和试用其各项功能。

5. 【项目题】试用 JUnit 测试工具，建立 Java 组件测试项目，并选用 RuleChecker 进行编码规则检查、使用 TestChecker 进行动态测试。分析其测试结果，写出测试报告。

6. 【项目题】Logiscope 测试应用实践。建立一个组件测试项目，并给出测试思路。给出二次函数求根程序进行组件测试。这里提供用 C 语言编制的二次函数的源程序（或由读者自行选择其他 C/C++程序或模块作为被测项目），试建立 Logiscope 的三个测试项目，并完成其测试过程，编制测试报告。可选定 MS VC 6.0/VS 2005 或其他 IDE。二次函数求根的 C 源程序如下。

//二次函数 Y=ax2+bx+c，求方程的根 Y=0 的 C 程序，组件测试被测程序
#include<stdio.h>

```c
#include<math.h>
main()
{
  float a,b,c,x1,x2,disc;    //输入 a,b,c 系数
    printf("输入二次函数系数  a,b,c:");
    scanf("%f,%f,%f",&a,&b,&c);
    printf("a,b,c:%8.4f,%8.4f:%8.4f\n",a,b,c);
    if(fabs(a)<1e-5)          //判断是否二次函数-方程
      {
        printf("方程不是一个二次方程！\n");
      }
    else
      {
      disc = b*b - 4*a*c;     //是，计算判别式
        if(disc<0)            //计算方程根
      {
        printf("方程无实数根，方程为虚数根!\n");
        x1 = (-b + sqrt(abs(disc)))/(2*a);
        x2 = (-b - sqrt(abs(disc)))/(2*a);
        printf("x1=:%8.4f",x1);
        printf("+i\n");
        printf("x2=:%8.4f",x2);
        printf("+i\n");
      }
        else
        {
      if(fabs(disc)<1e-5)
        {
      printf("方程有两个相等的实数根:%8.4f\n",-b/(2*a));
        }
      else
        {
      x1 = (-b + sqrt(disc))/(2*a);
      x2 = (-b - sqrt(disc))/(2*a);
      printf("方程有两个不相等的实根:%8.4f,%8.4f\n",x1,x2);
        }
        }
      }
}
```

7.【项目题】将上题给出的二次函数求根的 C 程序，改为 Java 程序，试编写 JUnit 组件测试。

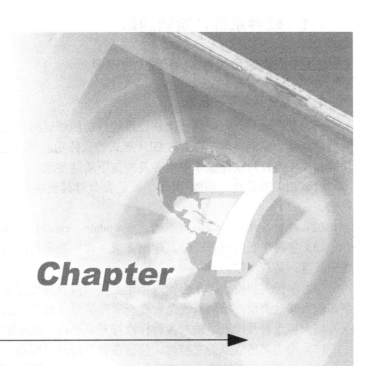

第7章 软件系统性功能测试

本章导学

内容提要

在软件测试领域，系统性的功能测试是必需的测试内容。本章通过软件项目的功能测试的策略规划与具体的实施步骤，学习如何运用软件测试理论和测试自动化测试工具，建立软件项目的功能测试策略。通过选用典型的软件功能测试工具 RFT 的介绍与应用实例的学习，把握软件项目或产品系统性功能测试的思路与方法，运用已有的测试知识，结合实际应用的体验，训练功能测试的实践能力，并试图获得举一反三的效果。

本章的重点学习内容是软件项目的功能测试的策略与实现技术，相关的功能测试的工具平台的知识与测试技术的综合运用。

学习目标

☒ 学习与掌握软件项目的功能测试策略、方法与实施的过程。

☒ 掌握和运用功能测试工具 IBM RFT。

☒ 运用 IBM RFT 进行功能测试的实践。

7.1 软件系统性功能测试

7.1.1 软件系统性功能测试的内容

1. 针对一般的软件系统

针对软件项目，归纳总结出软件系统性功能测试的范围及内容，主要是检测软件的各项业务功能是否正确实现。除了对 GUI 形式的软件功能测试之外（具体详细内容参阅第 6 章），功能测试还将针对软件操作中所涉及的如下功能实现。

（1）相关性检查。删除/增加某项是否会对其他项产生影响，如产生影响，影响是否都正确。

（2）检查操作的功能是否正确。如 update、cancel、delete、save 等是否正确。

（3）字符串长度检查。输入超出需求所说明的字符串长度的内容，检测系统是否检查字符串长度，是否出错。

（4）字符类型检查。在应输入指定类型的内容的地方输入其他类型的内容，如应输入整型却输入其他类型，检测系统是否检查字符类型，是否会报错处理。

（5）标点符号检查。输入各种标点符号、空格、回车键等，检查处理是否正确。

（6）检查带出信息的完整性。检查在查看信息时所填写信息是否全部带出（显示）。

（7）信息重复性检查。对需要命名且应是唯一的信息，输入重复名字或 ID，检查系统是否处理报错。重名是否区分大小写，在输入内容前后输入空格，系统是否做出正确处理。

（8）检查删除功能。在可一次删除多个信息的地方，不选择任何信息，按 Delete 键，检测系统处理的情况。选择一个或多个信息，进行删除，检测系统是否能正确处理。

（9）检查添加与修改信息的操作是否一致。

（10）search（搜索）功能检查。在有 search 功能的地方输入系统存在与不存在内容，检查 search 结果是否正确。如可输入多个 search 条件，可同时添加合理与不合理的条件，检测系统处理是否正确。

（11）检测输入信息的位置。在光标停留处输入信息时，光标及所输入信息是否跳转到别处。

（12）上传/下载文件检查。检查上传/下载文件功能能否实现。

（13）必填项的检查。应填写项而无填写时，系统是否处理，对必填项是否有提示信息等。

（14）回车键检查。输入结束后直接按回车键，检测系统处理情况。

2. 针对 Web 应用软件系统

对于 Web 应用软件，除了上述针对一般软件需要检测的内容之外，测试还应增加以下内容。

（1）链接测试。链接是 Web 应用主要特征，在页面间切换和指导用户进入不知地址的页面。链接测试分为三个方面：测试所有链接是否按指示的那样确实链接到该链接页面；测试所链接的页面是否存在；保证 Web 应用系统上无孤立页面。

（2）表单测试。当用户给 Web 应用系统提交信息时，需使用表单操作，如用户注册、登录、信息提交等。测试提交操作完整性，校验提交服务器信息的正确性，如用户填写的出生日期与职业是否恰当，填写的所属省份与所在城市是否匹配等。当使用默认值时，须检验默认值的正确性。如测试表单只接受指定的某些值，测试时可跳过这些字符，观察是否报错。

（3）数据校验测试。数据校验是指如果系统根据业务规则需对用户输入校验，则需保证校验功能正常工作，如省份字段可用有效列表进行校验。在此情况下，需验证列表完整并保证程序正确调用该列表。

（4）Cookies 测试。Cookies 存储用户信息和用户在某应用系统的操作，当用户使用 Cookies 访问某应用系统时，Web 服务器将发送关于用户的信息，把该信息以 Cookies 形式存储于客户端计算机上，这样可创建动态和自定义页面或存储登录等信息。如 Web 应用系统使用了 Cookies，必须检查 Cookies 是否正常工作。测试内容包括 Cookies 是否起作用，是否按预定时间保存，刷新对 Cookies 有何影响等。

（5）Web 设计语言的测试。Web 设计语言版本差异可能引起客户端或服务器端的问题。例如，使用哪个版本的 HTML 等。针对不同的浏览器及不同版本，针对不同脚本语言，如 Java、JavaScript、ActiveX、VBScript、PHP 等，验证功能体现是否正常。对应用程序的插件的功能单独进行测试。

（6）数据库测试。Web 应用系统的最常用数据库类型是关系型数据库，使用 SQL 对信息进行处理。在使用了数据库的 Web 应用系统中，一般情况下，可能发生两种错误：数据一致性错误和输出性错误。数据一致性错误主要是由于用户提交的表单信息不正确而造成的；输出性错误主要是由程序设计问题而引起的。

（7）应用系统特定功能测试。除以上基本功能测试外，测试还需对应用系统特定功能需求进行验证。例如订单管理应用软件，应尝试用户可能进行的所有操作，如下订单、更改订单、取消订单、核对订单状态、货物发送前的信息更改及在线支付等。

7.1.2 软件系统性功能测试的基本要素

1．功能测试的策略

功能测试就是对软件项目（产品）的各项功能进行验证的过程。本章所说的功能测试，是指在软件的系统性测试与验证性测试阶段中所进行的功能性测试应依据软件设计的功能要求和指标，逐项完成，检验是否达到用户要求或软件设计的预期功能。

由于系统性功能测试工具的发展和应用，特别是基于网络的应用软件系统（如 Web 应用系统）的功能测试，自动化测试将发挥极大技术优势与测试的高效性。因此，目前软件系统性功能测试策略采用手工测试与自动测试相结合的混合方式，测试质量与效率大为提高。

2．功能测试的流程

功能测试的流程：编制测试计划→创建测试用例（脚本）→增强测试用例（脚本）功能→运行测试→分析测试结果。

功能测试的测试计划是根据被测项目的具体需求，以及所使用的测试工具而制定的，它完全用于指导测试的全过程。创建测试脚本、增强测试脚本的功能、运行测试和分析测试结果都与测试工具的选用有关。事实上，功能测试的过程中对测试工具的运用不是单一形式的，而是综合性的。这个趋势越来越占据主导地位。

3．功能测试的测试用例或测试脚本

功能测试的测试用例或测试脚本的设计主要源于软件需求说明及功能说明的相关文档；相关的设计说明，如概要设计、详细设计等；与开发组交流所产生的需求理解的记录；已基本成型的图形界面。

在测试设计前，应尽可能收集所有项目文档，并分解出若干"功能点"，理解"功能点"，并编写相应测试用例。各功能点与相应的测试用例建立联系，当需求与设计发生变化时，只需跟踪"功能点"是否变化，是否增加了新功能。

功能测试的测试脚本可以人工方式设计编写（实质开发一个程序）或由自动化测试工具生成。关于自动化测试脚本的内容已在第 5 章详细分析和叙述了，这里不再赘述。

7.2 软件功能测试工具及应用

构建功能测试的自动化，需要选择相应的测试工具（平台）。广泛应用于软件业界的功能测试工具有成熟商品化工具，也有开源的免费工具。比较知名和流行的成熟商品化工具有 IBM Rational Functional Test、MI Quick Test Professional 等，这些测试工具或平台都能较好地承载系统性功能测试的构建和实施，完整实现和完成功能测试的大部分工作任务。

本节选择 IBM Rational Functional Test 这一优秀、典型的功能测试的工具进行测试应用的说明，希望通过对该工具平台的应用说明和介绍，使读者获得对该功能测试平台或其他测试工具的认知与应用方法。

7.2.1 RFT 的一般概况

Rational Functional Tester（RFT）是一款先进的自动化功能测试工具（平台），适用于系统测试人员和 GUI 类型（包括 Web 应用系统）的软件开发人员。

RFT 面向对象，支持在 Microsoft Windows 2000/XP Professional 及以上版本、Windows 2003 Server 及以上版本、Red Hat Linux （all functions except recording）平台的 Java、HTML 以及.NET 的应用。

应用 RFT 可简化复杂的软件功能测试的任务，测试者能够通过选择软件工业标准的脚本语言，实现各种高级定制功能。RPT 通过 IBM 的基于 Wizard 的智能数据驱动的软件测试技术，提高测试脚本重用的 ScriptAssurance 技术等技术应用，大大提高了测试脚本的易用性与可维护性。同时，它为 Java 和 Web 测试人员提供了与开发人员同样的操作平台 Eclipse，并通过提供与 IBM Rational 测试生命周期其他软件的无缝集成，真正实现在一个测试/开发平台上统一整个软件开发团队的智慧和能力。

1．RFT 的平台作用

（1）测试脚本开发两种语言。可选择基于 Eclipse 的 Java 编辑器或基于 VS.NET 的 VB.NET 编辑器及调试器。达到工业级的测试脚本开发环境。

（2）广泛技术应用支持。基于 Eclipse 和 VS.NET 的 Shell 的紧密集成，内置对 Java、Web、SAP 和 VS.NET、Winform 应用的支持；基于对 3270/5250 终端应用的支持。

（3）可与 IBM Rational ClearQuest、ClearCase 等工具集成，实现更紧密的缺陷及版本控制管理。

2．RFT 的功能特性

（1）在测试应用程序中，基于用户执行动作自动生成测试脚本（如 IE、Firefox 等），自动创建测试对象地图（映像）。可测试应用软件中任何对象及包括该对象的属性与数据，并支持回放功能。

（2）可实现自动数据关联和数据驱动测试 。

（3）Script Assure 技术增强测试脚本的变更、修改、维护等灵活机制 。

（4）具有先进的对象地图维护能力。

（5）使用正则表达式或数据驱动方法建立动态验证点。

（6）提供针对电子商务和 ERP 应用的解决方案，包括对 Siebel 与 SAP（全球著名的电商软件与 ERP 软件）的扩展支持。

（7）支持在 Linux 环境下的测试脚本的编辑和回放。

（8）支持企业级数据库。

（9）支持通过电子签名与审计跟踪（AuditTrails）应对法规遵从的能力。

（10）提供 Web 模式的友好工作界面。

（11）支持 Eclipse Test 和 Performance Tools Platform 日志功能。

图 7-1 为 Rational Functional Test（RFT v8 中文版）的工作界面。

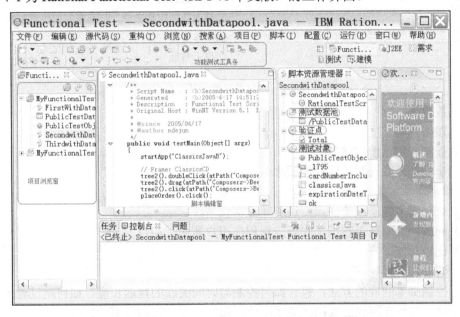

图 7-1　Rational Functional Test（RFT v8 中文版）的工作界面

3．RFT 的详细功能

1）执行相关操作实现

（1）RFT 的功能及用途。

（2）RFT 界面的导航。

（3）录制脚本/自动回放脚本/修改脚本及增加脚本功能。

（4）使用测试对象地图。

（5）控制测试目标识别。

（6）建立数据驱动测试。

（7）测试环境配置管理。

2）录制监视器

RFT 设置录制监视器，以便对各种录制活动进行检测。在选择项目及脚本命名后，录制监视器将显示录制期间每一行为特性信息或错误信息。录制监视器及其工具栏如图 7-2 所示。

2）测试环境配置

测试环境配置主要是要求上下文的一致性，因为不一致（自相矛盾）的上下文将导致测试脚本失效。这里，上下文是指：

（1）硬件的测试配置。

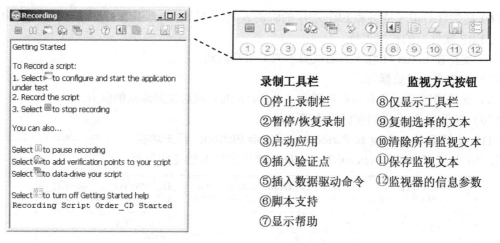

图 7-2　录制监视器及其工具栏

（2）数据库。

（3）网络环境。

（4）被测应用系统的状态。

（5）事物的关联（测试活动的顺序）。

3）验证点及设置

（1）录制脚本和录制验证点，这将建立测试基线。

（2）回放的脚本是否违反了实际应用程序用户测试（AUT）。

（3）比较功能。

4）设置功能测试选项

（1）控制脚本回放的方法：包含如何控制与时间关联的延迟长度、如何跳过验证点、如何控制重试、如何在回放监视期间关闭回放、如何指定不同的类型的日志。

（2）回放选择：延迟选项、回放监视、时间倍增、日志选择、发现与找到测试对象最大时间、暂停发现和找到测试对象、跳过验证点、超时等待/重用计时。图 7-3 为功能测试回放的选项设置；图 7-4 为测试回放监视的选项设置。

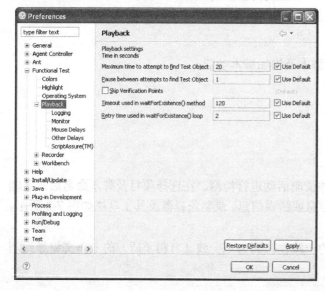

图 7-3　功能测试回放的选项设置

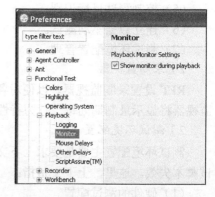

图 7-4　测试回放监视的选项设置

5）功能测试回放延时的选择

（1）鼠标向上前的延迟。

（2）鼠标移动前的延迟。

（3）鼠标向下前的延迟。

（4）键向上前的延迟。

（5）操作迟疑的延迟。

（6）返回顶层窗口的延迟。

（7）键向下前的延迟。

（8）执行测试目标动作前的延迟。

图 7-5 为测试回放的延迟（鼠标、键的操作）选项设置。

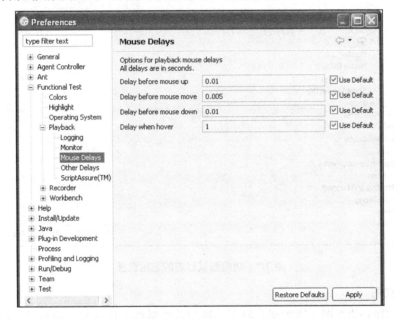

图 7-5　测试回放的延迟（鼠标、键的操作）选项设置

6）功能测试时间倍增的设置

功能测试时间倍增的设置，将应用于回放/延迟/录制的过程。图 7-6 为功能测试时间倍增的选项设置。

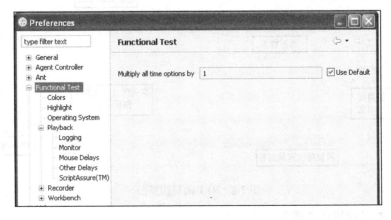

图 7-6　功能测试时间倍增的选项设置

7）功能测试日志的选择

（1）隐含日志信息/显示回放后的日志/提示已有的日志。

（2）日志类型：日志未建立/文本/HTML（隐含设置）。功能测试日志的选项设置如图7-7所示。

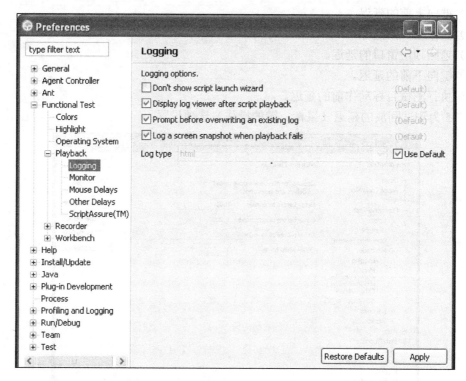

图7-7 功能测试日志的选项设置

8）测试视图

图7-8为RFT的视图（透视图）界面。视图功能提供工作或浏览项目的一种方式，视图可包含多个Tab（选项卡），视图可以通过拖曳选项卡方法显示，视图可重新布局。

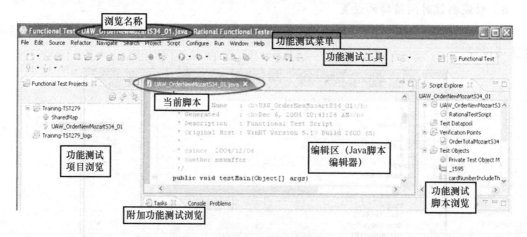

图7-8 RFT的视图界面

图7-9为RFT的视图选项卡。

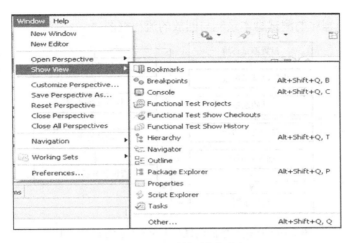

图 7-9　RFT 的视图选项卡

9）功能测试资产管理

RFT 测试资产存储包含测试脚本、对象的地图（映像）、验证点基线文件、脚本模板、数据池。

10）验证点

验证点的作用是验证应用程序的结果。RFT 的验证点功能将能实现如何辨别应用的预期工作内容（关于算术统计值：求和、合计、剩余数等），验证数据的显示，错误信息的显示，光标运动，窗口处理，询问等功能，以及如何验证应用的一致性，如从一个构建到另一构建。

RFT 在脚本中建立验证点。验证点在脚本中可建立及确认应用程序用户测试（AUT）的状态，并可跨越多个构建（回归测试）或运行（可靠性测试）。

验证点提供视点的功能：记录一个验证点，在需要时，验证应用程序的预期结果。

RFT 录制验证点提供两个方法：使用验证点在应用中选择一个目标去测试；使用行为指南对一个目标选择一个行为去执行。

11）脚本维护

测试脚本的维护，将持续在测试生命周期实施。应用程序的界面改变将导致自动测试脚本中断，因此测试必须随应用程序的变更不断更新。RFT 对测试脚本的维护，采用了 IBM 的 Script Assure 技术能保证测试脚本在应用变更时更具有适应性。在 RFT 中可实现 Script Assure 测试回放技术，其优势有三点：自动寻找在 Java 脚本。

中已改变的项目和对基于 Web 应用目标的重新映像；允许测试人员选择与用户界面特性的一些重要关联；由于减少了通常贯穿整个应用生命周期的更新测试，实现了较低的脚本维护时间成本。

7.2.2　RFT 的基本运用方法

1．创建测试脚本

（1）选择测试需求及设计测试用例（针对应用软件项目或系统）。

（2）录制操作过程（执行用户操作过程的记录）。

（3）插入验证点（功能测试的检测点）。

（4）编辑测试脚本（编辑已录制的测试脚本）。

（5）脚本回放（实施测试的过程）。

图 7-10 为应用程序的测试脚本录制与回放的流程框图。

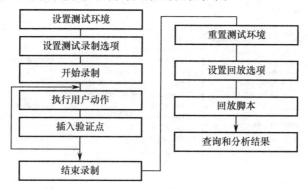

图 7-10　应用程序的测试脚本录制与回放的流程框图

2．录制脚本概述

1）录制脚本的准备

录制脚本是为了测试应用程序。功能测试的脚本是一个文本文件，应用程序的状态说明在测试录制期间生成。功能测试是通过一系列的命令去仿真用户的动作行为，例如鼠标单击、击键等。脚本实质上可看成将手动编制动作行为的过程以代码的形式来体现。当测试脚本被回放时，测试是由执行脚本而被重新建立的过程。

在录制测试脚本之前，需完成规划自动化测试的工作如下。

（1）为了确定项目工程的标准，需要确定哪些项目可列入自动化测试计划? 组织工程产品（提供的可测试软件产品）；对脚本命名的约定；提供共享测试的产品成果；提供共享测试的数据。

（2）为应用程序的测试而确定自动测试的验证点。

（3）确定测试脚本的执行顺序。

（4）设计最大化脚本重用和最小化测试脚本维护及修改方案。

对录制的一个脚本，应能实现以下内容。

（1）描述脚本开发过程。

（2）录制新的测试脚本。

（3）确定功能测试验证点和描述其适当用途。

（4）记录验证点。

（5）确定测试脚本支持功能说明将如何包含在脚本中。

（6）插入记录到一个已存在的脚本中。

2）脚本的生成过程

（1）建立脚本与启动录制。

（2）在应用程序的用户测试中执行。

（3）结束录制。

3．脚本录制过程

1）建立于启动脚本录制

启动录制，选择存放脚本的文件夹，脚本命名，如图 7-11 所示。

2）开始录制

（1）始于应用程序（被测软件或系统），选择应用项目，确认所选应用（可编辑应用），如图 7-12 所示。

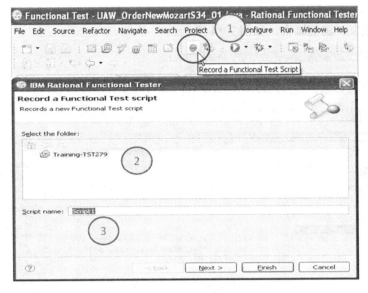

图 7-11　启动脚本录制

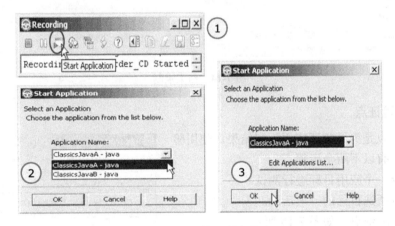

图 7-12　开始录制脚本

（2）在被测应用程序中执行用户动作。这里，下 CD 购买订单，记录操作过程……如图 7-13 所示。

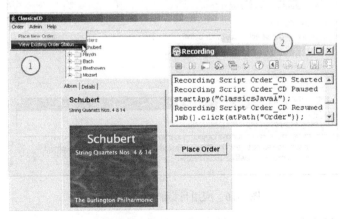

图 7-13　录制过程

3）结束录制

启动停止录制，浏览脚本，如图 7-14 所示。

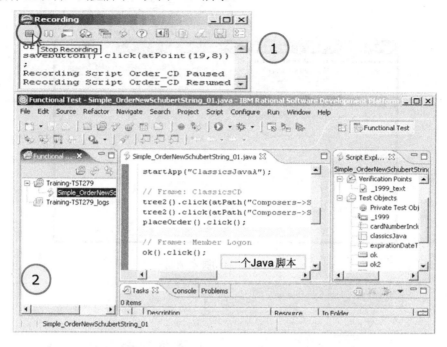

图 7-14　结束录制

4．录制验证点

录制验证点是为了验证应用程序结果。使用验证点与操作，有以下两个步骤。

（1）选择一个应用目标进行测试。

（2）执行所选目标的一项活动。

启动录制验证点，如图 7-15 所示。

1）选择一个应用目标进行测试

应用目标的测试方法选择，如图 7-16 所示。

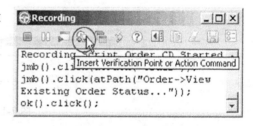

图 7-15　启动录制验证点

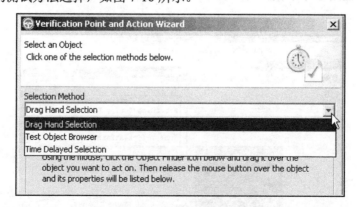

图 7-16　应用目标的测试方法选择

有三种方法：目标发现、目标浏览、时延选择，如图 7-17～图 7-19 所示。

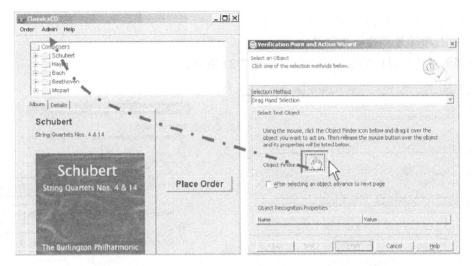

图 7-17   目标发现

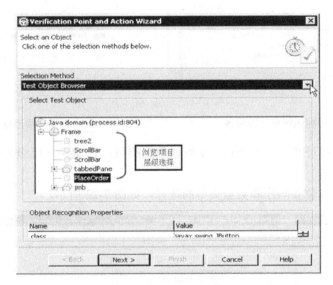

图 7-18   目标浏览

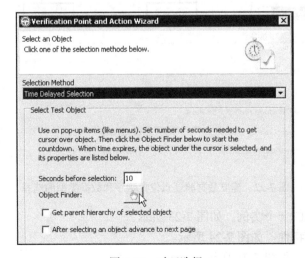

图 7-19   时延选择

目标识别特征的内容，如图 7-20 所示。

2）执行所选目标的一项活动

选择一项违反目标的活动去执行，如图 7-21 所示。

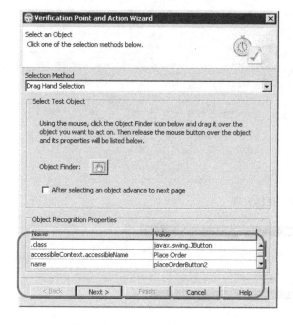

图 7-20 目标识别特征的内容   图 7-21 选择一项违反目标的活动去执行

（1）建立数据验证点。在所选目标中测试数据类型：表/菜单（层级）/表格/文本/树结构（层级）/状态。

建立数据验证点位置顺序和数据类型的选择，如图 7-22 所示。

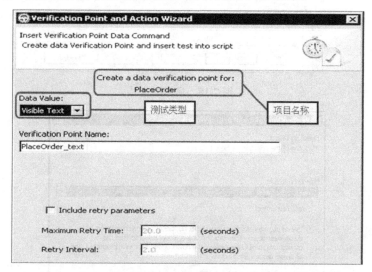

图 7-22 建立数据验证点位置顺序和数据类型的选择

建立数据验证点的一个实例，如图 7-23 所示。

选中目标的测试特性，如图 7-24 所示。

验证点数据编辑，如图 7-25 所示。

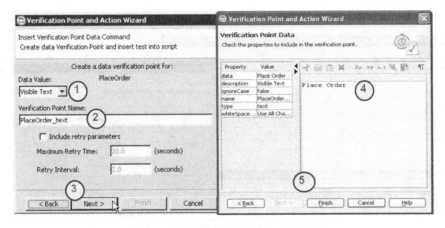

图 7-23　建立数据验证点的一个实例

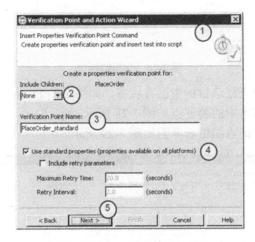

图 7-24　选中目标的测试特性

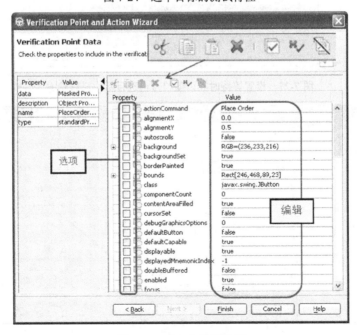

图 7-25　验证点数据编辑

获得特性值,如图 7-26 所示。

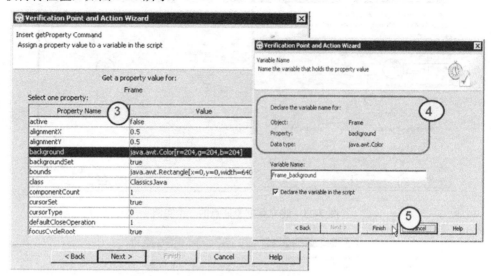

图 7-26　获得特性值

设置等待时间以便检查已选目标中已有状态,如图 7-27 所示。

(2) 录制验证点。脚本中的验证点如图 7-28 所示。

(3) 编辑验证点。验证点编辑器界面如图 7-29 所示。

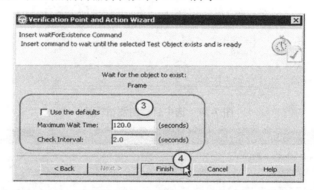

图 7-27　设置等待时间以便检查已选目标中已有状态

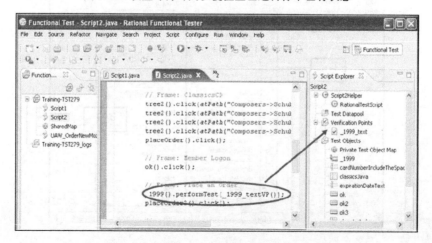

图 7-28　脚本中的验证点

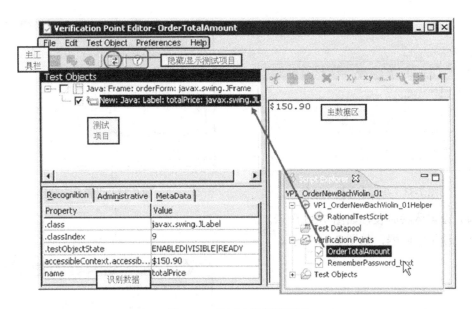

图 7-29　验证点编辑器界面

5．使用脚本支持功能

1）录制智能脚本

如何提供关于测试执行的更多信息？如何使文档成为脚本？如何找出执行的时长？使用录制智能脚本可实现。使用脚本支持功能插入代码到当前测试脚本中，执行多项任务：调用脚本/注释/进入日志/睡眠/定时器。插入脚本支持功能命令，如图 7-30 所示。

2）访问脚本支持功能的两种方法

访问脚本支持功能的两种方法，如图 7-31 所示。

在编辑期间和录制期间：调用脚本和增加注释。

（1）调用脚本，如图 7-32 所示。

图 7-30　插入脚本支持功能命令

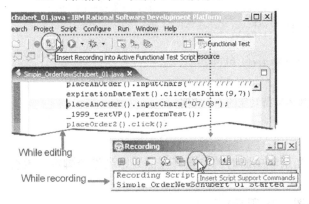

图 7-31　访问脚本支持功能的两种方法

图 7-32　调用脚本

（2）在脚本中插入注释，如图 7-33 所示。

（3）设置日志功能，如图 7-34 所示。设置信息、预警、错误。

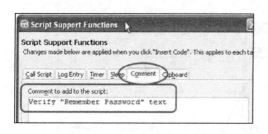

图 7-33　在脚本中插入注释

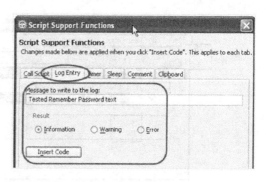

图 7-34　设置日志功能

（4）设置休眠时长，如图 7-35 所示。

（5）使用定时器，如图 7-36 所示。

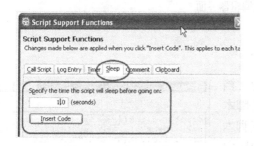

图 7-35　设置休眠时长

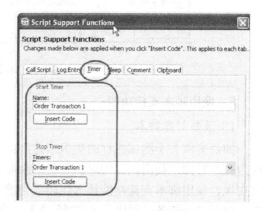

图 7-36　使用定时器

（6）应用脚本支持功能的一个应用实例如图 7-37 所示。

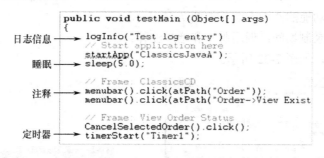

图 7-37　应用脚本支持功能的一个实例

6. 插入记录到脚本

如何改正记录的错误？怎样定位找出当录制中断时的位置（左侧）？当整个脚本中没有被记录时，怎样测试新的应用特性？

解决办法是：插入记录到脚本中（如图 7-38 所示）。

（1）改正一个录制时的错误：停止录制，从脚本中删除错误，插入记录。

（2）中断录制后重新进行摘要：定位停止录制时的光标位置，插入记录。

（3）测试新加入的特性：在执行一项测试活动光标位置，插入记录。

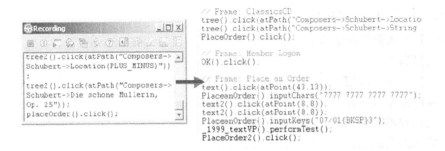

图 7-38　插入记录到脚本中

有 2 种方法可将记录插入到已存在的脚本中：从功能菜单、从工具栏，如图 7-39、图 7-40 所示。

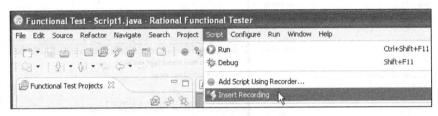

图 7-39　从功能菜单进行

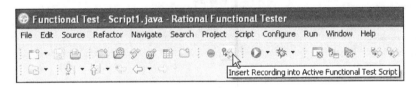

图 7-40　从工具栏进行

7. 建立（透）视图

1）建立视图

这项工作定义初始化的工作空间配置和布局，并提供聚焦的工作环境两项过程。

2）执行不同任务时可切换到不同视图

打开方式：已存在窗口中、新窗口中、同一窗口中。

打开视图：单击"Window"→"Open Perspective"或单击"Open a perspective"，并选择一个透视图，如图 7-41 所示。

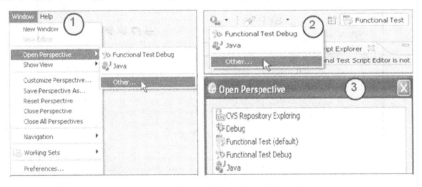

图 7-41　打开视图并选择一个视图

8. 使用一个功能测试项目

1）RFT 测试资产存储目录

（1）测试脚本。

（2）对象映像（MAP）。

（3）验证点基线文件。

（4）测试脚本的模板。

（5）测试的数据池。

2）连接到功能测试的项目

连接到功能测试项目，如图 7-42 所示。

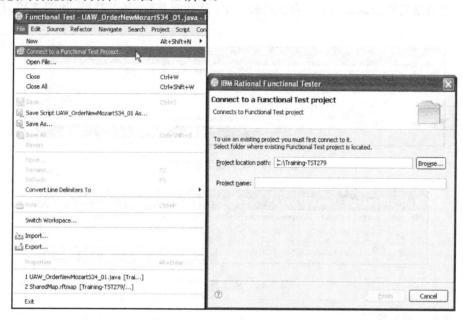

图 7-42　连接到功能测试项目

3）启用测试环境

（1）运用 RFT 测试 HTML 的应用，首先须启用 Web 浏览器，如图 7-43 所示。

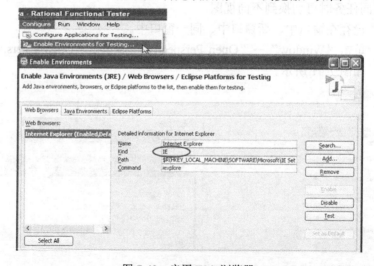

图 7-43　启用 Web 浏览器

（2）在运用 RFT 测试之前，须启用本地的 Java Runtime Environment（JRE）applications，如图 7-44 所示。

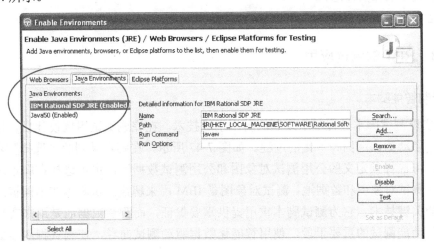

图 7-44　启用 Java 运行环境

4）配置被测应用

提供被测应用系统的名称、路径及其他运行时所需的信息，如图 7-45 所示。

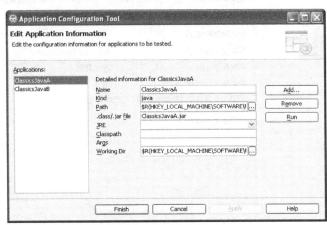

图 7-45　配置被测应用

9．执行测试脚本

1）执行测试脚本过程

执行测试脚本过程如图 7-46 所示。

图 7-46　执行测试脚本过程

运行测试脚本操作上就是回放脚本。运行时可看到回放窗口。若脚本因某种原因停止运行，将提示发生的相关信息。

脚本运行完成后，将能够显示测试运行的结果。

7.2.3　RPT 的测试应用

1．录制智能脚本

RFT 实现测试脚本过程基于录制的脚本生成技术。在完成测试用例设计后，进行测试脚本录制，启动测试用例脚本化的过程。如图 7-47 所示，在脚本录制的"选择脚本资产"对话框中，可选择预定义的公用测试对象图和公用测试数据池，也可选择在脚本录制过程中生成私有测试对象图和数据池。测试对象图是 IBM 用来解决测试脚本在不同被测版本间成功回放的关键技术。它为测试脚本重用提供重要保证，而测试数据池是用来实现数据驱动的自动化功能测试的重要手段，使用智能化数据驱动测试向导，使测试脚本参数化简单容易。

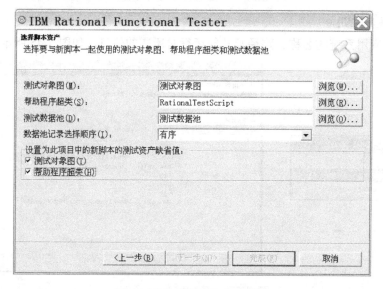

图 7-47　选择脚本资产对话框

在功能测试录制监视窗口，可根据提示启动被测应用系统，执行测试用例中规定的测试步骤，实现测试脚本录制。在脚本录制中，可根据需要插入验证点和数据驱动的测试脚本。

所谓验证点是在指令中比较实际结果和预期结果的测试点。自动化功能测试正通过这个原理，实现对被测系统功能需求的验证。

完成脚本录制后，RFT 自动生成如下以标准 Java 语言描述的脚本。

```
import resources.ThirdwithDatapoolHelper;
import com.rational.test.ft.*;
import com.rational.test.ft.object.interfaces.*;
import com.rational.test.ft.script.*;
import com.rational.test.ft.value.*;
```

```java
import com.rational.test.ft.vp.*;
/**
 * Description: Functional Test Script
 * @author ndejun
 */
public class ThirdwithDatapool extends ThirdwithDatapoolHelper
{
    /**
     * Script Name : <b>ThirdwithDatapool</b>
     * Generated : <b>2010-9-15 14:22:36</b>
     * Description: Functional Test Script
     * Original Host : WinNT Version 5.1 Build 2600 (S)
     *
     * @since   2010/09/15
     * @author ndejun
     */
    public void testMain(Object[] args)
    {

        startApp("ClassicsJavaB");
                // Frame: ClassicsCD
        classicsJava(ANY,MAY_EXIT).close();

    }
}
```

基于 Java 的测试脚本，为高级测试提供强大编程及定制能力，甚至可通过在 Helper 类中加入各种客户的脚本，实现各种高级测试功能。

2．实现数据驱动的功能回归测试

RFT 具有基于向导（Wizards）的数据驱动的测试能力。在测试脚本录制过程中，如图 7-48 所示，可选择被测应用图形界面上的各种被测对象，并进行参数化。通过生成新的数据池字段或从数据池中选择已存在的数据字段，可方便地实现数据驱动的功能回归测试。

在生成测试脚本时，可在验证点中使用正则表达式或使用数据驱动方法建立动态验证点。动态验证点用来处理普通验证点的期望值随输入参数不同而发生变化的情况。在如图 7-49 所示的例子中，订单总金额会随购买商品数量不同而变化，通过数据驱动测试方法，首先对购买的商品数量与订单总金额进行参数化，然后编辑验证点中的期望值，用数据池中的对应订单总金额来代替，这样，验证点中的总金额就会随购买商品数量不同而得出正确的总金额。

还可通过在验证点中使用正则表达式（如图 7-50 所示），建立更灵活的验证点，保证测试脚本重用。

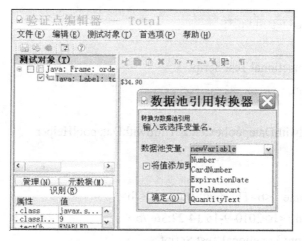

图 7-48　数据驱动的功能测试

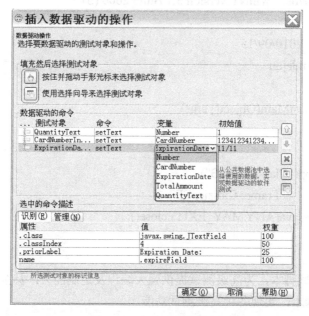

图 7-49　生成动态验证点

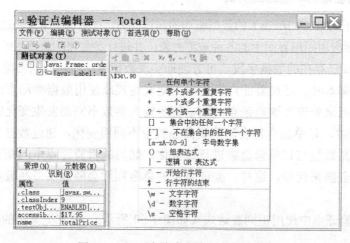

图 7-50　正则表达式在验证点中的应用

3．测试脚本的修改与维护

使用 RFT 进行 Java 和 Web 应用测试时，标准 Java 的测试脚本语言为测试脚本的可重用能力提供了基本保证。此外，通过维护"测试对象图"，RFT 为测试者提供了不用任何编程就可实现测试脚本在不同被测系统版本间的重用。测试对象图分为两种：公用测试对象图，可为项目中的所有测试脚本使用；私有测试对象图，只被某一管理的测试脚本所使用。在软件开发的不同版本间，开发人员会根据系统需求的变化，修改被测系统和用于构建被测系统的各种对象，所以测试脚本在不同的版本间进行回归测试时经常会失败。通过维护公用测试对象图，如图 7-51 所示，可根据被测应用系统中对象的改变，更新测试对象的属性值及对应权重。这样在不修改测试脚本前提下，能使原本会失败的测试脚本回放成功。为方便对测试对象图的修改与维护，RFT 还提供了较强的查询与查询定制功能，帮助测试脚本维护人员快速找到变更的测试对象，实现修改及维护。

图 7-51　测试对象图的维护

4．ScriptAssure 技术分析

IBM 提供的 ScriptAssure 技术能保证测试脚本在应用变更时更具有弹性，使测试工具对测试对象的变更具有一定程度的容许，提高测试脚本可重用性。两个构建之间的识别属性，如图 7-52 所示。

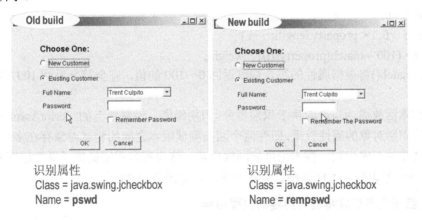

图 7-52　两个构建之间的识别属性

脚本回放时，ScriptAssurance 主要使用两个参数：工具所容忍被测对象差异的最大阈值和用于识别被测对象的属性权重。经 Eclipse 首选项设定脚本回放容错级别即阈值，如图 7-53 所示。

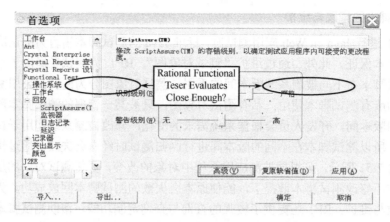

图 7-53　ScriptAssurance 容错级别设定

单击"高级"按钮，可看到各种具体的可接受的识别阈值，如图 7-54 所示。

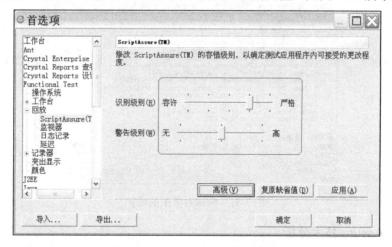

图 7-54　ScriptAssurance 阈值设定

另外，测试员可根据被测对象实际的更改情况，在测试对象图中修改用于回放时识别被测对象的属性及其权重。在测试脚本回访时，测试对象的识别分数将由以下算法得出：

int score = 0;

for (int i = 0; i < property.length; ++i)

score += (100 – match(property[i])) * weight;

其中，match()将根据属性的符合程度返回 0～100 的值，完全符合返回 100，完全不符合返回 0。

测试脚本回放成功与否取决于识别得分<识别阈值。设置恰当的 ScriptAssurance 阈值和设置合适的识别对象的属性权重，即使两个回归测试版本之间的测试对象存在多个属性不同，对象仍有可能被正确识别，脚本仍可能回放成功。这为脚本重用提供了最大程度的灵活性。ScriptAssrance 的识别技术保证测试脚本的重用，如图 7-55 所示。

5. 可获得成套集成特性与内容的过程指导

使用 RFT 可获得带有一套集成特性和内容的过程指导（IBM Rational Process Advisor），以期在软件开发中获取更新的实践。访问这些信息有两种简单方法：查看 Process Advisor 视图（如图 7-56 所示）与 Process Browser 窗口。

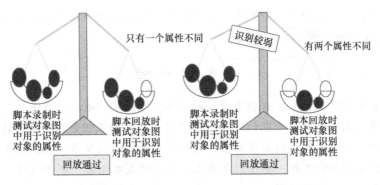

图 7-55　ScriptAssrance 的识别技术保证测试脚本的重用

启动 Process Advisor 视图,选择"Help"→"Process Advisor"命令。在用户工作台底部打开相应窗口,该视图提供上下文关联的过程指导,这基于正在执行的任务。单击一个链接可打开 Process Browser 窗口中的主题内容。

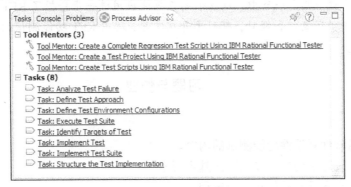

图 7-56　Process Advisor 视图

启动 Process Browser,选择"Help"→"Process Browser"命令,或选择 Process Advisor 的一个主题。Process Browser 窗口如图 7-57 所示。

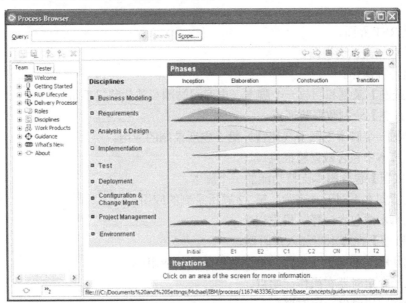

图 7-57　Process Browser 窗口

该窗口显示来自安装过程配置的全套过程内容，可通过 Process Views、Search Results、Index 三个选项卡浏览主题。

本 章 小 结

本章讨论和分析了软件系统性功能测试的内容。阐述了一般软件系统的功能测试内容与 Web 应用软件系统的功能测试内容的区别，以便明确实际测试任务和测试设计的不同。

阐述了软件系统功能测试的基本要素，讨论了功能测试的策略、功能测试的流程、功能测试的测试用例或测试脚本的一些原则及要点，为测试策略制定、测试设计、测试用例设计和测试脚本生成提出了框架说明。

软件系统性功能测试离不开自动化测试工具，本章重点介绍了 IBM RFT 功能测试工具，分析了该软件的诸多优良功能特性。对 RFT 的基本运用方法从 9 个方面进行了详细的介绍和说明，基本上涵盖了 RFT 的全貌、基本使用方法和基本测试运用。

在"RFT 的测试应用"一节中，以五个高级测试应用进一步分析了 RFT 的功能，为实现更多的功能测试提供了案例和经验，有利于开拓学习、运用 RFT 功能测试的思路及掌握功能测试的深入应用。

习题与作业

一、简述题

1. 归纳总结软件系统性功能测试的内容。
2. 归纳总结软件系统性功能测试的基本要素。
3. 简述测试脚本录制过程和回放过程。

二、项目实践题

1. 【实践题】安装 IBM RFT 工具，学习了解 RFT 的主要功能特性，掌握 RFT 的基本使用方法。
   - 浏览 RFT 界面。
   - 查看功能测试透视图。
   - 体验各种操作。
2. 【实践题】录制和回放一个脚本（电商网站购买某款苹果手机）。
3. 【实践题】录制数据验证点。
   - 录制另一个脚本不同于（违背）第 2 题所录制的应用。
   - 在此脚本中包含数据验证点。
4. 【实践题】包含脚本支持功能的一个脚本。
   - 录制新脚本不同于（违背）第 22 题所录制的应用。
   - 在此脚本中包含注释、日志记录。
5. 【实践题】在脚本中加入定时器。
   - 录制新脚本不同于（违背）第 2 题所录制的应用。
   - 插入一个定时器在操作起始点。
   - 在操作完成时停止定时器。

6.【实践题】在脚本中加入记录（录制）。

■ 安置应用到调整修改了的上下文。

■ 在已存在的脚本中执行额外的用户行为。

7.【实践题】设置功能测试的参数和选项。

■ 检查和设置功能测试回放选项。

■ 检查和设置功能测试日志记录选项。

■ 检查和设置功能测试时长倍增选项。

8.【设计题】选用一个 Web 应用程序（如某邮件系统、OA 系统或电商网站），确定其应用程序的功能测试项目（不少于 5 个测试目标），进行测试的规划及设计，完成该应用项目功能测试设计方案。

9.【项目题】应用 RFT 进行功能测试的实施，完成第 8 题中所设计的功能测试任务。

第 8 章 软件系统性能测试

本章导学

内容提要

本章内容分为两个主要部分。第一部分包括性能测试基础、性能测试的规划与设计、性能测试的模型、性能测试的设计与开发、性能测试的执行与管理和 Web 性能测试的分析讨论。第二部分为 RPT 性能测试工具介绍，其基本的操作运用和应用于性能测试工程的实践。

通过对软件性能测试策略与实施过程的分析、讨论及应用案例的示范，建立软件系统性能测试的基本知识、基本思路和基本策略，可制定和掌握系统性能测试的实施方法。软件系统性能测试离不开自动化测试策略与方法的运用，也无法脱离性能测试工具的支撑，选择和正确运用性能测试的工具或平台，将产生事半功倍的测试成效。RPT 性能测试工具的学习与实践，可为全面学会和掌握软件系统的性能测试提供积极作用和工程实践示范。

学习目标

☒ 认识与深入理解软件系统性能测试的基本概念、策略制定与技术方法。

☒ 掌握性能测试的实施全过程。

☒ 认识学习 RPT 性能测试工具对解决软件系统性能测试的作用与功效。

☒ 掌握运用 RPT 进行软件系统性能测试的工程实践的策略和方法。

8.1 软件系统性能测试概述

8.1.1 软件系统性能测试的概念

1. 性能测试的基础

1）性能测试的定义、目的等

（1）性能测试的定义。这里的性能测试定义依据 ISO/IEC 9126 的软件质量规范。

（2）性能测试的目的。验证软件系统是否达到了软件用户需求的软件在某些项的性能指标，同时，发现系统所存在的影响性能的瓶颈，并优化系统。

（3）性能测试是主要针对相关应用系统（软件）的性能而进行的测试。如针对 J2EE 或.NET 架构而建立的软件系统的性能测试。

2）与软件性能特征相关的基本概念

（1）并发。严格意义上的并发，是指所有的客户端用户在同一时刻做同一件事情或同一项操作。这种操作一般是指同一种业务。广义的并发是指用户客户端的请求或者操作可以是相同的，也可以是不同的。

（2）用户并发数。指在同一时刻客户端用户与服务器进行交互的在线用户数量。

（3）请求响应时间。指从客户端发出请求到得到响应的整个过程的时间，称为 TTLB（Time to Last Byte）。其单位为：秒或毫秒。请求响应时间如图 8-1 所示。

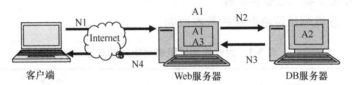

请求响应时间：网络响应时间+应用程序与系统响应时间=（N1+N2+N3+N4）+（A1+A2+A3）

图 8-1　请求响应时间

（4）事务响应时间。事务是由请求组成的系列。事务响应时间主要是针对用户而言并属于宏观的概念，是为了向用户说明业务响应时间而提出的。

（5）吞吐量。指在一次性能测试的过程中，在网络上所传输的数据量的总和。

（6）吞吐率。吞吐率是指吞吐量/传输时间的比值。可由请求数/秒、页面数/秒、业务数/小时或天、访问人数/天、页面访问量/天等来描述。

（7）TPS（Transaction per Second）。指系统每秒钟处理的交易或事务的数量。

（8）点击率（Hit Per Second）。指终端用户每秒钟向 Web 服务器提交的 HPPT 请求数，是 Web 应用系统特有的一项指标。

（9）资源利用率。指对不同系统资源的使用程度，如服务器 CPU 利用率、磁盘利用率等。资源利用率是分析系统性能指标并加以改善的主要依据，是性能测试的重点。资源利用率主要针对服务器、操作系统、数据库服务器等服务端的系统资源而言。

（10）用户场景。指用户使用系统的场景与情形。分为两类。① 基于用户实际使用情况的场景。对其进行测试，是为了验证的目的。② 基于用户的特殊场景。对其测试是为了检验系统的扩展性、稳定性等性能。显然，性能测试需要进行用户场景设计和测试。用户场景举例：例如，某系统一天之内，终端用户在不同时段、不同内容的运行场景。针对网络站点，周1至周5，早上8:00～9:00，使用邮件系统的用户较多；而针对OA系统而言，则阅读公告的用户较多。在一个系统运行的不同时期，其用户场景是不同的。

（11）大数据量。模拟系统一月，一季，半年，一年，…的数据量进行的测试。其中，数据上限是系统历史记录转移前可能产生的最大数据量，模拟的时间点是系统预计转移数据的某一时间。例如，银行卡系统每年要转移一次历史数据，设计测试时把"一年"的数据量作为大数据量的最大值。

（12）不同业务模式下的场景。同一系统可能会出现不同的业务模式。如电子商务网站系统在早上9:00～11:00是以浏览模式为主，10:00～15:00则以定购模式为主，而15:00后则以混合模式为主。性能测试需要关注在某种模式下的应用场景，以反映系统的实际状况。

（13）网络性能测试。网络性能测试主要有两类。① 基于硬件的测试：主要是通过各种专用软件工具、测试仪器等测试整个系统的网络运行环境（由系统集成负责）。② 基于应用系统的测试：在实际软件项目中，主要测试用户数目与网络带宽的关系，通过测试工具准确展示带宽、延迟、负载和端口的变化是如何影响用户的响应时间的。例如，可分别测试不同带宽条件下系统的响应时间。通常，网络性能测试主要针对后一种类型。

2．性能测试策略模型

依据用户对一个系统性能的关注程度，分为高度关注、中等关注、一般关注、不太关注，可确定性能测试的策略。

1）为性能测试策略制定基本原则

表8-1列出为性能测试策略制定的基本原则。

表8-1　为性能测试策略制定的基本原则

类别	系统类软件	应用类软件	
		一般应用	特殊应用
高度关注	从设计开始；从系统结构入手；注重数据库的设计；从根源上提高性能，系统软件从单元测试阶段开始，主要测试一些与性能相关的算法或者模块	设计阶段开始讨论，主要在系统测试阶段开始进行性能测试	设计阶段开始，对系统架构、数据库设计等方面进行讨论，从根源上提高性能。 特殊应用类软件一般从单元测试阶段开始进行性能测试，主要是与性能相关的算法或者模块
中等关注		可在系统测试阶段的功能测试结束后进行性能测试	
一般关注		可在系统测试阶段的功能测试结束后进行性能测试	
不太关注		可在软件发布前进行，提交测试报告	

2）应用案例

【例8-1】某银行的项目性能测试策略

软件类型：银行卡审批业务管理系统。该系统使用频繁，业务量每年达到200万次，属于银行领域的特殊应用软件。

项目背景：该系统属于第二次重新开发，前一开发商在系统开发完成后没有通过性能测试，在100个用户并发访问系统时，数据库服务出现崩溃。因此，新系统的测试项目要求从启动系统开始，而性能测试成为用户关注的焦点。

用户要求：用户提出必须达到性能要求，否则系统功能无论多强也无存在意义。

性能测试策略如下。

（1）从系统设计阶段开始进行测试准备工作，测试人员主要参加系统的设计、评审。因前面失利的重要原因是数据库设计不合理，所以重点讨论数据库设计。

（2）系统设计阶段完成了性能测试方案的设计。

（3）在单元测试阶段对一些重要算法进行测试，主要解决并发控制算法的性能问题，测试对象为核心业务模块。集成测试阶段完成组合测试。

（4）性能测试和功能测试同步进行。对功能测试引起的相关修改，应立即进行性能测试。

（5）验收测试。在现场进行，根据测试结果进行系统调优。

【例 8-2】某企业内部的 OA 系统的性能测试。该性能测试策略和【例 8-1】的区别较大。

软件类型：该系统为企业内部办公系统，用户数目在 1000 个以内，主要功能是信息发布和公文流转、收发邮件等。软件系统的地位属于辅助办公的功能，属一般类型的应用软件。因此，对系统性能指标的要求不高，性能测试不属于最重要的测试项目。

项目背景：已有稳定的软件系统。该项目主要依据客户的个性化要求进行二次开发。

用户要求：要求系统响应时间短于 6～8s，并满足 1000 个用户使用。

性能测试策略：在系统测试阶段开始测试准备工作，完成测试用例设计。目标为评估系统性能，根据测试结果进行一定的优化。验收测试阶段，在用户现场执行性能测试用例，根据测试结果对系统进行一定的调优工作。提交测试报告，以便系统验收。

这两个测试案例说明了制定性能测试策略的一般性结论。

软件系统（测试对象）的性能测试策略的制定由软件自身的特点决定，并将受到用户态度的影响；软件系统的背景、运行环境等因素均会影响性能测试策略的制定；最有效的性能测试策略将从实际出发，并充分考虑用户要求。

3．性能测试主要内容

通常，性能测试有以下 8 项主要内容。

（1）预期指标的性能测试。预先确定的性能指标称为预期指标的性能测试。在系统需求分析和设计阶段确定，如"系统可以支持并发用户 1000 个"、"系统响应时间不得长于10s"等。

（2）独立业务性能测试。指核心的业务模块对应的业务，模块通常具有功能复杂、使用频繁、属于核心业务的特点。特殊功能、独立业务模块都是测试重点。

（3）组合业务性能测试。对多业务进行组合性能测试是最接近用户实际使用情况的测试，为性能测试核心内容。通常，按照用户实际使用人数比例来模拟各模块组合并发情况。

（4）疲劳强度性能测试。疲劳强度性能测试指在系统稳定运行情况下，以一定负载压力长时间运行系统的测试，其主要目的是确定系统长时间处理大业务量的性能。通过疲劳强度性能测试基本可判断系统运行一段时间后是否稳定。

（5）大数据量性能测试。第一种是针对系统存储、传输、统计查询等业务的大数据量性能测试，主要测试运行状态下数据量较大时的性能情况。这类测试一般是针对某些特殊核心业务或一些较常用的组合业务测试。第二种是极限状态下的测试，主要指系统数据量达到一定程度时，通过性能测试来评估系统的响应情况，测试对象也是某些核心业务或者常用的组合业务。第三种测试是前两种测试方法的结合。

（6）网络性能测试。主要是准确展示带宽、延迟、负载和端口的变化如何影响用户响应时间。在实际软件项目中，测试应用系统的用户数目与网络带宽的关系。网络性能测试一般使用专用工具，系统集成完成。

（7）服务器（操作系统、各类服务器）性能测试。分为高级服务器性能测试和初级服务器性能测试。这里所指的服务器性能测试主要是针对初级测试而言的，监控服务器的一些计数器信息，通过计数器对服务器运行中的性能进行分析。

（8）特殊测试。主要指配置测试、内存泄露测试等。

4．性能测试类型

根据性能测试的主要内容，决定性能测试的类型（指常规性能测试，即狭义性能测试）。通过模拟业务压力和使用场景，测试系统性能是否满足生产要求。例如，求出最大吞吐量与最佳响应时间，以保证系统上线后的平稳、安全等。

性能测试的主要类型如下。

（1）压力测试。指对系统不断施加压力，通过确定一个系统瓶颈，即不能接受用户请求的性能点，来获得系统能够提供的最大服务级别的测试。例如测试某一个 Web 应用站点在大量的负荷下，系统的事物响应时间何时会变得不可接受或者事务不能被正常执行。

（2）负载测试。通过在被测系统上不断施加压力，直到性能指标达到极限。这种测试能找到系统的处理极限，为系统性能调优提供依据。

（3）强度测试。主要检查程序对异常情况的抵抗能力。强度测试总是迫使系统在异常的资源配置下运行。例如，正常单击率为 1000 次/秒，而运行单击率为 2000 次/秒的测试；运行对最大存储空间的测试；运行可能导致操作系统崩溃的测试。

（4）并发测试。测试多个用户同时访问同一个应用程序、同一个模块或者数据记录时是否存在死锁或者其他性能问题。

（5）大数据量测试。针对某些系统存储、传输、统计查询等业务进行大数据量的测试；另一种是与并发测试相结合的极限状态下的综合数据测试。

（6）配置测试。主要是通过测试找到系统各项资源的最优分配原则。配置测试是系统调优的重要依据。例如，可通过不停地调整数据库的内存参数进行测试，使之达到一个较好的效果。

（7）可靠性测试。在给系统加载一定压力情况下，并使系统运行预定的一段时间（如数周或数月等），以此检测系统正常运行的能力。

5．性能调优步骤

性能调优通常是在性能测试后，针对系统性能瓶颈而进行的系统性能提高和修正调整的过程。性能调优的依据是性能测试的结果及分析。

1）确定问题

（1）针对应用程序代码。源于编写的问题，对发现瓶颈模块，首先检查代码。

（2）数据库配置。因数据库配置不当而引起系统运行缓慢，大型数据库系统通常都需要进行正确参数的调整，才能使系统投入正常运行。

（3）操作系统配置。因操作系统配置不合理而引起系统瓶颈。

（4）硬件配置。因磁盘速度、内存大小问题而引起瓶颈，分析其重点所在。

（5）网络问题。因系统负载过重而导致网络冲突和网络延迟的加剧。

（6）听取用户意见。听到和了解用户使用系统而提出的实际问题和意见。

（7）分析响应时间是否随着使用时间的延长而延时加剧。

（8）是否因 CPU 使用率低而 I/O 使用率高而造成性能不佳。

（9）性能问题是否集中某一类模块中，系统的硬件配置是否够用。

2）确定调整目标

通常的目标：提高系统的吞吐量，缩短响应时间，更好地支持开发。

3）分析调整结果

若经测试后，发现没有解决问题，测试则要重复前面的工作。在测试系统调整方案过程中，需要经常分析所做过的工作（进行评估）。

8.1.2　软件系统性能测试规划与设计

软件系统性能测试规划与设计流程，通常如图 8-2 所示。

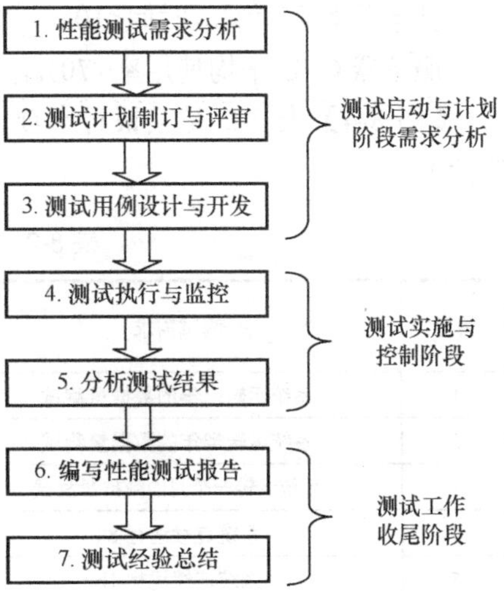

1. 性能测试需求分析

测试需求分析是整个性能测试的基础，其主要任务是确定测试策略与测试范围；依据软件类型及用户对性能测试的态度制定策略；根据测试策略与需求分析结果确定测试范围。

1）分析业务模型

确定典型交易和配置比例，建立测试模型，确定测试范围。熟悉系统框架，制定策略与方法，了解系统历史运行情况。确定目标、用户数、有无异常情况，了解系统数据规模，了解历史系统的数据规模及未来使用规模。

图 8-2　软件系统性能测试规划与设计流程

2）收集有关数据

收集近期系统各交易量。按照交易量不同（如工作日及其他日），采集不同类型的交易量数据；收集系统需求分析和设计方案。关键是确定系统的逻辑结构（框架结构）和物理结构（物理部署）；收集近期系统历史运行情况。收集最大并发数、系统异常或有无宕机的情况。

3）填写性能需求调研表

咨询项目经理：应用系统目标运行硬件配置（硬件设备是否运行其他服务）、应用环境（是否存在其他服务共用）、网络环境、数据库规模等。

咨询业务经理：业务量分布图及业务量增长分布图、关键业务量（场景描述）。

由此确定整个系统的用户对象的系统使用范围，共有多少个分布网点，每个网点有多少个用户，最大数和最小数；系统最大并发用户数（实现方式用集合点）；系统最大在线用户数（实现方式采用每隔多长时间添加一用户）；每笔交易事务响应时间；某一项业务的日平均交易量是多少笔。

据此可计算出平均请求数每秒。例如，某一项业务的日平均交易量为 11120 笔。每笔业务需要客户端与服务器请求各 2 次，如此计算出负载测试的目标是：

$$(11120×2×80\%)/(8×3600×20\%)=17792/5670≈3.13（请求数/秒）$$

应用系统内部的硬件资源：服务器配置情况（内存容量，CPU 数）；数据库系统硬件配置情况（内存容量，CPU 数）。

文件的上传、下载及报表：每天可能产生的数据量为多少 GB。

【例 8-3】现有一个集成销售、库存和生产支持等活动的系统，因该项目需整合原有物流、生产、销售等业务系统，并提供统一的交互入口，因此系统性能成为关注的内容。

领域分析：确定该系统性能测试主要目标是 "能力验证" 与 "规划能力"。

确定测试方法：采用性能测试、压力测试、负载测试、配置测试和稳定性测试。

用户活动剖析与业务建模：用户活动剖析与业务建模分析后，建立用户活动分析表。

确定性能目标。确定本测试需关注业务响应时间、各服务器的资源使用状况，经与用户沟通协商，以及结合以前业务系统响应时间，最终确定响应时间和资源利用率的目标。

审核业务页面响应时间<5s。

报表业务页面响应时间<15s。

其他业务页面响应时间<10s。

服务器 CPU 平均使用率<70%，内存使用率<75%。

【例 8-4】表 8-2 是某银行卡项目的测试需求权重表（注：评分标准根据具体测试需求制定）。

表 8-2　银行卡项目的测试需求权重表

编号	测试需求	性能风险 （满 10 分）	用户关注度 （满 10 分）	成本投入 （满 10 分）	总分
1	系统运转一年的数据量测试	7	10	6	23
2	系统运转半年的数据量测试	8	8	6	22
3	系统运转一个月的数据量测试	8	7	6	21
4	系统连续运行 8h	10	5	5	20
5	系统连续运行 1h	3	3	4	10
6	…	…	…	…	…

2．测试计划制定与评审

测试计划内容包括测试范围、测试环境、测试方案、风险分析等，在计划评审后生效。

1）性能测试计划

明确设计目标和确定测试范围：性能测试、负载测试、压力测试、并发测试、配置测试及稳定性测试等。

2）性能测试环境设计

测试环境直接影响测试执行效果（硬件配置通常是影响系统性能的最主要因素）。应设计出合理的测试环境。

性能测试需验证系统在实际生产（运行）环境中的性能。虽然测试环境一般很难做到与实际生产环境完全相同，但也需测试在不同硬件配置下应用系统的性能，并分析不同硬件配置条件下的系统测试结果，这有利于给出系统能正常运行的软/硬件环境。

3）测试场景设计原则

选择典型场景测试，尤其选择场景中用户数目大的场景；要覆盖全面，即设计出的用例要覆盖到压力可能较大的时间段。通常，根据用户活动剖析和业务建模来设计。设计合理的测试场景有利于模仿真正的系统上线后的使用情况，从而检测出系统中使用频率高时业务模块或功能点的性能是否达到预期性能需求指标。

4）业务模式的设计

这是为不同时间段场景设计的特例，也是设计核心模块和组合模块并发性能测试用例的基础，设计业务模式的目的是专注于某些功能模块的组合。按时间段来设计场景通常会涉及很多模块，若系统存在应用软件引起的瓶颈则很难定位，因此抽象一些特定业务模式进行用例设计。表 8-3 为某应用系统的视频浏览模块在 20:00～23:00 的业务场景测试用例的设计。

表 8-3　视频浏览模块在 20:00～23:00 的业务场景测试用例的设计

测试模块名称	并发人数/人	测试运行时间
系统登录	380	
创建账户	100	
观赏电影	310	3h
搜索电影	280	
下载电影	160	

确定测试场景后，在原有业务操作描述上，进一步完善成可映射为脚本的测试用例描述。如果测试过程需较多辅助工具协作，用例设计中还需描述工具部署的情况。

5）测试数据的准备与清除

大数据量测试，主要分为历史数据相关的大数据量测试和运行大数据量测试两种。历史数据相关的大数据量测试设计与并发用户的测试设计类似。需要首先确定系统数据的最常迁移周期，如以 3 个月、6 个月、1 年为周期。运行大数据量测试主要根据模拟系统运行时可能产生的大数据量进行测试。

测试环境的数据库中往往没有真实的业务数据，与实际运行了数年、数十年的系统相比，数据量的规模可能相差几个数量级。为了模拟十几年后系统的真实性能，应按一定规则制造大量的测试数据。在通过脚本批量执行业务操作的测试场景下，一个脚本会在测试中产生一定的测试数据并被保存在数据库中。在用同一脚本进行下一轮测试时，由于同样的业务数据已存在于系统中，往往会导致脚本运行失效，这时应在上一轮测试完成后马上进行数据清除的工作，通常用批处理执行数个 SQL 脚本即可自动完成此项工作。

3．测试用例设计与开发

主要包含测试用例的设计与测试脚本的开发。脚本开发主要指和用例相关的测试程序，常见的方法是先通过测试工具录制用户的操作，再进行修改。

（1）性能测试用例包括元素

性能测试覆盖需求（需求指标）、用例条件（前置条件）、用例描述、关键技术应用说明、用户操作步骤、验证方法、期望结果及运行结果。

（2）测试脚本和辅助工具的开发

按测试用例描述方式，通过测试工具录制用例的步骤，并在测试工具中对脚本进行调试和修改，保证脚本达到测试要求，这也就是测试脚本的开发过程。

这里需特别注意对测试脚本参数化的处理。脚本录制完成后，一般需要对其进行修改操作，包括参数化与关联等设置。

4．测试执行与监控

这主要包括测试实施与过程监控。测试实施主要指通过测试工具或者真实的用户来执行测试用例，具体工作主要有创建测试场景、执行测试场景、监视测试场景等。监控测试项目是测试经理的主要职责，他负责调整测试内容、修改测试用例、调整测试范围等。

5．分析测试结果

性能测试分析是根据测试结果进行分析，通常从以下方面进行：生产环境上的系统性能分析；硬件设备对系统性能表现的影响分析；不同接入速率对响应时间的影响分析等。根据测试数据分析测试结果，为优化和调整系统提供依据。分析对象是应用程序、Web 服务器、DB 服务器、操作系统、硬件资源等。通过对测试结果的综合分析，定位系统性能的"瓶颈"。

所谓"瓶颈"是指整个系统原本可流畅运行，但在系统中的某处（点或流程）无法处理已发生了的需求量时，则导致整个系统执行效率降低，该点就是瓶颈。例如某个 Web 应用系统的组成包括 SQL Server/COM+/IIS/IE，50 个并发用户请求响应时间超过预定时间，如 IE 处理时间为 3s，ASP 处理时间为 1.5s，COM+ 为 4s，SQL Server 为 1.5s，可以说在这些点上各有瓶颈。因此，瓶颈可描述为：瓶颈=需到达的处理量>实际的处理量。

图 8-3 给出某应用系统性能测试结果：事务处理并发用户数与服务器资源状况。

案例		并发用户数		案例名称		月应缴费查询	
		100个用户	200个用户	并发用户数		100个用户	200个用户
				服务器	性能指标		
事务名称	登录	10.553	27.216	应用服务器 202.0.0.15	CPU Utilization(%)	2.875	2.974
	单击"缴费申报"	0.005	0.004		Memory Used	1861364KB	1998604KB
	单击"月应缴费查询"	0.012	0.012		Pages in/sec	0.454	0.448
	缴费信息查询	4.911	9.58		Pages in/sec	26.33	35.453
	详细查询	9.404	22.338		Disk Traffic	6.196	7.481
事务成功率		100%	100%				

图 8-3　某应用系统性能测试结果：事务处理并发用户数与服务器资源状况

6．编写测试报告与经验总结

根据分析结果编写性能测试报告。主要内容包含测试过程记录、测试分析结果、系统调整建议等。总结测试成功经验及失败教训，在测试→总结→再测试过程中提高测试效率与能力。

8.1.3　软件系统性能测试管理

1．性能测试的实施流程

性能测试的实施流程通常如图 8-4 所示。

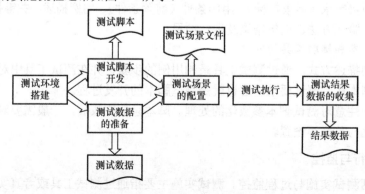

图 8-4　性能测试的实施流程

2. 性能测试的实施和监控

性能测试用例执行时具有不确定性，时长不同。性能测试的实施主要包含搭建与维护测试环境、执行测试用例、监控测试执行场景、保存与分析测试结果等，这些工作贯穿性能测试的整个实施过程。

1）测试环境管理与维护

测试环境管理与维护主要包含两个任务：一是根据项目需求协调各种资源，保证测试顺利进行；二是按照性能测试规划阶段制定的环境方案来管理与维护环境。

2）脚本录制、修改及运行

这些工作主要通过性能测试工具来完成。脚本的录制、修改及运行流程如图8-5所示。

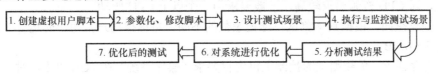

图8-5 脚本的录制、修改及运行流程

3）监控测试执行过程

性能测试工具自动记录测试场景的系统运行情况，收集各种性能计数器执行时的数据，并以文件形式保存。性能测试执行过程更多关心场景的运行状态。

（1）并发用户信息主要监控用户是否正常登录系统，并在登录后能否正常执行业务。

（2）场景状态主要监控运行时测试工具是否报错，发现错误时要对其认真分析。

（3）事务响应时间直接体现应用程序的性能，执行测试时要重点监控事务响应时间是否在用户接受范围之内。

（4）Web服务器及数据库服务器都是各阶段的性能测试监控重点。当测试出现异常时，系统很可能出现瓶颈。

（5）操作系统和硬件资源不够用也是系统瓶颈的重要因素之一。当操作系统和硬件资源监控到异常时，对原因进行分析。

（6）对测试结果的综合性分析主要借助测试工具与分析人员经验完成。

4）进度与变更控制

进度与变更控制贯穿整个性能测试过程，不仅针对测试实施过程。因测试实施过程变化较大，所以进度与变更控制主要面向实施过程。

（1）性能测试引起进度变化的原因：开发团队解决性能缺陷的速度；测试过程需要软、硬件资源；性能测试中采用新技术；测试工具的执行能力；测试范围变化。

（2）应对性能测试中变更的常见方法：按照合理流程规划性能测试；保证测试方案得到项目干系人认可；接受合理的变更；召开例会处理变更。

（3）控制性能测试进度：正确协调质量、进度、成本之间的关系；建立规范的软件开发与测试体系，逐步使软件开发与测试工作进入良性循环状态。

3. 性能测试的环境搭建与配置

在确定了性能测试需达到的最大用户数后，需要选择相应的硬件环境配置来安装测试工具（平台）。这里以RPT为例，其性能测试要求的硬件配置如下。

1）测试控制主机的配置

性能测试的机器选型，主要与测试时模拟的虚拟用户数有关，针对所指定的硬件平台能支持的虚拟用户数将受到机器内存资源的影响。其要求的具体技术指标如下。

（1）硬盘空间：根据具体的测试日志记录的不同，每虚拟用户数每小时运行时对硬盘空间的要求为 2～6MB。

（2）网络带宽：通常要求不低于 100Mbit/s。

（3）内存容量：操作系统为 1GB 以上，对每个虚拟用户控制额外需要 2～3MB。

（4）操作系统：Windows 2000/XP/2003 Server on Intel x86 或 Linux 系统。

注：硬件配置的详细内容以性能测试工具产品的 Release Notes（注释说明）确定。

2）负载产生器（代理）的配置要求

（1）CPU 性能。在整个压力测试过程中，CPU 利用率应为 80%，RPT 测试代理机主要生成压力，对 CPU 资源要求较高，一般要求由 2 个以上 CPU 驱动。

（2）硬盘空间。根据具体测试日志记录数的不同，每虚拟用户数每小时运行时对硬盘空间要求为 2～6MB。

（3）内存要求。负载测试的控制主机内存要求（操作系统）在 1GB 以上，对每个虚拟用户控制额外需要的内存 2~3MB，主要取决于测试脚本对内存的消耗。

（4）操作系统。负载测试代理机要求：Windows 2000/XP/2003，UNIX：AIX/Linux。详细内容以产品的 Release Notes 为准。

【例 8-5】 设定模拟 500 个虚拟用户，按最大需求量进行计算，并考虑到系统性能测试扩展的需求。性能测试环境的硬件配置如表 8-4 所示。

表 8-4　性能测试环境的硬件配置

设备名称	软硬件配置	数量
测试控制机	CPU：2GHz 以上（2~4 个 CPU） 内存：>2GB 硬盘：>60GB 操作系统：Windows2000/2003/XP/Windows7	配置 1 台
测试代理机	CPU：2GHz 以上（1~4 个 CPU） 内存：>2GB 硬盘：>80GB 操作系统：Windows/2000/2003/XP/Windows7,UNIX：AIX/ Linux	根据并发数确定，根据经验，每台模拟并发用户数为 100～200 个，至少配置 3 台

8.2　Web 性能测试

8.2.1　Web 性能测试模型

Web 性能测试主要是对 Web 应用系统的各项性能的测试。这项测试除了具有通常软件系统性能测试的主要内容之外，还具有针对 Web 应用系统自身特点的一些性能测试。

1．Web 性能测试的主要内容及范围

（1）预期指标的性能测试。预先确定的性能指标称为预期指标的性能测试。由系统需求分析和设计阶段的依据确定，如"系统可支持并发用户 1000 个"、"系统响应时间不长于 5s"等。

（2）独立业务的性能测试。独立业务指与核心业务模块对应的业务。这些模块通常具有功能比较复杂、使用比较频繁、属于核心业务的特点。这类特殊的功能比较独立的业务模块都是测试的重点。

（3）组合业务的性能测试。对多个业务进行组合性能测试、组合性能业务测试是最接近用户实际使用情况的测试，是性能测试的核心内容。通常，按照用户实际使用人数比例来模拟各个模块的组合并发情况。

（4）疲劳强度的性能测试。指在系统稳定运行的情况下，以一定的负载压力长时间地运行系统的测试，其主要目的是确定系统长时间处理大业务量的性能。通过疲劳强度测试基本可以判断系统运行一段时间后是否稳定。

（5）大数据量的性能测试。针对某些系统存储、传输、统计查询等业务进行大数据量的测试，主要测试运行中数据量较大时的性能情况。这类测试一般针对某些特殊的核心业务或者一些日常比较常用的组合业务的测试；极限状态下的测试，主要是指系统数据量达到一定程度时，通过性能测试来评估系统的响应情况，测试对象也是某些核心业务或者常用的组合业务。

2．Web 性能测试的类型

1）压力（负载）测试

通过对 Web 系统不断施加压力的测试，确定一个系统的瓶颈，直到性能指标达到极限，找到系统处理极限点，即不能接受用户请求的性能点，来获得系统能够提供的最大服务级别。

2）强度测试

这项测试主要检查应用系统对异常情况的抵抗能力。强度测试迫使系统在异常的资源配置下运行，如超出正常使用状况下的数倍请求响应、运行最大存储空间的测试等。

3）并发测试

Web 应用系统的并发测试是最主要的性能测试之一。主要测试多用户并发访问同一应用、同一模块、同一场景时系统能承受的最大并发用户数量。

（1）响应时间的测试。针对响应时间敏感的请求访问，检验系统响应时间是否在允许范围内。响应时间测试通常需要在不同网络环境下进行。

（2）可靠性的测试。Web 应用系统运行通常为数年不间断。在给系统加载正常业务或超压力情形下，使系统运行较长时间，以此测试系统是否稳定、可靠地正常运行。这项测试通常也包含对系统硬件设备的可靠性测试。

（3）服务器（操作系统、Web 服务器、数据库服务器）的性能测试。这项测试主要针对与 Web 应用系统关联的支撑系统的性能测试。测试需掌握有关 Web 应用服务器使用知识，如 Weblogic 和 Websphere 的优化应用等。

8.2.2　Web 性能测试用例设计

1．Web 性能测试用例的设计模型

Web 性能测试的测试用例（或测试脚本）一般需要设计以下 5 种类型。

（1）预期指标的性能测试。

（2）并发用户的性能测试。

（3）疲劳强度和大数据量的性能测试。

（4）服务器的性能测试。

（5）网络的性能测试。

2．Web 模型性能测试用例的设计方法

性能测试用例设计通常难以一次到位，而是一个迭代和完善的过程。使用过程中，有时

也会根据测试要素的变化对其进行调整。例如，一组已设计好的用例将分别测试系统对 20，50，100，…，200 等不同数目的并发用户的响应情况，但测试时却发现系统性能太低了，测试支持 50 个用户并发就已存在问题，此时则需要调整测试用例的执行。

1）预期性能指标测试用例

表 8-5 为预期性能指标测试用例设计举例。

表 8-5 预期性能指标测试用例设计举例

用例编号	TEST_XN_025			
性能描述	对普通客户端，系统上传小于 5MB 的文件、速度不低于 2MB/s			
用例目的	测试系统上传文件的响应速度			
前提条件	测试机：CPU 为 PIII、RAM4MB 以上的硬件			
特殊规程说明	客户机测试前处于空转状态，无其他程序占用系统资源			
用例间依赖关系	无			
测试用例执行				
步骤	输入/动作	期望性能（均值）	实际性能（均值）	回归测试
1	选择小于 1MB 的文件上传，计时	上传时间<10s		
2	选择小于 3MB 的文件上传，计时	上传时间<30s		
3	选择小于 5MB 的文件上传，计时	上传时间<60s		
4	...	...		

2）用户并发性能测试用例的设计方法

（1）用户并发性能测试用例的分类如图 8-6 所示。

（2）确定用户使用系统情况的方法：经常采用现场调查和分析系统日志两种方法。

（3）并发用户数量设计。

① 极限法：取最大用户数作为并发用户数。

② 用户趋势分析：预测系统将达到的最大用户数。

③ 经验评估法：通过经验确定。常用于用户数目相对稳定、明确的系统。

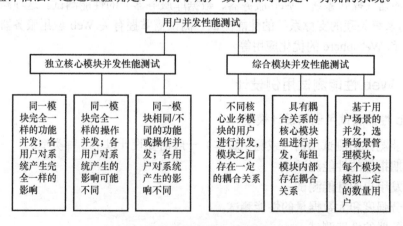

图 8-6　用户并发性能测试用例的分类

【例 8-6】某 Web 应用系统的注册用户数约为 6000 人，预计在该软件生命周期内将不会发生太大的变化，并通过分析日志得出系统的最大用户数约为 2000。

确定并发用户数的步骤如下。

步骤1：最大并发用户数取系统总使用人数的5%～20%。一般估算最大并发用户数为系统总使用人数的15%，由此得出：最大并发用户数为900（6000×15%）人。

步骤2：通常OA系统并发用户数为在线用户数的30%，据此，得出第二个最大并发用户数约为60（2000×30%）人。

步骤3：比较计算结果，最后取900作为最大并发用户数。

（4）独立核心模块用户并发性能的测试用例设计。

系统核心模块指业务复杂或用户使用比较频繁的模块。模块间的耦合关系指核心模块间的数据传输方式，为设计"集成性能测试"，即组合模块性能测试用例做准备。分析系统压力点指站在全局角度来分析系统可能产生瓶颈的功能点。表8-6是核心模块的性能测试用例举例。该测试用例是为了发现核心算法的性能方面的问题，尽早发现性能问题可以降低后期修复缺陷的成本。

表8-6 核心模块的性能测试用例举例

功能	当在线用户数达到最大值时，发送和接收普通邮件正常。保证2000个以内的用户可同时访问邮件系统，能够正常发送和接收邮件					
目的	测试系统在300个以内的用户同时在线的情况下能否正常发送邮件					
方法	采用性能测试工具（RPT）的录制工具录制邮件发送过程，并利用该工具完成测试，需要监视数据库服务器与Web服务器的性能，其中发送的邮件为多媒体邮件，附件容易不超过5MB					
并发用户数量与事物执行情况						
并发用户数	事务平均响应时间	事务最大响应时间	平均每秒处理的事务数	事务成功率	点击率/s	平均流量（B/s）
70						
150						
⋮						
300						
并发用户数量与数据库主机						
并发用户数	CPU利用率	MEM利用率		磁盘I/O参数	DB参数	其他参数
70						
150						
⋮						
300						
并发用户数量与应用服务器的关系						
并发用户数	CPU利用率		MEM利用率			磁盘I/O参数
100						
150						
⋮						
300						

（5）组合模块用户并发性能测试的用例设计。

组合模块用户并发性能测试是最能反映用户实际使用情况的测试。在前面各核心模块运行良好的基础上，将系统具有耦合关系的模块组合起来测试，称为"继承性能测试"。

用户场景分析是组合模块用户并发测试的用例设计的重要前提。模拟实际用户常见场景，真实反映用户使用系统的情况，进而发现系统瓶颈和其他性能问题。

典型用户场景主要通过以下几种方法得到。

① 通过需求、设计文档。反映出有多少用户类型，为用户分组提供可靠依据。大多数系统设计都会涉及系统组织结构管理或权限管理，根据这些可设计各模块的用户群体分类。

② 通过现场调查。通过与用户交流得到所需信息。

③ 通过系统采集数据。开发简单模块，自动统计系统用户的在线情况或者自动分析系统日志就可得到用户使用系统的实际情况。

组合性能测试可发现端口方面的功能问题，并能尽早发现综合性能问题。

组合模块并发性能测试通常包含三项内容。

① 具有耦合关系的核心模块组合并发测试。

② 彼此独立但内部具有耦合关系的核心模块组的并发测试。

③ 基于用户场景的并发测试。

测试对象为核心模块，或非核心模块，或两者组合。应充分考虑用户实际工作场景，选择其典型场景进行测试。例如，电信运营商的话费管理系统可分别选择日常与每月月末夜间收费结算高峰等场景。又例如，OA 系统在 8 点上班后最多的工作为处理公文、阅读公告、发送与接收邮件等。因此，可选择这三个模块作为一组用户场景相关模块进行组合测试。组合业务性能测试用例如表 8-7 所示。

表 8-7　组合业务性能测试用例

功能	在线用户数达到最大值时，用户可正常使用系统，目标为满足 600 个以内的用户同时在线使用系统												
目的	测试系统在 600 个以内的用户同时在线的情况下能否正常使用公文系统、电子公告、网上论坛												
方法	采用性能测试工具的录制工具录制以下三项业务。 业务 1：在公文系统内，进行打开、修改等操作。 业务 2：在电子公告系统内，查看、发布公告。 业务 3：在网上论坛系统内发布帖子，查看文章。 对每项业务均分配一定数量的并发用户，利用性能测试工具完成相关性能的测试												

并发用户数与事务执行情况													
并发用户数	事务平均响应时间			事务最大响应时间			平均每秒事务数			事务成功率			点击率/s	平均流量（B/s）
	业务1	业务2	业务3	业务1	业务2	业务3	业务1	业务2	业务3	业务1	业务2	业务3		
70														
150														
⋮														
300														

并发用户数与数据库主机					
并发用户数	CUP 利用率	MEM 利用率	磁盘 I/O 情况	DB 参数	其他参数
70					
150					
⋮					
300					

并发用户数与应用服务器的关系			
并发用户数	CUP 利用率	MEM 利用率	磁盘 I/O 情况
70			
150			
⋮			
300			

3）测试脚本的操作

在确定硬件配置后，需要根据测试用例来录制脚本，性能测试工具会真实记录所有相关的客户端对服务器发出的请求及响应，并形成脚本。录制脚本时，需注意系统在客户端（本地）存放的缓存（Cache）及 Cookie，在录制脚本前需手工清除 Cache。

（1）验证脚本的可用性。被录制下来的脚本需要在工具环境执行一次，以确认脚本能否反映用户真实的业务行为。通常，可通过分析接收到的数据包或设置事务验证点方式判断脚本是否执行了真实业务行为。

（2）增强并验证脚本。形成脚本后，需对脚本进行增强，以更真实地反映真实用户的行为及业务场景的组合。增强的技术包括插入控制脚本、添加验证点、对数据的输入进行适当参数化，以代表更为广泛的业务数据，如用户登录、浏览商品、查询数据等。对脚本进行增强后需反复运行验证，直到能正确地运行。

（3）通过图形化界面完成测试脚本定制。可能的工作有：

① 选取测试页面。通过更改其详细的标题，建立更易于理解和重用的测试脚本。

② 根据页面标题进行响应时间数据统计，增加可读性和使统计功能正确。

③ 通过在测试脚本中添加自定义 Java 代码，可实现对消息返回内容的验证，为后面的消息构造动态消息数据或执行各种特殊任务，如加密/解密。

④ 通过脚本帮助定义随机事务组合场景，生成随机输入数据，使虚拟用户产生业务行为更真实。

⑤ 帮助分析数据关联性（Data Correlation），智能识别前后关联的业务数据(Session ID,商品数据库索引号等)，并自动将这些数据处理为前后关联的参数。

⑥ 通过启用页面标题验证点、内容验证点、响应代码验证点和响应包大小验证点，自动完成对测试执行过程中的页面标题、内容、消息响应代码和数据包大小的验证，生成各种测试验证报告。

⑦ 通过在测试脚本中添加自定义 HTTP 请求、循环和条件语句，可随意控制测试脚本中执行过程。可控制指定消息执行次数，if/else 语句块可实现根据上一消息响应内容，决定测试脚本执行路径。

4）创建真实的负载场景

在录制相应测试用例脚本后，需确定以何种方式在负载服务器上运行，通过提供的测试调度（Schedule），能快速组织完成不同负载方案，让不同测试用例以不同比例分配到负载服务器上，模拟不同类型的用户压力。可通过集合点的功能，既能严格对某项具体操作发起压力，又能对各种用户操作进行同步。

建立负载场景模型的方法如下。

（1）建立虚拟用户组。模拟不同类型系统用户执行不同系统业务流程。例如对某系统而言，典型用户可能包含具体执行交易的用户查询（40%）或用户管理（60%）活动。

（2）使用随机选择器。实现用户组内部各种随机业务操作（用例及其事件流）所占不同负载比例的模拟。可在随机选择器中加入不同加权块，代表不同业务操作(用例及其事件流)，通过对它设置权重完成对其负载比例的模拟。

（3）建立循环。完成用户重复操作的模拟。用户查询产品时，可能会对不同产品进行多次查询。这时，可通过对测试脚本进行参数化与指定脚本循环次数，完成对应负载模拟工作。

（4）设置延时。模拟真实环境中用户在进行不同的业务操作时可能存在的思考与等待时间。在创建测试场景时，对不同测试场景须进行比对分析，可对 1 或 5 个用户做一次基准测试，生成测试结果，并将之后对大用户量的测试结果与之比对分析。创建大用户量的测试场景时，常将用户数量设计为递阶式增长，以易于找到性能拐点。系统往往只在用户访问数量增长到一特定值时才会出现性能瓶颈问题。递阶式性能场景能方便地找到负载量到达某一数量时系统才会出现的响应延时，如图 8-7 所示。

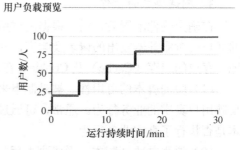

图 8-7　用户数量的递阶式增长与负载

8.2.3　Web 性能测试过程管理

1．性能测试架构

软件系统性能测试架构如图 8-8 所示。性能测试工具 RPT 安装在 Master 主机上，控制脚本运行和整个负载加载的过程。根据负载模型的要求，首先将测试脚本下载到 Agent Controller 机上，Controller 是负载产生器，在 Agent Controller 上运行脚本，模拟多个虚拟用户，分别加载到服务器。同时，在整个测试过程自动收集测试数据，由测试主机统一进行处理，生成测试报告及各种测试报表。对于后端服务器，应用服务器 WebLogic 或数据库服务器以及应用监控，都可由 IBM Tivoli 的 ITCAM 监控模块进行。

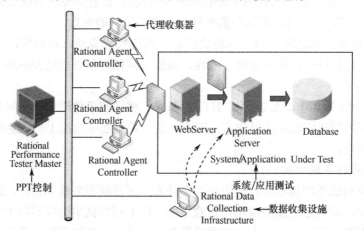

图 8-8　软件系统性能测试架构

2．监控系统资源

在性能测试过程中，需随时监控服务器运行状况与资源消耗状况。这里以 Rational 为例说明，它提供了四种机制。

（1）通过与 Tivoli 监控器相连进行监控。

（2）通过 Java 编程实现自定义监控。

（3）通过 UNIX/Linux 内置 rstatd Daemon 进程进行监控。

（4）通过 Windows Performance Monitor 进行监控。

后两种方式采用无代理机制，不需要在被测试系统上安装代理，可直接获取 CPU、内存、网络、I/O 等系统资源数据，在性能测试中比较常用。

对于一般系统指标而言，因为通过 Linux rstatd 和 Windows Performance Monitor 获取的数据量较大，通常状况下会干扰视听，所以建议一般获取 CPU 的忙碌程度即可说明部分问题。另外，网络流量、内存消耗、硬盘读/写忙碌率都可加入到监控中。在此环节，RPT 能帮助定位系统瓶颈，即硬件环境可能出现的问题，如后端服务器 CPU 占用率为 80%~90%，则说明服务器 CPU 可能存在瓶颈，从而可帮助开发重现问题。但单纯以此给出结论可能不准确，还需针对具体问题进行细致分析，因为有可能是应用问题导致了 CPU 大量消耗。图 8-9 是运用 RPT 测试分析给出的 CPU 占时与用户占时分布图，可说明这一状况。

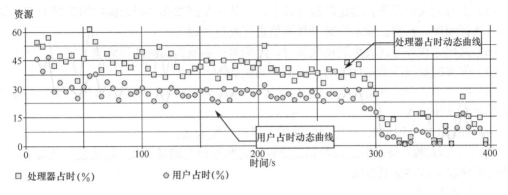

图 8-9　运用 RPT 测试分析给出的 CPU 占时与用户占时分布图

3. 测试报告与数据分析

测试完成后，性能测试将产生大量的测试数据。例如，在压力测试过程中，测试工具能捕捉、记录大量数据产生性能指标。常用指标有交易响应时间、页面吞吐量、网络吞吐量、事务成功百分比等。通常，测试工具自动生成测试报告，并在必要时将大用户量运用场景下的测试报告与基准测试报告进行比对。对比分析能帮助开发者和用户找到系统性能瓶颈的根源。

进行性能问题定位与系统调优，可基于客户关注的特定过程和整体性能的表现，来展现性能测试过程中的交易响应时间。对某些 Web 应用，甚至将深入分解基于调用的方法来展现响应时间，帮助实时发现性能问题。

在测试完成后，汇总测试过程中采集的所有数据，并结合资源监控器及 Tivoli 之类的监控器进一步分析产生性能瓶颈时服务器的 CPU 使用率、内存页面交换率、磁盘 I/O 数据以及数据库、应用服务器的性能数据等，以定位性能问题。在此分析基础上，对应用软件及系统架构进行调优。

8.3　软件系统性能测试工具

8.3.1　RPT 功能简介

1. 新一代性能测试平台

IBM Rational Performance Tester（RPT）是软件业界卓越的软件性能测试工具或平台，具有丰富的功能特性，强力支撑软件系统性能测试。

1）多功能特点

（1）支持 Microsoft IE、FireFox 浏览器。直接支持 HTTP/HTTPS、SAP、Siebel、Ctrix、

Socket、Oracle、Web Services、SIP 等协议，可识别更多的协议对话。

（2）支持脚本在 Windows、Linux、UNIX 多种操作系统平台上运行。具有丰富的技术文档与在线帮助。

（3）支持事务定义；支持同步点对虚拟用户进行同步和控制；模拟用户操作时的思考时间设置；支持对多机施加压力测试的执行和测试任务集中控制；支持自动调整用户数量的压力场景，支持灵活加压策略，在运行中可随时调整虚拟用户数量以调整压力。

（4）对加入测试运行的系统软/硬件资源实时监控，从客户/服务器两个方面评估系统性能。

（5）支持无人管理下自动定时执行脚本，支持多个测试脚本组合构成的测试方案并能控制脚本执行顺序。在测试脚本中对可替换值进行批量关联等。

（6）采用无代理方式收集测试数据时，无须对被测机器实施任何修改。

（7）强大的数据驱动测试能力，可重用测试脚本。

（8）提供丰富的测试验证点，包含标题、响应代码、内容、响应内容等，无须编程可直接通过界面操作加入。

（9）拥有 IP 混淆功能，可方便实现虚拟用户并发测试。

（10）可建立数字证书并通过数据池访问，将数据池与测试关联。通过使用代理 KeyTool 命令行程序建立数字证书存储。

2）开放性特点

（1）基于 Eclipse 的性能测试工具。能与 Eclipse 的开发工具集成，通过透视图进行角色切换，使开发者无须掌握新的工具就能进行性能测试与分析。

（2）测试脚本语言采用 Java，通过基于 Java 的定制代码完成脚本高级功能。支持在脚本中方便地插入 Java 代码，实现灵活的算法，提供 API 函数支持，可直接调用 Java API。利用 SDK 扩展自定义协议。支持 Weblogic、Websphere 等主流应用服务器产品，无须插件即可对 EJB、Servlets、JSP 等 J2EE 组件进行交易深度分解。

3）易用性特点

（1）以统一工作界面完成测试脚本录制、负载模型定义、性能测试执行、测试结果分析和并生成各类报表。RPT 的统一工作界面如图 8-10 所示。

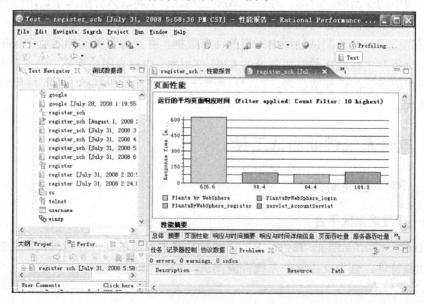

图 8-10　RPT 的统一工作界面

（2）简洁直观且易操作的工作界面，通过 GUI 实现 if then else 逻辑，易于理解。

（3）可分割或合并 HTTP 页面。在测试元素响应内容中搜索关联数据。在 Web Service 测试中手工创建 XML 调用。可在不同测试结果间进行比较。可调整测试结果的时间偏移值。可在测试结果中快速定位失败点。

4）强大的分析、定位性能瓶颈的功能

（1）丰富的资源数据。具有响应时间、吞吐量、交易成功率、活动用户数等全面性能数据。

（2）详尽的应用性能分析数据，可定位到模块层级的性能瓶颈问题。

8.3.2 RPT 的基本测试应用分析

1. 创建一个性能测试

1）建立脚本的机理与过程

脚本录制的实质是服务器响应录制期间的所有的信息捕获。在录制中，记录器记录了浏览器（用户）与服务器之间进行的一系列会话（Session），是通过捕获并识别这个交互过程中的所有信息而创建了测试的过程，并生成为一个代码序列。

当脚本回放时，各种变量来自从服务器收到的数据，每个用户接收唯一被激活的数据库中的数据。由于记录器与测试生成器的作用，所以脚本录制时无须用户编写代码。

脚本其实就是创建的测试结果，在树状视图（Tree View）中显示为一系列访问过的页面。

2）RPT 创建脚本时的关键点

创建一个脚本时的关键点：第一，没有编程的要求；第二，不同的用户会有不同的输入数据；第三，自动关联系统（服务器）的响应值。

图 8-11 所示为 RPT 创建脚本的机理及过程。

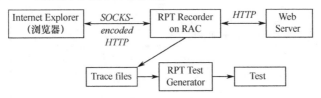

图 8-11 RPT 创建脚本的机理及过程

图 8-12 所示为 RPT 脚本录制所创建的一系列文件。

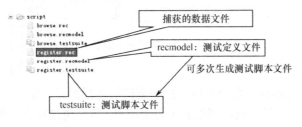

图 8-12 RPT 脚本录制所创建的一系列文件

3）制定工作负载

（1）定义一个负载模型。创建一个性能测试，需要定义工作负载，即在客户端与服务器之间，制定工作序列（建立通信链路）。RPT 具有精确的用户实时工作负载模型、强大和灵活的计划调度功能，可实现无代码可视化的调度计划安排，设置时间调整与相关关联，并可实现测试运行中负载的动态增长。

制定工作负载，需要完成一系列的参数设置，包括设置资源监控；设置网络访问速度；设置 IP 欺骗；设置响应时间细分；设置思考时间；设置日志采集级别；定义虚拟用户数量。

（2）建立实时运行监控。制定工作负载，RPT 通过一系列的配置操作来完成。图 8-13 显示了测试调度的细节结果，包括工作负载、思考时间、资源监控、统计资料及测试日志项目。

4）IP 欺骗的设置

当需要在指定的机器上进行虚拟用户的并发测试时，需要进行 IP 欺骗的设置。

当配置远程执行路径时，也需设置 IP 混淆选项。设置步骤如下。

（1）定制调度使测试分布到一台指定的机器上运行。

（2）在指定的机器上设置 IP 范围。

IP 欺骗的设置如图 8-14 所示。

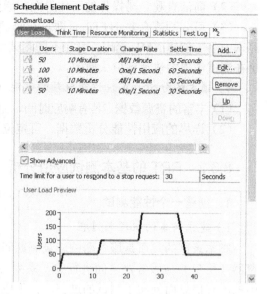

图 8-13　制定工作负载

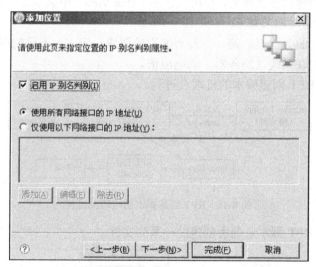

图 8-14　IP 欺骗的设置

5）测试参数的配置

调度安排允许在远程进行聚合测试、排序测试与运行测试。调度计划可简单到如同一个用户在运行一个测试，或复杂到不同组的上百个用户，每个用户在不同时间运行不同的测试。

通过定制一个调度，可实现聚合测试来模拟不同用户的行为；设置测试运行顺序（顺序地、随机地或加权的顺序）；每次测试运行时设置不同时间；以确定的速率运行测试；在远程终端运行一个测试或者一组测试。

设置虚拟用户数和每个运行的用户延迟，如图 8-15 所示。延迟设置为 100ms，用户数设为 5 个。设置思考时间（Thinking Time）如图 8-16 所示。在性能测试中设置思考时间是为了保证测试环境和生产环境尽量一致。

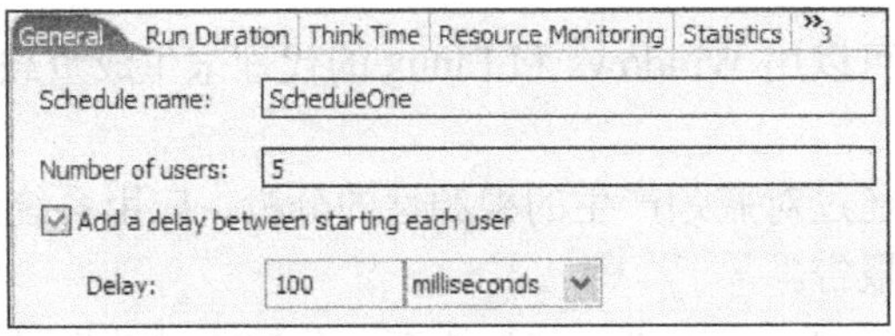

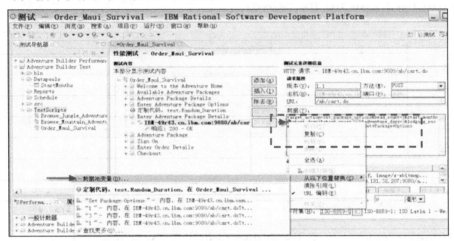

图 8-15　设置虚拟用户数和每个运行的用户延迟 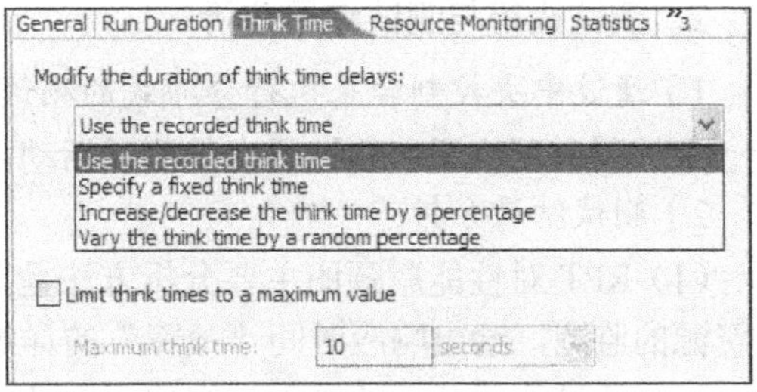　　　　图 8-16　设置思考时间

6）测试数据的智能关联

性能测试的主要任务是模拟一定数量的虚拟用户，按指定的负载模型对被测系统实施各种测试。这需要进行测试脚本的参数化和消息上下文数据的智能关联（关联数据用虚线标识），实现各种动态数据关联的需求。选择用数据池功能，完成测试脚本的参数化任务，可使性能测试工作更简单和高效。

（1）测试脚本参数化设置如图 8-17 所示。

图 8-17　测试脚本参数化设置

（2）数据池创建及内容编辑如图 8-18 所示。

图 8-18　数据池创建及内容编辑

2. 测试执行与测试结果分析

1）通过中央控制台来执行分布式的测试

主控制台可协调和监控所有的测试活动，可以用 Windows 和 Linux 的代理来生成负载。

2）测试结果分析

（1）RPT 对性能瓶颈的主要分析方法是，通过对瓶颈产生的根源性的分析、应用系统硬件资源的监测，给出响应时间"故障"的详细报告。

（2）通过测试分析的深入与细化识别性能问题，找出"瓶颈"所在。分析测试结果时，关注影响性能的关键因素，找到响应速度慢的页面，发现系统资源瓶颈。

（3）响应时间"故障"。"故障"页的响应时间来自复合元素的响应时间。

（4）提供"故障"数据深度分析，突出页面响应最慢部分，对故障进行分层与深入分析。

3）RPT 性能测试结果——时间响应的各类报告

（1）页面平均响应时间曲线如图 8-19 所示。

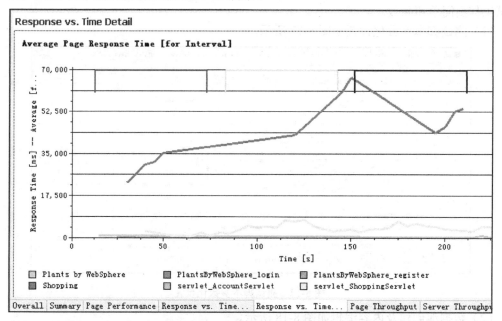

图 8-19　页面平均响应时间曲线

（2）系统组成性能概要如图 8-20 所示。

	Response Time [ms] -- Minimum [for Run]	Response Time [ms] -- Average [for Run]	Response Time [ms] -- Maximum [for Run]	Response Time [ms] -- Standard Deviation [for Run]	Response Time [ms] -- 85th Percentile	Response Time [ms] -- 90th Percentile	Response Time [ms] -- 95th Percentile	Attempts -- Rate [per second] [for Run]
Plants by WebSphere	360	609.7	1,500	442.8	579	579	579	0.03
PlantsByWebSphere_login	16	62.5	172	57.5	79	79	79	0.03
PlantsByWebSphere_register	31	127.5	266	95.7	157	157	157	0.03
Shopping	23,000	46,030.6	66,906	12,045.9	33,407	33,407	33,407	0.1
servlet_AccountServlet	0	132.8	1,234	288.4	79	251	735	0.34
servlet_ShoppingServlet	0	3,287.9	18,110	2,443.9	4,938	5,595	6,969	1.62

图 8-20　系统组成性能概要

（3）购物过程响应时间"故障"统计如图 8-21 所示。

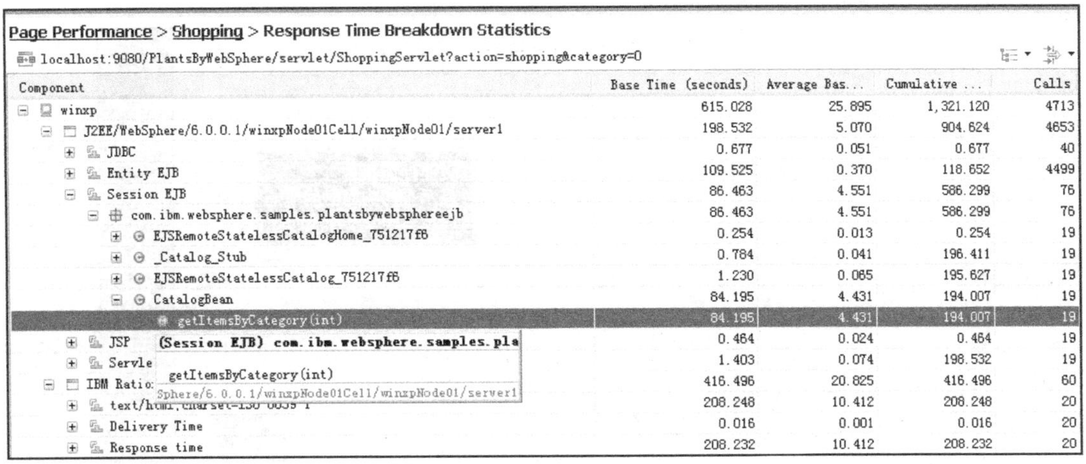

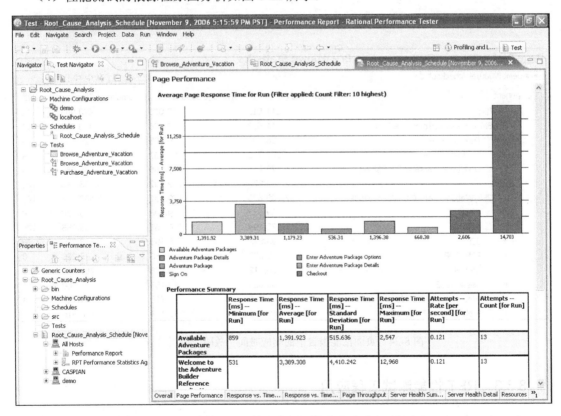

图 8-21　购物过程响应时间"故障"统计

（4）性能测试的根源性原因分析如图 8-22 所示。

图 8-22　性能测试的根源性原因分析

（5）图 8-23 为运行后的平均页面响应时间报告。

（6）图 8-24 为页面性能报告中的响应时间"故障"分类统计。

应用系统所有组成部分的性能状况报告细分为基本时间、平均基本时间、累积时间、调用时间等分类的报告数据。

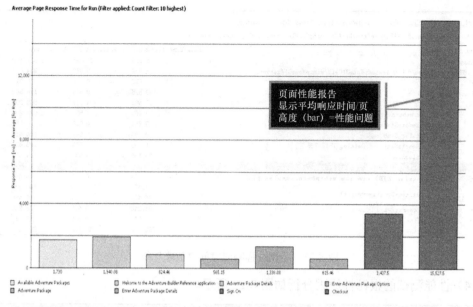

图 8-23　运行后的平均页面响应时间报告

Page Performance > **Response Time Breakdown Statistics**

demo:9080/ab/checkout.do

Component	Base Time (seconds)	Average Base Time...	Cumulative Time ...	Calls
⊟ 🖥 CASPIAN	311.512	77.878	470.908	12
⊟ 🗔 IBM Rational Performance Test	311.512	77.878	470.908	12
⊞ 🔡 Delivery Time	26.500	6.625	26.500	4
⊞ 🔡 Response time	208.748	52.187	208.748	4
⊞ 🔡 text/html;charset=ISO-8859-1	76.264	19.066	235.660	4
⊟ 🖥 demo	2,109.879	179.492	3,488.143	186
⊟ 🗔 J2EE/WebSphere/6.0.0.1/demoNode01	2,109.879	179.492	3,488.143	186
⊞ 🔡 Filter	39.632	9.908	570.228	4
⊞ 🔡 JDBC	1,673.199	70.982	1,783.055	126
⊞ 🔡 JSP	33.572	8.393	373.776	28
⊞ 🔡 RMI-IIOP	5.280	0.660	5.280	8
⊞ 🔡 Servlet	26.112	6.528	261.788	8
⊞ 🔡 Session EJB	160.628	40.157	161.280	4
⊞ 🔡 Web Services Provider	2.840	0.710	164.120	4
⊞ 🔡 Web Services Requestor	168.616	42.154	168.616	4

图 8-24　页面性能报告中的响应时间"故障"分类统计

8.3.3　RPT 性能测试工程应用

这里以一个 Web 应用系统"盛夏花园"购物网站（如图 8-25 所示）为例，介绍运用 RPT 进行软件性能测试工程的应用。

1. 启动应用系统和 RPT 的操作

（1）启动 PlantsBy WebSphere 应用。

① 启动 Windows 的 cmd 方式。

② 转到与系统相关的 WebSphere 安装目录，如 C:\Program Files\WebSphere\AppServer \bin。

（2）启动 WebSphere，StartServer server1。启动后从 http://localhost:9080/PlantsByWebSphere/ URL 访问该应用系统。

图 8-25　Web 应用系统"盛夏花园"购物网站

2．启动 RPT 录制性能测试脚本

（1）启动 RPT，单击录制脚本。

用户名/密码：plants@plantsbywebsphere.com/plants。

选择 HTTP Recording（选择录制协议）。

（2）录制后，对每个页面根据其内容进行标题重命名，如图 8-26 所示。

（3）录制后回放查看脚本录制的正确性，进行运行性能测试。

（4）回放完后转到 RTP 的 Log Viewer，查看每个页面的正确性。

为建立一个计划调度做准备，可运行性能测试，如图 8-27 所示。

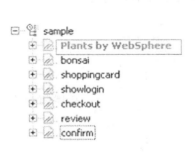

图 8-26　重命名页面标题

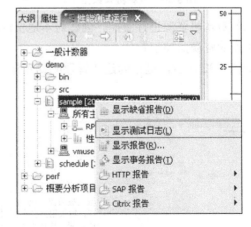

图 8-27　运行性能测试

（5）启动显示测试日志并转向事件栏查看测试详细信息。

测试日志的事件项如图 8-28 所示，事件项显示结果如图 8-29 所示。

图 8-28　测试日志的事件项　　　　　　　　图 8-29　事件项显示结果

（6）单击"协议数据"栏目可看到每个页面的具体信息（协议数据），如图 8-30 所示。

3．建立调度计划并设置测试运行调度

（1）设置思考时间，如图 8-31 所示。

图 8-30　查看协议数据　　　　　　　　　图 8-31　设置思考时间

（2）对本机资源进行监控。创建对本地资源的监控和进行管理配置。选中资源监控，选择添加新的资源监控配置。

如图 8-32 所示，进行创建和管理配置操作。图 8-33 为配置后需要监控的资源。

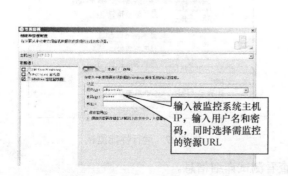

图 8-32　创建和管理配置操作　　　　　　图 8-33　配置后需要监控的资源

4．运行测试及对响应时间的分析

1）页面性能信息

综合的页面性能信息分析报告，如图 8-34 所示。右击其中的任何一个页面，可以选择显示页面元素响应（D），从而获得每个页面元素的响应时间信息。

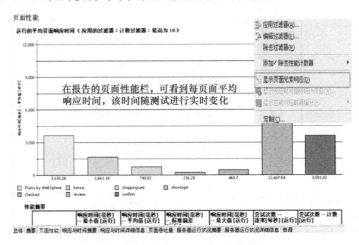

图 8-34　综合的页面性能信息分析报告

2）应用系统的根源性深度分析

（1）对本地的主机进行根源性分析。

对 Web Sphere 服务器进行插桩；启动应用服务器的检测器，对本地的应用服务器进行插桩，如图 8-35、图 8-36 所示。

图 8-35　添加本地服务器　　　　　　　图 8-36　应用服务器的检测器

（2）对远程的主机进行根源深度分析（WAS61）。

一种方式是直接对远程主机端进行监控，但在配置远程主机时，需安装代理控制器和SSH的服务软件。另一种方式是在被监控端安装插桩软件，进行本地插桩。这里使用后一种方式，在另一台机器上或 VM 上安装 WAS61 及 RPT，并启动插桩器。

创建和配置方式与前面方式一致，运行测试调度，并可转到分析透视图，如图 8-37 所示。

3）在测试运行中进行事物交易分析

在调度中进行交易分析详细设置，如图 8-38 所示。然后，启动交易监控器和调度转到分析视图，如图 8-39 所示。

图 8-37　对远程主机端进行监控

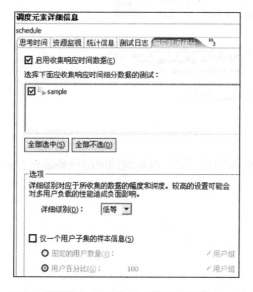

图 8-38　设置调度元素详细信息

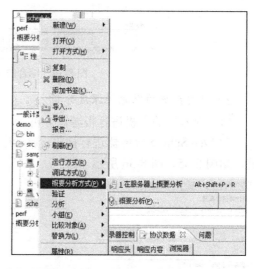

图 8-39　调度转到分析视图

4）建立 J2EE 应用的新配置

新配置的主机选择 localhost:10002，在监视器视图中确认 J2EE 性能分析已被选择如图 8-40 所示。确认切换透视图，并出现概要分析监视器信息，如图 8-41 所示。

图 8-40　确认 J2EE 性能分析已被选择

图 8-41　切换分析透视图

5．应用根源深度分析

对应用根源深度分析，可通过查看相关的方法级别的调用状况，来帮助定位性能瓶颈问题。这里需要进行切换透视图的一系列过程。

（1）切换透视图的操作如图8-42所示。

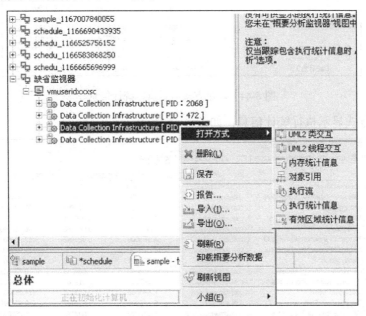

图8-42　切换透视图的操作

（2）显示UML2类的交互信息，如图8-43所示。

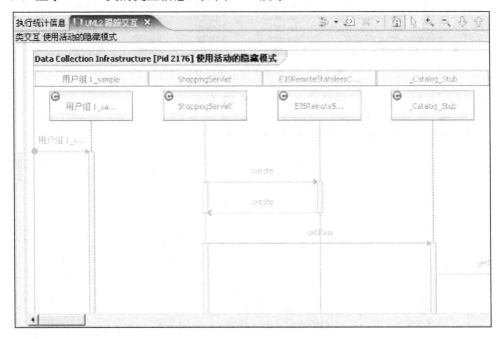

图8-43　显示UML2类的交互信息

（3）以包方式显示执行统计信息，如图8-44所示。

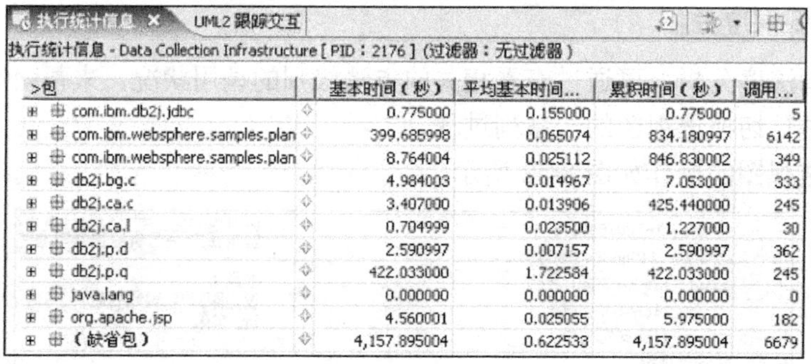

执行统计信息 - Data Collection Infrastructure [PID：2176] (过滤器：无过滤器)

>包	基本时间（秒）	平均基本时间...	累积时间（秒）	调用...
com.ibm.db2j.jdbc	0.775000	0.155000	0.775000	5
com.ibm.websphere.samples.plan	399.685998	0.065074	834.180997	6142
com.ibm.websphere.samples.plan	8.764004	0.025112	846.830002	349
db2j.bg.c	4.984003	0.014967	7.053000	333
db2j.ca.c	3.407000	0.013906	425.440000	245
db2j.ca.l	0.704999	0.023500	1.227000	30
db2j.p.d	2.590997	0.007157	2.590997	362
db2j.p.q	422.033000	1.722584	422.033000	245
java.lang	0.000000	0.000000	0.000000	0
org.apache.jsp	4.560001	0.025055	5.975000	182
（缺省包）	4,157.895004	0.622533	4,157.895004	6679

图 8-44　以包方式显示执行统计信息

（4）以类方式显示执行统计信息，如图 8-45 所示。

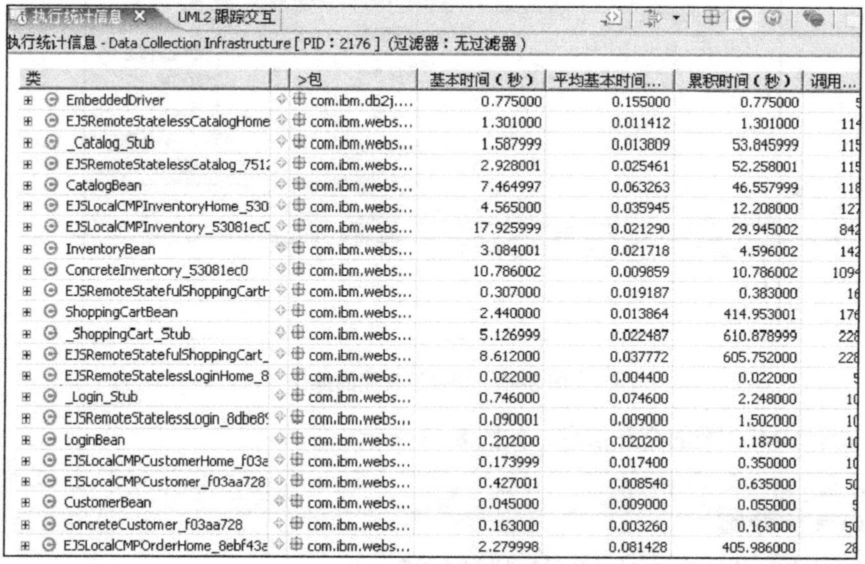

执行统计信息 - Data Collection Infrastructure [PID：2176] (过滤器：无过滤器)

类	>包	基本时间（秒）	平均基本时间...	累积时间（秒）	调用...
EmbeddedDriver	com.ibm.db2j....	0.775000	0.155000	0.775000	5
EJSRemoteStatelessCatalogHome	com.ibm.webs...	1.301000	0.011412	1.301000	114
_Catalog_Stub	com.ibm.webs...	1.587999	0.013809	53.845999	115
EJSRemoteStatelessCatalog_751	com.ibm.webs...	2.928001	0.025461	52.258001	115
CatalogBean	com.ibm.webs...	7.464997	0.063263	46.557999	118
EJSLocalCMPInventoryHome_530	com.ibm.webs...	4.565000	0.035945	12.208000	127
EJSLocalCMPInventory_53081ec0	com.ibm.webs...	17.925999	0.021290	29.945002	842
InventoryBean	com.ibm.webs...	3.084001	0.021718	4.596002	142
ConcreteInventory_53081ec0	com.ibm.webs...	10.786002	0.009859	10.786002	1094
EJSRemoteStatefulShoppingCartH	com.ibm.webs...	0.307000	0.019187	0.383000	16
ShoppingCartBean	com.ibm.webs...	2.440000	0.013864	414.953001	176
_ShoppingCart_Stub	com.ibm.webs...	5.126999	0.022487	610.878999	228
EJSRemoteStatefulShoppingCart_	com.ibm.webs...	8.612000	0.037772	605.752000	228
EJSRemoteStatelessLoginHome_8	com.ibm.webs...	0.022000	0.004400	0.022000	5
_Login_Stub	com.ibm.webs...	0.746000	0.074600	2.248000	10
EJSRemoteStatelessLogin_8dbe8	com.ibm.webs...	0.090001	0.009000	1.502000	10
LoginBean	com.ibm.webs...	0.202000	0.020200	1.187000	10
EJSLocalCMPCustomerHome_f03a	com.ibm.webs...	0.173999	0.017400	0.350000	10
EJSLocalCMPCustomer_f03aa728	com.ibm.webs...	0.427001	0.008540	0.635000	50
CustomerBean	com.ibm.webs...	0.045000	0.009000	0.055000	5
ConcreteCustomer_f03aa728	com.ibm.webs...	0.163000	0.003260	0.163000	50
EJSLocalCMPOrderHome_8ebf43a	com.ibm.webs...	2.279998	0.081428	405.986000	28

图 8-45　以类方式显示执行统计信息

（5）以方法方式显示执行统计信息，如图 8-46 所示。

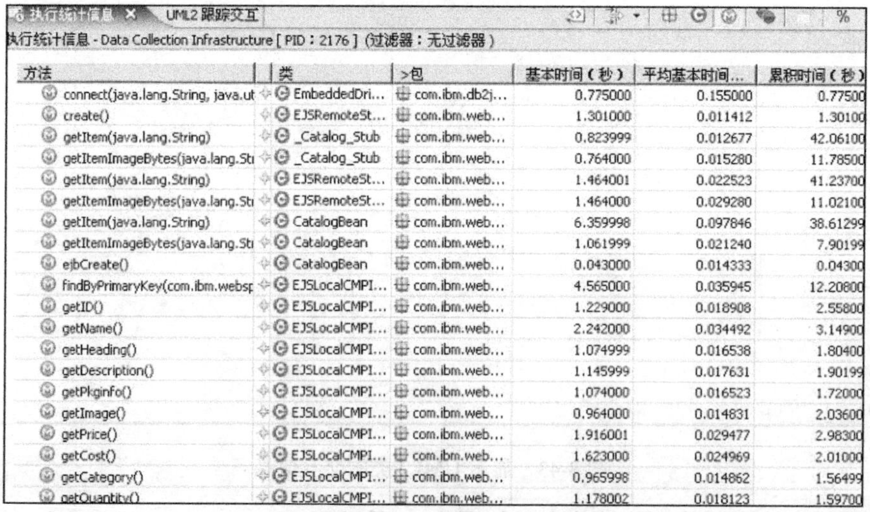

执行统计信息 - Data Collection Infrastructure [PID：2176] (过滤器：无过滤器)

方法	类	>包	基本时间（秒）	平均基本时间...	累积时间（秒）
connect(java.lang.String, java.ut	EmbeddedDri...	com.ibm.db2j...	0.775000	0.155000	0.77500
create()	EJSRemoteSt...	com.ibm.web...	1.301000	0.011412	1.30100
getItem(java.lang.String)	_Catalog_Stub	com.ibm.web...	0.823999	0.012677	42.06100
getItemImageBytes(java.lang.Str	_Catalog_Stub	com.ibm.web...	0.764000	0.015280	11.78500
getItem(java.lang.String)	EJSRemoteSt...	com.ibm.web...	1.464001	0.022523	41.23700
getItemImageBytes(java.lang.Str	EJSRemoteSt...	com.ibm.web...	1.464000	0.029280	11.02100
getItem(java.lang.String)	CatalogBean	com.ibm.web...	6.359998	0.097846	38.61299
getItemImageBytes(java.lang.Str	CatalogBean	com.ibm.web...	1.061999	0.021240	7.90199
ejbCreate()	CatalogBean	com.ibm.web...	0.043000	0.014333	0.04300
findByPrimaryKey(com.ibm.websp	EJSLocalCMPI...	com.ibm.web...	4.565000	0.035945	12.20800
getID()	EJSLocalCMPI...	com.ibm.web...	1.229000	0.018908	2.55800
getName()	EJSLocalCMPI...	com.ibm.web...	2.242000	0.034492	3.14900
getHeading()	EJSLocalCMPI...	com.ibm.web...	1.074999	0.016538	1.80400
getDescription()	EJSLocalCMPI...	com.ibm.web...	1.145999	0.017631	1.90199
getPkginfo()	EJSLocalCMPI...	com.ibm.web...	1.074000	0.016523	1.72000
getImage()	EJSLocalCMPI...	com.ibm.web...	0.964000	0.014831	2.03600
getPrice()	EJSLocalCMPI...	com.ibm.web...	1.916001	0.029477	2.98300
getCost()	EJSLocalCMPI...	com.ibm.web...	1.623000	0.024969	2.01000
getCategory()	EJSLocalCMPI...	com.ibm.web...	0.965998	0.014862	1.56499
getQuantity()	EJSLocalCMPI...	com.ibm.web...	1.178002	0.018123	1.59700

图 8-46　以方法方式显示执行统计信息

注意: 进行应用根源深度分析时,会出现两个监视器在运行的情况,一个监视本地的 URL 分解,另一个监视远程服务器交易的分解。

以上阐述基本说明了如何运用 RPT 进行性能测试的主要方法和主要过程。

本 章 小 结

本章主要讲解和分析以下内容。

(1)软件系统性能测试的概述,包括性能测试的基础性知识、性能测试的相关专业术语、性能测试的主要内容及范围、系统性能的调整问题等。

(2)性能测试的规划与设计,需求分析:需求目标、需求调研、需求指标、需求分析方法;需求方案设计:确定设计目标、进行测试规划、实施测试分析。

(3)性能测试模型,分析八项针对软件性能测试的主要内容:预期指标性能测试、独立业务测试、组合业务测试、大数据量测试、疲劳强度测试、服务器性能、网络性能、特殊测试。

(4)介绍了性能测试的设计与开发方法:性能测试环境设计、性能参数场景设计、性能测试用例设计、脚本及辅助工具开发。

(5)性能测试的执行与管理。建立性能测试环境与实施性能测试分析的内容。

(6)Web 性能测试分析讨论。包含 Web 性能测试模型介绍,Web 性能测试用例设计方法,Web 性能测试过程管理策略与措施。

(7)RPT 性能测试工具(平台)的基本运用操作与测试应用工程实践。包含深入认识 RPT 的性能测试功能特点及可解决的性能测试问题范围;启动应用系统和启动 RPT;应用 RPT 录制测试脚本和脚本的参数化工作;建立、设置测试调度;运行性能测试并进行响应时间的分析;根据测试结果,对应用系统的性能瓶颈进行深度分解。

专 业 术 语

并发用户: 并发一般分为 2 种情况。(1)严格意义的并发:所有的用户在同一时刻做同一件事情或者操作,这种操作一般指做同一类型的业务。(2)广义范围的并发:多用户对系统发出了请求或者进行了操作,但是这些请求或者操作可以相同,也可以不同。

并发用户数量: 在同一时刻与服务器进行交互的在线用户数量。

请求相应时间: 指从客户端发出请求到得到响应的整个过程时间,称为 TTLB(Time to Last Byte),单位为秒或毫秒。

事务响应时间: 事务由一系列请求组成,事务响应时间主要针对用户而言,属宏观概念,是为了向用户说明业务响应时间而提出的。

吞吐量: 在一次性能测试过程中网络上传输的数据量的总和。

吞吐率: 吞吐量/传输时间。有"请求数/秒"、"页面数/秒"、"业务数/小时或天"、"访问人数/天"、"页面访问量/天"等描述。

TPS(Transaction per Second): 每秒处理交易或事务的数量。

点击率(Hit Per Second): 用户每秒向 Web 服务器提交的 HPPT 请求数。Web 特有的指标。

资源利用率: 指对不同系统资源的使用程度,如服务器的 CPU 利用率、磁盘利用率。资源利用率是分析系统性能指标进而改善性能的主要依据,是性能测试的重点。资源利用率主要针对 Web 服务器、操作系统、数据库服务器、网络等,是测试和分析瓶颈的主要参考数据。

同步点：为增加性能测试的灵活性，在性能测试执行过程中，因各虚拟用户的思考时间、页面响应时间等不同，故测试脚本中各段操作时间也会不同。有时，需要在所有虚拟用户同时达到某一点后执行某一个操作，此时借助同步点可实现这个目的。同步点可让先达到该点的虚拟用户暂停下一步动作，处于等待状态，当所有虚拟用户都到达同步点时才按照设置并发或按某一时间交错执行下一动作。同步点可应用在性能测试脚本或测试调度中。由于同步点主要用于控制脚本的执行，所以在测试调度中的应用更多。

IP 混淆：默认情况下，当运行一调度时，每一虚拟用户都会拥有相同的 IP 地址，但在真实情况下并不存在。对特定类型的应用程序，可影响负载的分布，甚至影响应用的详细功能。当具有 IP 混淆特性后，可让每个虚拟用户感觉只有一人使用主机。要实现此功能，需在主机配置 IP 混淆，然后在调度中启动此功能。当运行调度时，多主机网络流量被显示。IP 混淆可配置代理，在 HTTP 测试运行期间就如同负载是来自不同 IP 地址。

数字证书：数字证书是一个文件，绑定一个带识别码的公用密钥（一个用户或一个组织）。可信的证书权威机构发布数字证书，用于鉴别用户与组织访问 Web 站点、E-mail 服务器和其他安全系统的权限。

习题与作业

一、简述题

1．简述软件系统性能测试的并发、时间响应等主要术语的概念。

2．归纳总结性能要求的不同体现形式，列出关于性能要求的表述。

3．分析总结性能测试脚本录制时的协议类型及适用的应用软件系统。（应用类型：C/S 系统、Web 应用、组件、互联网基础服务、应用服务器、ERP 等。）

4．归纳总结性能测试的规划与设计的基本方法和要点。

二、项目题

1．分析和明确软件系统的性能需求。某网络视频会议系统要求能够运行在目前公司的主要设备（包括硬件和软件）上，速度比现有系统提高 20%，在会议期间，不能让用户感觉到明显的时延。

用户需求：用户进入每个页面的时间不能超过 10s，在召开部门视频会议时，系统不能有明显的速度延迟。试分析和设计该系统的性能测试需求。

2．软件系统的并发用户数量设计。某办公系统的使用用户数为 900 人，预计在使用周期内不会发生大的改变，通过分析日志得出的系统最大用户在线数目为 300 人左右。试计算最大并发用户数（给出一个范围）和并发用户数（大约值）。

3．每日工作中 80%的业务在 20%的时间内完成，称为"80-20"原理。某业务量集中在 8 个月，每个月有 20 个工作日，每个工作日工作 7h，即每天 80%的业务在 1.5h 内完成。全年处理业务有 150 万笔，其中 18%的业务处理，每笔业务须向服务器提交请求 6 次，70%的业务中的每笔业务须向服务器提交请求 4 次，其余 15%的业务中的每笔业务须向服务器提交请求 3 次。

根据往年统计结果，每年业务增加量为 20%，考虑到今后 3 年的发展，该系统的性能测试需要按照现有业务量的 2 倍进行。试分析性能需求分析及设计测试。

4．一个网上视频点播系统如下图所示。

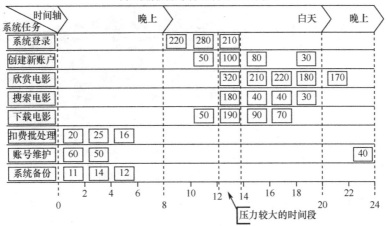

网上视频点播系统（峰值，1000用户）

系统任务＼时间轴	晚上				白天		晚上
系统登录		220	280	210			
创建新账户			50	100	80	30	
欣赏电影			320	210	220	180	170
搜索电影			180	40	40	30	
下载电影			50	190	90	70	
扣费批处理	20 25 16						
账号维护	60 50						40
系统备份	11 14 12						

压力较大的时间段

分析给出的视频点播系统统计表，试完成对该系统的性能测试设计，并完成下列任务：

（1）计算该系统的最大并发用户数。

（2）开展性能测试的方案。

5．RPT 性能测试实验。

（1）在 IBM 网站下载 RPT 试用版，安装并试用该性能测试工具。

（2）依照 RPT 的基本操作指南和教材案例的示范，进行 RPT 性能测试的练习，掌握 RPT 的主要测试功能（效能作用）与该工具的应用特点。

6．某企业门户网站需做性能测试。根据项目特点已制定出主要测试项和测试方案：一是测试几个常用页面能接受的最大并发用户数（提示：进行用户名参数化，设置集合点策略）；二是测试服务器处于长时间的压力下，用户能否实施正常的操作（提示：进行用户名参数化，迭代运行脚本）；三是测试服务器能否接受 1 万名用户同时在线操作，假设使用的性能测试工具的 license 只能支持 200 名用户，请问：此时该怎样制定测试方案？

提示：（1）在进行最大并发用户数的测试设计时，可考虑进行用户名参数化与设置集合点策略。

（2）在进行系统稳定性测试（对长时间服务器施加压力）时，可考虑进行用户名参数化，迭代运行脚本。

7．软件性能测试项目工程实践。

推荐：电商网站 1 号店性能测试、126 邮箱性能测试、网上购书系统性能测试或其他系统性能测试。

要求：（1）以数人组成测试小组展开项目工程实践。

（2）提交项目测试规划、设计方案及测试实施文档（需求分析、测试设计、测试执行、测试结果分析及总结）。

Chapter

第9章 软件系统安全性测试

本章导学

内容提要

本章就软件安全性问题及软件安全性测试知识进行较系统的分析和测试技术的运用，其主要内容分为三个部分。第一部分是软件系统安全性概述，包括安全性测试的基本概念、基础知识，以及安全性测试的策略和测试方法。第二部分为 Web 应用系统的安全性测试的内容，介绍和讨论了 Web 应用安全的背景、Web 应用系统安全的主要问题的测试原理和测试方法。第三部分以 Rational AppScan 为例，介绍了针对 Web 应用系统的典型安全性测试工具，从概况说明、功能特性、基本使用方法、安全性测试应用四个方面，比较全面和深入地分析了安全性测试的基本原理、基本操作运用，以及安全性测试的应用。

学习目标

☒ 认识与深入理解软件系统安全性测试的基本概念、基础知识、测试策略与测试方法。

☒ 认识与深入理解 Web 应用系统安全性的问题。

☒ 明确 Web 应用系统安全性测试问题的解决策略、实施方案及有效的测试方法。

☒ 认识 AppScan 安全测试工具对实现 Web 应用系统安全性测试的作用与功效。

☒ 掌握运用 AppScan 进行软件系统性能测试的工程实践的策略和方法。

9.1 软件系统安全性测试的问题

安全性测试是安全的软件生命周期中的重要环节。目前，软件系统的安全形势更为严峻，对安全测试会提出更高的要求。

实施安全性测试需要全面的软件系统安全性知识、精湛的攻击技术、敏锐的黑客思维和丰富的测试经验。大型软件企业一般都由自己的产品安全部负责软件的安全性测试，或由第三方安全咨询机构的软件安全专家承担安全性测试。

随着 3G 的广泛应用与 4G 的快速发展，互联网、物联网应用的普及与深入，云计算领域业务的不断扩展，软件的安全性问题愈显突出与重要，越来越得到重视。同时，软件安全性测试也面临更大的挑战。

9.1.1 软件系统安全性概述

1. 软件安全性的概念

软件产品或系统存在潜在的弱点、漏洞、风险、威胁、易受攻击等安全性方面的诸多问题。一个存在安全性问题的软件产品或系统是不安全、不可靠的。

软件系统包含大量信息，信息安全是指对信息与信息系统进行保护。信息安全被定义为：防止未授权的访问、使用、泄露、终端、修改、破坏，并提供保密性、完整性和可用性（NIST SP 800-37 美国国家标准与技术研究所）。

所谓软件安全就是使软件在受到恶意攻击下，依然能正确运行的工程化软件思想。

软件产品或系统的安全性需经过安全测试与评估获得。

2. 软件安全框架的组成

软件安全框架由软件安全基础标准、运行实体、安全管理策略三部分组成，如图 9-1 所示。

3. 软件安全性的内涵

软件安全性的内涵包括安全目标、安全性要求、软件安全性问题。

1）安全目标

安全目标是指能够满足一个组织或个人的所有安全需求，通常强调保密性、完整性和可用性，如图 9-2 所示。

由于这些目标常互相矛盾，因此需要在目标中达到最佳配合。例如，阻止所有人访问某个资源，就可实现该资源的保密性，但同时不能满足可用性。

图 9-1　软件安全框架的组成

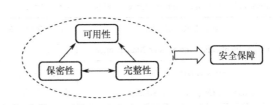

图 9-2　软件安全目标

2）安全性要求

① 真实性：保证信息来源真实可靠。

② 保密性：确保信息只被授权人使用，信息即使被截取也不能被了解其真实含义。

③ 完整性：保护信息与信息处理方法的准确性和原始性（数据一致性），防止数据被篡改。

④ 可用性：确保授权的用户可访问信息。

⑤ 不可抵赖性：用户对其信息操作行为不可否认。

⑥ 可追溯性：确保信息实体的行为可被跟踪。

⑦ 可控制性：对信息传播及内容具有控制力。

⑧ 可审查性：对信息安全问题提供核查的依据与手段。

3）软件安全性问题

① 信息泄露、破坏信息完整性、拒绝服务。

② 非法使用、窃取、假冒、旁路控制。

③ 授权侵犯（内部攻击）与抵赖（来自用户攻击）。

④ 计算机病毒威胁。

⑤ 信息安全的法律法规不健全。

例如，SaaS（软件即服务）的主要安全威胁有身份认证、访问权限管理、接口监控、网络传输、数据存储、数据传输。云计算服务的安全威胁有恶意软件、保密性和访问认证。表 9-1 列出 Web 应用系统的 10 个安全漏洞。

表 9-1　Web 应用系统的 10 个安全漏洞

漏　洞	描　述
跨站脚本 Cross Site Scripting（XSS）	XSS 允许攻击者在受害者的浏览器上执行脚本，脚本可能会截取用户会话，破坏 Web 站点或引入蠕虫
注入攻击（Injection Flaws）	注入漏洞，特别是 SQL 注入，在 Web 应用程序内注入。当用户提供的数据作为命令或查询的一部分被发送到翻译器时，可能出现注入漏洞，恶意数据欺骗翻译器执行非用户本意的命令或改变数据
执行恶意文件（Malicious File Execution）	恶意文件执行攻击会影响 PHP、XML 以及任意从用户接收文件名或文件的架构
不安全的直接对象引用（Insecure Direct Object Reference）	当一个引用暴露给内部对象（如一个文件、目录、数据库记录或键值、URL 或格式参数）时，可能发生直接对象引用。攻击以操纵这些引用访问其他未经授权的对象
跨站请求伪造（Cross Site Request Forgery，CSRF）	强制受害者的浏览器执行一个对攻击者有利的恶意行为。CSRF 能和所攻击的 Web 应用程序一样有效
信息泄露及不正确的错误操作（Information Leakage and Improper Error Handing）	应用程序可能通过各种应用程序问题非用户本意地泄露配置、内部结构或隐私等信息。攻击者利用这个弱点窃取敏感数据后传入更多的严重攻击
失效认证及会话管理（Broken Authentication and Session Management）	信任账户及会话令牌没有被完全保护。攻击使用密码、密钥或认证令牌伪装其他用户的身份
不安全的密码存储（Insecure Cryptographic Storage）	Web 应用程序缺乏使用密码功能来保护数据。攻击者通过这个缺乏有效保护的数据，窃取身份及实施其他犯罪行为，如信息用卡欺诈
不安全的通信（Insecure Communications）	敏感数据需保护，应用程序未对网络阐述的信息进行加密
限制 URL 访问失败（Failure to Restrict URL Access）	通常，应用程序只能通过对非认证用户链接或 URL 的显示来保护敏感功能。攻击者利用这个弱点，通过直接访问 URL 来访问并执行未授权的操作

4）软件安全性的需求

软件安全性的需求主要表现在加密、数据结构、安全存储、安全访问、认证、备份等方面。例如，一个文件服务系统的数据安全管理，允许特权用户访问数据，而限制受限用户的访问。这个文件系统的安全性包含用户输入的限制、用户权限的限制、异常处理、验证机制、系统强壮性设计。

例如，某银行系统对用户口令的安全性可能采用的防范措施，如图9-3所示。

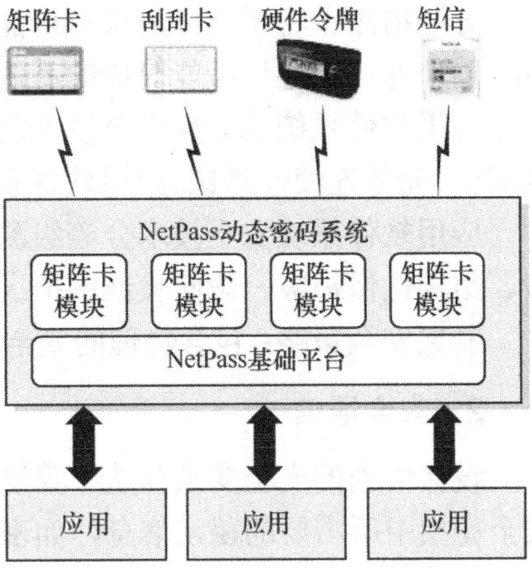

5）软件安全方针

（1）软件安全是系统级问题，需要考虑安全机制和基于安全体系的设计。软件安全必须成为完整的软件开发生命周期方法的重要部分，应具有阻止安全攻击及恢复安全的机制。

图 9-3　某银行系统对用户口令的
安全性可能采用的防范措施

（2）安全服务与管理相关机制。安全服务机制：加密、数字签名、访问控制、数据完整性、认证交换、流量填充、路由控制和公证。管理机制：可信功能机制、安全标签机制、事件检测机制、审计跟踪机制、安全恢复机制。

（3）安全保障的三大机制：预防、检测与恢复、支撑。

① 预防机制。

受保护的通信：该服务是保护实体之间的通信。

认证：保证通信的实体是其所声称的实体，以及验证实体身份。

授权：允许一个实体对给定系统的一些动作，如访问一个资源。

访问控制：控制对资源的访问限制，如谁可访问，可在何种条件下访问，可访问什么等。

② 检测与恢复机制。

审计：当安全漏洞被检测到时，审计安全相关事件必不可少，因在系统发现错误或受到攻击时能定位错误和找到攻击成功的原因，以便对系统进行恢复。

入侵检测：主要控制危害系统安全的可疑行为，以便尽早采用额外的安全机制使系统更为安全。

整体检验：主要检验系统或数据是否完整。

恢复安全状态：当安全漏洞发生时，系统必须恢复到安全的状态。

③ 支撑机制。

鉴别：能独特识别系统中的所有实体。

密钥管理：以安全的方式管理密钥。密钥常用于鉴别一个实体。

安全性管理：对系统的所有安全属性进行管理，如安装新服务、更新已有服务、保证所提供的服务是可操作的。

系统保护：系统保护通常表示对技术执行的信任。

6）软件安全性原则

保护最薄弱的环节，进行体系防御。例如口令系统：从用户登录到访问系统，需要通过口令验证、加/解密的过程，通过存取控制到达系统。

最小特权：授予执行操作所必需的最少访问权，以及对该访问权准许使用的最少时间，如角色定义、会话有效时间等。

分隔措施：将系统分隔成尽可能多的独立单元，使系统可能受到损害的风险降到最低。

简单性：构建尽可能简单的系统，但仍满足安全性需求。

应用软件系统基础性安全技术测试：风险分析和安全需求测试、安全方案测试、环境安全测试、业务连续性测试、应用软件系统及相关信息系统安全等级划分测试（GA/T 712-2007）。

应用软件系统安全技术分等级测试：用户自主保护级、系统审计保护级、安全标记保护级、结构化保护级、访问验证保护级。

制定安全策略：包含物理的安全策略、数据保护的安全策略、系统运行管理的安全策略。

2. 安全通信

设计恰当的安全变换算法。算法应具有足够强的安全性，难以被攻击者有效攻破。产生安全变换中所需要的秘密信息，如密钥。

分配与共享秘密信息的方法。指明通信双方使用的协议，利用安全算法和秘密信息实现系统所需的安全服务。图 9-4 为安全通信的机制。

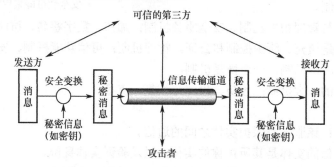

图 9-4　安全通信的机制

1）与网络 7 层协议对应的安全措施

这里给出与每层协议对应的安全保障措施，以及保证措施具体构成的测试内容。

（1）应用层：应用系统自身安全——P2P/IM 管控、DPI、URL 过滤、Web 攻击防护、漏洞防护、病毒防范。

（2）表示层：Java 虚拟机安全。

（3）会话层：安全检测软件。

（4）传输层：操作系统安全——基于 TCP、UDP 的 DDOS 攻击防护、VPN 加密隧道。

（5）网络层：网络安全——基于 IP、ICMP 攻击防护，网络层访问控制、DDOS 攻击防护。

（6）数据链路层：传输安全——ARP 攻击防护。

（7）物理层：传输安全——硬件 Bypass 防护。

2）安全认证协议的组成

（1）认证协议。

（2）Kerberos 协议（SSO）网络认证协议。

（3）SSL（Secure Socket Layer）协议（传输层）。

（4）IPSec 协议（网络层）。

（5）PGP（Pretty Good Privacy）电子邮件安全协议（应用层）

（6）SET（Secure Electronic Transaction）。

（7）Web 安全协议　HTTPS（应用层）。

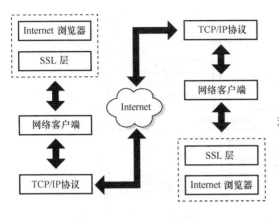

图 9-5　OpenSSL 的过程

（8）SSH-远程登录协议。

（9）密钥交换协议。

（10）认证和密钥交换协议。

3）OpenSSL 技术

（1）OpenSSL 加密机制：对称加密、非对称加密、数字签名、运用证书。

（2）数据保密：C/S 会话被加密。

（3）客户端认证：服务器能对客户端认证。

（4）服务器认证：客户端能对服务器认证。

（5）消息完整：数据在传输中不能被修改。

OpenSSL 的过程如图 9-5 所示

4）身份认证的测试

身份认证的测试可采用简单认证机制；基于 DCE/Kerberos 的认证机制；基于公共密钥的认证和基于应答的认证机制，如身份认证。图 9-6 为身份认证组件，图 9-7 为统一认证模式。图 9-8 为信任代理模式。

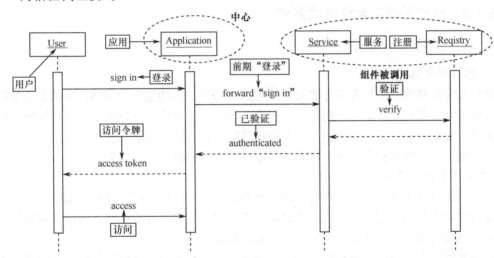

图 9-6　身份认证组件

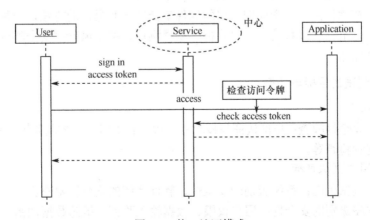

图 9-7　统一认证模式

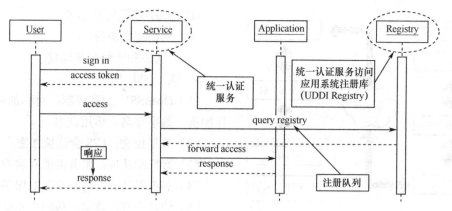

图 9-8　信任代理模式

5）**访问控制策略验证**

（1）入口访问控制：用户名、口令、IP、身份。

（2）权限控制：角色、用户组、管理员、审计。

（3）目录级控制：管理员、读、写、创建、删除、修改、查找、存取控制。

9.1.2　软件系统安全性测试策略

1. 软件安全性测试策略

1）**软件安全策略组成**

软件安全策略根据系统各部分的安全策略综合而成，由物理安全策略、网络安全策略、数据加密策略、数据备份策略、病毒防范策略、系统安全策略、身份认证及授权策略、灾难恢复策略、故障处理紧急响应策略、口令管理策略、补丁管理策略、变更策略、审计策略等组成。这里包含了物理安全策略、软件安全策略及运行维护安全管理策略。

2）**安全系统测试策略**

安全系统测试策略分为基本安全防护系统测试与安全系统防护体系两个部分。

基本安全防护系统测试由一系列测试点构成，这些测试点有防火墙、入侵检测系统、漏洞扫描、病毒防治、安全审计、Web 信息防篡改系统。

安全性测试将综合运用静态测试与动态测试技术，实施安全性模糊测试，选用适合于特定安全问题的测试工具，完成安全性测试的七个接触点。

接触点是指在软件开发生命周期中保障软件安全的一套最优的方法，一种战术性方法。七个接触点为代码审核、体系结构风险分析、渗透测试、基于风险的安全测试、滥用案例、安全需求和安全操作。

2. 安全性测试的目标与任务

1）**安全性功能**

主要有口令安全性检查；身份认证与授权安全检查；访问策略控制验证；操作日志检查；与安全相关的配置检查等。

2）**测试范围与测试目标**

（1）安全性测试范围：系统级别的安全性、软件系统的安全性检查。

（2）应用程序级别的安全性：用户权限、数据输入验证、敏感数据加密、数据存储安全性、用户口令、验证系统日志文件是否被保护等。

（3）安全性测试的目标：在测试软件系统中对危险和危险处理设施所进行的测试，以验证测试是否有效。主要通过功能性测试与安全性测试实现。

① 功能性测试：在设计的测试用例下，验证软件不正确的输出、行为或缺陷。

② 安全性测试：验证软件没有不安全的事件发生而进行的安全性缺陷检查。

3）测试任务

（1）检查：各种输入验证型问题，如内存溢出、SQL Injection、XSS 等。

（2）检验：各种保护机制的验证型问题，如访问控制、信息泄露、不充分的随机数、鉴别与加密等。

9.1.3 软件系统安全性测试方法

1. 安全性测试方法

安全性测试方法主要有功能检验、用户管理的安全性测试、漏洞扫描、模拟攻击实验、采用侦听技术等。

（1）功能检验。例如，用户管理、权限管理、加密系统、认证系统测试。根据软件系统的特点，采取用户认证安全测试、Web 应用安全性测试、后台服务器安全性测试、其他常规的安全功能测试。

（2）用户管理的安全性测试。需检验的内容包括明确区分系统中不同的用户权限，系统中是否出现用户冲突，系统是否会因用户权限改变而出现混乱，用户登录密码是否可见或可复制，是否可通过绝对途径登录系统（复制用户登录后的链接直接进入系统），用户退出系统后是否删除所有鉴权标记，是否可以使用后退键而不通过输入口令进入系统。

（3）漏洞扫描。主要借助特定的漏洞扫描器对软件存在的安全漏洞进行检测。

（4）模拟攻击实验。这个方法是应用一组特殊的、极端的测试方法，检验系统程序是否出现异常，以发现程序中可能存在的安全漏洞。

（5）采用侦听技术。通过侦听通信的内容及过程来发现安全隐患。

（6）静态性测试。对代码进行静态扫描，发现潜在安全问题。程序代码的安全包含语言级安全代码、逻辑级安全代码和规范级代码安全。

（7）静态测试自动化方法。直接分析程序源代码，通过词法分析、语法分析和静态语义分析，检测程序中的潜在安全漏洞。主要运用类型推断、数据流分析和约束分析方法。

（8）安全性动态测试。在系统运行时进行安全性测试，如渗透测试、安全功能测试。

2. 软件产品安全性测试

1）用户管理与访问控制测试

主要有用户权限管理测试、操作系统安全性测试、数据库权限测试。

2）通信加密测试

主要有 VPN 加密技术、对称加密算法、非对称加密算法、HASH 算法。

3）Web 应用系统的安全性测试

主要采用静态测试与渗透测试方法。测试主要包含下列内容。

（1）注入攻击（Injection）。

（2）跨站点脚本工具（XSS）。

（3）跨站点请求伪造（CSRF）。

（4）未能限制 URL 访问。

（5）后台服务器安全测试。

（6）认证保护与会话管理测试。

（7）通信层保护不充分测试。

（8）系统配置不安全测试。

（9）信息隐藏与完整性测试。

（10）代码安全性测试。

（11）异常处理安全性测试。

3. 安全测试与评估的内容

（1）用户认证机制的测试：数字证书、智能卡、双重认证、安全电子交易。

（2）加密机制检测。

（3）安全防护策略：安全日志、入侵检测、实施隔离防护、进行漏洞扫描。

（4）数据备份与恢复手段：存储设备、存储保护、存储管理、病毒防治。

（5）数据库、LDAP 的应用。

（6）操作系统保护。

（7）远程安装或分发安装。

4. 渗透测试

1）渗透测试的概念

完全模拟黑客可能使用的攻击技术和漏洞发现技术，对目标系统的安全做深入的探测，发现系统最脆弱之处，直观地发现问题。采用探索测试策略。

2）渗透测试的策略与方法

（1）渗透测试实施策略。全程监控，类似全程抓包；择要监控，仅在分析数据后、准备发起渗透前开启嗅探；主机监控，仅监控受测主机的存活状态，避免意外情况发生；指定攻击源，针对源地址的主机，由用户实施进程、网络连接、数据传输等多方监控；针对关键系统，可采用对目标的副本进行。

（2）完整记录渗透测试过程中的操作、响应、分析，形成测试报告。

（3）运用黑盒测试技术测试，最初信息获取来自 DNS、Web、E-mail 及各种公开对外的服务器；运用白盒技术，测试可包括网络拓扑、员工资料、网站或程序的代码。目的是模拟内部雇员的越权操作行为。

3）渗透测试的内容

（1）不同网段/VLAN 之间的渗透。

（2）端口扫描：利用网络安全扫描器。

（3）远程溢出：利用现有工具实现远程溢出攻击。

（4）口令猜测：利用一个简单的暴力攻击程序和一个比较完善的字典，进行猜测口令。

（5）本地溢出：在拥有了一个普通用户的账号后，通过一段特殊的指令代码获得管理员权限。

（6）脚本及应用测试：针对 Web 及数据库服务器进行，利用脚本相关弱点，获取系统其他目录的访问权限，甚至获得系统的控制权限。

4）Web、数据库的渗透测试点

（1）检查应用系统架构，防止用户绕过系统直接修改数据库；检查身份认证模块，以防止非法用户绕过身份认证；检查数据库接口模块，以防止用户获取系统文件；检查其他安全威胁。

（2）脚本及应用测试：针对 Web 及数据库服务器进行，利用脚本相关弱点，获取系统其他目录的访问权限，甚至获得系统的控制权限。

5）渗透测试的其他点

主要有针对无线系统的测试、针对社交系统的测试、针对拒绝服务攻击的测试。

5．安全性模糊测试

在一个被测试程序中附加随机数据（Fuzz）作为程序的输入。如果被测试程序出现问题（如 Crush 或异常退出），就可定位程序的缺陷。模糊测试的优势是测试设计很简单，系统的行为先入为主。

Fuzz：确定对象→确定输入→产生模糊数据→执行模糊数据→监控异常→判定程序安全性。

代码审核可发现约 50%的安全性问题，是一种实现安全软件的必要而不充分的方法。有些安全缺陷显而易见，如 C/C++中的缺陷。

发现软件体系结构缺陷是真正棘手的问题。

6．体系结构风险分析方法

体系结构风险分析通过以下测试实现：渗透测试、基于风险的安全测试、滥用案例、安全需求（需求分析时加入安全考虑，如功能安全，设计 128 位的加密方法）、安全操作（日志记录）。

软件安全最优方法通过软件安全测试方法得到保证。安全最优方法与安全性测试方法的关联如图 9-9 所示。

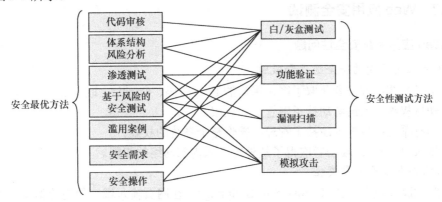

图 9-9　安全最优方法与安全性测试方法的关联

9.2 Web 应用系统的安全性测试

9.2.1 Web 应用安全的背景

Web 应用是互联网的重要信息系统，但统计数据表明，2/3 的 Web 应用存在脆弱性，易受攻击，存在安全性隐患。通过深入分析，约 75% 的安全问题发生在应用层，而网络系统防火墙、入侵检测等安全保护系统对应用层面的安全攻击几乎无能为力，无法进行安全防范。图 9-10 为信息系统的安全全景，由四部分组成。Web 应用部分的安全需要与前三个部分一样，必须单独进行考量。

Web 应用由动态脚本、编译过的代码等组合而成，通常架设在 Web 服务器上，用户在 Web 浏览器上发送请求，请求使用 HTTP 协议，经 Internet 和企业 Web 应用进行交互，由 Web 应用程序和企业后台数据库及其他的系统进行动态内容通信。

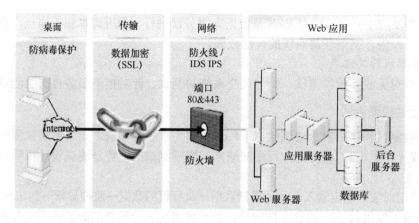

图 9-10　信息系统的安全全景

Web 应用架构为典型的标准三层架构模型，在 Web 应用各层面，使用不同策略与技术来确保安全性。为保护客户端的安全，要应用防病毒体系；为保证用户数据传输安全，通信层使用 SSL（安全套接层）加密数据；为保证仅允许特定访问，设置防火墙和 IDS（入侵诊断系统）/IPS（入侵防御系统），使不必要暴露的端口与非法访问受到阻止；为被授权用户访问特定的 Web 应用，使用身份认证机制，等等。这些安全机制的建立，以及是否有效，需要进行安全性测试得到验证，以建立 Web 应用的安全，乃至整个信息系统的安全保证的信心。

9.2.2　Web 应用安全测试

1．Web 应用系统安全性问题

1）Web 应用承受的安全隐患和威胁

（1）隐私暴露：攻击者获取了网站用户的 ID、密码、Cookie、联系等。

（2）劫持权限：攻击者劫持了网管员的权限。

（3）劫持系统：攻击者劫持了管理、操作整个系统的权限。

（4）侵入"内网"：攻击者取得了从外部进入内部网络的权限。

2）Web 应用安全问题类型

（1）跨站脚本攻击 XSS（Cross Site Scripting）。在网页输入域中使用跨站脚本（写入一段 JavaScript）来发送恶意代码给没有发觉的用户，让浏览器执行 document.write 等危险指令，窃取用户的资料和信息。

案例：曾发现著名的淘宝网也存在这样的漏洞，如图 9-11 所示。在搜索框中输入：

图 9-11　XSS 攻击案例

"/> <iframesrc=http://www.baodu.com FRAME BORDER= 0 wide=1000 height=900/> <a herf="

XSS 的利用：Web 1.0 弹框[alert()]+收集 cookie[document.cookie]；Web 2.0 xss worm。

所以，XSS =/=弹框+收集 cookie+worm。

（2）跨站请求伪造 CSRF 的过程如图 9-12 所示。

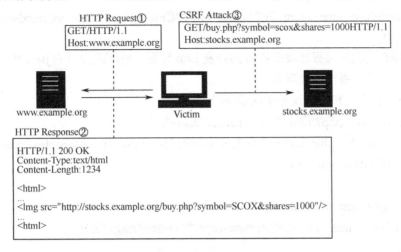

图 9-12　跨站请求伪造 CSRF 的过程

CSRF 站内类型的漏洞：因滥用造成。一些敏感操作本来要求从表单提交发起 POST 请求传参给程序，但因使用了$_REQUEST 等变量，程序也接收 GET 请求传参，这就给攻击者使用 CSRF 攻击创造了条件。若把预测好的请求参数放在某个帖子或图片链接里，受害者浏览了该网页就会被强迫发起请求。

CSRF 站外类型的漏洞：即外部提交数据问题。为使用户有好的体验，对某些操作可能没有任何限制。攻击者可预先预测好请求的参数，在站外的 Web 页面中编写 JavaScript 脚本伪造文件请求或自动提交表单来实现 GET、POST 请求，在用户在会话状态下单击链接访问站外的 Web 页面时，客户端就被强迫发起请求。

案例：百度 Hi CSRF 蠕虫攻击。

　　　　CSRF+JavaScript_Hijacking+Session Auth = CSRF worm

① 模拟服务端取得 request 的参数。

var lsURL=window.location.href;

loU=lsURL.split("?");

if(IoU.length>1)

{

Var loallPm=loU[1].split("&")

定义蠕虫页面服务器地址，取得?和&符号后的字符串，从 URL 中提取得感染蠕虫的用户名和感染蠕虫者的好友用户名。

② 好友 json 数据的动态获取。

var gotfriends=function(x)

{

for(i=0;<x[2].length;i++)

```
{
friends.push(x[2][i][1]);
}
}
loadjson('<script src="http://frd.baidu.con/?
ct=28&un='+lusername+'&cm=FriList&tn=bmABCFriList&callback=gotfriends&.tmp=&1=2"
<Vscript>');
```

通过 CSRF 漏洞从远程加载受害者的好友 json 数据，根据该接口的 json 数据格式，提取好友数据为蠕虫的传播流程做准备。

③ 感染信息输出和消息发送的核心部分。

```
evilurl=url+"/wish.php?from="+lusername+"&to=";
sendmsg="http://msg.baidu.com/?ct=22&cm=MailSend&sn=[user]&co=[evilmsg]"
for(i=0;i<friends.length;i++){
……………
mysendmsg=mysendmsg+"&"+i;
eval('x'+i+'=new Image();x'+i+'.src=unescape("'+mysendmsg+'");');
……………
```

（3）SQL 注入式攻击。

根据 SQL 语句的编写规则，附加一个永为"真"的条件，使系统的某个认证条件总是成立，从而欺骗系统、绕过认证而侵入系统。例如下面这段程序，注意箭头所指。

```
Username=Request.from("username")
Password=Request.from("password")
xSql="select*from admin where username='"&usename&"'and
password='"&password&" "
Rs.open xSql.com.0.3
If not rs.eof then
Srssion("login")=true
Respinsr.redirect("next.asp")
End if
```

or'1'='1'

（4）XML 注入。与 SQL 注入原理一样，XML 是存储数据的地方，如果在查询或修改时，没有做转义，直接输入或输出数据，将导致 XML 注入漏洞。攻击可修改 XML 数据格式，增减新的 XML 节点，对数据处理流程产生影响。

```
$xml="<USER role=guest><name>".$_GET['name'].
"</name><email>".$_GET['email']. "</email></USER>";
```

原本应产生这样的记录：

```
<?xml version="1.0"encoding="UTF-8"?>
<USER role=guest》
                <name>user1</name>
                <email>user1@a.com</email>
</USER>
```

若用户输入 email 的内容如下：

user1@a.com</email></USER><USER>

role=admin><name>test</name><email>user2@a.com

则最终的结果将是：

<?xml version="1.0" encoding="UTF-8"?>

<USER role=guest>

        <name>user1</name>

        <email>user1@a.com</email>

</USER>

<USER role=admin>

        <name>test</name>

        <email>user2@a.com </email>

</USER>

注：注意加了下画线的代码，是已被修改了的代码。

（5）会话劫持。通过 cookie 或者 session 判断和跟踪不同的用户。由于 cookie 失效时间很长，攻击手段一般采取窃取 cookie，然后伪造 cookie 冒充该用户，从而劫持会话。还可能使用 XSS，通过跨站点 JavaScript 的 document.cookie()方法获得 cookie。

劫持类型：被动劫持，使用 ARP 欺骗或 DNS 欺骗；主动劫持，使用 IP 欺骗（特别是对 UDP）或预测 TCP 序列号。会话劫持过程如图 9-13 所示。

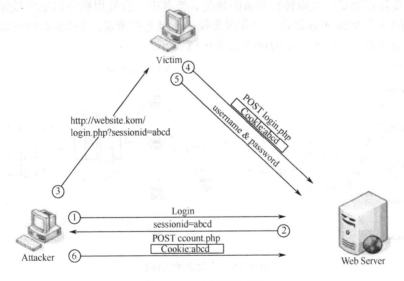

图 9-13　会话劫持过程

（6）URL 重定向攻击。Web 应用程序接收到用户提交的 URL 参数后，没有对参数做"可信任 URL"的验证，就向用户浏览器返回跳转到该 URL 的指令。

例如，钓鱼攻击。

http://m.yahoo.cn/log.php?c=web&u=http://www.163.com

http://test.aliyun.com/user/index.php?per_url=http://www.baidu.com

（7）输入验证、文件上传的安全问题。

（8）浏览器安全问题。

2. 数据库管理系统安全

数据库系统安全比系统安全更重要，因为有更多的威胁数据安全的因素，如物理损坏、人为操作、黑客侵入、病毒破坏等。

（1）数据库安全的主要威胁有篡改、损坏、窃取。影响数据完整性因素有硬件故障、网络故障、操作系统错误、人为因素等。

（2）提高数据安全性的方法：备份与镜像、分级存储管理、奇偶检验、灾难恢复、提高数据独立性（物理独立性和逻辑独立性。后者实现困难，因数据结构改变可能造成应用程序的改变）。

（3）并发控制测试可检测：数据丢失、不可重复数据、读脏数据和数据库锁的情况。

（4）实现容错系统的方法：冗余备件、负载平衡、建立镜像、复现机制。系统容错机制如图 9-14 所示。

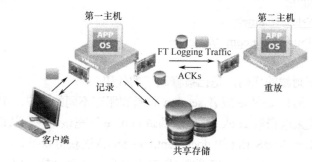

图 9-14　系统容错机制

（5）故障转移测试：故障转移和故障恢复。当其中一台应用服务器出现故障时，连接此应用服务器的两个 Web 服务器将不再获得负载平衡机上的请求，这样所有的负载都会传递到剩余的两台服务器上。负载故障的转移如图 9-15 所示。

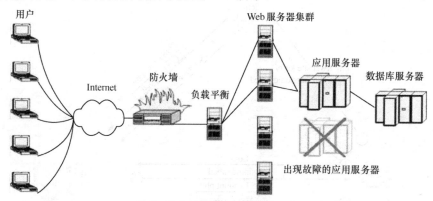

图 9-15　负载故障的转移

9.3　软件系统安全测试工具及测试应用

由于目前软件安全问题与网络客户安全意识的不断加强，安全性测试得到了前所未有的重视。软件厂商推出很多安全性测试的工具，如 IBM Rational AppScan、HP WebInspect，以及开源的安全性测试工具等。

安全性测试工具一般具有针对性，如端口扫描、网络/操作系统弱点扫描、应用程序/数据库弱点扫描、密码破解、文件查找、网络分析和漏洞检查等。

本章以 IBM Rational AppScan 为例，介绍这个主要针对 Web 应用系统的安全性测试工具。

9.3.1 AppScan 概要

1. AppScan 确保 Web 应用软件安全性和保护 Web 的关键业务资产

AppScan 是一套行业领先的 Web 应用程序安全解决方案，为组织提供了必要的可见性和控制能力以解决这一关键问题。该套件包括：

（1）IBM Rational AppScan Standard Edition。

（2）IBM Rational AppScan Express Edition。

（3）IBM Rational AppScan Tester Edition。

（4）IBM Rational AppScan Developer Edition。

（5）IBM Rational AppScan Enterprise Edition。

这些全面的解决方案都能提供扫描、报告和修复建议，适用于各种用户的各种类型的安全测试；包括应用开发、QA 团队、入侵测试、安全审核和高级管理人员。

AppScan 系列产品使用户能在类似技术环境中工作，并能与 QA 和集成的开发环境无缝集成；允许执行连续安全审核，帮助软件开发团队逐步在 Web 应用中构建安全性，在部署应用之前转移业务风险。

AppScan 提供全面的安全性，覆盖复杂的 Web 站点；扫描并测试常见 Web 应用漏洞，包括 Web 应用安全综合威胁分类标识的许多漏洞，以提供健壮的应用程序扫描，覆盖了最新的 Web 2.0 技术；增强对 Flash 与 JavaScript 的支持，以及对 Ajax 编程语言（包括专门针对 JavaScript Notation 和 Web 服务参数）的测试的全面支持。

2. 针对扫描有效性和易用性的核心功能

（1）用户界面具有应用程序树视图选择功能、分层的安全结果显示列表，开发者可修改视图及细节面板。

（2）灵活的测试过程。允许分析应用程序参数。允许仅选择相关测试而不影响开发过程。

（3）复杂的验证支持。允许对应用程序执行多步骤验证流程，包括全自动区分计算机和人类的图灵测试分布验证，多因素验证，一次性密码、通用串行总线（USB）密钥、智能卡及相互验证。

（4）先进的会话管理。可执行自动重登录，提供实时结果视图，允许用户在扫描完成前对问题执行操作。提供以模式搜索的规则，方便信用卡、社会保障或其他数据的安全测试。

3. 自定义和控件的核心功能

（1）能创建、分享、加载强大的插件扩展测试功能。

（2）强大的组合能力。允许用户不受用户界面的限制利用扫描能力。能实现安全专家和入侵测试人员从未实现过的自定义。

（3）开发套件能力。从执行长时间扫描到提交定制的测试，支持自定义扫描引擎支持，支持分布验证。

4. 漏洞检测的核心功能

（1）全面的有效性测试。例如分析非故意触发问题、SSL 证书有效性测试、跨站点伪造请求测试的响应。

（2）以黑客模拟覆盖了 Open 前 10 项与 SANS、System 前 20 项漏洞的最新的威胁信息，并在每次启动 AppScan 时自动更新。

（3）捆绑的可用性套件。帮助入侵测试人员和安全咨询人员开发、测试和调试 Web 应用。

5．报告和补救报告的核心功能

（1）与 40 个全球法规遵从性与标准有关的测试。针对 HTML 代码的有效性高亮显示，包括漏洞和对问题的解释，还可显示修改后的代码。

（2）补救报告包括 Hyper text Preprocessor 修复建议和开发者的任务列表。报告允许查看与应用有关的体系结构问题，并能删除变量并标记为 not vulnerable 以供未来查看。

（3）详细列出 HTML 注释中的敏感数据，以及与可疑内容有关的 HTTP 活动。

（4）能将 AppScan 内置浏览器的屏幕截图合并到报表中。可提取、压缩、加密特定的电子邮件测试的非私有信息，并向研究团队报告错误事件。

9.3.2 AppScan 功能特性

1．所配置的漏洞规则库具有权威性、适用性和实时性

AppScan 核心具有业界最强大的规则库，保证了最强悍的应用系统安全性检测工具。

AppScan 能覆盖 WASC 和 OWASP 两大 Web 安全标准组织定义的、主流的各种攻击技术手段，包括 Brute Force、Insufficient Authentication、Credential/Session Prediction、Insufficient Authorization、Insufficient Session Expiration、Session Fixation、Content Spoofing、Cross-site Scripting、Buffer Overflow、Format String Attack、LDAP Injection、OS Commanding、SQL Injection、SSI Injection、XPath Injection、Directory Indexing、Information Leakage、Path Traversal、Predictable Resource Location、Abuse of Functionality、Denial of Service、Insufficient Process Validation 等。其中，对 CSS，AppScan 可检测 20 多个变种，而对 SQL 注入可检测 40 多个变种，如图 9-16 所示。

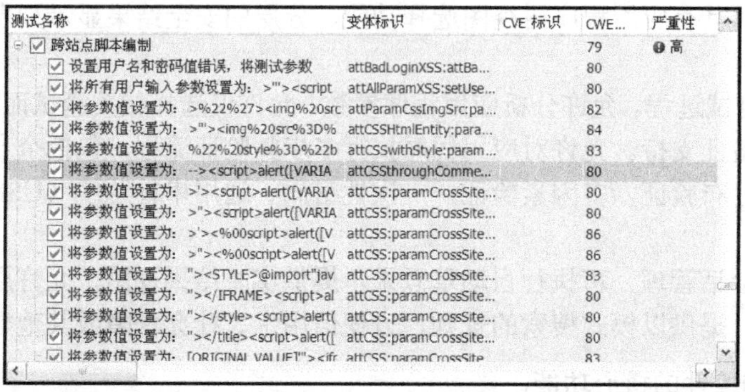

图 9-16　AppScan 可检测的漏洞变种

此外，AppScan 提供对 CVE、CWE 漏洞类型分类的支持，如图 9-17 所示。

图 9-17　AppScan 提供对 CVE、CWE 漏洞类型分类的支持

2．漏洞规则库实时升级

AppScan 支持漏洞规则库的灵活管理，提供在线/手动升级、规则导入/导出、规则自定义等功能，能确保及时地使用最新、最全面、最准确的漏洞攻击技术和方法来抵御各种攻击。产品或漏洞库升级后，有详细日志记录。

AppScan 汇集安全性测试的最新技术发展，并进行紧密跟踪与研究，从而确保漏洞规则库的即时、准确和全面。在实际使用中，AppScan 用户自定义新规则，如图 9-18 所示。

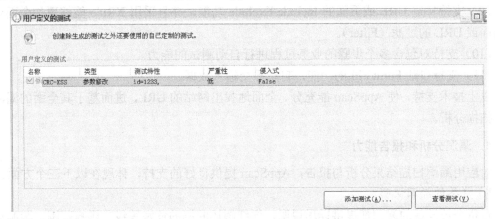

图 9-18　AppScan 用户自定义新规则

3．URL 发现的全面性

扫描全面性的重要基础，是否支持常见的各种 Web 技术，以便全面地发现网站页面（URL），如 JavaScript、HTTPS 及认证等，从而确保发现 URL 的完整性。

AppScan 提供以下技术功能，以确保 URL 发现全面性。

（1）支持 HTTP 1.0 和 1.1 的 Web 应用系统，SOAP 1.x 的 Web Service 应用。

（2）支持 Ajax，并支持执行 Java Script 发现 URL。

（3）支持从 PDF、Flash 以及 Office 文档中解析 URL 的功能，并支持采用正则表达式匹配的方式解析 URL，如图 9-19 所示。

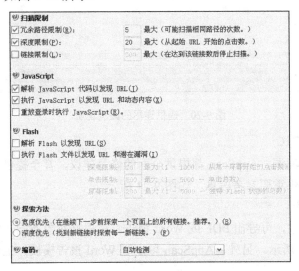

图 9-19　采用正则表达式匹配的方式解析 URL

（4）能执行自动网页爬行（Crawling），并可以结合执行手工浏览补充 URL。

（5）录制用户登录的过程，确保论坛等需要登录的应用在测试时可以进行自动登录。

（6）提供支持复杂认证的方式，包括用户名/密码登录、SSL Client Side Certificates 等方式。

（7）支持大小写敏感或不敏感的网页爬行。

（8）执行多阶段（递归的）的网页爬行，充分发现 URL。

（9）支持特定 URL 或页面的 Include/Exclude 功能，并且采用 XRule 能够更加全面地实现页面或 URL 的过滤（Filter）。

（10）支持对包含多个步骤的业务过程进行自动测试的能力。

（11）支持自动 Form Fill 的功能，自动提交输入数据。

以上技术支持，使 AppScan 能充分、全面地找出网站的 URL，进而基于其全面的漏洞库进行扫描分析。

4．漏洞分析和报告能力

对应用漏洞扫描结果分析与报告，AppScan 提供良好的支持，体现在以下三个方面。

1）详尽的漏洞说明

对每个被发现的漏洞都提供详尽说明，详细阐述漏洞的危害等级、影响范围、漏洞形成原因，为安全人员确定漏洞、开发人员修复漏洞提供重要参考信息，如图 9-20 所示。

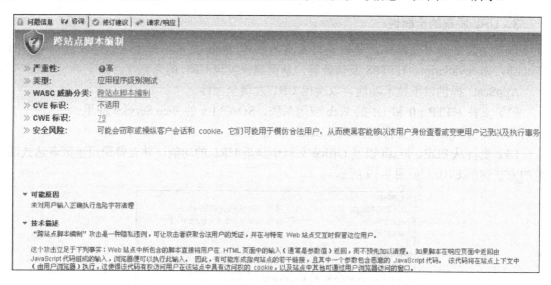

图 9-20　提供详尽的漏洞说明

2）全面的修复建议

对每个被发现的漏洞，AppScan 都提供全面的修复建议，甚至提供修复的代码片段，为修复开发人员漏洞提供重要参考信息，如图 9-21 所示。

3）定制测试报告

AppScan 扫描结果，可导出 PDF 或 Word 报告。可根据对象不同，定制不同详细程度的测试报告，如图 9-22 所示。另外，AppScan 可定制 Word 报告模板，生成符合用户文档格式要求的报告。

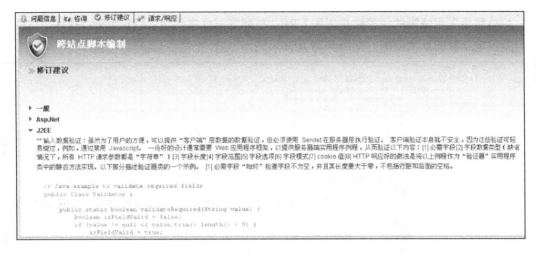

图 9-21　提供全面的修复建议

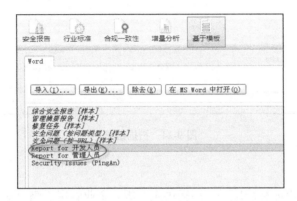

图 9-22　定制测试报告

5．易用性

在工具的易用性方面，AppScan 提供简洁、清晰的界面，使用方便。AppScan 提供扫描向导，指导进行基本扫描配置，如图 9-23 所示。

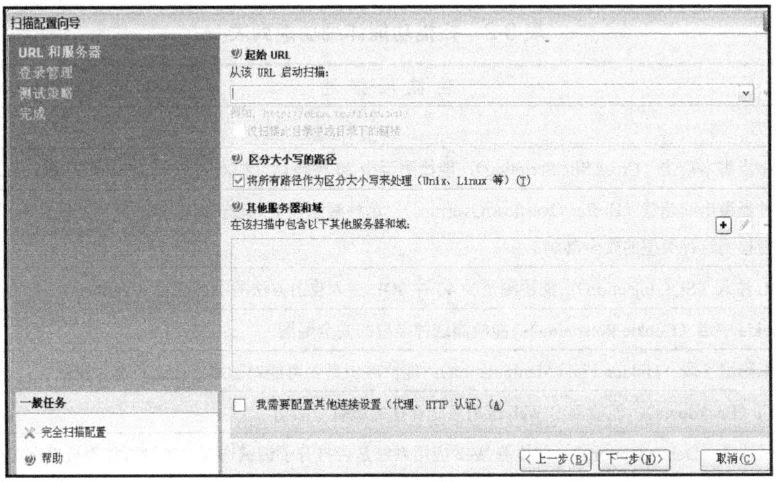

图 9-23　扫描配置向导

扫描结果采用清晰的树形结果展现 URL，按照漏洞危害等级（默认）进行排序，方便确认和修复最重要的安全漏洞，如图 9-24 所示。

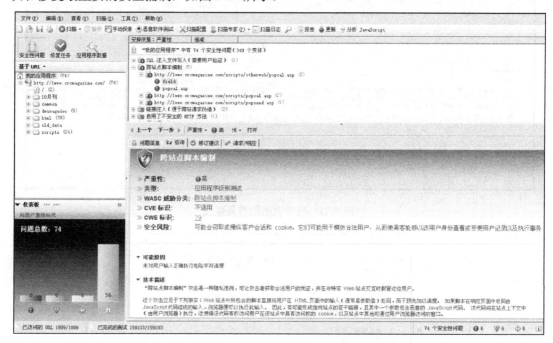

图 9-24　扫描结果

6．方便的管理

AppScan 除提供桌面标准版外，还提供企业版。企业版用于满足对集团众多应用进行定期安全评估和测试的需求，符合扫描应用多、频率高、跨地域/部门的扫描需求。企业版具有"集中部署，分布式扫描"的特点。

7．AppScanWeb 扫描功能详细功能列表

该表如表 9-2 所示。

表 9-2　扫描功能详细功能列表

功 能 项 描 述
1．脆弱性检测能力
1.1　跨站点脚本攻击（Cross Site Scripting）：能检测至少 20 种跨站点脚本攻击方法的不同变种（Variants）
1.2　缓冲器溢出或超载（Buffer Overflow/Overruns）：这种漏洞在受到攻击时，Web 应用系统会出现严重的不稳定现象；能检测这种类型的安全漏洞
1.3　SQL 注入（SQL Injection）：能检测至少 40 种 SQL 注入攻击方法的不同变种（Variants）
1.4　Cookie 中毒（Cookie Poisoning）：能检测这种类型的安全漏洞
1.5　操纵隐藏字段（Hidden Field Manipulation）：能检测出是否可能对隐藏字段进行恶意操纵
1.6　后门（Backdoors）：能检测出 Web 应用系统存在的所有"后门"
1.7　调试选项（Debug Options）：能检测 Web 应用系统是否打开了调试选项；该设置能否被黑客用于破坏系统
1.8　分拆 HTTP 响应（HTTP Response Splitting）：能检测出 Web 应用系统是否对输入进行正确处理，是否存在 HTTP 响应被分拆的可能性

	功 能 项 描 述
1. 脆弱性检测能力	
1.9	数据清洁处理（Data Sanitization）：能检测 Web 应用系统是否有对用户输入数据和命令进行 escaping 或 encoding 的处理
1.10	用户密码（User Passwords）：能检测出敏感的数据是否通过安全通道进行传输
1.11	存取控制（Access Control）：能检测出 Web 应用系统是否设置了正确的存取控制机制
1.12	授权与会话管理（Authentication and Session Management）：能检测出 Web 应用系统是否设置了正确的授权机制，会话的完整性是否得到了保证
1.13	特权提升测试（Privilege Escalation Testing）：能检测出未经过授权的用户能否存取那些严格受控的功能和资源
1.14	配置管理（Configuration Management）：能检测出 Web 服务器的相关配置管理是否安全（例如，配置文件是否可写、是否有多余的配置等）
1.15	第三方软件的误配置（3rd Party Mis-configuration）：能检测出第三方软件是否得到正确的配置，以免任何已知的安全漏洞被黑客利用
1.16	格式化字符串的命令执行（Format String Command Execution）：能检测出能否输入恶意的字符串，实现在 Web 服务器上执行远程命令
1.17	伪造跨站点申请（Cross Site Request Forgery）：能检测出是否可以冒充一个合法用户的身份在 Web 应用系统上执行一个操作
2. 测试能力	
2.1	JavaScript 分析（JavaScript Parsing）：能分析 JavaScript 代码
2.2	JavaScript 执行（JavaScript Execution）：能执行 JavaScript 代码来确定它是否存在安全漏洞
2.3	Flash 分析（Flash Parsing）：能分析 Flash，找出内嵌的 URL
2.4	Web Services：能扫描 Web Services 应用，包括 SOAP 1.x 等
2.5	错误处理（Error Handling）：能检测出 Web 应用系统是否正确地对错误进行了处理，确认错误信息没有明显透露有关应用和系统的情况
2.6	篡改 Web 表单（Web Forms Tampering）：具有篡改表单值的能力，以确认 Web 应用系统是否存在这方面的安全漏洞
2.7	排除参数/Cookie（Parameter/Cookie Exclusion）：在测试时，AppScan 能把指定的那些 Cookies 和参数排除在测试之外
2.8	端口侦听测试（Port Listener Tests）：使用高度复杂的测试来尝试攻击 Web 应用系统并往回建立与测试机的连接，因而可以发现 100%确定的高风险漏洞
2.9	灵巧的增/减数字参数测试（Smart Increment/Decrement Number Parameter Testing）：尝试用增加和减少每个数字参数值来发现 Web 应用系统存在的逻辑错误
2.10	灵巧的越界参数选择（Smart Out-of-Range Selection Parameters）：尝试使用越界参数（例如，使用长整型而不是整型）来理解 Web 应用系统的处理
2.11	自适应的灵巧测试（Adaptive Smart Testing）：能够理解和改变现有的参数来提示新的安全漏洞
2.12	设置短暂的配置（Transient Configuration）：使用户可以在不同的会话（Session）中指派不同的、短暂的配置参数
2.13	多阶段测试（Multi-Phase Testing）：使用户可以自动地重新测试 Web 应用系统在上一阶段测试中发现的新区域
2.14	模式搜索测试（Pattern Search Testing）：让用户可以使用自定义的正规则表达式来定义指定的测试
2.15	AppScan 提供了重新测试某一个指定的安全漏洞或全部的安全漏洞的能力
2.16	AppScan 提供了在测试登录之前清除会话标识（Session Identifiers）的能力
2.17	AppScan 提供了解释基于 URL 的会话标识（Session Identifiers）的能力
2.18	AppScan 提供了定义 Login/Logout 页面是否应该被测试的能力
2.19	AppScan 提供了在基于 Ajax 应用程序中测试 JSON 协议参数的能力
2.20	AppScan 提供了为实现高度可定制化安全性测试而集成 Python 脚本的能力
2.21	当发现网络或网页暂时不可用时，AppScan 能够自动重试
2.22	AppScan 能够自动发现 Web 应用系统服务器停机状态

功能项描述	
3. 探询能力	
3.1	AppScan 能执行自动的网页爬行（Crawling）
3.2	AppScan 能执行手工浏览
3.3	AppScan 能手工录制用户登录的过程
3.4	AppScan 提供了支持复杂认证（Authentication）机制和维护会话状态的能力。支持复杂的认证机制包括 CAPTCHA、Stepped Authentication、Multi-Factor Authentication、One-Time Passwords、USB Keys、智能卡和 Mutual Authentication 等
3.5	AppScan 支持大小写敏感或不敏感（Case-Sensitive/Insensitive）的网页爬行
3.6	AppScan 执行多阶段（递归的）的网页爬行
3.7	AppScan 支持使用外部浏览器进行探询的能力
3.8	AppScan 提供了通过禁止/打开某一些、某一组测试来定制扫描的能力
3.9	AppScan 提供了加入或排除指定 Web 应用系统到某次测试中的能力
3.10	AppScan 提供了默认的测试规则，同时也提供了通过按照类型、严重程度、入侵性或 WASC 分类来选择测试，实现测试规则可定制的能力
3.11	AppScan 提供了修改测试的严重程度设置的能力
3.12	AppScan 提供了创建用户自定义测试（增加参数、修改用户输入、修改请求的路径等）的能力
3.13	AppScan 提供了通过链接大小（最大链接数量）、深度限制（最大点击率）和冗余路径限制（一个文件被存取的次数）实现扫描大小的能力
3.14	AppScan 提供了支持深度优先（Depth-First）爬行的能力
3.15	AppScan 支持 Ajax
3.16	AppScan 支持 HTTP 1.0 和 1.1 的 Web 应用系统
3.17	如果 Web 应用系统不允许，AppScan 能够禁止用户并发登录
3.18	AppScan 能进行持续的监控，确定探询阶段（Explore Phase）或者测试阶段（Test Phase）是否已经登录，并需要重新登录认证
3.19	AppScan 能自动确定是否需要正确的登录顺序
3.20	AppScan 允许用户指定自定义的错误页面
3.21	AppScan 能自动填写表单
3.22	AppScan 提供了导出/导入表单填写的数值的能力
3.23	AppScan 允许用户指定一个特定的 SessionID，该变量的值在分析过程中的探询阶段（Explore Phase）可能会发生改变
3.24	AppScan 提供了无须启动一个完整的新扫描就能够进行重新测试的能力
3.25	AppScan 提供了记录/导入探询数据的能力
3.26	AppScan 支持 SSL Client Side Certificates
3.27	AppScan 支持 HTTP Proxy 和支持 HTTP Proxy 认证方式
4. 报表能力	
4.1	AppScan 报表遵循国际标准的 WASC 分类
4.2	AppScan 提供了生成 XML 格式报告的能力，使安全漏洞数据可以导入到其他流行的报表制作工具
4.3	AppScan 提供了把报表数据导出到 RDBMS 的能力
4.4	AppScan 提供把报表保存为 HTML/PDF/Word 格式的能力
4.5	AppScan 提供了存储和报告完整 HTTP 请求和响应的能力
4.6	AppScan 列出测试时使用的攻击请求，突出造成脆弱性的代码，并给出脆弱原因自然语言解释
4.7	AppScan 支持从测试中创建其他手工测试变种（手工篡改，Manual Tampering）
4.8	AppScan 提供了对已发现的安全漏洞手工进行调整优先级/严重程度的能力

	功能项描述
4. 报表能力	
4.9	AppScan 提供了比较和汇报两次不同扫描结果，进行差异分析（Delta Analysis）的能力
4.10	AppScan 包含至少 35 种行业和政府相关遵从性（Compliance）要求的标准报告，例如 OWASP TOP 10 2007&2006、SANS TOP 20 V5&V6、WASC、PCI、NERC CIPC、ISO17799&27001 等行业标准；PIPED、COPPA、DCID、EFTA、FISMA、GLBA、HIPAA、SOX、MasterCard SDP、Visa CISP 等法规
4.11	AppScan 包含了 PCI Data Security Standard （v1.1）遵从性报告的最新更新
4.12	AppScan 能从一次扫描中生成需要的所有遵从性方面的报表
4.13	AppScan 包含了针对.NET、J2EE 和 PHP 等平台语言的修复建议和代码样本
4.14	AppScan 报告包含了开发人员查看修复任务的视图（Remediation View）；报告能够把一系列的安全漏洞综合为开发人员执行的修复任务
4.15	AppScan 支持将模拟攻击产生的结果以屏幕快照的方式嵌入最终报告
4.16	AppScan 列出所有成功的测试变种，并把它们归为同一个安全漏洞
4.17	AppScan 提供了应用程序和问题以树形结构显示的能力，以及每个问题的详细内容
4.18	AppScan 提供了把报表分成两个不同报表的能力：一个报表用于显示基础架构存在的问题（针对管理员需要），另一个报表显示与应用相关的问题（针对开发人员需要）
4.19	AppScan 有内置的误报（False Positive）汇报与反馈机制，在发送报告给供应商之前，让用户可以有选择性地编辑和加密报表内容
4.20	AppScan 提供了定制安全漏洞咨询信息和修复建议的能力
4.21	AppScan 提供了集成的 Web-Based 的培训模块，方便对安全漏洞的理解和沟通
4.22	AppScan 提供了使用 Microsoft Word 模板的能力，使用户能够设计自定义的扫描结果报表
5. 监控能力	
5.1	AppScan 提供了在扫描过程中同时查看扫描结果的能力
5.2	AppScan 提供了实时监控每次扫描事件和动态实时日志分析（Scan Log），以及定制监控特定事件的能力
5.3	AppScan 提供了上传扫描结果（通过桌面工具完成）到一个集中的、Web-Based 的管理控制台的能力，使得可以基于不同角色进行扫描结果的存取控制
5.4	AppScan 提供了自动描绘被测 Web 应用系统的能力，给用户标识出需要的应用程序特征和进行成功扫描必要的推荐设置
5.5	AppScan 提供了对包含多个步骤的业务过程进行自动测试的能力，例如增加商品到购物车、交钱，申请贷款等，它们包含的步骤是有一定顺序的，并且是一个不可分割的整体
6. 其他功能	
6.1	AppScan 提供了与第三方缺陷跟踪系统进行集成的能力
6.2	AppScan 提供了 SDK，使用工具很容易构建与现有任何系统的集成能力
6.3	AppScan 提供了一个灵活的扩展框架，使用户可以使用公开的开源插件来定制和提升工具的能力
6.4	AppScan 支持启动多个实例、多个应用并发扫描
6.5	AppScan 支持定时扫描（Scan Scheduler）功能
6.6	AppScan 提供了预定义的扫描模板（Predefined Scan Templates）
6.7	AppScan 提供了 SQL 注入（SQL Injection）的攻击工具，可以用来展示在一个 Web 应用系统中 SQL 注入漏洞如何被用来攻击并获得数据库信息，如用户名、密码、信用卡信息等
6.8	AppScan 提供了以在线下载方式每日更新安全漏洞规则库（Daily Updates）的能力
6.9	AppScan 开发团队有 20 多名专职高级安全专家，全职负责安全性测试方面的最新技术、发展状况的紧密跟踪与研究工作
6.10	提供 5 天×12 小时标准支持，以及 7 天×24 小时紧急支持
6.11	同时提供 Web/邮件/电话的客户支持

9.3.3　AppScan 的基本使用

1．安装 AppScan 硬件与软件配置要求

系统需求：表 9-3 给出运行 AppScan V8.0 所需的最小硬件与软件配置要求。

表 9-3　运行 AppScan V8.0 所需的最小硬件与软件配置要求

硬件	最低需求
处理器	Pentium®P4，2.4 GHz
内存	2 GB RAM
磁盘空间	30 GB
网络	1 NIC 100 Mbps（具有已配置的 TCP/IP 的网络通信）
软件	详细信息
操作系统	支持的操作系统（32 位和 64 位版本）： ● Windows®XP：专业的，SP2 和 SP3 ● Windows 2003：Standard 和 Enterprise Edition，SP1 和 SP2 ● Windows Vista：Business，Ultiamte 和 Eneterprise，SP1 和 SP2 ● Windows Server 2008：Standard 和 Enterprise，SP1 和 SP2 注：Rational AppScan 创建客户报告时使用的智能标签，不受 Vista 或 Windows Server 2008 支持
浏览器	Microsoft® Internet Explorer V6 或更高版本
其他	Microsoft .NET Framework V2.0 或更高版本（某些可选的其他功能需要 V3.0 或更高版本） （可选）需要 Adobe® Flash Player for Internet Explorer V9.0.124.0 到 10.0.45.2，以用于 Flash 执行（某些咨询中还可用于查看指导视频）。Flash 执行不支持较低版本和较高版本。有关下载受支持版本的指示信息，请参阅主要用户指南或联机帮助 （可选）使用 AppScan® Smart 标记来插入定制报告模板字段的 Word 2003 或 2007。如果是 Word 2003，那么还须安装以下更新：Office 2003 更新：KB907417

2．安装过程

1）简要安装

（1）关闭已打开的任何 MS Office 应用程序。

（2）启动 AppScan 安装并遵循在线指示信息，"安装向导"快速、简单地完成安装。

（3）询问是否安装下载 GSC（通用服务客户机）。如果探索 Web Service 以配置 Web Service 扫描，则必须安装 GSC。如果仅扫描 Web 应用程序，则不必安装下载。

2）静默安装

使用命令行核对参数"静默地"安装 AppScan：

AppScan_Setup.exe / z"InstallMode" /l "LanguageCode" /s/v "INSTALLDIR=\"InstallPath""
安装参数如表 9-4 所示。

3）许可证

AppScan V8.0 安装包括允许扫描 IBM 定制设计的 AppScan 测试 Web 站点（但无其他站点）的默认许可证。为扫描用户自己的站点，必须安装 IBM 提供的有效许可证。完成此步骤后，AppScan 将会装入并保存扫描和扫描模板，但不会在用户站点上运行新的扫描。

查看许可证状态：单击"帮助"→"许可证"，会打开"许可证"对话框，显示许可证状态。

表 9-4　安装参数

参　数	功　能
/z	安装、修复或卸载 Rational AppScan 和（可选）GSC（通过服务客户机，是扫描 Web Service 所必需的，而非仅扫描 Web 应用程序所必需）。 选项有：GSC（用于安装 GSC 和 Rational AppScan）、Repair（用于修复现有安装）和 Remove（用于卸载）。 如果不包括任何/z 参数，那么仅安装 Rational AppScan（不带 GSC）
/l	语言代码。选项有：1033 用于安装 Rational AppScan 的英文版本（和 GSC），1041 用于安装日文版本，1042 用于安装韩文版本
/s	激活"静默方式"（否则将启动常规安装）。不需要任何内容
/v	设置安装 Rational AppScan 的路径（修复或卸载不需要设置路径） 路径必须位于 INSTALLDIR=\之后，并且用引号括起，路径可能包括空格。 示例：\"INSTALLDIR=\"D:\Program Files\AppScan\"" 如果您未定义此参数，那么安装将使用默认路径：C:\Program Files\IBM\Rational AppScan\

3．测试运行

如拥有 AppScan 评估副本（未购买许可证），可通过扫描 IBM 的"AltoroMutualBank"Web 站点（为演示用途而创建）来"测试运行"该产品，使用以下 URL 和登录信息。

URL：http://demo.testfire.net/。

用户名：jsmith。

密码：denon1234。

基本原则如下。

（1）扫描步骤和扫描阶段。AppScan 全面扫描包括两个步骤："探索"和"测试"。扫描过程的绝大部分对用户来说是无缝的，基本无须用户输入，但理解其原则对正确应用很有帮助。

①"探索"步骤：探索站点并构造应用程序树。AppScan 分析它所发送的每个请求的响应，查找潜在漏洞的任何指示信息。当接收到可能指示安全漏洞的响应时，将自动创建测试，并记录验证规则（确定哪些结果构成漏洞以及在所涉及安全风险的级别时所需的验证规则）。

②"测试"步骤：AppScan 发送其在"探索"步骤创建的上千条定制测试请求。会记录和分析应用程序的响应，以识别安全问题并将其按风险级别进行排名。

③"扫描"阶段："测试"步骤会频繁显示站点内的新链接和更多潜在安装风险。因此，完成"探索"和"测试"的第一个"阶段"后，AppScan 将自动开始一个新的"阶段"，以处理新的信息。

（2）扫描 Web 应用程序和 Web Service。

① Web 应用程序：如果是一般应用程序（不含 Web Service），则提供 URL 和登录认证，即可进行测试站点。如果必要，还可手动搜寻站点，使 AppScan 能访问仅通过特定用户输入才能到达的区域。

② Web Service：集成的 GSC 使用服务的 WSDL 文件以树形格式显示可用的单独方法，并创建 GUI 来向服务器发送请求。可使用界面输入参数和查看结果。此过程由 AppScan 进行"记录"并用于创建针对服务的测试。

4．AppScan 主窗口

该主窗口（如图 9-25 所示）包括菜单栏、工具栏、视图选择器及三个数据窗口（应用程序树、结果列表、详细信息窗格）等。

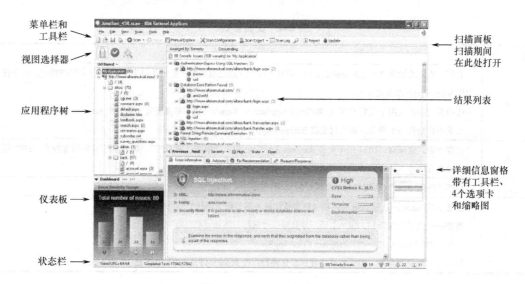

图 9-25　AppScan 主窗口

主窗口操作区域说明如表 9-5 所示。

表 9-5　主窗口操作区域说明

视图选择器	单击三个按钮中的一个，可以选择在三个主窗格中显示的数据类型
应用程序树	会随着扫描进度填充应用程序树。扫描完成时，该树显示在应用程序中所找到的所有文件夹、URL 和文件
结果列表	显示应用程序树中选定节点的相关结果
详细信息窗格	显示三个选项卡（"咨询"、"修订建议"和完整的"请求/响应"）中的结果列表内选定节点的相关详细信息
仪表板	以可连续"播放"的面板形式显示有关当前结果的信息

工具栏按钮说明如表 9-6 所示。

表 9-6　工具栏按钮说明

按钮	名称	作用
	新建	选择模板，然后创建新的扫描（可选择启动"扫描配置向导"）
	打开	装入已保存的扫描或扫描模板
	保存	保存当前扫描
	打印	打印当前"视图"（安全问题、修复任务或应用程序数据）的"应用程序树"和"详细信息窗格"。节点会根据其在屏幕上的当前显示情况，呈现为展开或折叠状态
	扫描	（仅当已装入并配置扫描后才可用。）打开简短的"扫描"菜单，会显示以下选项。 ● 全面扫描：启动全面扫描（"探索"和"测试"步骤）或继续已暂停的扫描。 ● 仅探索：仅运行"探索"步骤（或继续已暂停的"探索"），之后不需要进行"测试"步骤。 ● 仅测试：仅运行"测试"步骤（或继续已暂停的"测试"），不需要首先运行"探索"步骤，仅当已存在一些"探索"结果时，该按钮才是活动的
	暂停扫描	（仅当扫描正在运行时，该按钮才是活动的。）暂停当前扫描（不管是"全面扫描"、"仅探索"还是"仅测试"）。 稍后可以恢复该扫描，也可保存已暂停的扫描，以便下次可以继续
	手动探索	打开浏览器，以进入应用程序的 URL、手动浏览该站点，按照要求填充必需的参数。然后，在为站点创建测试时，AppScan 将会把此"探索"数据添加到其自身自动收集的"探索"数据中

按钮	名称	作用
	恶意软件测试	采用"扫描配置"对话框的"恶意软件"选项卡中的设置，来测试恶意软件和恶意的外部链接，此选项仅在有可以测试的部分"探索"结果时可用
	扫描配置	打开"扫描配置"对话框，以配置扫描
	扫描专家	运行"扫描专家"，以评估当前配置并提供更改建议，选择： 扫描专家评估 扫描专家仅分析（仅当已存在一些可供分析的"探索"结果时，该选项才可用）
	扫描日志	显示扫描期间或扫描之后的"扫描日志"（列出扫描期间发生的并由 Rational AppScan 所执行的所有操作）

5．工作流程

此部分描述使用"扫描配置向导"的简单工作流程，对新用户或带有额外配置扫描模板的用户最适合。高级用户可使用"扫描配置"对话框进行设置。

使用下列向导扫描。

（1）选择扫描模板。

（2）打开"扫描配置向导"并选择 Web 应用程序扫描或 Web Service 扫描。

（3）使用该向导设置扫描。

① 扫描应用程序：输入起始 URL；（推荐）手动执行登录过程；复审测试策略。

② 扫描 Web Service：输入 WSDL 文件位置；复审"测试策略"；使用"通用服务客户机"（该机自动打开）以向服务发送请求，AppScan 记录输入和接收到的信息。

（4）运行扫描专家。

① 复审对正在扫描的应用程序的配置是否有效。

② 复审建议的配置更改并选择性应用这些更改。

（5）启动自动扫描。

（6）运行结果专家以处理扫描结果，并向"问题信息"选项卡添加信息。

（7）运行恶意软件测试以分析站点上页面和链接中的恶意或不必要的内容。

（8）"复审结果"用于评估站点的安全状态（"结果专家"帮助执行此操作），以及手动探索其他链接。

① 打印报告。

② 复审补救任务。

③ 向用户的缺陷跟踪系统记录缺陷。

6．扫描配置

1）过程

（1）启动 AppScan。

（2）在"欢迎"屏幕上，单击"创建新扫描"。

（3）在"新建扫描"对话框中，验证是否已选择"启动向导"复选框。

（4）在"预定义的模板"区域中，单击默认值以使用默认版（如正在使用 AppScan 扫描具有专用预定义模板的其中一个测试站点，请选择该模板：Demo.Testfire、Foundstone 或 WebGoat）。

（5）选择 Web 应用程序扫描并单击"下一步"按钮，进行设置的第一步。

（6）在扫描开始处输入 URL（如需要添加其他服务器或域，单击"高级"按钮）。

（7）单击"下一步"按钮，继续配置

（8）选择记录的登录，单击"新建"按钮。这时显示描述记录登录过程的消息。

（9）单击"确定"按钮。这时会打开嵌入式浏览器，其中的"记录"按钮已被按下（呈现灰色）。

（10）浏览登录页面，记录有效的登录序列，然后选择浏览器。

（11）在"会话信息"对话框中，复审登录序列并单击"确定"按钮。

（12）单击"下一步"按钮以继续进行下一步骤。可复审将扫描的"测试策略"，即哪一类别会用于扫描（注：默认时，会使用除侵入式测试之外的所有测试。选择"高级"按钮可控其他测试选项）。

（13）默认时会选择"会话中检测"复选框，并且会突出显示指示响应处于"会话中"状态的文本。扫描中，AppScan 发生脉动新型号请求，检查此文本的响应，以验证是否处于登录状态（需要时重新登录），验证突出显示的文本是否确实能够证明会话的有效性。

（14）单击"下一步"按钮。

（15）选择"启动自动扫描"，或使用手动探索或稍后启动。

（16）默认时，会选择"扫描专家"复选框，以便在完成向导时运行"扫描专家"。可清除此选项，直接进入扫描步骤。

（17）单击完成退出此向导。

2）扫描专家

"扫描配置向导"中的其中一项选项适用于"扫描专家"。可知道其运行简短扫描，以评估特点站点的新配置的效率。

运行"扫描专家"时，在屏幕顶部打开"扫描专家"面板，并因"扫描专家"会探索站点，开始在左边的窗格中显示应用程序树。

3）手动探索

手动探索能自行浏览应用程序。AppScan 会记录操作，并使用该数据创建测试。

进行手动探索的三种可能原因：为了传递反自动化机制（如要求输入随机字以作为图像显示）；为了探索特定的用户进程（在某种情况下，用户希望访问 URL、文件和参数）；由于在扫描过程中发现交互式链接，并想要填写所需数据以启动更详尽的扫描。

过程如下。

（1）单击"扫描"→"手动探索"，打开嵌入式浏览器。

（2）浏览站点，单击链接并按要求填写字段。

（3）完成后关闭浏览器（可暂停及恢复记录，创建多个手动探索），显示已探索的 URL。

（4）单击"确定"按钮。

（5）AppScan 会检查所有输入是否适合添加到"自动表单填充器"，显示列表，询问要添加全部、无或选定的参数。

（6）单击"确定"按钮，AppScan 分析已搜寻的 URL，并基于该分析创建测试。

（7）运行新测试，单击"扫描"→"继续扫描"。

7. 扫描

最初，"进度"面板会出现在屏幕顶部，并与状态栏（屏幕底部）一起显示扫描进度的详细信息。在处理过程中，窗格由实施结果填充。图 9-26 为扫描工作界面。

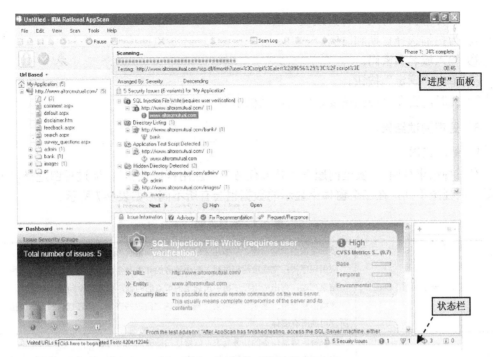

图 9-26　扫描工作界面

（1）"进度"面板。显示当前阶段的扫描以及正在测试的 URL 和参数。如果在扫描过程中发现新链接（并启动了多阶段扫描），会在先前的阶段完成后自动启动其他扫描阶段。新阶段可能大大短于先前阶段，因仅扫描新链接。在"进度"面板上可显示报警，如"服务器关闭"。如图 9-27 所示。

图 9-27　扫描进度状态

（2）状态栏。屏幕底部的状态栏显示扫描的信息，如图 9-28 所示。

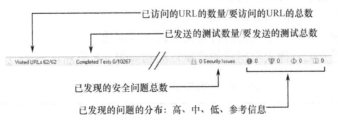

图 9-28　扫描信息

（3）调度扫描。可调度扫描以自动启动一次或定期自动启动。过程如下。

① 单击"工具"→"扫描调度程序"，单击"新建"按钮。

② 为调度输入名称，填入所需项目。

③ 选择当前扫描或已保存的扫描（如选已保存的，浏览到必需的.scan 文件）。

④ 选择每日、每周、每月或仅一次。

⑤ 为扫描选择日期和时间。

⑥ 输入域名和密码。

⑦ 单击"确定"按钮。

⑧ 此时，会在"扫描调度程序"对话框中显示调度名称。

8．处理测试结果

1）结果视图

有三种结果视图："安全问题"、"补救任务"、"应用程序数据"。通过视图选择器可选择视图。因视图不同，在三个窗体中显示的数据也会有所不同，如表 9-7 所示。

表 9-7　结果视图

	"安全问题"视图	显示发现的实际问题，从概述级别一直到个别请求/响应级别，就是默认视图。 应用程序树：完成应用程序树。每个项旁边的计数器会显示为项找到的问题数量。 结果列表：列出应用程序树中所选定的节点的问题，以及每个问题的严重性。 详细信息窗格：显示在"结果"列表中选定问题的咨询、修订建议和请求/响应（包括所使用的所有变体）
	"补救任务"视图	提供特定修复任务的任务列表，以修订扫描所找到的问题。 应用程序树：完成应用程序树，每个项旁边的计数器会显示该项任务的修订建议数量。 结果列表：列出应用程序树中所选定的节点的修订任务，以及每项任务的优先级。 详细信息窗格：显示在"结果列表"中所选定的修复任务的详细信息，以及该修复将解决的所有问题
	"应用程序数据"视图	显示来自"探索"步骤的脚本参数，交互式 URL、已访问的 URL、中断链接，已过滤的 URL，注释，JavaScript 和 Cookie。 应用程序树：完成应用程序树。 结果列表：从"结果列表"顶部的弹出列表中选择过滤器，以确定要显示哪些信息。 详细信息窗格：在"结果列表"中选定的项的详细信息。 与其他两种视图不同，即使 AppScan 仅完成了"探索"步骤，"应用程序数据"视图也可用，使用"结果列表"顶部的弹出列表来过滤数据

2）严重性级别

"结果"列表显示应用程序树中选定的任何项的问题，可有以下几个级别。

（1）根级别：显示所有站点问题。

（2）页面级别：页面的所有问题。

（3）参数级别：针对特定页面的特定请求的所有问题

可为每个问题分配一种安全问题的严重性级别如表 9-8 所示。

表 9-8　一种安全问题的严重性级别

	高安全问题
	中等安全问题
	低安全问题
	参考安全问题 注意：此类别仅适用于"问题视图"，在"补救视图"中，所有低于"中等"的问题都分类为"低"

注：分配给任何问题的严重性级别都可通过右键单击进行手动修改。

3）"安全问题"视图

在"安全问题"视图中，会在如表 9-9 所示的四个选项卡的"详细信息"窗格中显示选定问题的漏洞详细信息。

表 9-9 四个选项卡

问题信息	在其他"详细信息"窗格中可用的信息摘要。其主要目的在于显示由"结果专家"添加的其他信息。此信息包括针对问题的 CVSS 度量值评分和相关屏幕快照，这些可以与结果一起保存并包含在报告中
咨询	选定问题的技术详细信息更多信息的链接必须修订的内容和原因
修订建议	为保障 Web 应用程序不会出现选定的特定问题而应完成的具体任务
请求/响应	显示发送到应用程序及其响应程序及其响应的特定测试（可以 HTML 格式或在 Web 浏览器中查看）， 变体：如果存在变体（发送到同一 URL 的不同参数），那么可通过单击选项卡顶部的"＜"和"＞"按钮来对其进行查看。 该选项卡右边的两个选项卡可使用户查看变体详细信息，并添加将与结果一同保存的快照

4）结果专家

"结果专家"由用于扫描结果的各种模块组成。处理结果将添加到"问题信息"选项卡的"详细信息"窗格中，以使显示的信息更加综合、详细，包括在相关处拍摄的屏幕快照。

"结果专家"在全面扫描后自动运行，也可在全部或部分扫描结果上随时手动运行。决定不运行"结果专家"，可选择工具→运行扫描专家。

9. 恶意软件测试

AppScan 恶意软件测试功能会测试应用程序中的恶意软件并链接到恶意的外部域。在常规扫描或常规扫描的"探索"步骤完成后，它作为一组单独的测试运行。仅在存在现有"探索"结果时，恶意软件测试图标才处于活动状态。

该功能包含以下两个模块。

（1）检查应用程序内容中的恶意软件。可检查的模式：所访问的 URL 的内容；从外部链接检索到的内容；从常规扫描排除的文件类型。

（2）检查恶意的外部 Web 站点的链接。每个链接都会返回各自的 ISS 类别。要执行此操作，需要互联网连接，以连接 ISS 数据库。

在默认情况下，会同时选择两个模块，可从"扫描配置"对话框中对此进行调整。

进行恶意软件测试：

（1）验证是否拥有要测试的整个站点或部分站点的"探索"步骤结果。这些结果来自完整的常规扫描、"仅探索"或"手动探索"。

（2）要对配置进行任何更改，单击"扫描"→"扫描配置"→"恶意软件"选项卡。

（3）单击工具栏的 ⊗ 图标，或单击"恶意软件测试"。

导出结果：可将完整的扫描结果导出为 XML 文件，或导出关系数据库（结果导出到 Firebird 数据库结构，这是开放源代码，且遵循 ODBC 和 JDBC 标准）。

过程：单击"文件"→"导出"，选择 XML 或 DB；浏览到想要位置，为文件输入名称；保存。

10. 测试报告

AppScan 评估站点漏洞后，生成针对各种人员配置的定制报告（如表 9-10 所示），可打开查看。

表 9-10　测试报告

图标	名称	简短描述
	安全报告	扫描期间找到的安全问题的报告。安全信息可能非常广泛，并可根据用户的需要进行过滤，包括六个标准模板，但根据需要，每个模板都可轻易调整，以包括或排除信息类别
	行业标准报告	应用程序针对选定的行业委员会或用户自己的定制标准核对表的一致性（或非一致性）报告
	合规一致性报告	应用程序针对规范或法律标准的大量选项或用户自己的定制"合规一致性"模板的一致性（或非一致性）报告
	增量分析报告	"增量分析"报告比较了两组扫描结果，并显示了发现的 URL 和/或安全问题中的差异
	基于模板的报告	包含用户定义的数据和用户定义的文档格式化的定制报告（格式为 Microsoft Word.doc）

9.3.4　AppScan 安全性测试应用

1. 应用安全性测试案例

为了帮助测试及安全人员更快地了解 Web 应用安全知识及安全测试技术，IBM Rational 提供了一个如图 9-29 所示的安全性测试示范网站：demo.testfire.net。

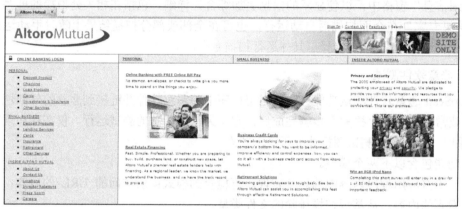

图 9-29　安全性测试示范网站

2. 测试过程

AppScan 测试过程按以下步骤进行：探测→分析→报告。

（1）探测。通过遍历网站页面的方式从网站入口地址开始探索出网站的所有 URL；选择测试模板，输入入口 URL，发现应用结构。

（2）分析。分析是扫描测试的过程，即按照扫描规则对所探索出的所有页面进行安全漏洞测试，并实时产生测试结果，测试结果会显示在问题列表上。

（3）报告根据合规需要或按安全性评测要求生成安全漏洞分类报告或安全性合规报告。安全性测试过程如图 9-30 所示。

AppScan 具有便于快速上手进行测试的特点。当准备扫描一个 Web 网站时，只需在扫描入口输入该网站的 URL 地址即可。然后进入扫描配置，如图 9-31 所示。

扫描完成后，可实时看到扫描结果报告，如图 9-32 所示。demo.testfire.net 网站中总共发现 URL 147 个，发起的漏洞攻击尝试 24002 次，报告了 111 个安全性问题。其中，严重程度为最高的问题有 49 个。

该网站的安全性问题的分布如图 9-33 所示。对安全性问题，按照"问题类型"进行分类。

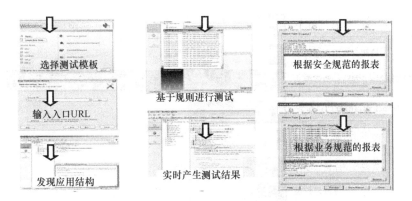

图 9-30　安全性测试过程

图 9-31　扫描配置

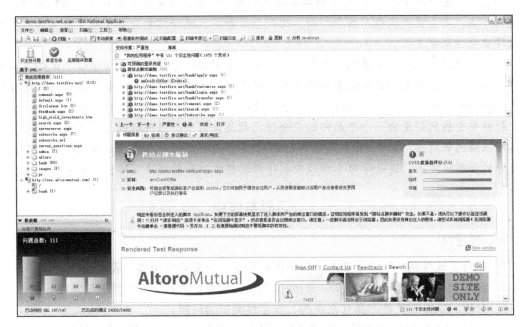

图 9-32　扫描结果报告

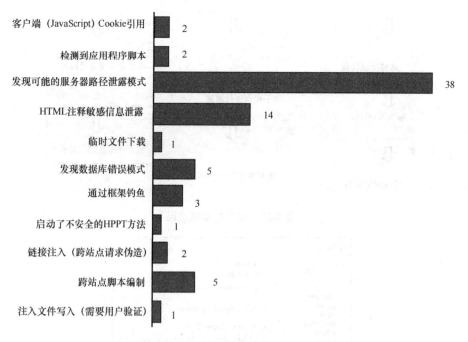

图 9-33　安全性问题的分布

本 章 小 结

本章主要内容：软件系统安全性概述，包括安全性测试基本概念、基础知识，测试策略与测试方法； Web 应用系统安全性测试内容，包括 Web 应用安全背景、Web 应用系统安全主要问题，Web 安全性测试原理、范围、主要安全问题的原理，以及针对具体问题的不同测试方法。

AppScan 是针对 Web 应用系统的典型安全性测试工具，本章从概况说明、功能特性、基本使用方法、安全性测试应用四个方面，比较全面和深入地介绍和分析了基于该工具所实施的软件安全性测试工程。

本章的重点是软件安全性测试思想、软件安全性问题的分析认识、安全性测试的策略和各种具体方法，如静态测试与动态测试技术，渗透测试，模糊测试，安全性测试的七项接触点，AppScan 测试工具的功能特性认识、基本使用方法，以及安全测试的应用。

软件安全性问题是由一个个局部的安全性问题集合为一个系统性的全局问题。安全性测试具有很强的针对性，即"一把钥匙开一把锁"，具体的安全问题或存在的隐患对应着特定的问题分析和测试方法，这是学习本章后应获得的思想方法和能解决实际问题的基本要求。

习题与作业

一、简述题

1. 试分析软件系统的安全要求、安全框架构成、主要安全问题的表现。
2. 综述软件安全性测试的策略。归纳出你认为最重要的几项安全性测试策略。
3. 分析归纳针对软件产品（系统的）安全性测试的问题。
4. 分析 Web 应用安全背景。哪些"先天不足"的问题影响和导致了不安全？

5．总结 AppScan 测试工具可以解决哪些应用系统的安全性问题。

6．归纳总结 AppScan 安全性测试工具的使用要点和在组织测试的过程中未找到的索引项。

二、项目实践题

1．【实践题】选取一个网络软件系统，分析该系统的安全保障体系和所采取的具体安全措施。从硬件、网络、软件三个方面入手和开展。

2．【实践题】查找关于 Web 应用安全技能问题的测试案例分析。结合自己的 Java、C/C++的编程知识与编程技能，充分理解针对 XSS、CSRF、SQL 注入攻击、XML 注入、会话劫持这些安全问题的测试原理及测试方法。

3．【项目题】学习、熟练掌握 AppScan 测试工具的基本使用方法，能对安全性测试实施过程中的各种策略进行正确的配置。

4．【项目题】试对你比较熟悉的软件系统实施安全性测试的项目工程。建议选用一个系统软件或 C/S 结构的应用系统软件。

5．【项目题】试对一个 Web 应用系统实施安全性测试的项目工程。建议选用具有三层结构的 B/S 应用系统，如电子商务网站或配备关联数据库的系统。

Chapter

第 10 章　软件测试管理

本章导学

内容提要

本章主要阐述软件测试管理的基本知识与管理的内容、方法、过程。测试管理的内涵丰富，包括软件测试团队建立与组织的管理；测试过程的管理、测试事件的管理，缺陷的跟踪管理和测试报告的管理，软件配置管理测试与测试环境搭建等。通过学习和运用测试管理的基本概念、基本策略、管理规范和技术方法，完整理解和认识测试管理在软件测试中的重要作用，能准确把握测试管理的内涵及其过程，能将测试管理的策略和技术贯彻于软件测试的全过程。

学习目标

☒ 解和认识测试管理概要

☒ 解和认识测试组织管理

☒ 解和认识测试用例管理

☒ 解和认识测试事件管理

☒ 解和认识测试过程管理

☒ 解和明确软件配置管理

☒ 解测试管理工具及应用

10.1 软件测试管理的概念

10.1.1 测试管理的基本要素

1. 测试管理的范畴

测试活动贯穿于软件产品生命周期。在通常意义下，测试流程是指测试的全过程，包括计划测试、设计测试、执行测试、总结测试四大环节。为高效地检测软件缺陷与故障修复，提高测试效率，开发高质量产品，必须实施对测试全过程的管理。

软件测试管理着眼于对软件测试的流程进行策划与组织，是对测试全程实施的管理与控制，并通过管理提高测试活动的可视性和可控性。

建立测试管理是将测试所涉及的各个方面实现系统的关联，通过过程管理中各项功能的作用，大幅提高测试工作的效率和测试质量，并满足更高要求的测试活动。

确定测试过程中的组织结构及结构间的关系，以及所需要的测试组织的独立程度。同时指出测试过程与其他过程，如开发进程、项目管理、质量保证、配置管理间的关系。

测试管理策略的制定，需要通过测试者自主开发和"量身定做"，以最能适应测试团队自身的工作需求为原则。

具体项目的测试管理：测试需求管理是对测试项目任务的分析与策划；测试过程管理和缺陷跟踪管理是对测试执行过程的全程跟踪与缺陷的处置，通过分析缺陷报告和测试工作的报告，总结前测试成功和失败或不足的原因，从而对下一轮的测试做出改进。

2. 测试管理的内容

测试管理的内容主要有测试组织（机构）的管理、测试需求的管理、测试件的管理、测试用例的管理、测试过程的管理、缺陷跟踪的管理、软件配置管理与测试环境的搭建，以及测试报告管理等。

1）组织测试设计

测试设计描述测试在各个阶段中需要运用的测试要素，包括测试用例、测试工具、测试代码（脚本）的设计思路和设计准则。对测试工具和测试脚本的设计应有更详细的设计文档作为指导。应根据不同的测试阶段对测试设计要素进行取舍。

要为每组重要特性或特性组合指定一个可保证这些特性被充分测试的用途，应详细指出用于该组特性测试的测试活动内容、技术方法和选用工具，实现用于分析测试结果的设计方法。测试设计描述的详细程度应能用于确定主要测试任务与估计每项测试任务需求。

2）测试需求设计

测试需求是根据测试目标从不同角度明确的各种需求因素。它包括环境需求、被测对象要求、测试工具需求、测试代码需求、测试数据准备等。测试需求的一个重要的指标是必须确保需求的可跟踪性，测试需求源自软件规格说明及其相关的接口需求说明文档，如集成测试需求、单元测试需求应与软件概要设计及详细设计形成对应关系。测试需求的设计必须保证对软件需求的跟踪与覆盖。

确定其他的测试需求。例如数据需求，为执行测试项目需要在测试前预置数据，避免测一项改一次数据，特别是在自动化测试中需定义测试套件和测试数据库。在系统测试中，可明确对测试构建环境的数据需求和数据设定规范，确保环境数据规范性，并达到构建环境对实际运行环境的最大程度仿真与测试条件的满足。

3．策划测试的度量

量化管理是项目管理的发展趋势。对软件测试而言，加强测试成本、测试结果和测试效益的度量，是对测试管理及改进的主要措施。测试必须收集和跟踪测试过程及测试有效性方面的数据。通常在测试过程中，需要进行度量的基本数据包括测试投入的工作量和成本数据、测试任务完成情况、测试规模数据、测试结果数据。在缺陷数据、覆盖率数据等有了充分的度量数据后，测试管理就有了更好的调整依据，并为同类测试项目提供参考。

4．测试规划与控制策略

测试并非随机活动，必须计划，并需安排足够时间和配置资源。测试活动应受到控制，测试的中间产物应被评审及纳入配置管理。

测试计划是关键管理功能，定义各级别测试所使用策略、方法、测试环境、测试通过或失败准则等。测试计划的目的是有组织地完成测试奠定基础。从管理角度看测试计划文档最重要。如果一个测试计划经过深思熟虑并达到完整，那么测试的执行和分析将能顺利进行。

对测试计划可制订一个总计划或分级。测试计划是不断演进的文档，良好的测试计划应体现：在检测主要缺陷方面有正确的选择；定义要执行测试的种类，用清晰的文档明确期望的结果；提供绝大部分代码的覆盖率；具备灵活性，易于执行、回归测试和自动化测试；当缺陷被发现时，进行缺陷的核对与确认；清晰定义测试目标，确认测试的风险，明确测试策略；清晰定义测试出口标准，减少测试冗余；确定测试需求并文档化，定义可交付的测试件。

10.1.2　测试组织管理

实施测试管理，首先须有测试组织。软件测试要取得良好成效，必须关注组织、流程与人三者之间的关系。这种关系称为测试成功的"铁三角"。组织是流程成功实施的保障，好的组织结构能有效地促进流程实施，流程对产品成功具有关键作用，一个适合于组织特点和产品特点的流程能极大地提高产品开发效率和产品质量，反之，则会拖延产品开发进度，影响产品质量。测试人员素质对测试质量的影响很大，组织测试必须充分关注测试人员的专业技能和素质。高质量测试一定源于高素质测试团队与良好组织。

1．建立测试组织

建立软件测试管理体系的目的是，确保软件测试在软件质量保证中发挥应有的关键作用。为达到这个目标，必须对测试活动进行组织策划和对测试进行组织管理，并采用系统的方法建立测试管理体系。把测试作为系统，对组成这个系统的每个过程进行监管和控制，通过管理以实现测试工作的特定目标。

测试组织的管理通常包含测试团队建设和测试组织运行两个方面。

1）组织团队的原则

确定规模，按照测试工作负荷所需最少人数配备测试人员。

确定独立测试团队或非独立测试团队，独立测试团队独立于开发团队，非独立测试团队一般可由开发人员承担。独立测试的好处：

（1）独立测试人员无偏见，能找到开发人员未能发现的缺陷。

（2）独立测试人员能验证开发人员在设计和实现系统时所做的（隐式）假设。

独立测试的不足：

（1）可能会与开发团队缺乏沟通。

（2）若测试人员没有必要的资源，独立测试可能成为瓶颈；开发人员可能会对质量问题有所松懈，认为测试人员总会找到问题。解决这个矛盾的方法是：开发团队负责测试并采用交叉测试方式，并配备测试人员负责所有测试工作；项目团队配备若干专门测试团队，完成具体测试任务，如性能测试、安全性测试或兼容性测试，配置独立的测试专家负责。或由第三方测试机构来负责测试，针对特定的测试，如系统测试。

选择合适测试的人选。

（1）测试工作的合适人选首先应为一个专业的"悲观主义者"。不轻易相信所交付测试的软件中没有错误，会精力集中于查找错误。

（2）测试人员应具备适度的好奇心，设计期望将能够引发错误出现的测试用例。

（3）测试者充分理解软件规格说明书，与开发者讨论"假设分析"的场景，从而反复深入地分析被测系统，思考从各个角度检查缺陷并明确如何跟踪缺陷。

2）测试专业技能的界定

通常将专业测试技能分为4种：

（1）具有普适性专业技能。例如阅读理解（真正的阅读能力，注意力高度集中和充分理解）能力、书面表达（能使用文字进行有效的交流）能力、计算（度量适度应用，数学和统计学知识）能力等。

（2）具有软件专业技能。精于软件系统构成和熟悉编程技术，掌握软件架构、操作系统、网络体系（表示层、应用层等）、数据库的功能及应用等知识。

（3）熟悉和理解软件（含应用系统）的领域知识，了解系统要解决的业务、技术或科学问题。

（4）具有软件测试系统性的知识与某些专门技能，能从测试角度考虑和处理解决测试问题。

3）测试组织的结构

依据测试项目的性质和测试人员所具有的技能，通常会将测试组织分为基于技能的组织或基于项目的测试组织两种形式。

（1）基于技能的测试组织形式（如图10-1所示），适用于具有较高和较难领域项目的测试。这种形式不需每人涉及多主题，只需把注意力集中在自身专业领域的深入和细微处。因此测试人员必须掌握复杂的测试技术和良好的测试工具使用方法与技巧。这是某企业一个嵌入式系统项目软件测试组织架构，测试组织独立，与不同开发项目组成团队。

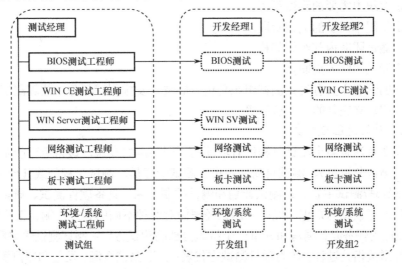

图 10-1　基于技能的测试组织形式

（2）基于项目的测试组织形式。测试人员的技能水平可能参差不齐，将他们分配到一个项目组中，可减少工作的中断和转换。由于每人的工作只与一个项目相对应，所以可减少混乱。基于项目的测试组织形式，如图 10-2 所示。初次建立测试组织，测试经理通常较少纯粹做出基于技能的组织或基于项目的组织决策。在某些情况下，还需要专家，特别是在任务需要掌握复杂测试技能和测试工具的情况下。在组建和发展过程中，应考虑混合组织形式。

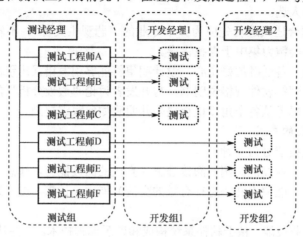

图 10-2　基于项目的测试组织形式

4）测试团队组建实施步骤

根据业务需求可选择不同的测试团队构成，测试团队构成要多元化，使每个测试人员都有发挥才能的领域和空间，同时又能形成协作和备份关系。测试组织团队既需要领域资深人员、测试专业人员，又应使团队构成性别比例均衡。考察专业测试人员素质，包含技术素质和非技术素质，诚信和责任心为最基本要求，应选择喜爱和适合做测试人员以及具有测试发展潜能的测试人员加入团队。

从多角度考虑组建测试团队，实施步骤通常如下：

（1）确定测试团队在组织中的定位。

（2）确定测试团队的规模。

（3）确定组织中需要的测试类型。

（4）确定组织中需要的测试阶段。

（5）建立测试团队内部组织架构。

（6）确定测试团队人员职责。

测试组织的管理主要有确定测试组织角色与职责，安排测试任务，估算测试工作量，运用测试心理学和建立完善的沟通机制等。

5）测试人员的角色与职责

通常，需要有通晓整个测试过程所有活动的不同层次的专家，该角色可能是测试经理、测试设计师（测试分析员）、测试自动化人员、测试管理员、测试工程师或其他岗位职务。

（1）测试经理/测试主管。是测试计划和测试控制专家，具备软件测试、质量管理、项目管理和人员管理等领域的知识和经验。测试经理面对两种不同的客户：测试工程师和项目管理者。测试经理的任务是：编写和评审一个组织内部的测试方针；制订测试策略和测试计划，并引入或改善测试相关过程；作为项目测试方代表；获取测试资源；发起和监测测试工作（所有测试设计、实现和执行）；引入合适的度量，以测试度量测试过程并评估测试和产品质量；

选择引入适合测试工具，并组织必要使用培训，确定测试环境和测试自动化类型及范围；运行计划测试，并依据测试结果和项目进展，以及测试进展对测试计划进行调整；编写和提交测试报告；制定测试策略，把积累的测试经验共享；对于项目管理者，测试经理应收集尽可能全面的产品信息，对产品是否可以发布进行决策。测试经理将定义和校验产品发布标准。

测试经理确定测试任务按优先级划分，对内负责成员任务安排、工作检查和进度管理，向测试人员指明"测什么和何时测"，同时也要承担项目测试工作；他是对外接口负责人，与其他部门协调和合作；制定、更新和维护软件测试流程；制定短期、长期的测试改进措施，进行测试评审和监督。

（2）测试设计师/测试分析员。是测试方法和测试规格说明方面的专家，具备软件测试、软件工程以及（形式化）规格说明方法等领域知识和经验。其任务是：分析、评审和评估用户需求、规格说明、设计和模型等内容的可测试性，以便设计测试用例；创建测试规格说明；准备和获取测试数据。

（3）测试自动化人员。具备测试基础知识、编程经验及丰富的测试工具和脚本语言知识；能利用项目中的脚本语言和测试工具，按需要进行测试的自动化。

（4）测试工程师。测试工程师/测试员的职责从本质上讲就是做好项目的测试工作，达到软件测试的目的。是执行测试和实践报告方面的专家，具备计算机及软件系统知识、测试基础知识，能熟练应用测试工具，熟悉测试对象。其任务是：设计与编写测试用例；评审测试计划和测试用例；使用测试工具和测试监视工具；执行测试并记录日志，评估结果，并记录结果和偏差。

（5）测试管理员。是安装和操作测试环境方面的专家，具备系统管理员知识。其任务是：建立和支持测试环境；需经常与系统管理员、网管员进行协调。

6）测试人员管理

对测试人员的管理，主要依赖于测试心理学的正确运用。

在测试认知方面，测试工作是对他人工作的检验。经验表明，应强调对测试的正确与深入的理解。测试的目的是保证软件质量，而非简单地找出问题或缺陷。

强调测试的各种原则，总假定程序是有错误的，强调测试的破坏性思维，强调测试中的发散性思维。

强调团队的各角色统一协作，学会换位思考。在坚守原则下，运用妥协或争取方式，平衡测试人员相对于开发者的心理区别，提倡学习和运用软件工程知识解释和解决实际测试问题。

建立完善的沟通机制，构建统一交流平台，缩短团队沟通时间和提高沟通效率。在沟通机制方面设立和组织：① 测试中心例会；② 测试交流；③ 通过网络 BBS 方式。通过这些形式实现一对一、一对多、多对多的沟通交流。

10.2 测试过程管理

10.2.1 测试计划管理

通常，要测试一个较复杂的大软件系统，需要编写几千或上万个测试用例，并执行用例，分析测试结果。这个过程可能要涉及几百个软件模块，修改几千个缺陷和排除故障。同时，也需要几十甚至上百人协同工作并完成测试项目。若测试人员之间不能高效交流计划测试对象、需要资源，以及进度安排等，则整个测试项目较难成功。因此，高效测试必须经事先策划并制订计划，在计划过程中明确内容，按照一定规则进行。测试计划包括测试目的、测试范围、测试对象、测试方法、测试设计、测试用例、停止测试标准、资源配置、测试结果分析和测试度量、测试风险评估等。

1．测试计划的内容

计划是指导测试过程的决定性文件，通常，良好的测试计划包括下列内容。

（1）目的：明确每个阶段的测试目的。

（2）测试策略：用于测试的方法。

（3）资源配置：测试所需的硬件设备。

（4）任务明确：所有参加测试工作的人员角色和职责。

（5）进度安排：每个测试阶段的进度安排。

（6）风险分析：指明项目中潜在的问题和风险区域。

（7）停测标准：判断每个测试阶段停止测试的标准。

（8）测试用例库：决定选用测试用例的编写方法，保存、使用和维护测试用例。

（9）组装方式：确定子程序、分系统组装的次序，确定是按自顶向下还是按自底向上的增量式集成方式进行测试，确定系统在各种组装下的功能特性以及桩模块或驱动模块设计。

（10）记录手段：明确在测试中对问题、进度等记录的方法。

（11）测试工具：明确测试所需的工具并制订相应的计划。

（12）回归测试：确定故障修复对其他方面造成的影响，制订回归测试计划。

2．测试计划的制订

1）制订概要测试计划

在软件开发初期，即需求分析阶段：定义被测试对象与测试目标；确定测试阶段与测试周期划分，制订测试人员、软/硬件资源和测试进度等方面的计划；进行任务分配与责任划分；规定软件测试方法及测试标准。

2）制订详细测试计划

为测试者或测试小组制订具体的测试实施计划。规定测试者负责测试的内容、测试强度和工作进度。详细测试计划是检查测试实际执行情况的重要依据。

制定的主要内容：绘制计划进度和实际进度对照表；确定测试要点；制定测试策略；确认尚未解决的问题和障碍所在。

3）设计测试用例

测试用例的本质：是从测试的角度对被测对象的功能和各种特性的细化展开。

测试大纲不仅是软件开发后期测试的依据，而且在系统需求分析阶段也是质量保证的重要文档和依据。

测试用例包含测试项目、测试步骤、测试完成的标准、测试方式（自动测试或手动测试）。针对系统功能的测试大纲是基于软件质量保证人员对系统需求规格说明书中有关系统功能定义的理解，将其逐一细化展开后编制而成的。

4）制定测试通过或失败的标准

测试标准指明判断/确认测试满足哪些条件可通过及何时结束。测试标准通常是一系列的陈述文档，或对另一文档（如测试过程指南或测试标准）的引用。

测试标准应指明：确切的测试目标；度量尺度如何建立；使用哪些标准对度量进行评价。

制定测试挂起标准及恢复必要条件，指明挂起全部或部分测试项的标准，并指明恢复测试的标准及其必须重复的活动。

5）制定测试任务安排

每项测试任务必须明确以下七项工作。

（1）任务：用简洁的句子对任务加以说明。

（2）方法标准：指明执行该任务时应采用的方法以及应遵循的标准。

（3）输入/输出：给出该任务所必需的输入和输出。

（4）时间安排：给出任务的起始及持续的时间。

（5）资源：任务所需人力、物质资源。人力资源安排"组织形式"和"角色及职责"。

（6）风险和假设：指明启动该任务应满足的假设，以及执行任务可能存在的风险。

（7）角色和职责：指明由谁负责该任务的组织和执行，以及谁将担负怎样的职责。

6）制定应交付的测试工作产品

指明应交付的文档、测试代码及测试工具，一般包括测试计划、测试方案、测试用例、测试规程、测试日志、测试总结报告、测试输入与输出数据、测试工具。

7）编写测试方案文档

该文档是设计测试执行阶段文档，指明为完成软件或软件集成的特性测试而进行测试的方法细节。测试方案文档包括以下内容。

（1）概述。简要描述被测对象的特性：需求要素、测试设计准则，以及测试对象历史。

（2）被测对象：确定被测对象版本/修订级别，并说明软件承载媒体以及对测试的影响。

（3）应测试的特性：确定应测试的所有特性和特性组合。

（4）不被测试的特性：确定被测对象具有哪些特性及特性组合将不被测试，说明其原因。

（5）测试设计综述：为每组重要的特性或特性组合指定可保证这些特性被足够测试的途径。概要指出用于该组特性测试的活动、运用技术及所用工具。分析测试结果的方法。

（6）测试模型：从测试组网图、结构/对象关系图两个描述层次分析被测对象的外部需求环境和内部结构关系，进行概要描述，从而引出本测试方案的测试需求和测试着眼点。进一步明确本测试方案的测试原理及其操作流程，为实际测试用例和测试操作过程提供指导。

（7）测试组网图：包括测试中所有用到的测试组网图，并描述不同的组网图用于哪些项目，测试对象在测试组网图中的位置应符合需求规格说明书的要求。单元测试一般不需测试组网图。

3．测试计划评估

1）测试计划评估

测试计划的测试评估范围和内容如下。

（1）主测试计划（Master Testing Plan）。包含所有预期的测试活动和测试交付物，为综合性的测试计划。主测试计划确定总的项目和程序开发计划，并保证资源和责任在项目中尽可能早地被了解和分配。应当包括测试的总工作量，分配所有主要工作的责任以及在所有测试级别上应交付的物件。其目的是提供一个大活动图并且协调所有测试工作。

（2）规定测试活动范围、方法、资源与进度。明确主要测试任务、每个任务的负责人以及计划相关的风险等。主测试计划确定测试工作的全貌，主要包括目标、风险分析和验证、确认测试计划大纲三个部分。

（3）主测试计划涉及的成员。该计划涉及项目组所有成员，包括用户、客户和管理人员。在测试评价中所包含的每个人的活动应当被描述，包括那些分配给开发人员的活动，如单元评审和测试。产品经理以及那些在项目之外的人员将发现主测试计划有助于把测试过程融合到整个项目开发过程中去。随着项目的进行，主测试计划也将被修正和更新。

（4）测试结构设计。该项主要考虑的是测试基础（需求、功能、内部结构）、测试的分类和分类规则、测试用例库的构造和命名规则等。

（5）详细测试设计。制定测试方法并确定测试用例的过程，包括确定测试目标、测试结构和测试用例设计等。

（6）测试计划。确定测试范围、方法、资源，以及相应测试活动的时间进度安排。测试计划应包含目标与测试对象两个部分。

目标：测试计划应达目标。在概述部分中明确项目背景和范围。简要描述项目背景及所要求达到的目标，如项目的主要功能特征、体系结构及简要历史等。指明该计划的适用对象及范围。

测试对象：列出所有将被作为测试目标的测试项。包括功能需求、非功能需求，性能及可移植性等。

2）验证测试计划

该活动包括需求验证、功能设计验证、详细设计验证和代码验证。因此，验证任务包括对各个验证活动指定测试计划并执行测试。

3）确认测试计划

该项主要包含确认测试活动（组件测试、集成测试、功能测试、系统测试和验收测试）和确认测试任务（制定主确认测试方案，以确认测试活动为单位制订详细测试计划，开发测试用例，执行测试，评估测试，维护测试）两项。

10.2.2　测试流程管理

测试过程有四个主要阶段，即制订测试计划阶段、设计与实现测试用例阶段、测试执行阶段、测试报告与总结阶段。对测试过程需要进行管理。

1. 测试流程的管理

测试流程的管理有五个环节：测试需求、测试计划、测试执行、缺陷管理和总结报告。通常，测试流程的管理需运用测试管理工具，以提高管理效率和准确性。

1）对测试需求的管理

分析软件并确定测试需求，包含以下内容。

（1）定义测试范围。检查程序文档，确定测试范围、测试目的、测试目标和测试策略。

（2）创建需求。创建需求树，并确定它涵盖所有的测试需求。

（3）分析描述需求。为需求树中每一需求主题建立一个详细目录，并描述每个需求，分配优先级，产生报告和图表来帮助分析测试需求，并检查需求以确保在测试范围内。如有必要还可加上附件。例如，有20个测试计划可对应于同一个软件的应用需求。通过管理需求和测试计划之间可能存在的一种多对多的关系，确保每个需求都经过测试；应用不断更新与变化，需求管理允许测试人员加减或修改需求，并确定目前的应用需求已拥有一定的测试覆盖率。需求管理帮助决定软件哪些部分需要测试，哪些测试需要开发，对于任何动态改变，必须审阅测试计划是否准确，确保它符合最新的变更要求。

2）对测试计划的管理

基于定义的测试需求，创建相应测试计划。

（1）定义测试策略。检查应用程序、系统环境和测试资源，并确认测试目标。

（2）定义测试主题。将程序基于模块和功能进行划分，并对应到各测试单元或主题，构建测试计划树。

（3）定义每个模块测试类型，并为每一个测试添加基本的说明。

（4）创建需求覆盖，将每一测试与测试需求进行连接。

（5）设计测试步骤。

3）对测试执行管理

设计完成测试用例后可执行测试，测试执行管理只针对测试执行的活动进行监控。

（1）创建测试集并执行每一轮测试。创建测试集，在工程中定义不同的测试组来达到各种不同的测试目标，并确定每个测试集都包括哪些测试。

（2）确定进度表。为测试执行制定时间表，并为测试人员分配任务。

（3）运行测试。自动或手动执行每个测试集。

（4）分析测试结果。查看测试结果并确保应用程序缺陷已经被发现。生成的报告和图表可以帮助用户分析这些结果。

4）对缺陷的管理

在测试完成后，测试负责人（项目经理）必须解读这些测试数据。当发现出错时，还需指定相关人员及时纠正错误或缺陷。缺陷管理贯穿于测试的全过程，以提供管理系统的端到端的缺陷跟踪，即从最初问题发现到修改错误，再到检验修改结果。

2．测试策略的实施

测试实施策略从大的方面分为手工测试与自动化测试，从具体技术方面分为白盒测试或黑盒测试。可根据测试工作内容和性质的不同，采用一种策略或混合模式。

测试过程的核心要点：测试计划+测试用例设计+测试执行+测试结果的分析报告。

测试过程相关文档：测试计划书、测试用例库、测试缺陷库和软件问题报告（SPR）。

1）测试过程的五个阶段

测试过程的三项主要活动是计划、准备、实施，可分为以下五个阶段。

（1）计划和控制阶段。是整个测试过程中最重要的阶段，为实现可管理且高质量的测试过程提供基础。本阶段的主要工作：拟订测试计划；论证使开发过程难以管理和控制的因素；明确软件产品的最重要部分（风险评估）。

（2）准备阶段。开始本阶段的前提条件是：完成了测试计划的拟定、需求规格说明书（通常为第一版）的确定。本阶段主要内容：仔细研究需求规格说明书；将要测试的产品分解成可独立测试的单元；为每个测试单元确定测试技术；为测试的下一个阶段及其活动制定计划。

（3）规范阶段。本阶段的主要内容：编写测试用例，测试脚本，搭建测试环境（测试的数据库，软件、硬件环境）。

（4）实施执行阶段。根据测试纲要/测试用例/测试脚本进行测试，分析找出预期测试结果和实际测试结果的差异，填写问题报告。确定造成差异的原因：产品有缺陷；规格说明书有缺陷；测试环境和测试下属部件有缺陷；测试用例设计不合理。

（5）完成阶段。本阶段的主要内容：选择和保留测试大纲、测试用例、测试结果、测试工具，提交最终报告。此阶段的工作意义和重要性是：产品如果升级或变更，或发布后转向维护阶段，只要对保留下的相关测试数做相应调整，就能实施新测试。

2）测试报告与测试总结

测试报告内容：测试环境、测试概要、输出说明、遗留缺陷及对项目影响、遗留缺陷解决方案或建议、测试结果分析及测试度量。

（1）编制测试报告的要求。总结项目测试情况，判定是否满足要求；测试报告的内容，既要保证完整性又要注意概括重点；测试报告除非有明确标准，否则测试人员不应自行判定测试是否通过；测试报告内容不能造假；应避免使用测试报告中数据评价测试或开发的具体人员。

（2）测试总结。项目结束后对本项目测试工作进行总结，包括对进度、人员、资源使用等的总结，也包括对测试项目的感受等。总结的主要目的是吸取测试中的经验教训，为今后测试工作提供改进的准备。

3．测试数据统计与分析

1）测试数据统计与分析目的

主要分为积累、评价、改进和预测。

（1）积累：进行测试数据的统计与分析可为测试积累大量的原始实践数据，企业所特有数据是任何其他资料所不能替代的。

（2）评价：通过测试数据统计与分析的结果，可以对测试工作进行量化评价。

（3）改进：基于统计与分析的结果，对于量化评价中暴露出的不足，有针对性地指导测试工作的改进。

（4）预测：基于现有数据，预测后续发展，降低测试风险。

2）建立测试数据采集机制

测试数据统计的主要工作如下。

（1）确立数据采集制度，将数据采集作为测试日常工作。

（2）确定采集的数据种类、数量、频次等。

（3）明确相关数据采集的负责人。

（4）进行定期或不定期检查，以保证采集工作的持续进行。

（5）利用合适的工具辅助完成测试数据统计（使用测试管理工具、建立统计模板）。

（6）建立数据库，长期保存各项历史数据。

3）测试统计运用标准

（1）采用已有标准、制定新标准。

（2）运用各种知识进行统计分析。

4．测试文档管理

测试文档是整个测试活动及过程的重要文件，描述和记录了测试活动全过程。测试文档目前已有规范及标准。

1）IEEE 829/1983/2008、IEEE/ANSI 1012/1986 测试文档标准

IEEE 829/1983/2008（也称为 829 测试文档标准）是 IEEE 制定的测试文档标准，定义了一套文档用于八个已定义的软件测试的各阶段，每个阶段均可产生其单独的文件类型。该标准定义了文档格式，但没有规定是否必须全部应用，也不包括这些文档中任何相关的其他标准的内容。运用该标准制定的测试文档的模板格式，能有效地提高测试的效率。IEEE/ANSI 1012/1986 是针对软件验证和确认测试计划的标准。

IEEE 829-1998/2008 包含以下内容。

（1）测试计划：是一个管理计划的文档，包括测试如何完成（包括 SUT 的配置）；谁来

做测试；将要测试什么；测试将持续多久（根据可以使用的资源的限制而有变化）；测试覆盖度的需求，例如所要求的质量等级。

（2）测试设计规格：详细描述测试环境和期望的结果，以及测试通过的标准。

（3）测试用例规格：定义用于运行在测试设计规格中所述条件下的测试数据。

（4）测试过程规格：详细描述如何进行每项测试，包括每项预置条件和后续步骤。

（5）测试项传递报告：报告何时被测的软件组件从一个测试阶段到下一个测试阶段。

（6）测试记录：记录运行哪个测试用例，谁运行，以何顺序，每个测试项是通过还是失败。

（7）测试附加报告：详细描述任何失败的测试项，以及实际的与之相对应的期望结果和其他旨在说明测试为何失败的信息。该文档之所以命名为附加报告而不是错误报告，是因为期望值和实际结果之间可能存在差异，而这并不能认为是系统存在错误。这包括期望值有误、测试被错误地执行，或者对需求的理解存在差异。该报告由以下所有附加的细节组成：实际结果和期望值、何时失败、其他有助于解决问题的证据。该报告还可能包括此附加项对测试所造成影响的评估。

（8）测试摘要报告：提供所有直到测试完成都没有被提及的重要信息的管理报告，包括测试效果评估、被测试软件系统质量、来自测试附加报告的统计信息。该报告还包括执行了哪些测试项、花费多少时间，用于改进后的测试计划。这份报告用于指出被测软件系统是否与项目管理者所提出的可接受标准相符合。

2）测试计划和规格说明文档的组成

图 10-3 显示出测试计划与规格说明文档之间的关系。

SQAP：软件质量保证计划。每个软件测试产品有一个 SQAP。

SVVP：软件验证和确认测试计划。每个 SQAP 有一个 SVVP。

VTP：验证测试计划。每个验证活动有一个 VTP。

MTP：主确认测试计划。每个 SVVP 有一个 MTP。

DTP：详细确认测试计划。每个活动有一个或多个 DTP。

TDS：测试设计规格说明。每个 DTP 有一个或多个 TDS。

TPS：测试步骤规格说明。每个 TDS 有一个或多个 TPS。

TCS：测试用例规格说明。每个 TDS/TPS 有一个或多个 TCS。

TC：测试用例。每个 TCS 有一个 TC。

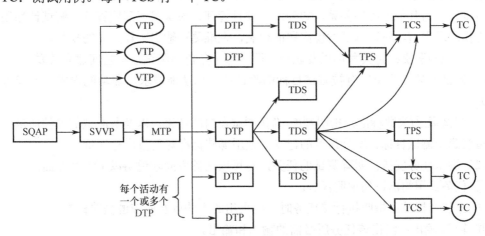

图 10-3　测试计划与规格说明文档之间的关系

（1）每个软件测试产品有一个软件质量保证计划。

（2）每个软件质量保证计划有一个软件验证和确认测试计划。

（3）每个软件验证确认计划有一个主确认测试计划。

（4）每个验证测试活动有一个验证测试计划。

（5）每个确认测试活动有一个或多个详细确认计划。

（6）每个详细确认测试计划有一个或多个测试设计规格说明。

（7）每个测试设计规格说明有一个或多个测试步骤规格说明。

（8）每个测试用例规格说明有一个测试用例。

3）测试报告文档结构

图 10-4 是测试报告文档结构。

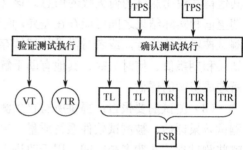

VTR：验证测试报告，每个验证活动有一份报告。

TPS：测试步骤规格说明。

TL：测试记录，每个测试执行有一份报告。

TIR：测试事故报告。

TSR：测试总结报告。

图 10-4　测试报告文档结构

5. 测试流程的文档类型

每个测试流程一般需要五个基本测试文档：测试计划文档、测试方案文档、测试用例文档、测试规程文档和测试报告文档。

1）测试计划文档

（1）该文档指明测试范围、方法、资源，以及相应测试活动时间进度安排的文档，包含以下内容。

① 目标：表示该测试计划应达到的目标。

② 概述：项目背景，简要描述项目背景及所要求达到目标，如项目主要功能特征、体系结构及简要历史等。

③ 范围：指明该计划的适用对象及范围。

④ 组织形式：表示测试计划执行过程中的组织结构及结构间的关系，以及独立程度。指出测试过程与其他过程的关系，如开发、项目管理、质量保证配置管理。测试计划还定义测试工作沟通渠道，解决测试发现问题的权利，批准测试输出工作产品的权利。

⑤ 角色与职责：定义角色以及职责，即在每个角色与测试任务之间建立关联。

⑥ 测试对象：列出所有被测试目标的测试项（如功能需求、非功能需求，性能可移植性等）。

⑦ 测试通过/失败标准：指明判断/确认测试在何时结束，以及所测试的软件质量。测试标准指明确切测试目标、度量尺度的建立、使用哪些标准对度量进行评价。

（2）测试任务安排。明确测试的任务，对每项任务应清晰说明以下七个方面。

① 任务：用简洁语句说明任务。

② 方法和标准：指明执行该任务时，应采用的方法以及所应遵循的标准。

③ 输入/输出：给出该任务所必需的输入和输出。

④ 时间安排：给出任务的起始及持续的时间。

⑤ 资源：给出任务所需人力和物力。人力资源安排参考组织形式和角色及职责。

⑥ 风险和假设：指明启动该任务应满足的假设，以及任务执行可能存在的风险。

⑦ 应交付的测试产品：指应交付文档、测试代码及测试工具。包括测试计划、测试方案、测试用例、测试规程、测试日志、测试总结报告、测试输入与输出数据、测试工具列表。

2）测试方案文档

该文档指明为完成软件或软件集成特性的测试而进行的设计测试方法的细节文档。测试方案文档是设计测试阶段的文档，包括以下内容。

概述：简要描述被测对象的需求要素、测试设计准则，以及测试对象的历史。

被测对象：确定被测对象。包括其版本/修订级别。软件的承载媒介及其对策的影响。

应测试的特性：确定应测试的所有特性和特性组合。

不被测试的特性：确定被测对象具有的哪些特性不被测试，并说明其原因。

测试模型：测试模型先从测试组网图、结构/对象关系图两个描述层次分析被测对象的外部需求环境和内部结构关系，进行概要描述，确定本测试方案的测试需求和测试着眼点。

测试需求：确定本阶段测试的各种需求因素，包括环境需求、被测对象要求、测试工具需求、测试数据准备等。

测试设计：描述测试各个阶段需求运用的测试要素，包括测试用例、测试工具、测试代码的设计思路和设计准则。

3）测试用例文档

测试用例文档是实现测试阶段的文档，指明为完成一个测试用例项的输入、预期结果、测试执行条件等因素。测试用例文档包含测试用例列表（如表 10-1 所示）。

表 10-1　测试用例列表

项目编号	测试项目	子项目编号	测试子项目	用例编号	用例级别	用例结论	输入值	预期输出值	实测结果
0xxx	xxx	0xxx-0xx	Xxx	xxx	x				
⋮	…	…	…	…					
总数									

测试项目：指明并简单描述本测试用例是用来测试哪些项目、子项目或软件特性的。

用例编号：对该测试用例分配唯一的标号。

用例级别：指明该用例的重要程度。用例级别不测定应用例所造成的后果，而测定应用例的级别程度测定，如一个可能导致死机的用例不一定就是高级别，因为触发条件满足机会的概率很小。用例级别有 4 级：级别 1（基本）、级别 2（重要）、级别 3（详细）、级别 4（生僻）。

测试用例结论：测试用例的可用性认可。

输入值：列出执行本测试用例所需的具体的每一个输入值。

预期输出值：描述被测项目或被测特性所希望或要求达到的输出或指标。

实测结果：指明该测试用例是否通过。若不通过，须列出实际测试时的测试输出值。

备注：如必要，填写"特殊环境需求（硬件、软件、环境）"、"特殊测试步骤要求"、"相关测试用例"等。

4）测试规程文档

测试规程文档是指明执行测试时测试活动序列的文档，如表 10-2 所示。

表 10-2　测试规程文档

测试规程编号：	
测试项目：	
测试子项目：	
测试目的：	
相关测试用例：	
特殊需求：	
测试步骤：	
测试结果：	

其中，测试规程编号：为该测试规程分配唯一的编号。

测试项目：指明并简单描述本测试规程是用来测试哪些项目、子项目或特性的。

测试目的：描述本测试规程的测试目的。

相关测试用例：列出本测试规程执行的所有测试用例。

特殊需求：执行本测试必需的特殊需求。包含入口状态需求、特殊技术技能和特殊环境要求。

测试步骤：日志准备→准备→开始→进程→测量→挂起→重新开始→停止→恢复→异常事件处理。

5）测试报告文档

测试报告文档指明执行测试结果的文档。内容如下。

概述：指明本报告是哪个测试活动的总结，指明该测试活动所依据的测试计划、测试方案及测试用例为本文档参考文档，必须指明被测对象及其版本/修订级别。

测试时间、地点和人员、测试环境描述、测试总结评价也是测试报告文档内容。

表 10-3 为本次测试结果统计表。包括通过多少项、失败多少项等测试结果的信息数据。

表 10-3　测试结果统计表

	总测试项	实际测试项	OK 项	POK 项	NG 项	NT 项	不需测试项
数目							
百分比							

其中，OK 表示测试结果全部正确；POK 表示测试结果大部分正确。

NG 表示测试结果有较大错误；NT 表示由于各种原因导致本次无法测试。

测试评估：对被测对象及测试活动分别给出总结性评估，包括稳定性、测试充分性等。

测试总结与改进：对本次测试活动经验教训、主要测试活动事件、资源消耗进行总结，并提出改进意见。

问题报告：测试缺陷（问题）统计表（如表 10-4 所示）包括问题总数，致命、严重、一般和提示问题的数目及百分比；测试问题详细描述如表 10-5 所示。

表 10-4　测试缺陷统计表

	问题总数	致命问题	严重问题	一般问题	提示问题	其他统计项
数目						
百分比						

表 10-5　测试问题详细描述

问题编号：	
问题简述：	
问题描述：	
问题级别：	
问题分析与对策：	
避免措施：	
备注：	

其中，问题编号：问题报告单号。

问题简述：对问题的简短概要描述。

问题描述：对意外事件的描述。

问题级别：说明该问题的级别。

问题分析与对策：针对此问题提出影响程度分析、对应策略。

避免措施：对此问题的预防措施。

6）其他测试文档

任务报告：每项验证与确认任务完成后，都要有一个任务完成情况的报告。

测试日志：测试工作日程记录。

阶段报告：每个测试阶段完成后，提交阶段测试任务完成报告，包括经验教训总结。

6. 软件生命周期各阶段需交付的文档

软件生命周期分为需求阶段、功能设计阶段、详细设计阶段、编码阶段、测试阶段、运行与维护阶段。各阶段都有测试活动，在每个阶段结束时要按一定顺序提交相应文档。

1）需求阶段

测试输入：软件质量保证计划；需求（来自开发）计划。测试任务：制定验证和确认测试计划；对需求进行分析和审查计划；分析并设计及与需求的测试，构造相应的需求覆盖或跟踪矩阵。

交付文档：验证测试计划；针对需求的验证测试计划；针对需求的验证测试报告。

2）功能设计阶段

测试输入：功能涉及的规格说明。测试任务：验证功能设计和确认测试计划；分析和审核功能设计规格说明；设计可用性测试；分析并设计基于功能的测试；构造相应的功能覆盖矩阵；实施测试。

交付文档：包括确认的测试计划；针对功能设计的验证测试计划；针对功能设计的验证测试报告。

3）详细设计阶段

测试输入：详细设计规格说明（来自开发）。测试任务：详细设计验证测试计划；分析和审核详细设计规格说明；分析并设计基于内部的测试。

交付文档：详细确认测试计划；针对详细设计的验证测试计划；针对详细设计的验证测试报告。

4）编码阶段

测试输入：代码（来自开发）清单。测试任务：制订代码验证测试计划；分析代码；验证代码；设计基于外部的测试；设计基于内部的测试。

交付文档：测试用例规格说明；需求覆盖或跟踪矩阵；功能覆盖矩阵；针对代码验证的测试计划；针对代码验证的测试报告。

5）测试阶段

测试输入：要测试的软件；用户手册。测试任务：制订测试计划；审查开发部门进行的单元和集成测试；进行功能测试；进行系统测试；审查用户手册。

交付文档：测试记录；测试事故报告；测试总结报告。

6）运行与维护阶段

测试输入：已确认的问题报告；软件生存周期过程。测试任务：监视验收测试；为确认问题开发新测试用例；对测试进行有效性评估。

交付文档：可升级的测试用例库。

10.3　测试事件管理

10.3.1　缺陷管理

1．缺陷分类

软件缺陷是指软件（程序及文档）中不符合用户需求而存在的问题。这个定义可判断软件缺陷的唯一标准——是否符合用户的需求。缺陷的划分通常有以下几种。

1）按照缺陷的严重程度划分

这是指缺陷对软件质量的破坏程度，即缺陷的对软件的功能和性能产生了怎样的影响，其程度如何。业界目前将缺陷按照严重程度由高到低划分为 5 级：崩溃、严重、一般、次要、建议。在具体项目中，可根据实际情况划分，若缺陷较少，可划分 3 个等级：严重、一般、次要。通常，缺陷管理工具会自动给出默认的缺陷严重程度划分。

2）按照优先级划分

这是表示处理和修正软件缺陷的先后顺序的指标。按照优先级由高到低分为 3 个等级：高、中、低。对高优先级缺陷应立即修复，对中优先级缺陷应在产品发布之前修复，对低优先级缺陷在时间允许时修复或暂不修复。这种优先级划分也非绝对，可根据实际情况灵活划分。

缺陷严重程度和优先级是含义不同但又相互密切联系的两个概念，从不同侧面描述了软件缺陷对软件质量和最终用户的影响程度和处理方式。通常，严重程度高的软件缺陷具有较高优先级，严重程度高表明对软件质量造成的危害大，需优先处理；而严重程度低的缺陷可置后处理。但也有例外，如某个严重软件缺陷只是在非常极端情况下出现，则可不立即处理。若修正一个缺陷需整体修改软件架构，可能会产生更多缺陷，则需全面考虑其处理方式。

3）按照测试种类划分

可以将缺陷分为逻辑功能类、性能类、界面类、易用类、兼容性类等。一般，一种缺陷种类就有一种对应测试方法。上述列举的几类缺陷都与黑盒测试关联，对白盒测试也可分出内存溢出类、逻辑驱动类等。

4）按照功能模块划分

软件一般都分为若干功能模块。例如 Word 软件，功能可分为文件、编辑、视图、帮助等。测试时，可统计缺陷主要集中在哪些模块中，并重点解决。

5）按照缺陷的生命周期划分

若将缺陷看成具有生命周期，每个缺陷都可划分为新建（new）、确认（confirmed）、解决（fixed）、关闭（closed）、重新打开（reopen）。

6）按缺陷的状态划分

一个缺陷由测试人员发现并提交，将状态标记为新建；开发人员接收该缺陷，将缺陷状态改为已分配（assigned），表示认可；开发人员解决了该缺陷后，就将状态改为解决（fixed），并发回测试人员做回归测试；测试人员对缺陷进行回归测试，若确认已解决，则将缺陷状态修改为关闭（closed），否则重新发回开发人员做修改。

产生缺陷报告并跟踪缺陷修复的全过程。

（1）添加缺陷。报告在程序测试中发现的新缺陷。在测试过程中的任何阶段，质量保证人员、开发者、项目经理和最终用户都能添加缺陷。

（2）检查新缺陷。检查新缺陷，并确定哪些缺陷应该被修复。

（3）修复打开的缺陷。修复那些决定要修复的缺陷。

（4）测试新构建。测试应用程序的新构建，重复上面的过程，直到缺陷被修复。

（5）分析缺陷数据。产生报告和图表帮助用户分析缺陷修复过程，并帮助用户决定什么时候发布该产品。这里对分析软件缺陷报告做进一步说明。

缺陷表现：功能没有实现或与规格说明不一致的问题；不能工作（死机、没反应）的部分；不兼容部分；对边界条件未做处理；界面、消息、提示、帮助不够准确；屏幕显示、打印结果不正确；有时界定为尚未完成工作。

缺陷报告生命周期：是指缺陷从开始提出到最后完全解决，并通过复查的过程。在这个过程中，软件缺陷报告的状态不断发生变化，记录着缺陷问题的处理进程。

缺陷报告状态有以下 6 种。

① 新建状态：软件问题报告创建后的初始状态。

② 打开状态：经过确认为合法软件问题后提交给开发部门的状态。

③ 待验证状态：开发部门对软件问题进行处理或修改后的状态。

④ 重新打开状态：对开发部门修改后问题，经过验证，若仍存在，则将其状态改为"重新打开"；对于"关闭/延迟修改"状态的问题，若时机成熟，需要重新开发，则将其状态改为"重新打开"。

⑤ 关闭状态：不是一个有效问题或新的问题。

⑥ 解决状态：经测试部门对修改后的软件问题进行验证并确认修改正确后的状态。

缺陷报告状态图如图 10-5 所示。

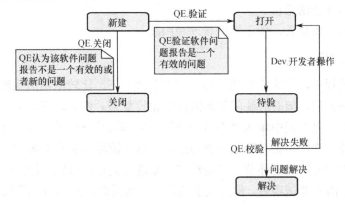

图 10-5　缺陷报告状态图

2．缺陷报告模板

在实际测试项目中，通常提交缺陷时有固定模板，这个模板常采用 Word、Excel 或缺陷管理工具自带的样式模板，其形式如表 10-6 所示。

表 10-6　缺陷报告模板

缺陷记录		编号：00001	
软件名称：×××××软件	模块名：帮助		版本号：V3.2.2
严重程度：次要	优先级：低		状态：新建
测试人员：×××			
分配给：			
日期：2009-10-20			
硬件平台：PC：CUPP2.4GB; RAM 1MB		操作系统：Windows 2000 Professional sp4	
缺陷概述：			
详细描述：1．打开×××软件，单击……			
2．在……			
3．……			
附件：可附图			
解决处理信息		验证信息	
处理人：×××		验证人：×××	
解决版本：V3.2.2		验证版本：V3.2.2	
处理时间：2009-10-25		验证时间：2009-10-27	
备注：已处理解决		备注：已通过验证	

3．缺陷报告提交事项

缺陷提交报告主要供两类人阅读，即软件开发人员和项目管理者。其中，开发人员关注的是缺陷的详细描述、缺陷的重现过程；而项目管理者关注缺陷的概述和严重程度，关注整个系统中各种严重级别缺陷的分布比例。一般要求缺陷报告符合下列基本要求。

（1）缺陷概述（Summary）：用陈述句。简洁、准确和完整，揭示错误实质。

（2）详细描述（Description）：简洁、准确和完整。步骤正确并无多余，也无缺漏。

（3）使用业界惯用的表达术语和表达方法。

（4）检查拼写和语法错误。

（5）一个缺陷一份报告，便于缺陷管理和跟踪。

4．缺陷处理流程

在实际测试进程中，有缺陷处理流程。在大多情况下，比较简单的缺陷处理流程是：提交→分配→解决→关闭。但有时缺陷处理流程会比较复杂。例如，开发组可能认为此问题不是缺陷，在"处理意见"栏中填入"不是问题"，将缺陷返回给测试人员。此时，需由测试、开发人员及项目经理共同讨论并确认是否为缺陷。这个流程可能会有多次。要继续流程，添加一个判断是否为缺陷的处理环节，如是缺陷，则进行处理，否则直接关闭。基本缺陷处理流程不可能适用于所有测试项目，但反映了缺陷处理所需经过的环节。图 10-6 为后续的缺陷处理和维护流程。

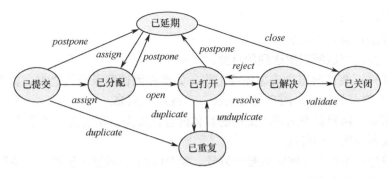

图 10-6　后续的缺陷处理和维护流程

10.3.2　测试用例管理

1．对测试用例生成要求

用编程语言或专业脚本语言（Perl、PHP、Java 等）编写的程序，可产生大量的测试输入，包括输入数据与操作指令。同时，也能按一定逻辑产生标准输出，输入与输出的文件名字按规定进行配对，以控制自动化测试及其结果的比对。

对测试用例命名，如在项目文档设计中做了统一规划，将有利于后继开发过程的中间产品命名及分类。这样，对文档管理和配置管理会带来很多方便，使产品开发有条理，并符合思维逻辑。

2．测试用例

1）测试用例本质

测试用例是测试人员在测试执行过程中，向被测软件输入数据或执行测试操作所使用的实例。它由测试数据、测试操作、预期结果及环境设置等组成。对于交互式系统，软件交互执行过程的控制和操作也是一种测试用例。在这个意义上，测试用例包含测试项目、测试步骤、测试完成的标准以及测试的方式（自动测试或手动测试）。

测试用例的本质是从测试的角度对被测对象的功能和各种特性的细化展开。例如，针对系统功能的测试用例是基于软件质量保证人员对系统需求规格说明书中有关系统功能定义的理解，将其逐一细化展开后编制而成的。测试用例不仅是软件开发后期测试的依据，而且在系统的需求分析阶段也是质量保证的重要文档和依据。

用简单等式表达测试用例：

测试用例=输入（数据和操作步骤）+输出（期望结果）+测试环境

2）测试用例设计与生成的基本原则

测试用例的设计与生成是验证软件需求的进一步实例化，其生成基本原则是：测试用例应具有代表性；测试结果具有可判定性；测试结果具有可再现性；测试用例具有有效性。

3）测试用例模板

常用测试用例模板有两种：Excel 模板和 Word 模板。

（1）Excel 模板：模板设置栏目如下。

① 项目/软件名称：需要填写的项目或软件名称。

② 程序版本：该软件或程序目前版本号。

③ 测试环境：填写测试的硬件、软件或网络环境。B/S 结构软件，分为浏览器和服务器端。

④ 编制者：（略）。

⑤ 编制时间：（略）。

⑥ 功能模块：被测模块的名称。

⑦ 测试目的：测试所期望达到的目的。

⑧ 预置条件：测试前需完成事项或工作。如要在测试登录模块之前，就必须先在后台数据库添加一个登录的用户，用户名为 user，密码为 123456。

⑨ 参考信息：需要参考的需求文档的具体内容。如需求说明关于"登录"的说明。

⑩ 特殊规程说明：即备注。

⑪ 用例编号：为每个用例完成唯一编号，如 DL001 表示登录模块第一条测试用例。

⑫ 测试步骤：操作描述。

⑬ 输入数据：测试数据。

⑭ 期望结果：程序应该输出的结果。

⑮ 测试结果：程序实际输出的结果。

（2）Word 模板：设计栏目与 Excel 模板类似，并包含设计测试用例的主要部分。实际运用可根据不同测试管理要求，对栏目进行增减。

两种模板比较：Excel 模板，每个用例一行，便于集中管理与维护，一般适合于描述功能性的测试用例；Word 模板，每个用例独占一页，描述很清晰，但比较分散，适合于描述性能性的测试用例。在实际测试工作中，可灵活搭配运用两种模板。

3. 测试用例管理

对测试用例的管理主要体现在测试用例的设计规范与执行管理两个方面。

1）测试用例的设计规范

测试用例设计包含对测试用例的理解、测试用例的书写格式和测试用例的执行步骤。

（1）测试用例组织方式：为方便管理和跟踪，用例可按大功能块组织，如将查询功能模块的用例组织在一起；将打印模块的测试用例另组织在一起。

（2）测试需求来源。测试需求是测试（用例）的主要来源。所有能得到的项目文档，都应尽量收集：需求说明及相关文档；相关的设计说明，如概要设计，详细设计；与开发组交流对需求理解的记录；已经基本成型的图形界面。

（3）测试用例与其他材料关联。用例与其他材料的关联方式是如何解决用例跟踪的问题。测试用例所面临的比较大的风险有需求的变更、设计的修改、需求的错误和遗漏等。

由于用例的主要来源是需求和设计的说明，所以对用例的跟踪其实就是对需求和设计的跟踪，需求和设计的变更势必引起测试用例的变更。

（4）测试用例设计模板。通常包含下列信息。

① 软件或项目的名称、软件或项目的版本（内部版本号）、功能模块名。

② 用例编号（ID），可以是软件名称简写，功能块简写 NO.。

③ 测试用例的简单描述，即该用例执行的目的或方法。

④ 测试用例的参考信息（便于跟踪和参考）。

⑤ 本测试用例与其他测试用例间的依赖关系。

⑥ 本用例的前置条件，即执行本用例必须满足的条件，如对数据库的访问权限。

⑦ 步骤号、操作步骤描述、测试数据描述。

⑧ 预期结果（最重要）和实际结果（如有缺陷管理工具，这条省略）。

⑨ 开发人员（必须有）和测试人员（可选）。

⑩ 测试执行日期。

2）测试用例的执行管理

测试用例的执行管理的本质是对测试计划模块中静态测试项的执行过程，对这个过程进行管理和控制，管理内容如下。

（1）为测试项创建测试集合：一个测试集可以包括多个测试项。

（2）管理测试项的状态：未执行、执行未通过、无法执行、没有执行、执行并通过。

（3）管理测试执行日期和时间。

（4）设置测试执行属性，主要有以下几项。

① 设置测试集的基本信息（测试集当前状态、测试集打开时间、测试集关闭时间）。

② 设置出现错误时系统的处理方式（当自动化测试未通过时，重新执行的次数；手动测试失败时的处理方法）。

③ 设置测试集的附加信息（文件、图片、网址）。

④ 设置邮件发送的条件（任何测试失败时、测试环境出现故障时、测试执行完成后）。

测试用例实例（模板），如表 10-7 所示。

表 10-7　测试用例实例（模板）

项目/软件：加工贸易企业合同申领系统（企业端）		程序版本：		1.0.25
功能模块名：Login		编制人：		×××
用例编号：××-×××_Login1		编制时间：		××××-××-××
相关用例：无				
功能特性：用户身份验证				
测试目的：验证是否输入合法的信息，允许合法登录，阻止非法登录				
预置条件：无		特殊规程说明：如数据库访问权限		
参考信息：需求说明中关于"登录"的说明				
测试数据：用户名=abcd　密码=1				

操作步骤	操作描述	数据	期望结果	实际结果	测试状态
1	输入用户名称，单击"登录"按钮	用户名=abcd，密码为空	显示警告信息"请输入用户名和密码！"		
2	输入密码，单击"登录"按钮	用户名为空，密码=1	显示警告信息"请输入用户名和密码！"		
3	输入用户名和密码，单击"登录"按钮	用户名=abcd，密码=2	显示警告信息"请输入用户名和密码！"		
4	输入用户名和密码，单击"登录"按钮	用户名=×××，密码=1	显示警告信息"请输入用户名和密码！"		
5	输入用户名和密码，单击"登录"按钮	用户名=×××，密码=2	显示警告信息"请输入用户名和密码！"		
6	输入用户名和密码，单击"登录"按钮	用户名=空，密码=空	显示警告信息"请输入用户名和密码！"		
7	输入用户名和密码，单击"登录"按钮	用户名=abcd，密码=1	进入系统页面		
8	输入用户名和密码，单击"登录"按钮	用户名=Admin，密码=admin	进入系统维护页面		
9	输入用户名和密码，单击"登录"按钮	用户名=abcd'，密码=1	显示警告信息"请输入用户名和密码！"		

操作步骤	操作描述	数据	期望结果	实际结果	测试状态
10	输入用户名和密码，单击"登录"按钮	用户名=abcd，密码=1'	显示警告信息"请输入用户名和密码！"		
11	输入用户名和密码，单击"重置"按钮	用户名=abcd，密码=1	清空输入信息		
测试人员：×××		开发人员：×××			测试经理：×××

10.4 软件配置管理

在软件项目开发中，标识、控制和管理软件变更为常态。软件产品从需求分析开始到最后提交产品要经历多个阶段，每个阶段的工作产品又会产生出不同的版本。如何在整个生命周期内建立和维护软件产品的完整性是配置管理的最终目的。

软件配置管理（Software Configuration Manage，SCM）关键过程域的基本工作内容是：标识配置项、建立产品基线库、系统地控制对配置项的更改、产品配置状态报告和审核。同软件质量保证活动一样，配置管理活动必须制订计划，不能随意更改。相关组织和个人要了解配置管理活动及其结果，并需认同配置管理活动中所承担责任。是否进行配置管理与软件规模有关，规模越大，配置管理越重要。

10.4.1 软件配置管理的内涵

1．配置管理的基本概念

软件配置管理是通过在软件生命周期的不同时间点上对软件配置进行标识，并对这些标识的软件配置项的更改进行系统性控制，从而达到保证软件产品的完整性和可溯性的过程。SCM 作为软件工程的关键元素，提供了结构化、有序化、产品化的管理软件工程的方法，并应用于整个软件工程的过程。同时，SCM 作为CMM 2 级的一个关键域（KPA），在整个软件开发活动中占有很重要的位置，它涵盖软件生命周期所有领域，并影响所有的数据和过程。随着软件工程的发展，软件配置管理越来越成熟，从最初的仅实现版本控制，发展到现在的提供工作空间管理、并行开发支持、过程管理、权限控制、变更管理等全面管理能力，已形成完整的理论体系、管理策略与技术手段。

IEEE 729—1983 对软件配置管理内容进行了规范定义。

标识：识别产品结构、产品构件及其类型，为其分配唯一标识符，并以某种形式提供对它们的存取。

控制：通过建立产品基线，控制软件产品发布和整个软件生命周期中对软件产品的修改。例如，将解决哪些修改会在该产品最新版本中实现问题。

状态统计：记录并报告构件和修改请求的状态，并收集关于产品构件的重要统计信息。例如，将解决修改这个错误会影响多少文件的问题。

审计和审查：确认产品完整性并维护构件间的一致性，即确保产品是一个严格定义的构件集合。例如，将解决目前发布产品所用的文件版本是否正确的问题。

生产：对产品的生产进行优化管理。它将解决最新发布的产品应由哪些版本的文件和工具生成的问题。

过程管理：确保软件组织的规程、方针和软件周期得以正确贯彻执行。将解决要交付给用户的产品是否经过测试和质量检查的问题。

小组协作：控制开发统一产品的多个开发人员之间的协作。例如，将解决是否所有本地程序员所做的修改都已被加入新版本的产品中的问题。

SCM 活动的目标：为了标识变更、控制变更、确保变更正确实现并向其他有关人员报告变更。因此，SCM 是一种标识、组织和控制修改的技术，目的是使错误降为最小并最有效地提高生产效率。

SCM 涉及配置与配置项的概念，所谓配置是指软件系统的功能属性。对于配置项，比较简单的定义是软件过程的输出信息可分为三个主要类别：计算机程序（源代码和执行程序）、描述计算机程序的文档（针对技术开发者和用户）、数据（包含在程序内部或外部）。

这些项包含了所有在软件过程中产生的信息，总称为配置项。在 CMM2 中，除上述 3 个配置项以外，还包括项目管理的有关文件、信息记录等。配置项的识别是配置管理活动的基础，也是制定配置管理计划的重要内容。

SCM 的主要工作：根据配置管理计划和相关规定，提交测试配置项和测试基线。

2．SCM 的三个应用层次

从应用层面，SCM 由低到高分为三级：版本控制、以开发者为中心、过程驱动。

1）版本控制

版本控制是软件配置管理的核心功能。所有置于配置库中的元素都应自动予以版本的标识，并保证版本命名的唯一性。版本在生成过程中，自动依照设定的使用模型自动分支、演进。除了系统自动记录的版本信息以外，为了配合软件开发流程的各个阶段，还需要定义、收集一些元数据来记录版本的辅助信息和规范开发流程，并为今后对软件过程的度量做好准备。如果选用工具支持，这些辅助数据能直接统计过程数据，从而方便软件过程改进（SPI）活动的进行。

对于配置库中的各个基线控制项应该根据其基线的位置和状态来设置相应的访问权限。一般来说，基线版本之前的各个版本都应处于被锁定的状态，如需要进行变更，则应按照变更控制的流程来进行操作。

2）以开发者为中心

应用于部门级开发，可用于软件维护、不断增加开发任务、并行开发、QA 及测试，可最大限度利用人力资源，其主要支持工具有 Rational Clear Case 等。

3）过程驱动

过程驱动主要用于企业级开发，着重解决新的工具引入、IT 审核、管理报告、复杂的生命周期、应用工具包、集成解决方案、资料库等问题，可实现真正规范的团队开发，主要支持工具有 Platinum Technology CCC/Harvest。

3．配置管理软件

通过配置管理软件，可实现配置管理中的各项要求，并能与多种开发平台集成，为配置管理提供方便。

1）主要配置管理活动

该活动包括标志配置项；变更控制；版本控制；评审；统计；软件编译、连接和发放管理。

2）配置管理的四个基本过程

（1）配置标识：标识组成软件产品的各组成部分并定义其属性，制订基线计划。

（2）配置控制：控制对配置项的修改。

（3）配置状态发布：向受影响的组织和个人报告变更申请处理过程，通过的变更及实现情况。

（4）配置评审：确认受控软件配置项满足需求并就绪。

3）配置库

配置库是对各基线内容的存储和管理的数据库。配置包含开发库、产品库和基线库。

（1）开发库：程序员工作空间，始于某一基线，开发完成后，经过评审回归到基线库。

（2）产品库：产品库为某一基线的静态复制，基线库录入发布阶段形成产品库。

（3）基线库：包括通过评审的各类基线、各类变更申请的记录和统计数据。基线库（VOB）的结构如图 10-7 所示。

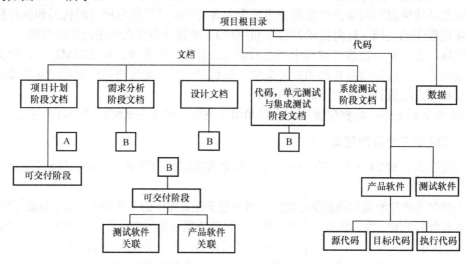

图 10-7　基线库的结构

10.4.2　配置管理策略与方法

1．配置管理与质量管理

在质量体系的诸多支持活动中，配置管理处在支持活动的中心位置。质量管理虽然也有过程的验证，但配置管理只要定义的配置项够细，它仍可以管理软件开发的全过程，细到每一个模块、每一个文档、每一条工程记录的变化。

因此，配置管理从基础层开始，有机地把其他支持活动结合起来，形成一个整体，相互促进、相互影响，有力地保证了质量体系的实施。

2．版本管理（控制）

配置管理分为版本管理、问题跟踪和建立管理三个部分。其中，版本管理是基础。版本管理完成以下主要任务：建立项目；重构任何修订版的某一项或某一文件；利用加锁技术防止覆盖；当增加一个修订版时，要求输入变更描述；提供比较任意两个修订版的使用工具；采用增量存储方式；提供对修订版历史和锁定状态的报告功能；提供归并功能；允许在任何时候重构任何版本；设置权限；建立升级模型；提供各种报告。

版本管理的好处是，使混乱的开发状态变得有序。

图 10-8 为 SCM 的版本树，其中长方形表示一个分支，圆形表示检入的时间排序的版本号，箭头表示从一个分支到另一个分支的变更回归（归并）。"发布版本 1.0/1.1" 是这个版本上的标签。目录是元素，即版本对象。Rational Clear Case 对目录与文件一样，也进行版本管理。为了能在前一版本中修复缺陷，或从新版本退回到旧版本，就要恢复一个旧版本。目录被修改，在检入时，也要进行记录。对目录进行版本管理的目的是，借助目录机制，重建或构造软件系统的前一版本。

图 10-9 为并行开发的版本控制。

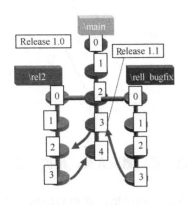

图 10-8　SCM 的版本树

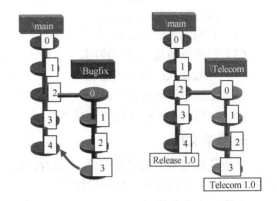

图 10-9　并行开发的版本控制

3．变更管理

变更管理的一般流程如下。

（1）（获得）提出变更请求。

（2）由 CCB 审核并决定是否批准。

（3）（被接受）分配请求，修改人员提取配置项，进行修改。

（4）复审变化。

（5）提交修改后的配置项。

（6）建立测试基线并测试。

（7）重建软件的适当版本。

（8）复审（审计）所有配置项的变化。

（9）发布新版本。

在这样的流程中，配置管理员通过软件配置管理工具来进行访问控制和同步控制，而这两种控制则建立在前面所描述的版本控制和分支策略的基础上。

4．状态报告

配置状态报告应该包括下列主要内容。

（1）配置库结构和相关说明。

（2）开发起始基线的构成。

（3）当前基线位置及状态。

（4）各基线配置项集成分支的情况。

（5）各私有开发分支类型的分布情况。

（6）关键元素的版本演进记录。

（7）其他应报告的事项。

5．配置审计

配置审计的主要作用是，作为变更控制的补充手段，来确保某一变更需求已被切实实现。在某些情况下，被作为正式技术复审的一部分，但当软件配置管理是一个正式活动时，该活动由 SQA 人员单独执行。

软件配置管理的对象是软件研发活动中的全部开发资产。所有这一切都应作为配置项纳入管理计划统一进行管理，从而能保证及时地对所有软件开发资源进行维护和集成。因此，软件配置管理的主要任务归结为以下几条。

（1）制订项目的配置计划。

（2）对配置项进行标识。

（3）对配置项进行版本控制。

（4）对配置项进行变更控制。

（5）定期进行配置审计。

（6）向相关人员报告配置的状态。

6. 配置文档

文档是最基本的配置管理项。文档在软件开发人员、管理人员、测试人员、维护人员、用户及计算机之间起到多种桥梁作用。

在软件生命周期各阶段中，软件开发人员以文档作为前阶段工作成果体现和后阶段工作依据，这部分文档通常称为开发文档；在开发过程中，开发人员需制订一些工作计划或工作报告，将这些计划和报告提供给管理人员，使他们通过这些文档了解软件开发项目安排、开发进度、资源使用和成果等，这部分文档通常称为管理文档或项目文档。开发者为了使用户了解软件使用、操作和维护而提供详细的资料，这部分文档通常称为用户文档。

7. 软件配置管理活动与软件生命周期关联

图 10-10 是软件配置管理活动与软件生命周期的关联，详细且准确地反映出了 SCM 活动与软件生命周期中的各阶段活动的关联关系。

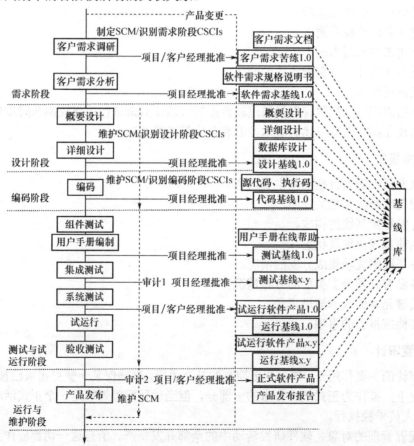

图 10-10　软件配置管理活动与软件生命周期的关联

10.4.3　配置管理的应用

1．RUP 描述的配置管理的主要活动

对于一个软件项目组来说，开展一个项目组的配置管理，大致可以分为以下步骤。

（1）拟订项目的配置管理计划。

（2）创建项目的配置管理环境。

（3）进行项目的配置管理活动，包括标识配置项；管理基线和发布活动；监测与报告配置状态；管理变更请求。

前两条可看成配置管理的准备，第三条是配置管理的具体实施。配置管理的具体实施，在 RUP 定义为四个管理活动。图 10-11 是 RUP 的配置管理的主要活动。

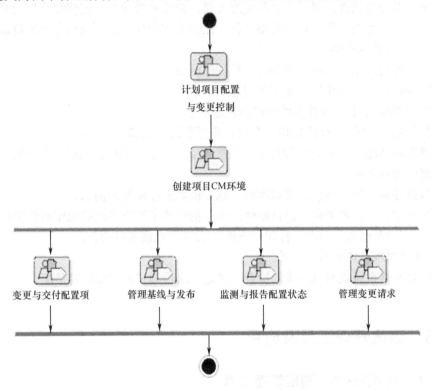

图 10-11　RUP 的配置管理的主要活动

在 RUP 的概念里，最底层的元素是处于版本控制下的文件和目录，构件的层次要高于元素（文件和目录），构件把元素组织起来。一个版本控制的构件是一个具体的物理的对象，就是一个根目录。这个根目录，以及从根目录下所属的所有目录和文件，是系统的一个子系统。大的系统有多个根目录（子系统），小系统则可能只有一个根目录。

2．配置管理工具

在软件配置管理工具方面，已出现商业化及开源的产品，如 IBM Rational Clear Case、开源产品 CVS、入门级的 Microsoft-VSS 等。这些产品能够帮助开发人员和测试人员有效地进行软件配置的管理。

IBM Rational Clear Case 是业界广泛应用的软件配置管理工具，其功能为：版本控制；工作空间管理；建立管理；过程控制。其特点是：推进并行开发；强有力的版本控制；透明的工作区管理；有效的构件（build）管理；有弹性的流程管理。

注：关于 IBM Rational Clear Case 更多的功能介绍、技术细节和使用方法，读者可在 IBM Rational 网站查阅并学习使用。

3．测试环境的管理

通常，测试环境的管理也属于配置管理的一项内容。测试环境包含对硬件的环境因素、可靠性、电磁辐射强度和软件兼容性的确定；对软件进行硬件性能检测、硬件兼容性、系统行为方面测试的实验室（环境）的建立；确定和规划测试实验场所需测试实验的配置清单。

1）测试的软件系统配置

需要对具有广泛代表性的重要操作系统（如 Windows、Linux、UNIX 等）进行操作系统兼容性测试；对应用软件，测试工具和实用工具，完成系统诊断，创建简单自动测试，发送传真和文件，制作系统映像，备份关键数据，测量系统性能，在系统后台产生负载等。

2）测试的硬件系统配置

主要进行针对网络服务器系统和网络终端的测试。

（1）PCMCIA 卡：用于发现笔记本电脑的错误。

（2）监视器/显示卡：检查多种监视器和显示卡。

（3）打印机/扫描仪：验证 USB、并行、串行和红外接口的功能。

（4）调制解调器/网卡：检测服务器网络接入能力，使用多种调制解调器与网卡，获取尽可能大的测试覆盖范围。

（5）数据存储：外部磁盘、磁盘阵列、磁带机数据存储等的测试。

（6）参考平台：参考平台不仅是硬件，还包括安装了特定系统的操作系统和成套应用软件的具体 PC，以及电缆、光缆、打印机电缆、USB 及电缆等的检测。

3）测试的网络系统或网络环境

主要针对网络系统或网络环境的检查、确定。这项测试常需要网管员配合和使用专用检测工具。

10.5 测试管理工具及应用

10.5.1 TestDirector 测试管理工具

TestDirector（TD）是 HP 公司的知名测试管理工具，用于规范和管理日常测试项目工作平台，广泛应用于测试管理领域，在整个测试过程的各个阶段，实现测试需求管理、测试计划管理、测试用例管理及缺陷管理，并满足对测试执行和缺陷的跟踪。TD 可协同管理不同的开发、测试及管理者之间的沟通与任务调度。

TD 是一个实施集中、分布式的专业测试项目管理平台，具有以下的特点。

（1）TD 提供与 MI 公司的测试工具（LoadRunner、QuickTest Professional 等）及第三方或自主开发的测试、需求、配置管理、建模工具的整合功能，实现无缝链接，提供全套测试的解决方案。

（2）TD 提供强大的图表统计功能，便于提高测试工作质量及对测试团队进行管理。TD 基于 Web 方式，测试与开发团队都可通过 Web 方式访问。

（3）TD 可控制整个测试过程，并创建测试工作流程的框架与基础，使整个测试管理过程更为简单和有组织。通常情况下，软件系统（项目）测试非常复杂，需开发和执行数以千计的测试用例，需针对多样硬件平台、多重配置（计算机、操作系统、浏览器等）和多种的软件版本，管理整个测试过程非常耗时、困难。

（4）TD 帮助维护测试工程数据库，并覆盖软件功能的各方面。工程中每一测试点都对应着一个指定的测试需求，提供直观和有效方式计划和执行测试集、收集测试结果并分析测试数据。

（5）TD 提供完善的缺陷跟踪机制，跟踪缺陷从产生到最终解决的全过程。TD 通过与用户邮件系统关联，缺陷跟踪的相关信息可被整个软件开发组、测试人员、QA、客户支持部门和负责信息系统人员共享。

（6）TD 指导测试用户实现需求定义、测试计划、测试执行和缺陷跟踪。通过整合所有的任务到应用程序测试中来确保高质量的软件产品。

1．TD 管理功能

测试管理的重点是管理复杂的开发与测试过程，改善沟通，加速测试的完成。

1）测试需求管理

软件的需求驱动整个测试过程。TD 的需求管理可让测试人员根据软件的需求自动生成测试用例。通过提供直观机制将需求和测试用例、测试结果和测试报告的错误关联，从而确保测试覆盖率。

TD 提供两种方式，可将需求和测试联系起来。

（1）TD 捕获并跟踪所有首次发生的需求，可在这些需求基础上生成测试计划，并将测试计划对应需求。例如，有 25 个测试计划可对应同一应用需求，通过管理需求和测试计划之间可能存在的一对多的关系，确保每一需求都经过测试。

（2）由于 Web 应用不断更新及变化，需求管理允许测试者加、减或修改需求，并确定目前的需求已拥有一定的测试覆盖率。需求管理帮助决定软件的哪些部分需测试，哪些测试需开发，完成的软件是否满足用户要求。对任何软件的动态改变，必须审阅测试计划是否准确，确保其符合当前的要求。

2）测试计划

测试计划制订是测试过程中至关重要的环节，为整个测试提供结构框架。

TD 的 Test Plan Manager 在测试计划期间，为测试者提供统一的 Web 界面以协调团队间的沟通。Test Plan Manager 指导测试者如何将需求转化为具体的测试计划。它以直观的结构帮助定义如何测试软件，组织起明确的任务与责任。Test Plan Manager 提供多种方式以建立完整的测试计划。可从草图上建立，或根据 Requirements Manager（需求管理）所定义的需求，通过 Test Plan Wizard 快捷生成测试计划。若已将计划信息以文字处理文件的形式形成，如 MS Word，可再利用这些信息，并将其导入到 Test Plan Manager 中，并把各种类型的测试汇总在一个目录树内，在一个目录下可查询所有测试计划。Test Plan Manager 还能进一步帮助完善测试设计和以文件形式描述每一测试步骤，包括对于每一项测试用户反映的顺序、检查点和预期的结果。TD 还为每一项测试添加附属文件，如 Word、Excel、HTML 用于详尽记录每次的测试计划。

软件需求可能会随时间和运行不断地更新或改变。测试需相应地更新测试计划，优化测试内容。TD 能简单地将需求变动与相关测试对应起来，并可支持不同的测试方式以适应项目特殊的测试流程。

多数测试项目需要将人工测试与自动化测试相结合。符合自动化测试要求的工具，在大多情况下也需人工操作。TD 能让测试者决定哪些重复的人工测试可转变为自动化测试的脚本，并立即启动测试设计过程，提高测试效率。

3）安排和执行测试

测试计划建立后，TD 的测试管理为测试日程制定提供框架（基于 Web 模式）。Smart Scheduler 根据测试计划中创立的指标对运行的测试执行进行监控。例如，当网络上任一台主机空闲时，测试可安排 7 天×24 小时执行于其上。Smart Scheduler 能自动分辨出是系统错误还是应用错误，然后将测试重新安排由网络上的其他机器执行。

对于应用的不断改变，经常性的执行测试对追查出错发生的环节和评估应用质量至关重要，但这些测试运行都消耗测试资源与时间。使用 Graphic Designer 图表设计，可很快将测试分类以满足不同测试目的，如功能性测试、负载测试、完整性测试等。TD 的拖动功能可简化设计和排列在多个机器上运行的测试，最终根据设定好的时间、路径或其他测试的成功与否，为序列测试制定执行日程。Smart Scheduler 能在短时间内，在更少的机器上完成更多的测试。当用 QuickTest、LoadTest 或 LoadRunner 自动运行功能性或负载测试时，无论成功与否，测试信息都会被自动汇集传送到 TD 的数据储存中心。同样，人工测试也以此方式运行。

4）缺陷管理

当测试完成后，项目经理须解读测试数据并将信息用于下一步工作中。当发现出错时，要指定开发纠正。TD 的缺陷管理直接贯穿、作用于测试全过程，以提供管理系统端到端的缺陷跟踪，即从最初的问题发现到修改错误，再到检验修正的结果。

由于同一项目组的成员会分布于不同地点，TD 基于浏览器特征的出错管理能让多个用户通过 Web 查询出错跟踪情况，汇报和更新错误，过滤整理错误列表并给出趋势分析。在进入出错案例前，测试人员还可自动执行一次错误数据库搜寻，确定是否已有类似的测试案例记录。这一查寻功能可避免重复性工作。

5）用户权限管理

TD 可建立用户权限管理。这里的用户权限管理类似于 Windows 操作系统下的权限管理，将不同的用户分成用户组。这项功能针对评测，具有多项目、多人员的特点。

在 TD 中，默认设置了六个组：TD Admin、QA Tester、Project Manager、Developer、Viewer、Customer。用户可根据需求，自行建立特殊的用户组。每个用户组都拥有属于自己的权限设置。

6）集中式项目信息管理

TD 采用集中式项目信息管理，安装在评测的服务器上，后台采用集中式数据库（Oracle、SQL Server、Access 等）。所有关于项目的信息都按树状目录方式存储在管理数据库中，供被赋予权限的用户可登录、查询和修改。

7）分布式访问

TD 将测试过程流水化，从测试需求管理、测试计划、测试日程安排、测试执行到出错后的错误跟踪，仅在一个基于浏览器的应用中完成。测试管理系统提供协同合作的环境和中央数据库，因测试者分布在不同地点，需要一个统一的测试管理系统能让用户在何时何地都工作于整个过程，实现测试管理软件的远程配置和控制。

8）图形化和报表输出

测试过程的最后一步是分析测试结果，确定软件是否已测试成功或需再次测试。TD 常规化图表和报告可在测试的任一环节对数据信息进行分析。TD 以标准的 HTML 或 Word 形式提供一种生成和发送正式测试报告的简单方式。测试分析数据还可简便地输入工业标准化报告工具中，如 Excel、ReportSmith、CrystalReports 和其他类型的第三方工具。

2．TD 的测试流程

1）总体管理流程

TD 的测试流程共有以下四个。

（1）Specify Requirements：分析并确认测试需求。

（2）Plan Tests：依据测试需求制订测试计划。

（3）Execute Tests：创建测试用例（实例）并执行。

（4）Track Defects：跟踪和管理缺陷，并生成测试报告和各种测试统计图表。

2）确认需求阶段的流程

该项分解为以下四个环节。

（1）Define Testing Scope：定义测试范围阶段，包括设定测试目标、测试策略等内容。

（2）Create Requirements：创建需求阶段，将需求说明书中的所有需求转化为测试需求。

（3）Detail Requirements：详细描述每一个需求，包括其含义、作者等信息。

（4）Analyze Requirements：生成各种测试报告和统计图表，分析和评估这些需求能否达到设定的测试目标。

3）制订测试计划的流程

该项分解为以下七个环节。

（1）Define Testing Strategy：定义具体的测试策略。

（2）Define Testing Subjects：将被测系统划分为若干分等级的功能模块。

（3）Define Tests：为每一个模块设计测试集，即测试用例。

（4）Create Requirements Coverage：将测试需求和测试计划进行关联，使测试需求自动转化为具体的测试计划。

（5）Design Test Steps：为每一个测试集设计具体的测试步骤。

（6）Automate Tests：创建自动化测试脚本。

（7）Analyze Test Plan：借助自动生成的测试报告和统计图表进行分析和评估测试计划。

4）执行测试的流程

该项分解为以下四个环节。

（1）Create Test Sets：创建测试集，一个测试可包含多个测试项。

（2）Schedule Runs：制定执行方案。

（3）Run Tests：执行测试计划阶段编写的测试项（分为自动和手动编写）。

（4）Analyze Test Results：借助自动生成的各种报告和统计图表来分析测试的执行结果。

5）缺陷跟踪流程

该项分解为以下五个环节。

（1）Add Defects：添加缺陷报告。质量保障人员、开发人员、项目经理、最终用户，都可在测试的任何阶段添加缺陷报告。

（2）Review New Defects：分析、评估新提交的缺陷，确认需要解决哪些缺陷。

（3）Repair Open Defects：修复状态为 Open 的缺陷。

（4）Test New Build：回归测试新的版本。

（5）Analyze Defects Data：通过自动生成的报告和统计图表进行分析。

3．TD 的测试管理

TD 工程选项设置的操作步骤如下：进入 TD 主界面单击"Customize"按钮，在"登录"对话框中选择域及域下的工程，输入用户名（admin）和密码（默认为空），单击"OK"按钮进入选项设置界面，左边有一树形列表，列出以下常用的工程选项。

Change Password 链接：用户可修改当前登录用户的密码。

Change User Properties 链接：可修改当前登录用户的基本信息。包含名称、全名、电子邮箱、电话、描述等。

Setup User 链接：可设置用户所在的组（用户组是指具有相同权限的用户的集合），一个用户可属于多个用户组。

（1）左边树形列表列出 TD 所有用户，即在"Site Administrator"对话框中的"User"选项卡中添加的（需要在选择之前先进行添加）。选择一个用户，如 admin。

（2）Member of：该用户属于哪一个组，可通过左右箭头加以控制。

（3）Not Member of：该用户不属于哪一个组，可通过左右箭头加以控制。

利用 Setup Groups 链接可设置用户组的成员和权限。

（1）Defect Reporter：缺陷提交人员。

（2）Developer：开发人员。

（3）Project Manager：项目经理。

（4）Manager：质量保障经理。

（5）Tester：质量保障人员。

（6）R&D Manager：需求分析经理。

（7）TDAdmin：TD 管理员。

（8）Viewer：查看人员。

不同角色具有的权限不一样，可单击右面的"View"查看，单击"Change"修改，单击"SetAs"将两个角色相关联。

（1）Customize Module Access 链接。"√"号表示用户组能访问模块，"×"号表示用户组不能访问模块。Defect Reporter 用户组被授予 Defect Module License，就表示该组内的用户只能使用缺陷管理模块。其他用户被授予 TestDorector License，表示该组中的用户能使用所有的需求管理、测试计划、测试执行和缺陷管理跟踪模块。

（2）Customize Project Entities 链接。该模块作用是设置项目实体，在该模块中可修改后台数据库的字段。System Field 表示系统默认字段，User 表示用户自定义字段。单击"New Filed"可为数据表新增一个字段，单击"Remove Field"可删除一个字段。

（3）Customize Project Lists。设置项目列表也就是设置项目实体中的一个子集。

（4）Customize Mail。设置发送邮件选项，可以实现系统自动发送邮件。

（5）Setup Workflow。该选项设置业务工作量。详细信息请参考 TD 的使用说明。

4．TD 的测试流程管理

测试流程管理包括需求管理、测试计划管理、测试执行管理和缺陷管理四个模块。它是 TD 的核心功能。下面以 TD 软件包中自带的演示项目 TestDirector_Demo 为例说明测试流程管理的使用。

在 TD 登录页面中，显示默认工程项目 TestDirector_Demo，直接单击"Login"，进入测试流程管理主界面，共显示四个选项卡：REQUIREMENTS（需求管理）、TESTPLAN（测试计划）、TEST LAB（测试执行）、DEFECTS（缺陷跟踪），默认显示"缺陷跟踪"选项卡。

1）REQUIREMENTS

这是测试管理第一步，主要定义哪些功能需要测试，哪些功能不需要测试。这一步是测试成功的基础。在需求管理模块中，所有需求都用需求树（需求列表）表示。可对需求树中的需求进行归类和排序，或自动生成需求报告和统计图表。需求管理模块可实现自动与测试计划相关联，将需求树中的需求自动导出到测试计划中。用 TD 实现需求管理，主要是新建需求、转换需求和统计需求三个步骤。

2）TESTPLAN

定义完好测试需求后，需要对测试计划进行管理。在测试计划中，需创建测试项，并为每个测试项编写测试步骤，即测试用例，包括操作步骤、输入数据、期望结果等，还可在测试计划与需求之间建立连接。除创建功能测试项之外，还可创建性能测试项，引入不同测试工具生成的测试脚本，如 QTP 等。测试计划管理主要实现测试计划和测试用例的管理。

3）TESTLAB

在设计完成测试用例后，可执行测试。执行测试是测试过程的核心。测试执行模块就是在测试计划模块中执行静态测试项的过程。在执行过程中，需要为测试项创建测试集，一个测试集可包括多个测试项。选择 TESTLAB 可切换到测试执行界面。

4）DEFECTS

缺陷管理是测试流程管理的最后环节。实际上，缺陷管理贯穿于整个测试流程。例如，在项目进行中，随时发现 Bug 并随时提交。缺陷管理的操作主要为添加缺陷、修改缺陷、查询缺陷、匹配缺陷、发送缺陷及缺陷统计报告等。

在 TD 中，缺陷管理流程大致经过以下状态转换：New（新建）→Open（打开）→Fixed（解决）→Closed（关闭）→Rejected（被拒绝）→Reopened（重新打开）。

默认初始状态为 New，然后由项目经理或 SQA 人员来检查是否为缺陷，若是，则修改优先级、修改状态为 Open。

（1）缺陷列表。进入缺陷管理界面，界面主体部分为缺陷列表，双击某一条缺陷可查看其详细信息。每字段都有具体含义。

（2）添加缺陷。选择和单击"Defects"→"Add Defect"菜单命令进行操作，输入缺陷的基本信息。

（3）查询缺陷。工具栏中有以下三项与查询缺陷有关的按钮。

① Set Filter/Sort：对缺陷列表进行过滤、排序。

② Clear Filter/Sort：恢复到初始状态。

③ RefreshFilter/Sort：刷新显示结果。

（4）缺陷匹配。解决缺陷的重复提交问题。选择一条缺陷，单击工具栏中的"Find Similar Defects"，自动查找与该条缺陷相类似的缺陷，并显示查询结果。

（5）发送邮件通知。将缺陷通过发送邮件方式，通知相关人员。方法：选择一条缺陷，单击"Mail Defects"，弹出"发出邮件"对话框，填写收件人地址、抄送地址、邮件主题、发送的缺陷、包含的组件等。

（6）统计报告。进行缺陷统计，自动生成各种缺陷分布统计图，方便测试人员和项目经理了解缺陷分布情况及缺陷数量走势，为项目管理人员决策提供有力的数据支撑。

统计报告分为两种：文字表格报告和图表统计报告，后者直观。图表统计报告又分为缺陷分布图和缺陷走势图。

10.5.2 Rational Test Manager 测试管理工具

IBM Rational Test Manager 也是业界知名的测试管理平台，可用于测试计划实现、测试用例设计、测试用例实现、测试实施及测试结果分析。该工具从一个独立的或全局的角度对各种测试活动进行有效的管理与控制。

1. Rational Test Manager

Rational Test Manager 对测试计划、测试设计、测试实现、测试执行和结果分析进行全方位的管理。它能让测试者随时了解需求变更对于测试用例的影响。Rational Test Manager 可处理针对测试计划、执行和结果数据收集，甚至包括使用第三方测试工具。使用 Rational Test Manager，测试者可通过创建、维护或引用测试用例来组织测试计划，包括来自外部的模块、需求变更请求和 Excel 电子表格的数据。

1）获得需求变更对于测试的影响

Rational Test Manager 主要功能之一是通过自动跟踪整个软件项目的质量和需求状态来分析所造成的针对测试用例的影响，由此成为整个软件团队项目状态的数据集散中心。

2）让整个团队获得信息共享访问

QA 或 QE 经理、软件分析师、开发者和测试者使用 Rational Test Manager 可获得基于自己特定角度的测试结构数据，并利用这些数据进行工作决策。Rational Test Manager 在整个项目生命周期内可为开发团队提供持续、面向测试计划目标的状态与进度跟踪。

3）独立性和集成性

Rational Test Manager 在 Rational Suite Test Studio 中既可作为独立组件存在，也可配合 Rational Team Test，实现各种产品输入的即时跟踪。例如 Rational Requisite Pro 需求组件，Rose 系统分析模型与 Clear Quest 需求变更等。其开发方式 API，可让测试者为不同输入类型制作接口程序配件。

4）集成测试管理

Rational Test Manager 是 Rational Team Test 集成组件，是测试者的工作平台，以开放式可扩展环境管理相关测试工作。测试者使用 Rational Test Manager 进行计划、设计、实现、执行及升级功能测试和性能测试；Rational Clear Quest 负责根据相应的变更进行跟踪。

2. Rational Team Test

它是团队层面的测试工具，用于功能、性能和质量的量化测试与管理，通过针对一致目标而进行的测试与报告来提高团队的生产力。Rational Team Test 使用面向对象测试（OO Testing）技术，提供功能、分布式功能、客户/服务器应用调用、网页和 ERP 应用的自动化测试解决方案，通过跟踪和测试管理来降低团队开发和配置的风险。

1）提高应用程序质量

Rational Team Test 为开发中的项目提供功能和性能的自动化，高效率以及可重复的测试，测试管理和跟踪能力。测试者不仅可以降低配置应用的风险，还减少了测试用时，使得整个团队的生产力得到提高。

2）重复功能性测试

Rational Team Test 让测试者建立和维护可重复的测试脚本功能、分布式功能、"冒烟"的系列测试，并可集成在大多开发环境中。

3）量化的性能测试

测试者可设计并执行高度量化的性能测试来模拟现实世界当中的真实情景。Rational Team Test 不需编程就可建立复杂的用例场景，并产生有条理的报告，显示性能问题的根据。

3．Rational Clear Quest

Rational Clear Quest 用于实现需求项目管理和变更影响评估和协调，是一个可用于任意平台上各种类型的项目需求跟踪和变更调整的工具。

Rational Clear Quest 缺陷跟踪是目前最具扩展性的系统，无论开发团队大小与地理分布，不管使用何种平台，都能实现高效率捕获、跟踪和管理任意类型的软件变更。用户可选择配置或选择一个合适的模板配合测试过程，配合企业数据库。Rational Clear Quest 可针对各种规模项目，与其他开发解决方案集成，来确保所有团队成员的同步缺陷、变更跟踪过程的绑定。

不同的组织使用不同的过程处理软件缺陷、需求变更和其他修改的结果。Rational Clear Quest 提供针对大多数组织的过程，配合用户的工作方式，允许用户定制自己的特别过程。

针对整个生命周期的变更跟踪，每个开发成员不仅需要了解变更在特定层面上造成的影响，也需理解对整个项目的影响。使用 Rational Clear Quest 可在整个项目的生命周期中跟踪缺陷和需求变更，分配工作活动和访问项目的真实状态，实现变更捕获、跟踪管理，一次设计多处使用，用户仅需一次即可发布到 Windows、UNIX 系统或 Web 客户端。Rational Clear Quest 并支持多种企业数据库。

注：限于篇幅，有关 Rational Test Manager 的细节和应用，可参阅 IBM Rational Test Manage 的有关资料。

本 章 小 结

本章主要介绍了软件测试管理的概念、管理内容、管理策略和管理过程。同时，也简要介绍了建立测试组织的原则和策略、测试活动的管理、测试管理工具的功能及其应用要素。

（1）软件测试团队的建立与组织是测试管理的重要内容。对于测试的组织结构，应认识独立测试的重要性，分析独立测试的优点和缺点。应考虑以不同团队成员建立测试组组织，应了解测试领导人和测试工程师的任务。

（2）测试需求管理、测试用例管理、测试事件管理（测试执行、缺陷跟踪）和测试文档管理标准（IEEE 829）是测试过程管理中的重要组成部分和测试管理的具体原则。

（3）测试环境的搭建与软件配置管理也是测试管理中的主要因素和必要条件。

（4）通过了解测试管理工具 TD 的功能，运用测试管理工具进行测试管理的过程及步骤，建立起初步的认识，为具体项目的测试管理实践应用奠定基础。

（5）通过学习测试管理概念、策略、规范和掌握技术方法，达到完全理解和认识测试管理的作用，明确测试管理的内涵及过程，运用测试管理策略和掌握管理技术与方法。

专 业 术 语

测试用例设计：测试用例设计需要总结归纳出测试用例的共同属性，如共同的约束条件、共同的环境需求、共同的程序需求、共同的测试用例依赖条件等。用例设计还需描述测试用例设计规范，描述测试用例操作序列的试规程，以及状态转换图等的设计。

测试工具设计及选配原则：描述将要采用的测试工具功能与设计、选配及组合思路。

测试代码（脚本）设计：描述将要插桩的测试代码的测试要点和设计思路。

交付测试物：指应交付的测试文档、测试代码等。这些文档一般包括测试计划、测试方案、测试用例、测试规程、测试日志、测试输入与输出数据、测试工具、测试报告及测试总结。

环境需求：指必须和希望的测试仪器、设备、工具需求以及其他需求。

被测对象需求：指测试是否需要对被测对象以及相关对象做出特殊要求，例如对相关对象的版本要求、接口协议要求，以及被测对象可测性需求等。

测试工具需求：若采用自动化测试，在此处列出对测试工具的需求，测试工具可能会有自主开发、商业购置、二次开发工具等。

测试代码需求：若需要被测对象插桩测试代码、进行可测性设计，在此列出对测试程序、测试接口的需求。

基线：IEEE 对基线的定义："已经正式通过审核批准的某规约或产品，它因此可作为进一步开发的基础，并且只能通过正式的变化控制过程改变。"根据这个定义，在软件的开发流程中，也可以把所有需要加以控制的配置项分为基线配置项和非基线配置项两类。例如，基线配置项可能包括所有的设计文档和源程序等；非基线配置项可能包括项目的各类计划和报告等。在软件工程环境中，基线是指在软件开发过程中的里程碑，其标志是一项或多项经过正式的技术评审并一致认同的软件制品的提交。

基线库：指项目建立和访问的软件制品库，该制品库主要用来对保存配置项和一些与软件配置管理相关的记录。

习题与作业

一、选择题

1. 【单选】测试计划主要由哪个角色负责制订？（　　　）
   A．测试人员　　　　　　　　B．项目经理
   C．开发人员　　　　　　　　D．测试经理

2. 【单选】测试经理的任务通常不包括（　　　）。
   A．编写测试计划　　　　　　B．选择合适的测试策略和方法
   C．建立和维护测试环境　　　D．选择和引入合适的测试工具

3. 【单选】对于监控测试周期时采用的度量方法，下列叙述中不当的是（　　　）。
   A．基于故障和基于失效的度量：统计特定软件版本中的故障数
   B．基于测试用例的度量：统计各优先级的测试用例数量
   C．基于测试对象的度量：统计代码和安装平台等覆盖情况
   D．基于成本度量：统计已花费的测试成本，下一测试周期成本与预期收益的关系

4. 【单选】通常情况下，承担测试监控任务的人员是（　　　）。
   A．测试系统管理员　　　　　B．测试经理
   C．测试执行人员　　　　　　D．测试设计人员

5. 【单选】下列哪一项是测试组织独立的缺点？（　　　）
   A．测试人员需要额外的培训
   B．测试人员需要花时间了解所要测试的产品的需要、架构、代码等
   C．开发人员可能会失去对产品质量的责任心

D. 设立独立测试组会花费更多成本

6.【单选】如果没有做好配置管理工作，那么可能会导致（　　）。

A. 开发人员相互篡改各自编写的代码

B. 集成工作难以开展

C. 问题分析和故障修正工作被复杂化

D. 测试评估工作受阻

a）A、C   b）B、D

c）A、B、C   d）A、B、C、D

7.【单选】在下列活动中，不属于测试计划活动的是（　　）。

A. 设计测试用例   B. 确定测试环境

C. 定义测试级别   D. 估算测试成本

8.【单选】测试事件报告中可能包括的错误有（　　）。

A. 程序错误   B. 规格说明中的错误   C. 用户手册中的错误

a）A   b）A、C

c）B、C   d）A、B、C

9.【单选】在下列风险中，属于产品风险的是（　　）。

A. 软件需求不明确

B. 由于使用软件产品而导致人员伤亡

C. 软件测试人员和软件开发人员沟通不畅

D. 软件源代码质量低下

10.【单选】软件测试团队的组织一般可分为（　　）和基于项目的组织模式。

A. 基于测试的组织模式   B. 基于技能的组织模式

C. 基于团队的组织模式   D. 基于软件的组织模式

11.【单选】测试报告不包含的内容有（　　）。

A. 测试时间、人员、产品、版本

B. 测试环境配置

C. 测试结果统计

D. 测试通过/失败的标准

12.【单选】测试人员在软件配置管理中的主要工作是（　　）。

A. 根据配置管理计划和相关规定，提交测试配置项和测试基线

B. 建立配置管理系统

C. 提供测试的配置审计报告

D. 建立基线

13.【单选】测试团队中的测试经理的任务不包括（　　）。

A. 制订测试计划   B. 协调和管理监督测试过程

C. 记录并报告测试结果   D. 和其他小组的沟通、协调

14.【单选】测试管理工具可能包括的功能有（　　）。

A. 管理软件需求   B. 管理测试计划

C. 缺陷跟踪   D. 测试过程中各类数据的统计和汇总

a）除A以外   b）除B以外

c）除C和D以外   d）以上全部

15.【单选】下面哪一项描述最能体现测试经理和测试人员的任务分工？（　　）

    A．测试经理计划、监督和控制测试活动，测试人员设计和执行测试

    B．测试经理计划、组织和控制测试活动，测试人员详细说明、定义测试优先级和执行测试

    C．测试经理计划测试活动和选择测试标准，测试人员选择测试工具并控制工具的使用

    D．测试经理计划、组织测试活动，测试人员定义测试优先级和执行测试

16.【单选】测试管理的内涵包括（　　）。

    A．测试组织（机构人员）管理

    B．测试需求（需求分析与计划）管理

    C．测试件（测试用例、测试件）管理

    D．测试过程（缺陷跟踪管理、测试文档）管理

    E．软件配置管理

    F．测试环境搭建

    a）A、B、C   b）A、C、E

    c）A、C、D、E   d）全部都是

17.【单选】对于测试过程来说，哪些工作产品要纳入配置管理？（　　）

    A．测试对象、测试材料和测试环境

    B．问题报告和测试材料

    C．测试对象

    D．测试对象和测试材料

18.【单选】充分可靠的配置管理必须做到（　　）。

    A．版本管理   B．配置标识

    C．事件状态和变更状态记录   D．配置审计

    a）A、B   b）A、C

    c）A、B、C   d）以上都是

19.【单选】软件配置管理内容体现在（　　）等一系列全面管理能力上，已形成一个完整理论体系。

    A．版本控制   B．工作空间管理

    C．并行开发支持   D．过程管理与权限控制

    E．变更管理

    a）A、C   b）A、B、C、D

    c）A、C、E   d）A、B、C、D、E

20.【单选】Delta 版本控制方式有正向 delta 控制、反向 delta 控制，或两者结合。下列哪种描述属于反向 delta 控制？（　　）

    A．接受版本控制的工件的最初版本被完整保存，后续版本只保存其不同之处

    B．只将最新版本完整保存，以前版本则只保存其不同之处。该方法常用于二进制工件

    C．选择取决于控制粒度

    D．根据工具决定版本控制模式，并应用于工作区段

21.【单选】基线技术将项目实施配置管理的存储库分为三类（　　）。

    A．开发库   B．受控库

C. 产品库   D. 代码库   E. 运行库

a）A、B、C   b）A、C、E

c）A、B、D   d）A、B、C、D、E

22.【单选】从某种角度讲，SCM 是一种标识、组织和控制修改的技术。SCM 活动的目标：为了标识变更、控制变更、（   ），并向其他有关人员报告变更。

A. 确保代码的正确实现   B. 确保运行的正确实现

C. 确保变更的正确实现   D. 确保存储的正确实现

23.【单选】检入（Check in）是指在归档文件中存储工作文件的复制并形成新的修订版；检出（Check out）是指从一个归档文件的修订版中，得到数据文件的一个（   ）。

A. 新的数据文件   B. 新的修订版

C. 工作复制   D. 上一个版本

二、简述题

1. 简述软件测试组织策划与管理的意义和内容。

2. 简述软件测试计划内容与制订原则。

3. 简述测试事件的管理，缺陷的管理（流程）、测试用例和测试件的管理，给出缺陷状态图。

4. 简述测试文档的类型。

5. 简述测试用例管理。

6. 简述测试计划的制定原则。

7. 简述测试过程的分析与描述。

8. 简述测试文档 IEEE 829、1983/2008 标准的内容，测试文档类型在几个测试阶段应交付文档目录。

9. 在源代码控制系统中需要保存具有知识产权的资料有哪些？

10. 简要分析 SCM（软件配置管理）为何是一种良好的业务实践。

11. 简要分析 SCM（软件配置管理）提高业务价值的 7 个关键点。

参 考 文 献

[1] 贺平. 软件测试教程（第 2 版）. 北京：电子工业出版社，2010.

[2] 贺平. 软件测试（本科）. 北京：中央广播电视大学出版社，2011.

[3] 贺平. 计算机网络——原理、技术与应用. 北京：机械工业出版社，2013.

[4] ISTQB Foundation Level Syllabus（Version 2007）. ISTQB，2007.

[5] ISTQB Advanced level Syllabus（Version 2007）. ISTQB，2007.

[6] 软件测试专业术语表（中英对照）. 中国软件测试委员会（CSTQB）. 2007.

[7] China Test 2013 大会有关资料. 北京：2013.

[8] 第 4 届（天津）国际软件测试大会有关资料. 天津：2011.

[9] http://www.ibm.com/developerworks/cn/rational/kits/tester/.